普通高等教育“十三五”规划教材

计算机应用基础教程（第三版）
（Windows 7+Office 2010）

主　编　聂长浪　贺秋芳　李久仲

副主编　黄小文　肖　蓉　张爱丽　刘宜奎

中国水利水电出版社
www.waterpub.com.cn
·北京·

内 容 提 要

本书按照任务引导、案例驱动的模式编写而成，内容选取与企业工作结合紧密的典型案例，以培养学生应用计算机解决实际问题的能力为宗旨。本书在规划设计过程中，充分考虑到学生计算机水平的差异，并结合学生的专业特色组织教材内容，便于教师教学过程中因材施教。

本书以 Windows 7 +Office 2010 为平台，全面介绍了计算机基础知识、Windows 7 的使用、Word 2010 的使用技巧、Excel 2010 的使用技巧、演示文稿制作与播放技巧、计算机网络基础和 Office 综合应用特色案例等。

本书可作为各类高等学校非计算机专业"计算机应用基础"课程的教材，也可作为高等学校成人教育的培训教材或自学参考书。

图书在版编目（CIP）数据

计算机应用基础教程 : Windows 7+Office 2010 / 聂长浪，贺秋芳，李久仲主编. -- 3版. -- 北京 : 中国水利水电出版社，2019.2（2020.8 重印）
普通高等教育"十三五"规划教材
ISBN 978-7-5170-7463-2

Ⅰ. ①计… Ⅱ. ①聂… ②贺… ③李… Ⅲ. ①Windows操作系统－高等职业教育－教材②办公自动化－应用软件－高等职业教育－教材 Ⅳ. ①TP316.7②TP317.1

中国版本图书馆CIP数据核字(2019)第031177号

策划编辑：陈红华　　责任编辑：张玉玲　　加工编辑：周益丹　　封面设计：李　佳

书　名	普通高等教育"十三五"规划教材 计算机应用基础教程（第三版）（Windows 7+Office 2010） JISUANJI YINGYONG JICHU JIAOCHENG (Windows 7+Office 2010)
作　者	主　编　聂长浪　贺秋芳　李久仲 副主编　黄小文　肖　蓉　张爱丽　刘宜奎
出版发行	中国水利水电出版社 （北京市海淀区玉渊潭南路 1 号 D 座　100038） 网址：www.waterpub.com.cn E-mail：mchannel@263.net（万水） sales@waterpub.com.cn 电话：(010) 68367658（营销中心）、82562819（万水）
经　售	全国各地新华书店和相关出版物销售网点
排　版	北京万水电子信息有限公司
印　刷	三河市鑫金马印装有限公司
规　格	184mm×260mm　16 开本　18.25 印张　450 千字
版　次	2011 年 2 月第 1 版　2011 年 2 月第 1 次印刷 2019 年 2 月第 3 版　2020 年 8 月第 4 次印刷
印　数	11001—14000 册
定　价	45.00 元

凡购买我社图书，如有缺页、倒页、脱页的，本社营销中心负责调换

版权所有·侵权必究

前　　言

随着信息化的不断发展，计算机在各个行业普遍应用，用人单位对大学毕业生的计算机能力要求有增无减，计算机应用能力已成为衡量大学生业务素质与能力的突出标志，导致“计算机应用基础”课程成为很多院校非计算机专业必修的一门基础课程。因此，计算机应用基础课程对教材方面的要求也更高了，不仅要求能传授学生计算机基础知识与技能，拓宽学生知识面，还要求能提高学生的应用能力，培养创新能力。教材内容既要涉及培养学生的基础能力，包括理解计算机基础知识，掌握计算机的基本操作技能，熟练运用编辑各种文档和掌握计算机网络的基本操作，为学生终身学习和可持续发展奠定根基；又要与专业相融合，根据专业学习需要和企业的实际应用组织教材案例，培养学生在专业岗位中运用所学内容解决实际问题的能力。

本书根据“计算机应用基础”课程的长期教学实践，以及科研和教学改革方面的成果，结合教学大纲、课程标准和课程特色建设要求编著而成。内容主要涉及计算机基础知识、操作系统、Office 办公软件、计算机网络等多方面的知识。

本书特色主要有：在基础应用能力培养方面，教材案例设计打破以知识传授为主要特征的传统学科模式，转变为案例驱动教学模式，选取学生日常学习、生活、工作中实际应用的案例，让学生在完成具体案例的过程中获得相关理论知识和应用能力。在专业应用能力培养方面，教材内容突出对学生专业应用能力的训练。机电类专业的特色案例有机电类产品的设计、制造、安装、维护、管理方面的文档资料、材料清单及用量统计计算，设计方案交流与演示，实现公式计算、CAD 设计图、电器控制图等内容的图文混排，机电产品工作过程的动画演示；经管类专业的特色案例有合同文书的协同修订、经济活动分析报告、财务数据计算、销售数据统计分析等方面的文档资料，经营管理过程中大量的数据处理、图表统计分析，营销策略的方案设计、发布与交流；轻化类专业的特色案例有化工、食品类产品的设计、加工、检验、包装等方面的文档资料，产品配方组成、用料计算与统计分析，加工工艺方案交流与演示，实现轻化类产品的分子式、化学方程式、产品加工工艺流程等内容的图文混排，产品加工工艺过程及化学反应过程的动画演示。教材案例中还融合了部分高新技术的介绍、思政特色的内容，教材案例来源于企业工作中的真实案例。在教材设计方面，以激发学生的学习积极性和主动性为主，并注意与后续的计算机课程有机衔接，充分开发教材配套的学习资源，给学生提供丰富的实践机会，以学生为主体，重点培养学生职业能力的养成。

本书由聂长浪、贺秋芳、李久仲任主编，其中第 1 单元由张爱丽编写，第 2 单元由黄小文编写，第 3 单元由贺秋芳编写，第 4 单元由李久仲编写，第 5 单元由肖蓉编写，第 6 单元由聂长浪编写，第 7 单元由聂长浪、贺秋芳、李久仲编写。教材配有电子教案、练习素材等电子资源，方便教师组织授课和学生练习。

本书在编写过程中，得到了中国水利水电出版社的大力支持，在设计及修改过程中，李久仲、贺秋芳等任课教师都提出了很好的编写和修改建议，在此一并表示感谢。由于时间仓促，疏漏在所难免，恳请广大同仁和读者批评指正。

编　者

2018 年 12 月

目　　录

第 1 单元　计算机基础知识

学习目标

- 了解计算机的用途
- 了解计算机的组成及各组件功能、性能指标
- 掌握不同数制以及数制间的相互转换
- 理解中、英文字符编码知识
- 了解计算机病毒以及特征，会进行病毒的预防、杀毒
- 能够利用所学知识初步选购计算机各部件
- 学会安装操作系统以及相关驱动程序、软件

任务一　计算机系统的基本组成

（一）计算机概述

计算机也就是我们说的电脑，是一种能快速、高效地对各种信息进行存储和处理的电子设备，世界上第一台电子数字积分计算机（Electronic Numerical Integrator And Calculator，ENIAC）诞生于 1946 年 2 月，由美国国防部和美国宾夕法尼亚大学共同研制成功。计算机的特点主要有处理速度快、计算精度高、记忆能力强、可靠的逻辑判断能力、可靠性高、通用性强等特点。

计算机广泛应用于科学计算、过程控制、计算机辅助设计、人工智能、大数据以及信息处理、虚拟现实和增强现实技术等方面。

- 科学计算

主要应用于航空航天、地震预测、天气预报、国防等领域。

- 过程监控

过程监控是利用计算机及时采集检测数据，按最优值迅速地对控制对象进行自动调节或自动控制，主要应用于工业生产，比如生产流水线等。

- 计算机辅助设计

计算机辅助设计是利用计算机系统辅助设计人员进行工程或产品设计，以实现最佳设计效果的一种技术。

- 人工智能

人工智能（Artificial Intelligence）是计算机模拟人类的智能活动，诸如感知、判断、理解、学习、问题求解和图像识别等。例如，能模拟高水平医学专家进行疾病诊疗的专家系统，具有

一定思维能力的智能机器人等。

- 大数据与信息处理

大数据是目前最前沿的计算机信息处理应用。

大数据，又称巨量资料，指的是所涉及的数据量规模巨大，通过计算机对巨量数据的分析，发现数据的变化规律以及数据间的关联，获取具有洞察力和新价值的信息，实现对人与事务行为发展的预测，从而可以有针对性地做出各种决策。

基于大数据，电商会在大促之前做好需求预测，提前布局仓库存储。

基于大数据，谷歌、高德、百度等地图工具服务商能够提供越来越精准的数据拟合。

基于大数据，航空公司通过分析温度、响声、振幅、飞行时间等来进行设备故障的预防。

- 虚拟现实（Virtual Reality，VR）和增强现实（Augmented Reality，AR）技术

VR 可以模拟再现真实的环境，AR 是一种全新的人机交互技术，利用 VR 和 AR 技术，可以模拟真实的现实场景，使人们介入其中参与交互，通过虚拟现实感受到在客观物理世界中所经历的“身临其境”的逼真性，AR 和 VR 技术在航天、军事、通信、医疗、教育、娱乐、建筑和商业等各个领域都有极大的发展和应用前景。

（二）计算机系统组成

计算机系统由硬件系统和软件系统两大部分构成。

硬件系统由中央处理器、内存储器、外存储器和输入/输出设备组成，

软件系统分为系统软件和应用软件两大类。计算机系统的组成如图 1-1 所示。

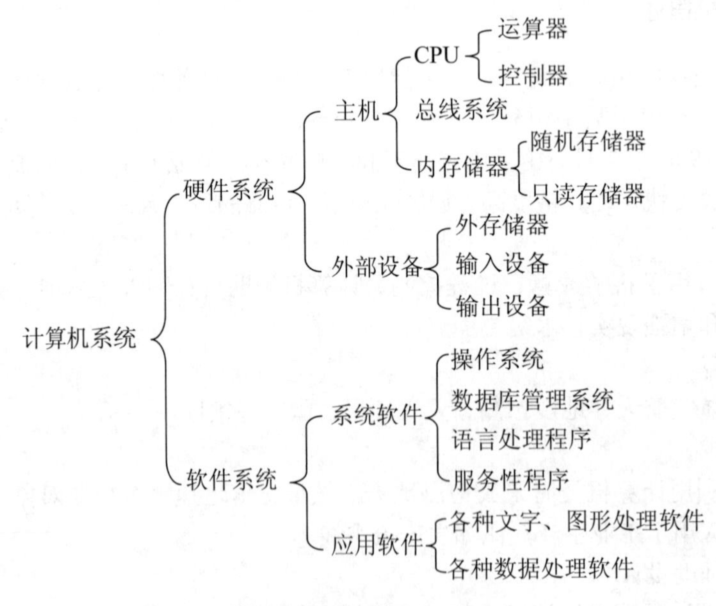

图 1-1　计算机系统的组成

（三）计算机硬件系统的组成

计算机硬件是组成计算机的物理设备，它们是构成计算机物理实体的总称。计算机硬件由各种单元、器件和电子线路组成，包括运算器、控制器、存储器、输入/输出设备和各种线

路、总线等。计算机硬件系统的基本组成如图 1-2 所示，下面以微型计算机为例，说明各部分的组成。

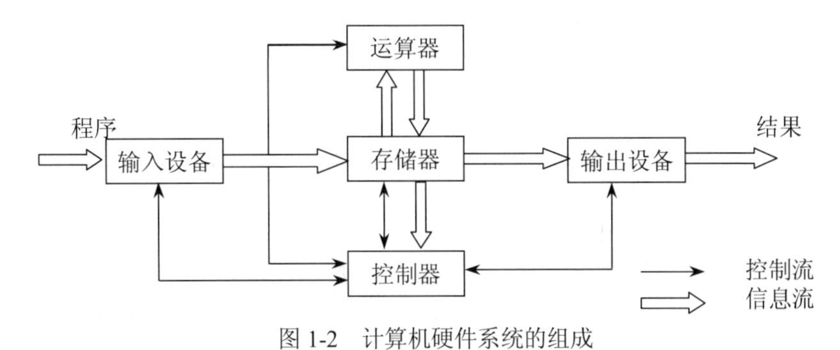

图 1-2　计算机硬件系统的组成

1. 中央处理器

中央处理器（Central Processing Unit，CPU）是计算机系统的核心，能完成计算机的运算和控制功能。主要由运算器、控制器、寄存器组和辅助部件组成。

- 运算器又称算术逻辑单元（ALU），是计算机对数据进行加工处理的单元，其主要功能是对二进制数进行加、减、乘、除等算术运算和与、或、非等基本逻辑运算。
- 控制器负责从存储器中取出指令、分析指令、确立指令类型，并对指令进行译码，按时间先后顺序负责向其他部件发出控制信号，保证各部件协调工作。
- 寄存器组用来存放当前运算所需的各种操作数、地址信息、中间结果等内容，将数据暂时存于 CPU 内部寄存器中，以加快 CPU 的操作速度。

2. 存储器

存储器（Memory）是计算机存储信息的“仓库”。信息是指计算机系统所要处理的数据和程序，程序是一组指令的集合。存储器可分为内存储器和外存储器两大类。

（1）内存储器（简称内存或主存）。内存直接与 CPU 相连，存储容量较小，速度快，用来存放当前运行程序的指令和数据，并直接与 CPU 交换信息。

存储器的存储容量以字节（Byte，B）为基本单位，1 字节=8 位二进制位（bit）。

每个字节都有自己的编码，称为地址。如果要访问存储器中的数据或指令，就必须知道单元地址，然后再按地址存入或取出数据。

表示存储容量的单位有位、字节、千字节（KB）、兆字节（MB）、吉字节（GB）、太字节（TB）。其换算公式为：

1B=8bit；　1KB=1024B；　1MB=1024KB；　1GB=1024MB；　1TB=1024GB。

（2）外存储器。外存储器又称辅助存储器（简称外存或辅存），主要保存暂时不用但又需长期保留的程序或数据。存放在外存的程序和数据必须读入内存才能运行与运算。外存的存储容量大，价格低，但存取速度慢。常用的外存有硬盘、光盘、U 盘等。

3. 输入/输出设备

- 输入设备是将外界的各种信息（如程序、数据、命令等）输入到计算机内部的设备。常用的输入设备有键盘、鼠标、扫描仪、数字化仪、条形码读入器等。
- 输出设备是将计算机处理后的信息以人们能够识别的形式（如文字、图形、数值、声音等）显示或打印出来的设备。常用的输出设备有显示器、打印机、绘图仪等。

4. 总线

为了使构成计算机的各功能部件成为一个可靠的工作系统，必须将它们按某种方式有组织地连接在一起，总线（Bus）就是计算机各部件之间传送信息的公共通道。计算机的总线实际上是一组导线。总线结构如图 1-3 所示。

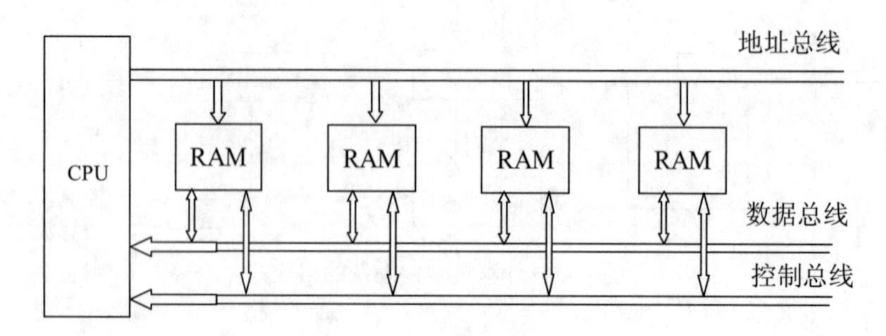

图 1-3 总线结构图

总线分为 3 种：数据总线、地址总线和控制总线。

- 数据总线：它用来传送数据，其位数一般与微处理器字长相同。数据总线是双向传送的，数据既可以输出也可以输入。
- 地址总线：把地址信息传送给其他部件，它是单向传送的。地址总线的位数决定了 CPU 的寻址能力和最大内存容量。
- 控制总线：用于传送 CPU 对外围芯片和 I/O 接口的控制信号以及这些接口芯片对 CPU 的应答、请求等信号，其传送方向因控制信号的不同而有差别。

（四）计算机软件系统的组成

软件是指挥计算机工作的程序和程序运行时所需要的数据，以及与这些程序和数据相关的文字说明和图表资料。文字说明和图表资料又称为文档。

从整体上看计算机系统，可以把它看成如图 1-4 所示的层次结构。最内层的是硬件（裸机），直接操作硬件的软件是操作系统，它向下控制硬件，向上支持其他软件。操作系统之外的各层分别是各种语言处理程序、各种实用程序，最外层是最终用户的应用程序。

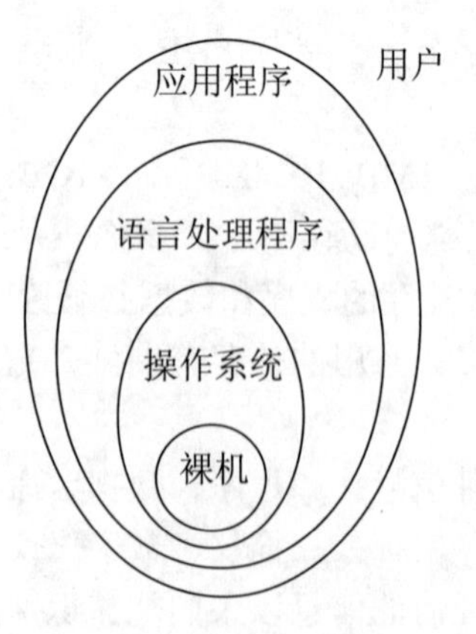

图 1-4 计算机的层次结构

计算机系统的软件分为系统软件和应用软件两类。系统软件一般包括操作系统、语言处理程序、数据库管理系统和服务性程序；应用软件是指计算机用户为某一特定应用而开发的软件，如文字处理软件、表格处理软件、企业管理系统、办公自动化系统、绘图软件、过程控制软件等。

1. 系统软件

系统软件是管理、监控、维护计算机资源（包括硬件和软件）的软件。

（1）操作系统。操作系统在计算机系统中处于系统软件的核心地位，是用户和计算机系统的界面，每个用户都必须通过操作系统使用计算机。常用操作系统有 Windows、UNIX、Linux、OS/2 等。

（2）语言处理程序。程序设计语言一般分为机器语言、汇编语言、高级语言和第四代语言 4 类。

1）机器语言：是用二进制代码指令表示的计算机语言，能被计算机硬件直接识别和执行，由操作码和操作数组成，是最低层的计算机语言。

2）汇编语言：用助记符代替操作码，用地址符代替操作数的一种面向机器的低级语言。一条汇编指令对应一条机器指令，汇编语言使用汇编程序把它翻译成机器语言（目标程序）后才能执行。

3）高级语言：是一种比较接近自然语言和数学表达式的计算机程序设计语言。它与具体的计算机硬件无关，用高级语言编写的源程序可直接运行在不同的机型上，具有通用性，计算机不能直接识别和运行高级语言程序，必须通过翻译。高级语言的翻译方式有两种：编译方式和解释方式。

- 编译是将源程序整个编译成目标程序，然后通过链接程序将目标程序链接成可执行文件。
- 解释是将源程序逐句翻译，翻译一句执行一句，边翻译边执行，不产生目标程序，由计算机执行解释程序后自动完成。

常用的高级语言有 BASIC、FORTRAN、COBOL、C 等。

④第四代语言：面向对象编程语言，一般有可视化、网络化、多媒体等功能。目前较流行的语言有 VB.NET、C#、ASP.NET、Java 等。

（3）数据库管理系统。数据库是以一定的组织方式存储起来的，具有相关性的数据的集合。数据库管理系统是在具体计算机上实现数据库管理的软件，常用的数据库管理系统有 SQL Server、Oracle、DB2 等。

（4）服务性程序。服务性程序包括计算机监控管理程序、调试程序、故障检查程序和诊断程序等。这些软件为用户使用计算机和编写程序提供了很大的方便。

2. 应用软件

应用软件是用户为解决实际问题而编制的各种程序，是除了系统软件之外的所有软件。

常用的应用软件有 Microsoft Office、CAD/CAM 软件、办公自动化系统、管理信息系统、电子商务/电子政务应用系统、自动控制软件、图形图像处理软件、多媒体应用软件等。

任务二 理解计算机中信息的表示

计算机是用来进行信息处理的工具，计算机内存储着各种信息和数据，这些信息和数据必须经过数字化编码后才能被传送和存储，各种信息在计算机内部都是以二进制编码形式来存储的。

（一）数制基础

1. 数制

用一组固定的数字和一套统一的规则来表示数值的方法称为数制，按进位的原则进行计数的数制称为进位计数制，简称进制。

进位计数制逢 N 进 1，N 是指进位计数制表示一位数所需要的符号数目，称为基数。处在不同位置上的数字所代表的值是确定的，这个固定位上的值称为位权，简称权。各进位制中的位权的值恰好是基数的若干次幂。因此任何一种数制表示的数都可以写成按权展开的多项式之和。

设一个基数为 r 的数值 N，$N=(d_{n-1}d_{n-2}\cdots d_1 d_0 d_{-1}\cdots d_{-m})$，则 N 的展开式为：

$$N=d_{n-1}\times r^{n-1}+d_{n-2}\times r^{n-2}+\cdots+d_1\times r^1+d_0\times r^0+d_{-1}\times r^{-1}+\cdots\cdots+d_{-m}\times r^{-m}$$

计算机中常用的进制有二进制、八进制、十进制、十六进制等。

2. 十进制

十进制有 10 个数码是 0、1、2、3、4、5、6、7、8、9，基数是 10，逢 10 进 1（加法运算），借 1 当 10（减法运算），其按权展开式为：

$$D=D_{n-1}\times 10^{n-1}+D_{n-2}\times 10^{n-2}+\cdots+D_1\times 10^1+D_0\times 10^0+D_{-1}\times 10^{-1}+\cdots+D_{-m}\times 10^{-m}$$

如 $1234.56=1\times 10^3+2\times 10^2+3\times 10^1+4\times 10^0+5\times 10^{-1}+6\times 10^{-2}$

3. 二进制

二进制只有两个数码 0 和 1，基数为 2，逢 2 进 1，借 1 当 2，对于任意一个 n 位整数和 m 位小数的二进制数 B，其按权展开式为：

$$B=B_{n-1}\times 2^{n-1}+B_{n-2}\times 2^{n-2}+\cdots+B_1\times 2^1+B_0\times 2^0+B_{-1}\times 2^{-1}+\cdots+B_{-m}\times 2^{-m}$$

如 $(11001.101)_2=1\times 2^4+1\times 2^3+0\times 2^2+0\times 2^1+1\times 2^0+1\times 2^{-1}+0\times 2^{-2}+1\times 2^{-3}$

4. 八进制

八进制有 8 个数码是 0、1、2、3、4、5、6、7，基数是 8，逢 8 进 1，借 1 当 8。对任意一个 n 位整数和 m 位小数的八进制数 O，其按权展开式为：

$$O=O_{n-1}\times 8^{n-1}+O_{n-2}\times 8^{n-2}+\cdots+O_1\times 8^1+O_0\times 8^0+O_{-1}\times 8^{-1}+\cdots+O_{-m}\times 8^{-m}$$

如 $(5346)_8=5\times 8^3+3\times 8^2+4\times 8^1+6\times 8^0$

5. 十六进制

十六进制有 16 个数码，分别是 0、1、2、3、4、5、6、7、8、9、A、B、C、D、E、F，其中 A、B、C、D、E、F 分别代表十进制数的 10、11、12、13、14、15，基数是 16，逢 16 进 1，借 1 当 16，对任意一个 n 位整数和 m 位小数的十六进制数 H，其按权展开式为：

$$H=H_{n-1}\times 16^{n-1}+H_{n-2}\times 16^{n-2}+\cdots+H_1\times 16^1+H_0\times 16^0+H_{-1}\times 16^{-1}+\cdots+H_{-m}\times 16^{-m}$$

如：$(4C4D)_{16}=4\times16^3+12\times16^2+4\times16^1+13\times16^0$

几种常用进制之间数值的对应关系如表 1-1 所示。

表 1-1　各种进制之间数值的对应关系

十进制	二进制	八进制	十六进制
0	0	0	0
1	1	1	1
2	10	2	2
3	11	3	3
4	100	4	4
5	101	5	5
6	110	6	6
7	111	7	7
8	1000	10	8
9	1001	11	9
10	1010	12	A
11	1011	13	B
12	1100	14	C
13	1101	15	D
14	1110	16	E
15	1111	17	F
16	10000	20	10
17	10001	21	11

（二）利用 Windows 计算器进行数制转换

1. 十进制转换为 r 进制数

（1）十进制整数转换为二、八进制、十六进制数。

利用计算器可直接将十进制整数转换为二进制、八进制、十六进制数，反之亦然。

如：$(274)_{10}=(422)_8=(112)_{16}=(100010010)_2$

在科学型计算器中，输入 274，然后单击“二进制”“八进制”“十六进制”按钮，即可得到相应进制数。

（2）带有小数十进制数 x 转换成 r 进制数。

首先将 x 乘以 r^k（k 为转换为 r 进制数要保留小数位数），然后直接单击计算器中 r 进制数（r 为二、八、或十六），再将所得的 r 进制数的小数点左移 k 位即可。

【例 1】将 0.57、168.68 分别转换为二进制、八进制和十六进制（保留小数点 5 位）。

转换过程如下：

$(0.57)_{10}\rightarrow0.57*2^5=（18.24)_{10}\rightarrow(10010)_2/2^5=(0.10010)_2$

$(0.57)_{10}\rightarrow0.57*8^5=(18677.76)_{10}\rightarrow(44365)_8/8^5=(0.44365)_8$

$(0.57)_{10}\rightarrow0..57*16^5=(597688.32)_{10}\rightarrow(91EB8)_{16}/16^5=(0.91EB8)_{16}$

$(168.68)_{10}\rightarrow168.68*2^5=(5397.76)_{10}\rightarrow(1010100010101)_2/2^5=(10101000.10101)_2$

$(168.68)_{10}$→168.68*8^5=$(5527306.24)_{10}$→$(25053412)_8$/8^5=$(250.53412)_8$

$(168.68)_{10}$→168.68*16^5=$(176873799.68)_{10}$→$(A8AE147)_{16}$/16^5=$(A8.AE147)_{16}$

2. 将 *r* 进制数转换成十进制数

方法：将 *r* 进制数（*k* 位小数）*x* 小数点右移 *k* 位得到 *r* 进制整数，然后将该整数转换成十进制数，再除以 r^k 得到转换后的十进制数

【例 2】将下面的三个不同进制的数转换成十进制数。

$(0.44365)_8$　　　　$(250.53412)_8$　　　　$(10101000.10110)_2$

转换过程如下：

$(0.44365)_8$→$(44365)_8$/8^5→$(18677)_{10}$/8^5=$(0.569976806640625)_{10}$≈0.57

$(250.53412)_8$→$(25053412)_8$/8^5→（5527306$)_{10}$/8^5=1168.67999≈168.68

$(10101000.10110)_2$→$(1010100010110)_2$/2^5→（539832$)_{10}$/2^5≈168.6875

3．二进制与八进制、十六进制之间的转换

（1）二进制转换成八进制。对含有小数位的二进制数转换成八进制数，首先将二进制数的小数点向右移 3*K* 位，使该二进制数转换成为能得到的最小二进制整数，利用计算器将二进制整数转换成八进制整数，再将该八进制数的小数点向左移 *K* 位即可。

（2）二进制转换成十六进制。对含有小数位的二进制数转换成十六进制数，首先二进制数的小数点向右移 4*K* 位，使该二进制数转换为能得到的最小二进制整数，利用计算器将二进制整数转换成十六进制整数，再将该十六进制数的小数点向左移 *K* 位即可。

（3）八进制数转换成二进制数。

对含有小数位的八进制数转换成二进制数，首先将小数点向右移 *K* 位，使之先转换成八进制整数（*K* 为小数的位数），然后利用计算器将八进制整数转换成二进制整数，再将该二进制数的小数点向左移 3*K* 位即可。

（4）十六进制数转换成二进制数。对含有小数位的十六进制数转换成二进制数，首先将小数点向右移 *K* 位，使之先转换为十六进制整数（*K* 为小数的位数），然后利用计算器将十六进制整数转换成二进制整数，再将该二进制数的小数点向左移 4*K* 位即可。

【例 3】将$(1101110011.011100)_2$分别转换成八进制数和十六进制数。

利用计算器转换过程如下：

$(1101110011.011100)_2$→$(1101110011011100)_2$→$(156334)_8$→$(1563.34)_8$

$(1101110011.01110)_2$→$(110111001101110000)_2$→$(37370)_{16}$→$(373.70)_{16}$

【例 4】将下列八进制数和十六制数分别转换成二进制数。

$(356.27)_8$　　$(356.27)_{16}$

利用计算器转换过程如下：

$(356.27)_8$→$(35627)_8$→$(11101110010111)_2$→$(11101110.010111)_2$

$(356.27)_{16}$→$(35627)_{16}$→$(110101011000100111)_2$→$(1101010110.00100111)_2$

提示：单击“开始→运行”命令，在运行框中输入“calc.exe”即可打开计算器应用程序，单击“查看“→“程序员”或“科学型”命令，可选择程序员或者科学型计算器。程序员型进行进制转换，科学型进行计算。

（三）数据编码

计算机的信息处理，除了处理数值信息外，更多的是处理非数值信息。非数值信息是指字符、文字、图形等形式的数据，它不表示数量大小，只代表一种符号，所以又称为符号数据。

数据编码就是规定用什么样的二进制码来表示字母、数字以及专用符号。计算机的字符编码有 ASCII 码和汉字编码等。

1. ASCII 码

美国标准信息交换码（American Standard Code for Information Interchange，ASCII），已被世界公认，成为世界范围内通用的字符编码标准。

ASCII 码由 7 位二进制数组成，定义了 128（2^7）种符号，其中包括 26 个大写字母，26 个小写字母，0～9 共 10 个数字，32 个专用字符（标点符号和运算符）和 34 个通用控制符，具体编码如表 1-2 所示。

表 1-2　ASCII 码表（二进制表示）

字符 $b_7b_6b_5$ / $b_4b_3b_2b_1$	000	001	010	011	100	101	110	111
0000	NUL	DLE	SP	0	@	P	'	p
0001	SOH	DC1	!	1	A	Q	a	q
0010	STX	DC2	”	2	B	R	b	r
0011	ETX	DC3	#	3	C	S	c	s
0100	EOT	DC4	$	4	D	T	d	t
0101	ENQ	NAK	%	5	E	U	e	u
0110	ACK	SYN	&	6	F	V	f	v
0111	BEL	ETB	'	7	G	W	g	w
1000	BS	CAN	(	8	H	X	h	x
1001	HT	EM	)	9	I	Y	i	y
1010	LF	SUB	*	:	J	Z	j	z
1011	VT	ESC	+	;	K	[	k	{
1100	FF	FS	,	<	L	\	l	|
1101	CR	GS	-	=	M	]	m	}
1110	SO	RS	.	>	N	^	n	~
1111	SI	US	/	?	O	-	o	DEL

为了查找某个符号的 ASCII 码，可以在表中先查到它所在位置的行和列，根据行代码确定低 4 位编码（$b_4b_3b_2b_1$），根据列代码确定高 3 位编码（$b_7b_6b_5$），然后将高 3 位与低 4 位组合在一起（$b_7b_6b_5b_4b_3b_2b_1$）就是要查找字符的 ASCII 码。如字母 A 的 ASCII 码为二进制 1000001，十进制表示则为 65。

虽然 ASCII 码只用了 7 位二进制码，但计算机存储的字节单位是 8 位二进制，因此每个 ASCII 也用一个字节表示，最高二进位为 0。

2. 汉字编码

汉字处理系统对每种汉字输入方法规定了输入计算机的代码，即汉字外部码（又称输入码），由键盘输入汉字时输入的是汉字的外部码，计算机识别汉字时，要把汉字的外部码转换成汉字的内部码（汉字的机内码）以便进行处理和存储。为了将汉字以点阵的形式输出，计算机还要将汉字的机内码转换成汉字的字形码，以确定汉字的点阵，在不同的计算机系统间进行信息、数据交换时还必须采用交换码。

（1）国标码。国家标准汉字编码简称国标码，该编码的主要用途是在不同汉字信息系统间作为汉字信息交换码使用。国家标准 GB 2312－1980《信息交换用汉字编码字符集－基本集》（中国标码集）中收录了 7445 个汉字及符号，其中一级常用汉字 3755 个，汉字按拼音字母顺序排列，二级常用汉字 3008 个，汉字按偏旁部首顺序排列，图形符号 682 个。

GB 2312－1980 标准中，汉字编码表有 94 行、94 列。每一行称为一个“区”，每一列称为一个“位”，行号称为区号，列号称为位号。非汉字图形符号置于第 1～11 区，一级汉字 3755 个置于第 16～55 区，二级汉字 3008 个置于第 56～87 区。每个汉字（图形符号）采用 2 个字节表示，双字节中，用高字节表示区号，低字节表示位号，构成汉字的“区位码”。

如“啊”字位于 16 区第 01 位，则其区位码为 1601。

如“保”字在二维代码表中处于 17 区第 3 位，区位码即为 1703。

（2）外码和内码。

- 外码

汉字的外部码又称输入码，简称外码，是输入汉字时由键盘输入的编码。

汉字输入法不同，同一汉字的外码可能不同。根据所采用的输入法不同，大体可分为数字编码（如区位码）、字形编码（如五笔字型）、字音编码（如各种拼音输入法）和音形码等几大类。目前国内使用较为普遍的汉字输入法是拼音码、五笔字型码等。可以在输入法中添加“内码”输入法，来实现添加区位输入法。

- 国标码

区位码中，区码和位码分别用一个两位十进制数表示，这样区码和位码合起来就形成了一个区位码。

国标码是汉字信息交换的标准编码。国标码并不等于区位码，它是由区位码稍作转换得到，其转换方法为：先将十进制区码和位码转换为十六进制的区码和位码，再将这个代码的第一个字节和第二个字节分别加上 20H，就得到国标码。

如“保”字区位码为 1703D，转换为十六进制数 1103H，区码 11H，位码 03H，分别加 20H，其国标码为 3123H。

- 机内码

由于国标码前后字节的最高位为 0，与 ASCII 码发生冲突，如“保”字，国标码为 31H 和 23H，而西文字符“1”和“#”的 ASCII 码也为 31H 和 23H。现在假如内存中有两个字节为 31H 和 23H，这到底是一个汉字，还是两个西文字符“1”和“#”，就会出现二义性。显然，国标码是不可能在计算机内部直接采用的，于是，汉字的机内码采用变形国标码，即汉字的机内码。

目前使用最广泛的一种为两个字节的机内码，它是由二进制形式的国标码两个字节的最高位由 0 改 1，其余 7 位不变形成的。

如 “保”字的国标码为 3123H，前字节为 00110001B，后字节为 00100011B，高位改 1 为 10110001B 和 10100011B 十六进制即为 B1A3H，因此，“保”字的机内码就是 B1A3H。

注意：国标码用 2 个字节表示 1 个汉字，每个字节只用低 7 位。计算机处理汉字时，不能直接使用国标码，而要将最高位置成 1，变换成汉字机内码。原因是为了区别汉字码和 ASCII 码，当最高位是 0 时，表示为 ASCII 码，当最高位是 1 时，表示为汉字码。

（3）汉字字形码。汉字字形码是汉字字库中存储的汉字字形的数字化信息，用于汉字的显示和打印。目前汉字字形的产生方式大多是数字式，即以点阵方式形成汉字。因此，汉字字形码主要是指汉字字形点阵的代码。

汉字字形点阵有 16×16 点阵、24×24 点阵、32×32 点阵、64×64 点阵、96×96 点阵、128×128 点阵、256×256 点阵等。一个汉字方块中行数、列数分得越多，描绘的汉字也就越细微，但占用的存储空间也就越多。汉字字形点阵中每个点的信息要用一位二进制码来表示。对 16×16 点阵的字表码，需要用 32 个字节（16×16÷8=32）表示；24×24 点阵的字形码需要用 72 个字节（24×24÷8=72）表示。

汉字字库是汉字字形数字化后，以二进制文件形式存储在存储器中而形成的汉字字模库。汉字字模库亦称汉字字形库，简称汉字字库。

任务三　认识计算机病毒

（一）计算机病毒的定义与特征

1. 计算机病毒的定义

计算机病毒是一种计算机程序，它不仅能够破坏计算机系统，而且还能够传染其他系统。计算机病毒通常隐藏在其他正常程序中，能生成自身的副本并将其插入其他程序中，从而对计算机系统进行恶意破坏。

2. 计算机病毒的特征

由计算机病毒的定义及对病毒的产生、来源、表现形式和破坏行为的分析，可以抽象出病毒所具有的一般特征。计算机病毒，必然具备如下 10 个基本特征。

（1）程序性。由计算机病毒的含义可知，计算机病毒是一段具有特定功能的、严谨精巧的计算机程序，是人为的结果。同时，人既然能编写出计算机病毒程序，当然也就能够开发出反病毒程序。另一方面，计算机病毒既然是“一段程序”，它就具备了其他计算机程序的所有特点，例如，病毒程序必须驻留内存，必须经过编译之后形成目标代码，执行目标代码才能起作用等。

程序性既是计算机病毒的基本特征，也是计算机病毒的最基本的一种表现形式。

（2）传染性。传染性又称自我复制、自我繁殖、感染或再生，是计算机病毒的最本质的重要属性，是判断一个计算机程序是否为计算机病毒的首要依据，这就决定了计算机病毒的可判断性。

病毒程序一旦进入计算机并被执行后，就会对系统进行监控，寻找符合其传染条件的其他程序体或存储介质。确定了传染目标后，采用附加或插入等方式将病毒程序自身链接到这个目标之中，该目标即被传染；同时这个被传染的目标又成为新的传染源，当它被执行以后，去传染另一个可以被传染的目标。计算机病毒的这种将自身复制到其他程序之中的“再生机制”，使得病毒能够在系统中迅速扩散。

（3）潜伏性。病毒程序进入计算机之后，一般情况下除了传染外，并不一定会立即发作，很可能在系统中潜伏一段时间。只有当其特定的触发条件满足时，才会激活病毒的表现模块而出现中毒症状。

（4）干扰与破坏性。病毒作者编写病毒程序的目的，其一是为了表现自己与众不同的编程技能；其二是为了破坏染毒计算机系统的正常运行。前者编写的病毒程序一般不会对系统造成重大危害，仅仅影响到计算机的工作效率，占用系统资源或弹出一个对话框，干扰系统正常工作；而后者编写的病毒程序则会对系统造成重大危害，病毒激活后的结果可能是格式化磁盘、更改系统文件、攻击硬件甚至阻塞网络等。

（5）可触发性。任何计算机病毒都要有一个或多个触发条件，利用这些触发条件要么触发病毒感染其他程序体；要么触发病毒运行自身的表现模块（或破坏模块）以表现自己的存在（或进行破坏性工作）。可以作为病毒触发条件的有系统的时间、日期、文件类型、特定数据、病毒体自带的计数器或计算机内的某些特例操作等。

（6）针对性。要使计算机病毒得以运行，就必须有合适于这种病毒发生作用的特定软硬件环境，即某一种病毒只能在某一种特定的操作系统和硬件平台上运行，而不可能在所有的操作系统和硬件平台上都能实施攻击功能。例如，攻击 UNIX 操作系统的病毒只能对 UNIX 系统有效，对 Windows、Macintosh 等操作系统就不起作用。

（7）衍生性。计算机病毒的制造者可以依据个人的主观愿望，对某一个已知的病毒程序做出修改而衍生出另外一种或多种“来源于同一种病毒，而又不同于源病毒程序的病毒程序”，通常把这样的一类程序称为“计算机病毒的变体”。

（8）夺取系统的控制权。正常程序的运行一般经过“用户调用－由系统分配资源－完成用户交付任务”3 个阶段。病毒程序具有正常程序的所有特征，只不过它被链接在受感染的程序中。而病毒程序在系统中的运行则是“做初始化工作－在内存中寻找传染目标－夺取系统控制权－完成传染破坏活动”。

这也就是说，病毒实施传染破坏活动的前提是必须取得系统的控制权。某些反病毒技术正是抓住计算机病毒的这一特点，提前取得系统的控制权来阻止病毒对系统控制权的获取，然后识别计算机病毒的代码和行为。

（9）依附性。当且仅当计算机病毒程序依附于系统内某个合法的可执行程序时，病毒程序才有可能被执行。

（10）不可预见性。由于不同种类的计算机病毒程序千差万别，计算机科学技术的日益进步以及新的病毒技术的不断涌现，加大了对未知病毒的预测难度，使得反病毒软件的预防措施和技术手段总是滞后于病毒产生的速度，造成了计算机病毒的不可预见性。

（二）计算机病毒的破坏行为

不同病毒有不同的破坏行为，其中有代表性的行为如下：

①攻击系统数据区：即攻击计算机硬盘的主引导扇区、Boot 扇区、FAT 表、文件目录等内容。一般来说，攻击系统数据区的病毒是恶性病毒，受损的数据不易恢复。

②攻击文件：删除文件、修改文件名称、替换文件内容、删除部分程序代码等。

③攻击内存：其攻击方式主要有占用大量内存、改变内存总量、禁止分配内存等。

④干扰系统运行：不执行用户指令、干扰指令的运行、内部栈溢出、占用特殊数据区、时钟倒转、自动重新启动计算机、死机等。

⑤速度下降：不少病毒在时钟中纳入了时间的循环计数，迫使计算机空转，计算机速度明显下降。

⑥攻击磁盘：攻击磁盘数据、不写盘、写操作变读操作、写盘时丢字节等。

⑦扰乱屏幕显示：字符显示错乱、跌落、环绕、倒置、光标下跌、滚屏、抖动、吃字符等。

⑧攻击键盘：响铃、封锁键盘、换字、抹掉缓存区字符、重复输入。

⑨攻击喇叭：发出各种不同的声音，如演奏曲子、警笛声、炸弹噪声、鸣叫、咔咔声、嘀嗒声。

⑩攻击 CMOS：对 CMOS 区进行写入操作，破坏系统 CMOS 中的数据。

⑪干扰打印机：间断性打印、更换字符等。

（三）计算机病毒的传播途径

①通过不可移动的计算机硬件设备进行传播（即利用专用 ASIC 芯片和硬盘进行传播）。这种病毒虽然极少，但破坏力却极强，目前尚没有较好的检测手段对付。

②通过移动存储设备来传播（包括移动硬盘、U 盘等）。其中 U 盘是使用最广泛、移动最频繁的存储介质，因此也成了计算机病毒寄生的“温床”。

③通过计算机网络进行传播。随着 Internet 的高速发展，计算机病毒也走上了高速传播之路，现在通过网络传播已经成为计算机病毒的第一传播途径。

④通过点对点通信系统和无线通道传播。

（四）计算机病毒的预防与清除

1. 计算机病毒的预防

（1）安装真正有效的杀毒软件，并经常进行升级。

高效的杀毒软件能对计算机计算机资源、程序等进行监控，一旦发现可疑的程序会及时提示、隔离甚至清除。用户在收到提示后也可采取一定的预防措施。

（2）经常对系统软件进行升级、打补丁。

利用杀毒软件，可以对计算机系统进行漏洞扫描，查出系统漏洞，并给系统打补丁，使系统更健壮，不给病毒可趁之机。

（3）对系统盘的重要数据及用户重要数据进行备份盘，防患于未然。将用户数据与系统盘分开。

（4）对外来程序、数据等要使用尽可能多的查毒软件进行检查（包括从硬盘、U 盘、局域网、Internet、E-mail 中获得的程序），未经检查的可执行文件不能复制到硬盘中，更不能使用。

（5）随时注意计算机的各种异常现象（如速度变慢、出现奇怪的文件、文件大小发生变化、内存减少等），一旦发现，应立即用杀毒软件仔细检查。

（6）对于安全要求高的环境如单位财务系统等，不允许带入 U 盘、移动硬盘，更不能利用内部系统随意上网。

（7）对于个人用户在系统打补丁后，可以考虑安装一键还原程序，并对系统进行备份。

2. 计算机病毒的清除

（1）重启计算机，按 F8 键进入“带网络的安全模式”。目的是不让病毒程序启动，又可以对 Windows 升级打补丁和对杀毒软件升级。一般的杀毒软件都能进行系统漏洞扫描，并能自动进行系统漏洞修复，图 1-5 是 360 安全卫士的应用程序窗口，单击“修复漏洞”选项卡中“重新扫描”按钮，可以扫描出系统漏洞情况，单击“立即修复”按钮，系统会自动下载补丁修复漏洞。其他杀毒软件的使用方法与此软件类似。

图 1-5 360 安全卫士窗口

（2）在线杀毒。正版杀毒软件都提供在线杀毒，利用在线杀毒将病毒清除。

（3）手工杀毒。以病毒现象、特征为关键字，利用搜索引擎进行搜索，按照高手指导，一步一步手动将病毒清除。

（4）一键还原。在计算机系统刚装好时，利用一键还原程序备份系统，当发现病毒后，如果用杀毒软件清除不了病毒，可用一键还原程序还原系统。还原后再将杀毒软件升级、打补丁，重新备份系统盘。

（5）重装系统。如果系统瘫痪了，在用尽各种办法之后仍不能恢复系统时，只能重装系统。在重装系统时，一定要完全格式化系统盘而不能用快速格式化系统盘。安装好系统后安装杀毒软件、打补丁，对其他盘进行杀毒，安装一键还原程序，备份系统盘。

任务四 计算机组件选购与组装技巧

微型计算机由多个零部件组成，主要包括中央处理器（CPU）、主板、内存、硬盘、光驱、机箱、电源、显卡、显示器、键盘、鼠标等。

（一）计算机组件选择

1. 中央处理器

中央处理器（Central Processing Unit，CPU），CPU 是计算机中的核心部件，是整个计算机的控制指挥中心，CPU 是作为整个计算机系统的核心，其性能大致上反映了它所配置的计算机的性能。

（1）CPU 的主要性能指标。

主频：主频即 CPU 内核工作的时钟频率（CPU Clock Speed），单位是兆赫（MHz）或千兆赫（GHz）。CPU 的主频＝外频×倍频系数。CPU 的主频不代表 CPU 的速度，但提高主频对于提高 CPU 运算速度却是至关重要的。

外频：外频是 CPU 的基准频率，单位是 MHz。CPU 的外频决定着整块主板的运行速度。

倍频系数：倍频系数是指 CPU 主频与外频之间的相对比例关系。

前端总线（FSB）频率：前端总线频率（即总线频率）是直接影响 CPU 与内存直接数据交换速度。

缓存：缓存大小也是 CPU 的重要指标之一，而且缓存的结构和大小对 CPU 速度的影响非常大，CPU 内缓存的运行频率极高，一般是和处理器同频运作，工作效率远远大于系统内存和硬盘。

核心数量：多核处理器就基于单个半导体的一个处理器上拥有多个一样功能的处理器核心，即将多个物理处理器核心整合入一个内核中。理论上拥有更多内核的处理器将会拥有更快的处理速度，因为 CPU 能够在相同时间内处理更多的任务。

制造工艺：蚀刻尺寸是制造设备在一个硅晶圆上所能蚀刻的一个最小尺寸，是 CPU 核心制造的关键技术参数。在制造工艺相同时，晶体管越多处理器内核尺寸就越大，一块硅晶圆所能生产的芯片的数量就越少，每颗 CPU 的成本就要随之提高。反之，如果更先进的制造工艺，意味着所能蚀刻的尺寸越小，一块晶圆所能生产的芯片就越多，成本也就随之降低。现在市场上常见的有 65 纳米、45 纳米、32 纳米和 22 纳米。目前市场上的主流 CPU 推荐两款如表 1-3 所示。Intel 酷睿 i9 CPU 如图 1-6 所示。

图 1-6　Intel 酷睿 i9 CPU

表 1-3　主流 CPU 参数

产品名称	主频	接口类型	核心数量	制造工艺
Intel 酷睿 i7 8700	3.0GHz～4.5GHz	LGA 1151	六核	14 纳米
AMD Ryzen 7 1800X	3.6GHz	Socket AM4(1331)	八核	14 纳米

CPU 的质量在一定程度上决定着计算机的档次。在选择 CPU 时，应该熟悉它的主要技术指标。主要原则是性价比高，够用就好。另外，市场上存在一些通过将低端 CPU 进行 Remark 冒充高端的 CPU，购买时注意不要购买这类"假 CPU"。

2. 主板

主板，又叫主机板（mainboard）、系统板（systemboard）或母板（motherboard），它安装在机箱内，是微机最基本的也是最重要的部件之一。典型的主板结构如图 1-7 所示。

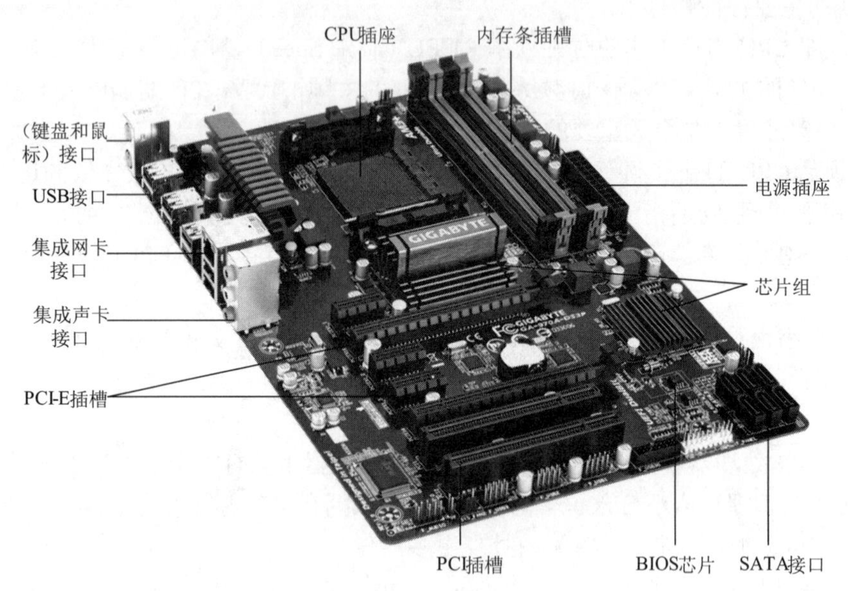

图 1-7 典型的主板结构

（1）主板的主要性能指标。

芯片组：芯片组（Chipset）是主板的核心组成部分，如果说中央处理器（CPU）是整个计算机系统的心脏，那么芯片组将是整个身体的躯干。对于主板而言，芯片组几乎决定了这块主板的功能，进而影响到整个计算机系统性能的发挥，芯片组是主板的灵魂。芯片组从功能上由两个部分——北桥芯片和南桥芯片组成。

北桥芯片：北桥芯片提供对 CPU 的类型和主频、内存的类型和最大容量、ISA/PCI/AGP 插槽、ECC 纠错等支持。

南桥芯片：南桥芯片则提供对 KBC（键盘控制器）、RTC（实时时钟控制器）、USB（通用串行总线）、Ultra DMA/33(66)EIDE 数据传输方式和 ACPI（高级能源管理）等的支持。

其中北桥芯片起着主导性的作用，也称为主桥（Host Bridge）。

支持 CPU 类型：是指能在该主板上所采用的 CPU 类型。只有购买与主板支持 CPU 类型相同的 CPU，二者才能配套工作。

CPU 插槽类型：CPU 需要通过某个接口与主板连接才能进行工作。CPU 经过这么多年的发展，采用的接口方式有引脚式、卡式、触点式、针脚式等。不同类型的 CPU 具有不同的 CPU 插槽，因此选择 CPU，就必须选择带有与之对应插槽类型的主板。

支持内存类型：支持内存类型是指主板所支持的具体内存的类型。不同的主板所支持的内存类型是不相同的。目前主板常见的有 DDR2、DDR3 内存。

集成显卡：集成显卡是指芯片组内集成显示芯片，使用这种芯片组的主板可以在不需要独立显卡的情况下实现普通的显示功能，以满足一般的家庭娱乐和商业应用，节省用户购买显卡的开支。

目前市场上的两款主流主板参数如表 1-4 所示。

表 1-4　主流主板参数

产品名称	CPU 插槽	支持 CPU 类型	北桥芯片	内存插槽	集成显卡
华硕 ROG Maximus VIII Hero(M8H)	LGA 1150	Core 六代 i7/i5/i3	Intel Z170	4 个 DDR4 DIMM	视 CPU 而定
技嘉 X470 AORUS GAMING 5 WIFI	AM4	支持 Ryzen 3/5/7，Athlon X4 系列处理器	AMD X470	4 个 DDR4 DIMM	视 CPU 而定

（2）主板选购指南。性能优良的主板能将 CPU、内存等相关部件的性能和潜力更好地发挥出来，在选购的过程中，我们要注意以下事项：

①制造工艺。主板采用了多少层的印刷电路板。主板的做工是否精细，焊点是否整齐标准，走线是否简洁清晰；设计结构布局是否合理，是否有利于其他配件的散热；主板所选用的电容、电阻等元件，一般来说好的主板在 CPU 插槽和显卡插槽附近使用大量高容量的电容。

②芯片组的选择。芯片组是主板的灵魂，对系统性能的发挥影响很大。不同的芯片组，性能有较大的差别。如果计算机处理 3D 图像较少的话，可以考虑整合显卡的芯片组。

③升级和扩充。一般来说，买主板时都要考虑计算机和主板将来升级扩展的能力，比如扩充内存和增加扩展卡、升级 CPU 等方面的能力。主板插槽越多，扩展能力就越好，价格也更贵。

④注意散热性。热量是 CPU 的杀手，直接影响其稳定性。CPU 插座和附近的电容距离不能太近。

此外，还要考虑 BIOS 的调节能力、留意主板的特色能力、附带的驱动机器补丁是否完整等因素。

3. 内存

内存（Memory）是计算机中重要的部件之一，它是与 CPU 进行沟通的桥梁。内存一般采用半导体存储单元，包括随机存储器（RAM）、只读存储器（ROM）以及高速缓存（Cache）。

（1）内存的主要性能指标。

内存类型：不同类型的内存传输类型各有差异，在传输率、工作频率、工作方式、工作电压等方面都有不同。目前市场中主要有的内存类型有 DDR、DDR2 和 DDR3 三种，其中 DDR3 内存占据了市场的主流。DDR3 内存如图 1-8 所示。

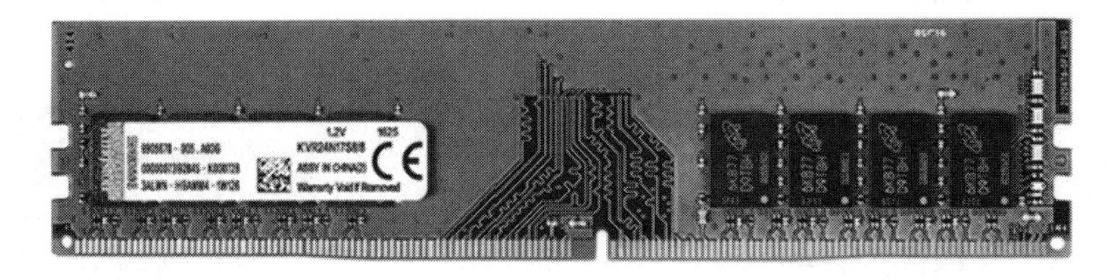

图 1-8　典型的 DDR3 内存条

主频：内存主频和 CPU 主频一样，习惯上被用来表示内存的速度，它代表着该内存所能达到的最高工作频率。内存主频是以兆赫（MHz）为单位来计量的。目前较为主流的内存频率是 800MHz 的 DDR2 内存，以及 1333MHz 和 1600MHz 的 DDR3 内存。

接口类型：接口类型是根据内存条金手指上导电触片的数量来划分的，金手指上的导电触片也习惯称为针脚数（Pin）。因为不同的内存采用的接口类型各不相同，而每种接口类型所采用的针脚数各不相同。例如 DDR、DDR2 和 DDR3 的接口是不同的。目前市场上的主流内存如表 1-5 所示。

表 1-5 主流内存参数

产品名称	内存类型	内存主频	内存总容量
金士顿 DDR4 2400 16G	DDR 4	DDR4 2400	16G
金士顿骇客神条 Fury DDR4 2400	DDR 4	DDR4 2400	8G

（2）内存选购指南。内存是计算机中最关键的部件之一，其质量和稳定性直接影响着计算机的工作，我们在选购的时候要注意以下几个问题。

①按需购买。目前对于一般办公使用 2G 内存就足够，如果经常需要进行快速复杂的计算可以选择 4G 以上的内存。

②查看外观。正品内存表面字迹印刷和内存条的内存芯片表面上字体的标号很清晰，没有任何磨过的痕迹，即使用手指也很难磨掉。内存右侧有 CRL 全国联保标签。

③看品牌。目前市场上比较可靠的内存品牌主要有胜创、金士顿、威刚、宇瞻、黑金刚、海盗船、三星等。

④售后服务。品质好的内存通常有精美的独立包装，如果选择用橡皮筋扎成一捆进行销售的内存条，虽然能够使用，但通常没有完善的售后服务，一旦出现故障，售后服务很难保证。

4. 外存储器

外储存器是指除计算机内存及 CPU 缓存以外的储存器，此类储存器一般断电后仍然能保存数据。常见的外储存器有硬盘、光盘、U 盘等。

（1）硬盘。现在市面上的硬盘分为机械硬盘、固态硬盘、混合式硬盘。

机械硬盘（HDD）属于磁性硬盘，具有磁盘容量大、读写速度（比软驱、光驱）快，价格便宜、密封性好、可靠性高、数据可恢复、使用寿命长等特点。如图 1-9 所示。

固态硬盘（SSD）使用固态电子存储芯片阵列而制成的硬盘，功能及使用方法上与普通硬盘完全相同，在产品外形和尺寸上也完全与普通硬盘一致，具有传统机械硬盘不具备的快速读写、不怕震动、无噪音，发热低以及体积小等特点，但其价格仍较为昂贵，容量较低，一旦硬盘有损坏，数据较难恢复。也有人认为固态硬盘的耐用性（寿命）相对较短。如图 1-10 所示。

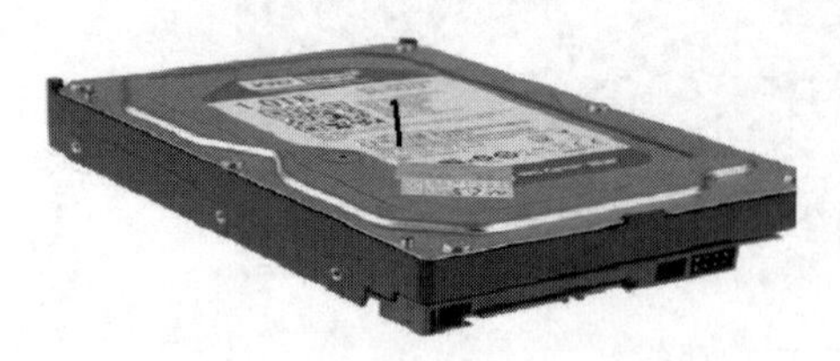

图 1-9 机械硬盘（HHD）

图 1-10 固态硬盘（SSD）

混合硬盘（HHD）是把磁性硬盘和闪存集成到一起的一种硬盘，结合闪存与硬盘的优势，完成 HDD+SSD 的工作，将小尺寸、经常访问的数据放在闪存上。而将大容量、不常访问的数据存储在磁盘上。提高总体存取速度，降低成本，同时，更显著提高了硬盘的使用寿命。安全稳定性也大大提高，目前市场上的主流硬盘参数如表 1-6 所示。

表 1-6　主流硬盘参数

产品名称	容量	接口标准	缓存容量	转速
西部数据 HUS728T8TALA6L4	10T	S-ATA	256M	7200rpm
希捷 ST2000NM0008	2T	S-ATA	128M	7200rpm
西部数据 WDS240G1G0A（固态硬盘）	240G	S-ATA		

（2）硬盘选购指南。选购硬盘时，考虑的基本因素主要是接口、容量、速度、稳定性、缓存、发热问题和售后服务。

5. CD/DVD 光驱、刻录机和光盘

光驱是用来读写光碟内容的机器，是台式机里比较常见的一个配件。目前市场上的光驱可分为 CD-ROM 驱动器、DVD 光驱（DVD-ROM）、康宝（COMBO）刻录机等。目前市场上的主流光驱推荐如表 1-7 所示。

表 1-7　主流光驱参数

产品名称	光驱类型	接口类型	缓存容量
先锋 DVD	DVD-ROM	SATA	198K
先锋 DVR	DVD+/-RW	SATA	2M

6. 显卡

显卡全称显示接口卡（Video card，Graphics card），又称为显示适配器（Video adapter），是个人电脑最基本组成部分之一。显卡是将计算机系统所需要的显示信息进行转换驱动，并向显示器提供行扫描信号，控制显示器的正确显示，是连接显示器和个人电脑主板的重要元件，是“人机对话”的重要设备之一。民用显卡图形芯片供应商主要包括 AMD（ATI）和 NVIDIA（英伟达）两家。如图 1-11 所示。

图 1-11　典型的显卡结构

（1）显卡的主要性能指标。显示芯片：是显卡的核心芯片，它的性能好坏直接决定了显卡性能的好坏，它的主要任务就是处理系统输入的视频信息并将其进行构建、渲染等工作。显示主芯片的性能直接决定了显示卡性能的高低。不同的显示芯片，不论从内部结构还是其性能，都存在着差异，而其价格差别也很大。显示芯片在显卡中的地位，就相当于计算机中 CPU 的地位，是整个显卡的核心。

显存容量：是显卡上本地显存的容量数，这是选择显卡的关键参数之一。显存容量的大小决定着显存临时存储数据的能力，在一定程度上也会影响显卡的性能。目前市场上的几款主流显卡如表 1-8 所示。

表 1-8 主流显卡参数

产品定位	产品名称	芯片型号	输出接口	显存容量	显存类型	核心频率	显存频率
低端入门	铭瑄 GTX1050 巨无霸 2G	NVIDIA GeForce GTX 1060	1×DVI-D 接口，1×HDMI 接口，3×Display Port 接口	3072M	GDDR 5	Base 模式：1506-1708MHz，Boost 模式：1594-1847MHz	8008MHz
中端主流	七彩虹 iGame1060 烈焰战神 U-3GD5 Top	NVIDIA GeForce GTX 1060	1×DVI-D 接口，1×HDMI 接口	3072M	GDDR 5	Base 模式：1506-1708MHz，Boost 模式：1594-1847MHz	8008MHz
高端发烧	蓝宝石 RX580 8G D5 超白金 OC	AMD Radeon RX580	1×DVI-D 接口，2×HDMI 接口	8G	GDDR 5	1411-1340MHz	7000MHz

（2）显卡的选购指南。显卡的性能直接影响着主机的性能和显示器的显示效果，同时显卡质量的好坏还与计算机的稳定性有着紧密的关系，因此对显卡的选购必须认真对待。我们在选购时考虑的主要因素是：按需购买、依据显卡的性能选择、显存容量、数据传输带宽（显存带宽）、刷新频率和品牌与售后服务。

7. 显示器

显示器是属于计算机的 I/O 设备，即输入输出设备。它可以分为 LED、LCD、等离子等多种。表 1-9 是两款当前主流显示器。

表 1-9 两款主流显示器

产品名称	尺寸	点距	屏幕比例	接口类型	分辨率	响应速度
飞利浦 276E8FJAB	27 英寸	0.233mm	16:9	HDMI，DisPlay port	2560×1440	4ms
三星 S27D360H	27 英寸	0.311mm	16:9	15 针 D-Sub(VGA)，HDMI，音频输出（耳机接口）	1920×1080	5ms

在选购显示器的时候我们主要考虑的是：显示的性能指标（最大分辨率和刷新率）、用途、显示器认证和品牌与售后服务。

8. 声卡和网卡

声卡是多媒体技术中最基本的组成部分，是实现声波/数字信号相互转换的一种硬件。目前很多主板上都集成了声卡。

网卡也叫网络适配器（Network Interface Card，NIC），是计算机接入网络（局域网、广域网）最基本的部件之一，它是连接计算机与网络的硬件设备。

网卡速率是指网卡每秒钟接收或发送数据的能力，单位是 Mbps（兆位/秒）。目前主流的网卡主要有 10Mbps 网卡、100Mbps 以太网卡、10Mbps/100Mbps 自适应网卡、1000Mbps 千兆以太网卡以及最新出现的万兆网卡五种。对于一般家庭用户选购 100Mbps 或者 10Mbps/100Mbps 自适应网卡即可。

9. 机箱和电源

机箱作为电脑配件中的一部分，它起的主要作用是放置和固定各电脑配件，起到一个承托和保护作用，此外，电脑机箱具有电磁辐射的屏蔽的重要作用。我们的在选购机箱的时候主要考虑机箱的散热性、机箱设计是否精良，是否容易维护和机箱是否用料足（用料足的机箱比较重）。

电源是向电子设备提供功率的装置，也称电源供应器，它提供计算机中所有部件所需要的电能。电源功率的大小，电流和电压是否稳定，将直接影响计算机的工作性能和使用寿命。

电源选购指南：

①电源重量。好的电源一般比较重一些。

②从外壳散热窗往里看，质量好的电源采用铝或铜散热片，而且较大、较厚。

③电源铭牌，通过电源铭牌可以了解到电源的型号、功率、认证等基本的性能指标性息。

（二）计算机选购配置方案

下面从高、中、低三种用户的角度考虑推荐高、中、低三套计算机选购配置方案如表 1-10、表 1-11、表 1-12 所示。

表 1-10　高端游戏平台推荐配置

配件名称	品牌型号	数量
CPU	Intel 酷睿 i7 8700K	1
主板	华硕 ROG Maximus VIII Hero(M8H)	1
内存	金士顿 DDR4 2400 16G	2
硬盘	西部数据 HUS728T8TALA6L4，WDS240G1G0A（固态硬盘）	1
显卡	蓝宝石 RX580 8G D5 超白金 OC	1
显示器	飞利浦 276E8FJAB	1
电源	航嘉多核 R85	1

表 1-11　中端多媒体平台推荐配置

配件名称	品牌型号	数量
CPU	Intel 第六代 i7 6700	1
主板	华硕 B150M-ET DDR4 主板	1
内存	金士顿 8G DDR4 2133	2
硬盘	西部数据 HUS722T2TALA604	1
显卡	Skylake HD530	1
显示器	三星 S27D360H	1
电源	航嘉多核 R85	1

表 1-12 学生入门平台推荐配置

配件名称	品牌型号	数量
CPU	Intel Core i5 760/盒装	1
主板	华硕 P7H55-M	1
内存	宇瞻 DDR3 1333	2
硬盘	西部数据 1T 64M 蓝盘	1
显卡	盈通 R5770-1024GD5 游戏高手	1
显示器	DELL U2311H	1
电源	康舒 IP Power+ 430 加强版	1

（三）计算机组件组装

1. 计算机组装的注意事项

（1）由于人体带有静电，而静电对电子器件很容易造成损伤，所以在装机前，一定要先清除身上的静电。比如，用手触摸一下与地相接触的金属物体或者用水洗一下手，当然若有条件的话可以佩戴防静电环。

（2）在装机过程中，一定要注意对计算机的各个部件轻拿轻放，不要碰撞，更不能掉到地上。

（3）在安装主板时一定要稳固，防止主板变形，不然就有可能对主板上的电子线路造成损伤。

2. 计算机组装的基本步骤

在装机前，还要对装机的步骤有所了解，这样就可以有条不紊地进行装机。其装机步骤如下（可以具体看哪种操作方便，就先进行哪种操作）。

（1）电源的安装，主要是将电源安装在机箱里。

（2）CPU 与 CPU 散热风扇的安装，在主板上的处理器插槽上装上 CPU，并且安装上散热风扇。

（3）内存的安装，将内存条插入到主板的内存插槽中。

（4）主板的安装，将主板安装在机箱主板上。

（5）显卡、声卡与网卡的安装，在主板上找到合适的插槽后，将显卡、声卡与网卡插入。

（6）驱动器的安装，这里主板是对硬盘驱动器和光盘驱动器进行安装。

（7）连接线缆和输入/输出设备的安装，主要进行机箱内部相关线缆的连接以及输入/输出设备与机箱之间的连接。

思考与练习

单选题

1. 第一台电子计算机是 1946 年在美国研制的，该机的英文缩写名是（　　）。

A．EDVAC　　B．ENIAC　　C．DESAC　　D．MARK-II

2．主存储器有 ROM 和 RAM，计算机突然停电后，存储信息就会丢失的是（　　）。

A．外存储器　　B．只读存储器　　C．寄存器　　D．随机存取存储器

3．微型计算机中运算器的主要功能是进行（　　）。

A．算术运算　　B．逻辑运算

C．算术和逻辑运算　　D．初等函数运算

4．下列描述中，错误的是（　　）。

A．多媒体技术具有集成性和交互性等特点

B．通常计算机的存储容量越大，性能越好

C．计算机的字长一定是字节的整数倍

D．各种高级语言的编译程序属于应用软件

5．通常将微型计算机的运算器、控制器及内存储器称为（　　）。

A．CPU　　B．微处理器　　C．主机　　D．微机系统

6．显示器的（　　）越高，显示的图像越清晰。

A．对比度　　B．亮度　　C．对比度和亮度　　D．分辨率

7．一个完整的计算机体系包括（　　）。

A．主机、键盘和显示器　　B．计算机与外部设备

C．硬件系统和软件系统　　D．系统软件与应用软件

8．在 ASCII 码表中，ASCII 码值从小到大的排列顺序是（　　）。

A．小写英文字母、大写英文字母、数字

B．大写英文字母、小写英文字母、数字

C．数字、大写英文字母、小写英文字母

D．数字、小写英文字母、大写英文字母

9．计算机可以直接执行的语言是（　　）。

A．自然语言　　B．汇编语言　　C．机器语言　　D．高级语言

10．操作系统是（　　）的接口。

A．主机与外设　　B．用户与计算机

C．系统软件与应用软件　　D．高级语言与低级语言

11．在计算机中，所有信息的存放与处理采用（　　）。

A．ASCII 码　　B．二进制　　C．十六进制　　D．十进制

12．在汉字国标码字符集中，汉字和图形符号的总个数为（　　）。

A．3755　　B．3008　　C．7445　　D．6763

13．将十进制数 215.6531 转换成二进制数是（　　）。

A．11110010.000111　　B．11101101.110011

C．11010111.101001　　D．11100001.111101

14．二进制 1110111 转换成十六进制数为（　　）。

A．77　　B．D7　　C．E7　　D．F7

15．十进制 269 转换为十六进制数为（　　）。

A．10E　　B．10D　　C．10C　　D．10B

16．多媒体计算机中所说的媒体是指（　　）。
A．存储信息的载体　　B．信息的表示形式
C．信息的编码方式　　D．信息的传输介质

17．图像数据压缩的目的是（　　）。
A．为了符合 ISO 标准　　B．为了符合各国的电视制式
C．为了减少数据存储量，利于传输　　D．为了图像编辑的方便

18．计算机病毒是指（　　）。
A．带细菌的磁盘　　B．已损坏的磁盘
C．具有破坏性的特制程序　　D．被破坏了的程序

19．下面有关计算机病毒的叙述中，不正确的是（　　）。
A．计算机病毒会破坏计算机系统
B．将软盘格式化可以清除病毒
C．有些病毒可以写入贴上了写保护标签的软盘
D．现在的计算机经常是带病毒运行的

20．计算机病毒是可以造成计算机故障的（　　）。
A．一块特殊芯片　　B．一种微生物
C．一种特殊的程序　　D．一个程序逻辑错误

第2单元　Windows 7的使用

学习目标

- 能对计算机进行初步维护
- 能对用户账户进行管理
- 会对文件（夹）进行日常操作和管理

任务一　Windows 7的基本操作

操作系统是人机对话的平台，人们通过操作系统，可以指挥计算机按照人们的意愿进行运作；购买电脑硬件后，选择并安装一个合适的操作系统是必备的流程。Windows 7，中文名称视窗7，是由微软公司（Microsoft）开发的操作系统，内核版本号为Windows NT 6.1。Windows 7可供家庭及商业工作环境的台式电脑、笔记本电脑、平板电脑、多媒体中心等使用。

Windows 7可供选择的版本有：入门版（Starter）、家庭普通版（Home Basic）、家庭高级版（Home Premium）、专业版（Professional）、企业版（Enterprise）（非零售）、旗舰版（Ultimate）。

2009年7月14日，Windows 7正式开发完成，并于同年10月22日正式发布。10月23日，微软于中国正式发布Windows 7。2015年1月13日，微软正式终止了对Windows 7的主流支持，但仍然继续为Windows 7提供安全补丁支持，直到2020年1月14日正式结束对Windows 7的所有技术支持。

案例1　计算机维护

小王是大学一年级的新生，为了方便学习，小王在师兄的陪同下到电脑城买了一台新电脑，该电脑预安装的操作系统是Windows 7，小王对Windows 7的操作不熟悉，就向师兄请教，师兄根据小王的情况，安排小王自学并完成下列基本任务：

（1）根据电脑显示器的实际分辨率，选择合适的分辨率；

（2）根据自己的喜好，设置屏幕的背景的视觉效果和声音；

（3）查看该电脑的CPU型号、内存容量、操作系统版本，并确认是否是64位操作系统；

（4）在电源选项中，设置暂停操作（5分钟后关闭显示器），15分钟后使计算机进入睡眠状态；

（5）校正电脑的显示日期、时间；

（6）查看电脑中预装的应用程序，发现没用的程序，将其卸载掉；

（7）查看电脑中预装的输入法，将最常用的输入法设为默认输入法，将不常用到的输入法删除；

（8）为电脑添加一台打印机；

（9）为管理员用户设置登录密码，并设置密码的提醒内容；

（10）利用截图软件或画图工具，将广东轻工职业技术学院官网（http://www.gdqy.edu.cn）主页中的校名及其英文名称截取下来并保存在桌面，文件名为“广轻.jpg”。

1．案例分析

本案例主要涉及电脑的基本维护，用户需要了解 Windows 7 的工作界面，相关的操作主要在控制面板中完成。

2．相关知识点

（1）认识 Windows 7 桌面。Windows 7 正常启动后，展示在用户面前的界面就是桌面，用户完成的各种操作都是在桌面上进行的，它包括桌面背景、桌面图标、“开始”按钮和“任务栏”等 4 部分。如图 2-1 所示。

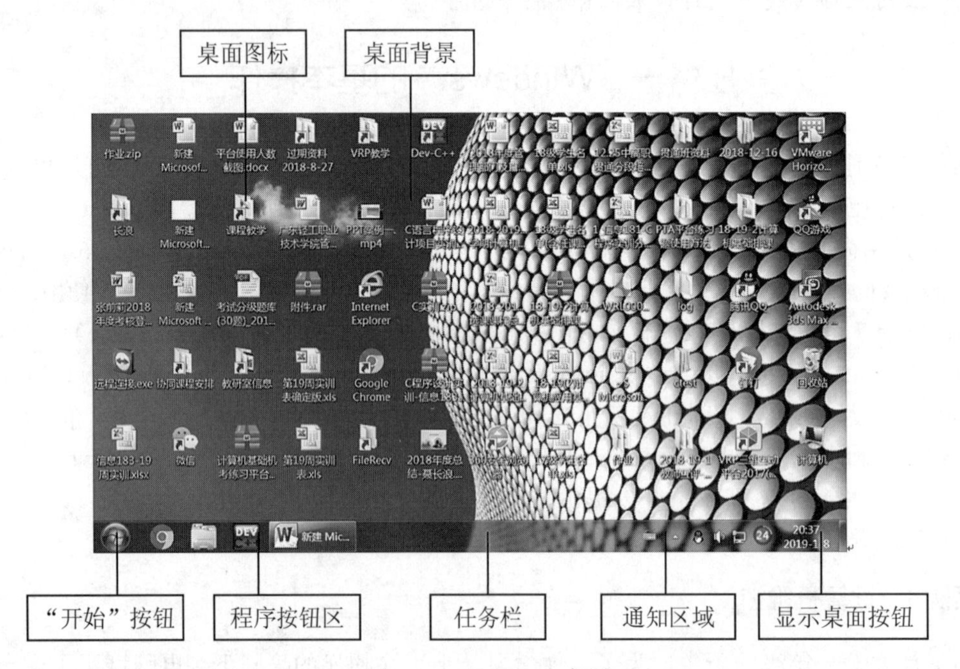

图 2-1　Windows 7 桌面

1）桌面背景：桌面背景是指 Windows 桌面的背景图案，又称为桌布或者墙纸，用户可以根据自己的喜好更改桌面的背景图案。在桌面空白处右击，从弹出的快捷菜单中选择“个性化”菜单项，弹出“更改计算机上的视觉效果和声音”窗口，便可以设置 Windows 7 桌面主题。在桌面空白处右击，从弹出的快捷菜单中选择“屏幕分辨率”菜单项，便可打开“更改显示器外观”窗口，通过 “检测”及“识别”，便可得到系统推荐的分辨率，并加以选定并确认即可设定好合适的显示器分辨率。

2）桌面图标：桌面图标是由一个形象的小图片和说明文字组成，图片是它的标识，文字则表示名称或功能。在 Windows 7 中，所有的文件、文件夹以及应用程序都用图标来形象地表示，双击这些图标，就可以快速地打开文件文件夹或者应用程序。

3）“开始”按钮：“开始”按钮可以打开“开始”菜单，“开始”菜单是计算机程序、文件夹和设置的主通道，在“开始”菜单中，几乎可以找到所有的应用程序，方便用户进行各种操作。Windows 7 系统的“开始”菜单是由“固定程序”列表、“常用程序”列表、“所有程序”列表、“搜索”框、“启动”菜单、“关闭选项”按钮区等组成。其中“所有程序”列表包含了系统中安装的所有应用程序，用户可以在这里打开所想要打开的应用程序；使用“搜索”框是在计算机上查找项目的最便捷方法之一；“关闭选项”按钮包含“关机”和“关闭选项”按钮，单击“关机”即关闭计算机，单击“关闭选项”按钮，便弹出关闭选项列表，其中包含“切换用户”“注销”“锁定”“重新启动”和“休眠”等选项。

4）任务栏：任务栏是位于屏幕底部的水平长条，与桌面不同的是，桌面可以被打开的窗口覆盖，而任务栏几乎始终可见，它主要由“程序按钮区”“通知区域”和“显示桌面”按钮三部分组成。

5）程序按钮区：主要放置的是已打开窗口的最小化按钮，单击这些按钮，就可以在窗口间切换，Windows 7 是多任务的操作系统，但在任一刻只能有一个应用程序被激活，点击相应的应用程序按钮，便能激活相应的应用程序。

6）通知区域：位于任务栏的右侧，除了系统时钟、音量、网络和操作中心等一组系统图标以外，还包括一些正在运行的程序图标，或提供访问特定设置的途径，图标集取决于已安装的应用程序或服务，以及计算机制造商设置计算机的方式。将鼠标指针移向特定图标，会看到该图标的名称或某个设置的状态，有时通知区域中的图标会显示小的弹出窗口（称为通知），向用户通知某些信息。同时，用户也可以根据自己的需要设置通知区域的显示内容。

7）显示桌面按钮：位于任务栏的最右侧，可快速地将所有已打开的窗口最小化，这样查看桌面文件就会变得很方便。

（2）Windows 7 窗口。当用户打开程序、文件或者文件夹时，都会在屏幕上被称为“窗口”的框架中显示，在 Windows 7 中，几乎所有的操作都是通过窗口来实现，如资源管理器、Word、Excel、画图、记事本等工作界面，都是一个个窗口。因此，了解窗口的基本知识和操作方法是非常重要的。

在 Windows 7 中，虽然各个窗口的内容各不相同，但所有的窗口有一些共同点。一方面，窗口始终显示在桌面上。另一方面，大多数窗口都具有相同的基本组成部分。现在以资源管理器为例，介绍一下 Windows 7 窗口的组成：

右击“开始”按钮，在出现的快捷菜单上，单击“打开 Windows 资源管理器”，就能打开资源管理器窗口。窗口由控制按钮区、地址栏、搜索栏、菜单栏、导航窗格、工作区等部分组成。如图 2-2 所示。

1）控制按钮区：在控制按钮区，有三个窗口控制按钮，分为“最小化”按钮、“最大化”按钮和关闭按钮。

2）地址栏：地址栏显示文件和文件夹所在的路径，通过它也可以访问网上的资源。

3）搜索栏：将要查找的目标名称输入到搜索栏文本框中，然后按 Enter 键或者单击按钮即可。窗口搜索栏的功能和“开始”菜单的搜索框的功能相似，不过在此处只能搜索当前窗口范围内的目标。

4）菜单栏：一般来说，可将菜单分为快捷菜单和下拉菜单两种，在窗口菜单栏中存放的就是下拉菜单，每一项都是命令的集合，用户可以通过选择其中的菜单项进行操作。

5）导航窗格：导航窗格位于工作区的左边区域，通过导航窗格可以打开列表，还可以打开相应的窗口，方便用户随时准确地查找到相应的内容。

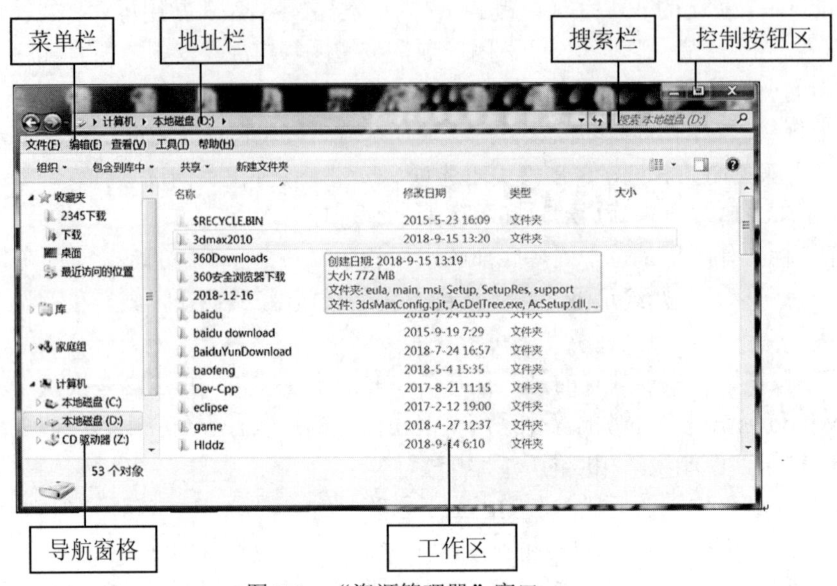

图 2-2　“资源管理器”窗口

6）工作区：工作区位于窗口的右侧，是整个窗口中最大的矩形区域，用于显示窗口中操作对象和操作结果，当窗口中显示的内容太多，而无法在一个屏幕内容中显示时，可以单击窗口右侧垂直滚动条两端的上箭头和下箭头，或者拖动滚动条，都可以使窗格的内容垂直滚动。

（3）Windows 7 对话框。可以将对话框看作是一个人机交流的媒介，当用户对对象进行操作时，会弹出一个对话框，以给出进一步说明、设置和操作的提示。

可以将对话框看作是特殊的窗口，其与普通的 Windows 窗口有相似之处，但它比一般的窗口更加简洁直观，对话框的大小是不可以改变的，并且用户只有在完成了对话框的要求操作后，才能进行下一步的操作。例如，在 Word 工作窗口中，单击“另存为”，打开“另存为”对话框，用户只有选择好文件保存路径、输入文件名，单击“保存”按钮后，或者单击“取消”或“关闭”按钮，才能进行下一步操作。如图 2-3 所示。

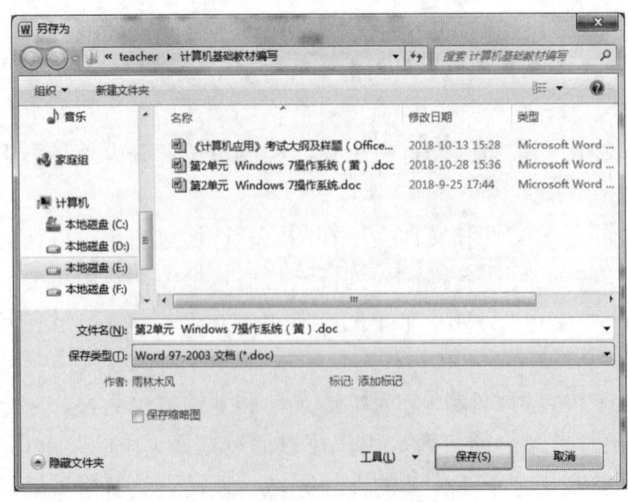

图 2-3　Windows 7 对话框

一般来说，对话框都是由标题栏、选项卡、组合框、文本框、列表框、下拉列表、文本框、微调框、命令按钮、单选按钮和复选框等部分组成。

（4）Windows 7 控制面板。控制面板是 Windows 图形用户界面一部分，它允许用户查看并操作基本的系统设置，比如卸载程序、电源管理、输入法添加及删除、硬件设备管理、用户管理等；可通过单击“开始”按钮在“开始”菜单访问。如图 2-4 所示。

图 2-4　Windows 7 控制面板

在“控制面板”窗口中，有三种查看方式，单击“查看方式”下拉列表，可以选择“类别”“大图标”“小图标”三种查看方式。

1）卸载或更改程序。Windows 7 上安装的应用程序，如果长期不用，可以将其卸载，以腾出空间，卸载程序的方法，可通过控制面板完成，打开“控制面板”窗口，单击“程序”按钮，便可打开“卸载或更改程序”窗口，在工作区中选择所要卸载的应用程序名称，单击“卸载”，便可将选定的应用程序卸载掉。

2）电源管理。用户在使用电脑过程中，如长时间不使用，可设置关闭电脑显示器的时间、待机时间，以节省能源；具体操作：在“控制面板”窗口中，将查看方式设置为“小图标”，单击“电源选项”按钮，即可进入“选择电源计划”窗口，单击“更改计划设置”，便可对显示器的亮度、关闭显示器的时间、使计算机进入睡眠状态的时间的进行设置。

3）输入法的添加及删除。在“控制面板”窗口中，将查看方式设置为“小图标”，单击“区域和语言”按钮，便可打开“区域和语言”对话框，单击“键盘和语言”选项卡，单击“更改键盘”，便可打开“文本服务和输入语言”对话框，在“常规”选项卡中，可以设置默认输入语言及添加或删除输入法；在“高级键设置”选项卡中，可以设置相应输入法的“输入语言的热键”，方便在录入时快捷选择相应的输入法。

4）硬件设备管理。在“控制面板”窗口中，将查看方式设置为“小图标”，单击“设备管理器”按钮，便可打开“设备管理器”窗口，在该窗口中，可以查看本电脑的硬件情况，并可卸载硬件、安装系统未能自动识别的硬件的驱动程序。

5）添加打印机。在“控制面板”窗口中，将查看方式设置为“小图标”，单击“设备和打印机”按钮，可打开“添加打印机”窗口，可通过单击“添加打印机”来添加打印机。

6）查看计算机的基本信息。在“控制面板”窗口中，将查看方式设置为“小图标”，单击“系统”按钮，可打开“查看有关计算机的基本信息”窗口，通过该窗口，可以查看所用Windows 操作系统的版本、系统所用的 CPU、安装的内存、操作系统的类型等信息。

7）用户账户管理。在“控制面板”窗口中，将查看方式设置为“小图标”，单击“用户账户”按钮，可打开“更改用户账户”窗口，在该窗口中，可以设置用户密码、更改用户名称，也可以添加和管理其他用户。

8）更改系统的日期和时间。在“控制面板”窗口中，将查看方式设置为“小图标”，单击“日期和时间”按钮，即可打开“日期和时间”对话框，在该对话框中，即可对系统的日期及时间进行修改。

（5）写字板。写字板是一个使用方便、功能强大的文字处理程序，用户可以利用它进行日常工作文件的编辑。它不仅可以进行中英文文档的编辑，还可以图文混排，插入图片、声音、视频剪辑等多媒体资料。写字板的打开方式：“开始”按钮→“所有程序”→“附件”→“写字板”。如图 2-5 所示。

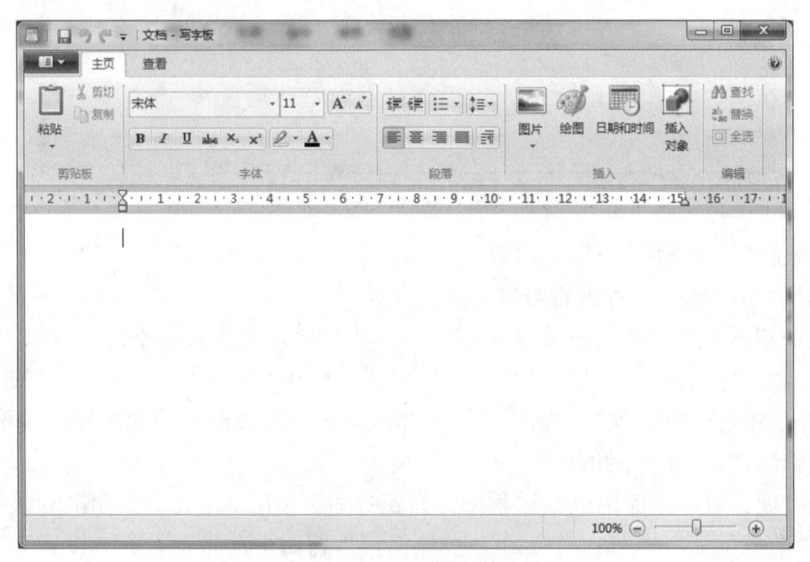

图 2-5 “写字板”窗口

写字板可以打开和保存文本文档（.txt）、多格式文本文档（.rtf）、Word 文档（.docx）和 OpenDocument Text 文档（.odt）。其他格式的文档会作为纯文本文档打开，但可能无法正常显示。

（6）记事本。记事本是一个基础的文本编辑程序，常用于查看或编辑文本文件。文本文件是由.txt 文件扩展名标识的文件类型。记事本用于纯文本文档的编辑，功能没有写字板强大，适于编写一些篇幅短小的文件。由于它使用方便、快捷、小容量，应用也是比较广泛的，如一些程序的 readme 文件通常是用记事本编辑、保存和打开的。记事本的打开方式："开始"按钮→"所有程序"→"附件"→"记事本"。如图 2-6 所示。

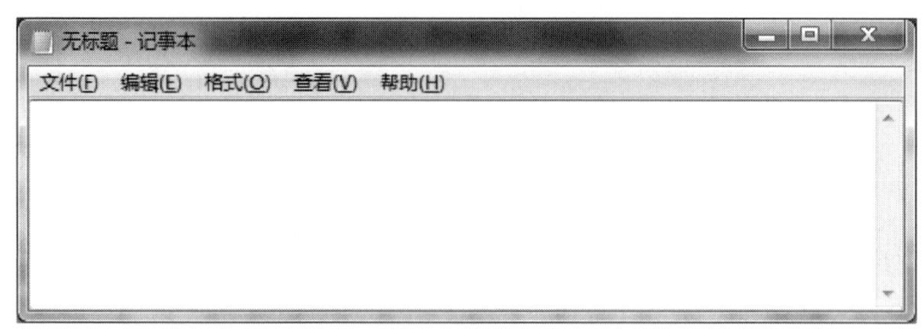

图 2-6　"记事本"窗口

（7）画图。画图是 Windows 7 中的一个软件，可在空白绘图区域或在现有图片上创建绘图。画图中的很多工具都可以在其功能区中找到，功能区位于窗口的项部；由于简单易用，Windows 7 中的画图程序是很多用户首选的图像处理工具，可以绘制线条、绘制各种形状、添加文本、截取图片等。画图的打开方式："开始"按钮→"所有程序"→"附件"→"画图"。如图 2-7 所示。

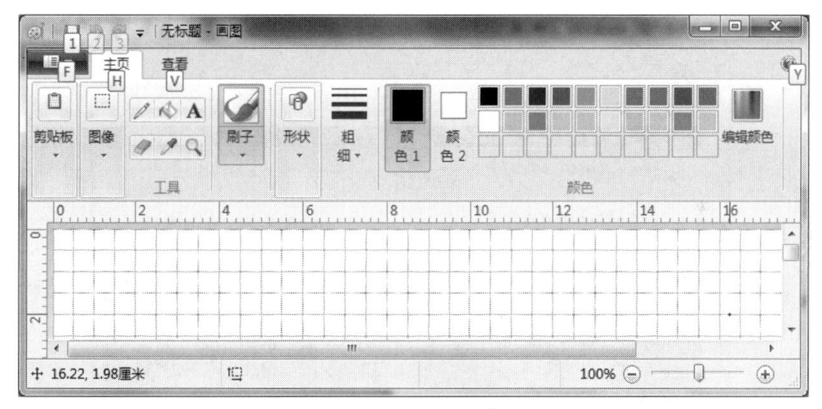

图 2-7　"画图"窗口

（8）截图工具。截图工具可以捕获桌面上任何对象的屏幕快照，例如图片或网页的某个部分。然后对其添加注释，保存或共享该图像。截图工具的打开方式："开始"按钮→"所有程序"→"附件"→"截图工具"。

用户可以截取整个窗口、屏幕上的矩形区域，或者使用鼠标手工绘制轮廓。如果使用配有触摸屏的电脑，也可使用手指进行绘制。然后，可以使用截图工具程序对图像进行批注、保存，或将其通过电子邮件发送。

用户可以使用截图工具捕获以下 4 种类型的截图：

（1）任意格式截图。围绕对象绘制任意格式的形状。

（2）矩形截图。在对象的周围拖动光标构成一个矩形。

（3）窗口截图。选择一个窗口，例如希望捕获的程序窗口或对话框。

（4）全屏幕截图。捕获整个屏幕。捕获截图后，程序会自动将其复制到剪贴板和截图工具的标记窗口。如图 2-8 所示。

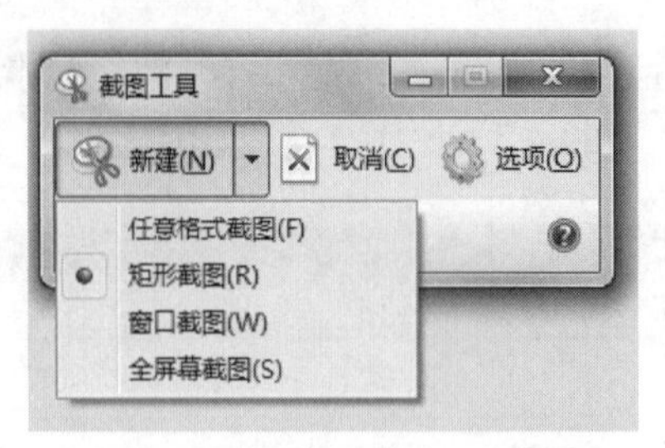

图 2-8 “截图工具”窗口

3. 实现方法

（1）～（9）依据上面相关知识点自行操作，具体操作略。

（10）利用截图软件或画图工具，将广东轻工职业技术学院官网（www.gdqy.edu.cn）主页中的校名及其英文名称截取下来并保存在桌面，文件名为“广轻.jpg”。我们可以采用 2 种基本的方法来实现。

操作步骤：

方法一：利用截图工具。

①打开浏览器，在地址栏中输入广东轻工职业技术学院的域名“www.gdqy.edu.cn”，按回车键，打开广东轻工职业技术学院网站主页，如图 2-9 所示。

图 2-9 广东轻工职业技术学院官网

②打开截图工具：“开始”按钮→“所有程序”→“附件”→“截图工具”，如图 2-10 所示。

图 2-10 截图工具 1

③按住鼠标左键并拖动，截取广东轻工职业技术学院校名及英文名，截取的内容便会显示在截图工具的编辑区中，如图 2-11 所示。

图 2-11　截图工具 2

④单击菜单栏中的“文件”，在菜单中选择“另存为”，如图 2-12 所示。

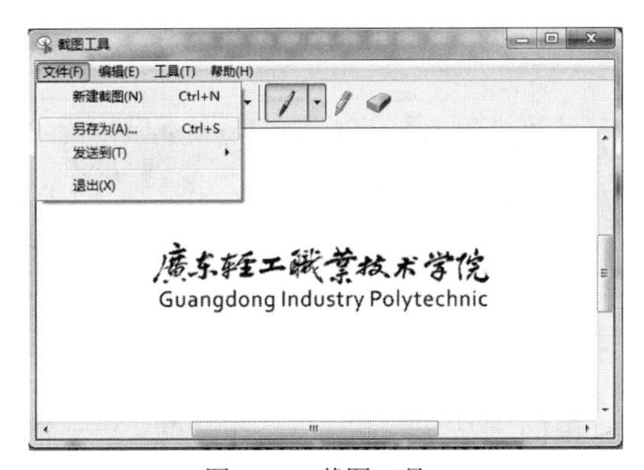

图 2-12　截图工具 3

⑤在“另存为”对话框中，选择保存位置为“桌面”，文件名为“广轻”，文件类型为“JPEG 文件”，如图 2-13 所示。

图 2-13　“另存为”对话框

方法二：利用画图软件。

①打开浏览器，在地址栏中输入广东轻工职业技术学院的域名“www.gdqy.edu.cn”，按回车键，打开广东轻工职业技术学院网站主页，按复制屏幕键（即键盘的 PrtSc 键或 Printscreen 键）;

②打开画图软件：“开始”→“所有程序”→“附件”→“画图”;

③单击“粘贴”按钮（或按 Ctrl+V），这时，复制下来的内容就会显示在画图软件的编辑区中，如图 2-14 所示。

图 2-14 “画图”窗口

④单击“主页”选项卡中的“选择”工具，按住鼠标左键并拖动，选择广东轻工职业技术学院及其英文名称，并在选定处右击，在出现的快捷菜单中，选择“复制”;

⑤单击左上角“画图”菜单，在菜单中选择“新建”，在新打开的编辑界面中按 Ctrl+V 组合键，将复制的内容粘贴到画布上，如图 2-15 所示。

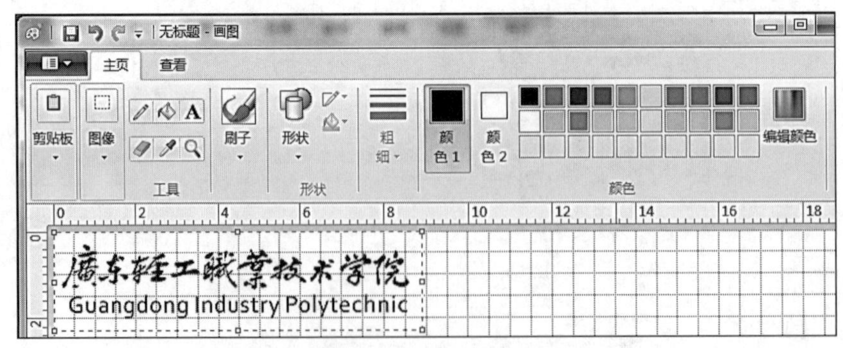

图 2-15 “画图”窗口

⑥调整画布大小与所粘贴的内容相同，单击左上角“画图”菜单，在菜单中选择“保存”，选择保存的路径及设置指定的文件名，单击“保存”。

4. 课堂实践

（1）实践本案例。

（2）任意找一段文字并朗读，使用“附件”中的“录音机”工具录制一个音频文件。

5. 评价与总结

- 根据时间情况让同学主动上台演示课堂实践的部分或全部操作。
- 鼓励多位同学分别总结本案例其中某一部分主要知识要点，学生或老师补充。

6. 课外延伸

①在本机上或自己的计算机上添加一个新账户 ly，密码为 my1234。并将 ly 账户设置成 Power users 成员，然后以此账户登录，检验此账户权限，比如能否删除别人的文件等。

②对本地计算机进行安全设置，如设置计算机最小密码长度至少为 6，并启用“密码必须符合复杂性要求”，然后更改你的密码验证是否符合要求。

提示：依次进入“开始”→“控制面板”→“管理工具”→“本地安全策略”→“账户策略”→“密码策略”→“密码长度最小值”，在弹出的对话框中，将最小数值填进去即可。

任务二　文件管理

计算机系统是由硬件系统及软件系统组成，Windows 7 管理软件的工具叫“资源管理器”，用户可以用它查看计算机的所有软件资源，特别是提供的树形文件系统结构，使用户能更清楚、更直观地认识文件管理。

案例 2　文件管理

在上一个案例中，小王通过自学，完成了师兄所安排的任务，已对 Windows 7 操作系统有了一定的了解，但小王又碰到了新的问题：在大学课堂上，老师布置的作业，通常要求制作成特定文件名称并通过网络提交。小王对计算机文件的管理知之甚少，不懂得如何创建、复制、删除文件。故此小王又向师兄请教，师兄告诉小王：掌握计算机文件的管理方法是每一个计算机用户必备的技能；文件管理主要涉及文件及文件夹的创建、移动、复制、删除、查找等操作，相关操作主要在“资源管理器”中完成。为了提高小王的自主学习能力，师兄仍要求小王通过到图书馆查找相关资料来自学“资源管理器”的操作，并安排作业让小王完成，师兄提出的要求如下：

请将 winks.rar 解压到 C 盘根目录中，完成下列操作：

（1）请在 C:\WINKS\hot\pig 中建立文件夹 win7；

（2）请将 C:\WINKS\big\m 中的文件夹“n”重命名为 no；

（3）请将 C:\WINKS\focusing 中的文件夹“大数据”移动到 C:\WINKS\mine 中；

（4）请在 C:\WINKS 目录下搜索（查找）文件夹 optional，并删除；

（5）试用 Windows 的“记事本”创建文件 scenery，存放于 C:\ WINKS \precious 文件夹中，文件类型为 TXT，文件内容为“珍贵的人文和美景”；

（6）打开 Windows 7 的附件“写字板”，并在其中输入文本“广东轻工职业技术学院”，然后保存在 C:\WINKS 中，文件名为“广轻.rtf”；

（7）请在 C:\ WINKS 目录下搜索文件 mybook4.txt，并把该文件的属性改为“只读”，把

“存档”或“可以存档文件”属性取消；

（8）请在 C:\WINKS 目录下搜索文件夹 a1ook，并改名为 question；

（9）请将位于 C:\WINKS\do\World 上的 DOC 文件复制到目录 C:\WINKS\do\bigWorld 中；

（10）请将位于 C:\WINKS\focusing 上的 TXT 文件移动到目录 C:\WINKS\Testdir 内；

（11）请在 C:\WINKS\mine\sunny 目录下执行以下操作：将文件 sun.txt 用压缩软件压缩为 sun.rar，压缩完成后删除文件 sun.txt；

（12）将位于 C:\WINKS\jinan 中的文件夹 hi 删除，打开“回收站”，查看被删除的文件夹 hi 是否在回收站中；利用屏幕复制功能及“画图”工具，将“回收站“窗格全部内容保存成一个图片文件，存放在 C:\WINKS\jinan 中，文件名为“回收站.jpg”；还原被删除的文件夹 hi，并查看该文件夹是否还原在原位置；

（13）请将位于 C:\WINKS\mine 上的文件 foreigners.txt 创建快捷方式图标，放在 C:\WINKS\mine\mine2 文件夹中，图标名称为 bookstore；

（14）使用 Windows 7 自带的压缩功能将 C:\WINKS 文件夹压缩成 winks.zip 压缩文件夹。

1．案例分析

要完成本案例，首先要了解计算机如何管理软件，了解文件及文件夹的概念，并学习如何通过“资源管理器”来管理这些文件及文件夹。

2．相关知识点

（1）硬盘的分区和格式化。新硬盘必须进行分区和格式化，才能使用硬盘安装操作系统及保存各种信息。

硬盘分区是使用分区编辑器（partition editor）将硬盘划分成几个逻辑部分，并赋予每个逻辑部分一个逻辑盘符，盘片一旦划分成数个分区（Partition），不同类的目录与文件可以存储进不同的分区。将硬盘分成几个分区，各分区相对独立，这样有利于管理。操作系统一般单独存放在一个硬盘分区，这样由于系统区只存放操作系统，其他区不会受到系统盘（分区）出现磁盘碎片而影响性能；同时，万一系统崩溃或其他原因，导致需要重装系统，则重装系统不会影响到系统盘以外的其他逻辑盘的信息安全。

格式化是对硬盘或硬盘中的分区进行初始化的一种操作，是在物理驱动器（磁盘）的所有数据区上写零的操作过程，格式化是一种纯物理操作，同时对硬盘介质做一致性检测，并且标记出不可读和坏的扇区，故这种操作会导致现有的硬盘或分区中所有的文件被清除。

（2）文件和文件夹。在计算机中，文件是指存储在存储介质上的相关信息的集合，文件名由主文件名及扩展名所组成，主文件名与扩展名之间用一个圆点“.”隔开，其语法格式为：主文件名[.扩展名]。

在 Windows 7 操作系统中，对文件进行命名时最多可以使用 255 个字符，组成文件名的字符可以是汉字、英文字母、数字以及空格等等，允许使用多个分隔符同时不区分大小写，但是不允许使用下列 9 个字符：? * \ / < > ： | ”。扩展名也称为类型名，它表示文件的类型，例如：扩展名.exe 表示可执行类型文件，扩展名.sys 表示系统文件或设备驱动程序文件，扩展名.txt 表示文本文件，.docx 表示为 Word 2010 文档文件，.xlsx 表示 Excle 2010 工作簿文件等。

文件夹是用来协助人们管理计算机文件的，每一个文件夹对应一块磁盘空间，它提供了指向对应空间的地址，它没有扩展名，也就不像文件的格式用扩展名来标识；文件夹除了放置文件，还可以放置子文件夹，组成文件夹名的字符可以是汉字、英文字母、数字以及空格等等，不区分大小写，但是不能使用上述文字中提到的 9 个字符；人们通过文件夹来对文件进行分类管理。

（3）资源管理器的打开及其组成。用户可以通过右击“开始”按钮，在出现的快捷菜单中选择“打开 Windows 资源管理器”，或直接按 Win+E 组合键打开资源管理器。如图 2-16 所示。

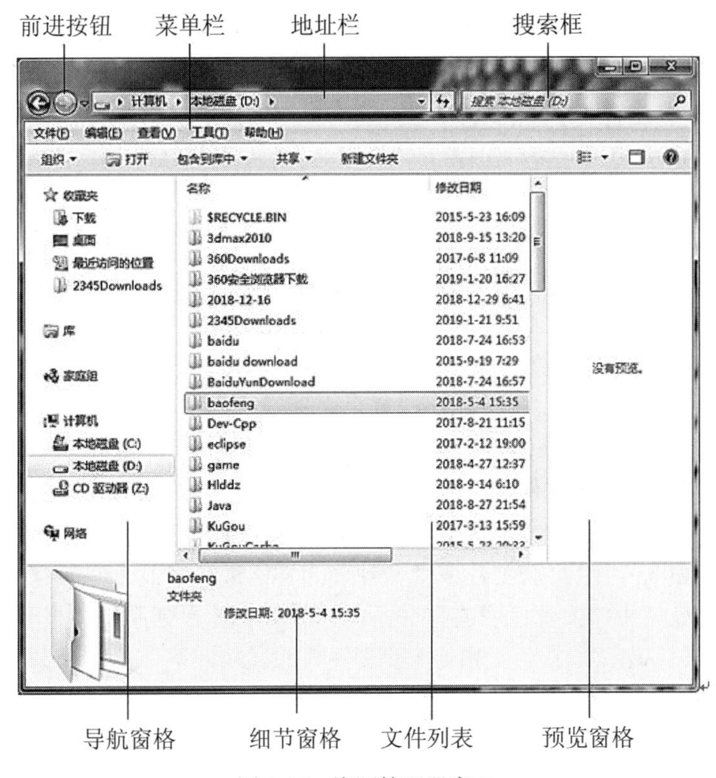

图 2-16　资源管理器窗口

1）导航窗格：资源管理器的左窗格是导航窗格，用户可以使用导航窗格来查找文件和文件夹，还可以在导航窗格中将项目直接移动或复制到目标位置，如果在已打开的窗口左侧没有看到导航窗格，可单击“组织”，指向“布局”，然后单击“导航窗格”，便可将其显示出来。

2）“前进”按钮：这两个按钮可与地址栏一起使用。例如，用户使用地址栏访问文件夹后，可以使用“前进”按钮前进到下一个文件夹。

3）工具栏：用户使用工具栏可以执行常规任务，如更改文件和文件夹的外观，将文件刻录到 CD，或启动数字图片的幻灯片放映等。工具栏的按钮与任务相关，例如，单击图片文件时，工具栏显示的按钮与单击音乐文件时不同。

4）地址栏：用户使用地址栏可以导航至指定的文件夹或库，或返回前一个文件夹或库，可以通过单击某个链接或键入位置路径来导航到指定位置。

5）文件列表：文件列表是资源管理器的主要显示部分，显示当前文件夹或库中的内容，用户在搜索框中键入内容来查找文件，则列表仅显示与当前搜索匹配的文件，包括子文件夹中的文件。

6）搜索框：搜索框位于资源管理器的右侧顶部，在搜索框中键入词或短语可查找当前文件夹或库中的项。在库中搜索时，将遍历库中所有文件夹及其子文件夹。例如，当用户键入“3”时，所有名称与数字 3 有关的文件都将显示在文件列表中。

7）细节窗格：通过细节窗格可以查看与选定文件关联的常用属性，文件属性是描述文件的信息，如大小、作者、上一次更改的日期以及可能已添加到文件的所有描述性标记等。

8）预览窗格：使用预览窗格可以查看大部分文件的内容，例如选择电子邮件、文本文件或图片，则无需在程序中打开，即可查看其内容。如看不到预览窗格，可以单击工具栏最右侧的“预览窗格“按钮，即可打开预览窗格。

（4）创建文件、文件夹。创建文件可以采用程序创建法或者位置创建法，而创建文件夹则只能采用位置创建法。

1）程序创建法。创建新文件的最常见方式是程序创建法，例如可以在 Word 中创建文档，或者在视频编辑程序中创建电影文件，某些程序一经打开，就会自动创建新文件，然后再将新创建的文件保存在指定的文件夹中，默认情况下，大多数程序将文件保存在预设的文件夹中，如“我的文档”和“我的图片”中，方便以后再次查找文件。

2）位置创建法。在“资源管理器”的导航窗格中，指定要建立项目的位置，如某个文件夹或桌面，在右侧列表框中，右击，在快捷菜单中选择“新建”，并选择所要创建的文件类型或文件夹即可。

用户可以创建任意数量的文件或文件夹，还可以在文件夹中创建新的文件夹，即子文件夹。

（5）文件和文件夹的重命名。选定所要重命名的文件或者文件夹，在选定处右击，在快捷菜单中单击“重命名”，便可对文件或者文件夹的名称进行修改，修改完成按回车键即可。要注意的是，正在被使用的文件或者文件夹不能被重命名，否则系统会显示出错信息。

（6）文件和文件夹的属性。了解文件和文件夹的属性，可以得到相关的类型、大小和创建时间等信息。

1）查看文件的属性。在资源管理器的文件列表窗格中，选择相应的文件名，并在选定处右击，在弹出的快捷菜单中选择“属性”，弹出相应文件属性的对话框，在“常规”选项卡中包括文件类型、打开方式、位置、大小、占用空间、创建时间、修改时间、访问时间和属性等相关信息，通过“创建时间”“修改时间”和“访问时间”可以查看最近对该文件进行的操作时间。在“属性”组合框的下边列出了文件的“只读”和“隐藏”两个属性复选框。切换到“详细信息”选项卡，从中可以查看关于该文体的更详细的信息。

2）查看文件夹的属性。在资源管理器的文件列表中选择相应的文件夹，并在选定处右击，从弹出的快捷菜单中选择“属性”菜单项。弹出相应文件夹“属性”对话框，在“常规”选项卡中可以查看文件夹的类型、位置、大小、占用空间、包含文件和文件夹的数目、创建时间以及属性等相关信息。其中，文件夹的位置就是文件夹的存放路径。

（7）文件和文件夹的复制、移动、删除、还原及搜索。

1）文件和文件夹的选定。在对文件或文件夹进行复制、移动和删除之前要先选定拟进行操作的对象。

选定一个文件或文件夹只需要单击对象就可以了。选择多个连续的文件或文件夹，单击第一个文件或文件夹，然后按住 Shift 键的同时单击要选择的最后一个文件或文件夹，也可以直接通过拖动鼠标的方法来选择。

选择不连续的文件或文件夹，单击第一个文件或文件夹，然后按住 Ctrl 键的同时，依次单击要选择的文件或文件夹。

要选择大部分文件或文件夹而少数不选的时候，可以先选定少数不用选择的文件或文件夹，然后在菜单栏上选择“编辑→反向选择”命令，这样就可以选中要选择的大部分文件或文件夹了。

要选定所有的文件或文件夹的时候，可以在菜单中选择“编辑”→“全部选择”命令或者使用组合键 Ctrl+A 选中全部的对象。

2）文件和文件夹的复制。文件和文件夹的复制操作是将选定的对象从源位置复制到目标位置，操作完成后原文件和文件夹还在源位置。具体操作为：选定所要复制的文件或者文件夹，在选定处右击，选择“复制”，在目标位置右击，选择“粘贴”即可；或者，选定所要复制的文件或者文件夹后，按组合键 Ctrl+C，在目标位置按组合键 Ctrl+V 即可。

3）文件和文件夹的移动。移动操作是将选定的对象从源位置剪切到目标位置，操作完成后源位置中的原文件和文件夹将消失。具体操作为：选定所要移动的文件或者文件夹，在选定处右击，选择“剪切”，在目标位置右击，选择“粘贴”即可；或者，选定所要移动的文件或者文件夹后，按组合键 Ctrl+X，在目标位置按组合键 Ctrl+V 即可。要注意，正处于打开状态的文件是不能够被移动的；同样，文件夹中有文件正处于打开状态，则该文件夹也不能被移动。

4）文件和文件夹的删除。用户可根据需要删除文件和文件夹以释放空间。具体操作为：选定所要删除的文件或者文件夹，在选定处右击，选择“删除”即可；或者，选定所要删除的文件或者文件夹后，按 Delete 键即可。同样，正处于打开状态的文件是不能够被删除的；文件夹中有文件正处于打开状态，则该文件夹也不能被删除。通常，被删除的文件或文件夹会移入硬盘上一个叫“回收站”的地方，如果用户想彻底删除文件或文件夹，而不移入回收站中，则可以选定要删除的文件或文件夹后，按 Shift+Delete 组合键。

5）文件和文件夹的还原。被正常删除的文件或者文件夹，会被移入回收站中，此时单击桌面上的“回收站”图标，即可打开“回收站”窗口，在“回收站”窗口的列表窗格中显示所有已经被删除的文件或者文件夹；如果用户想还原某些被删除的文件或者文件夹，则可以选定拟还原的文件或者文件夹，并在选定处右击，在快捷菜单中选择“还原”，则被删除的文件或者文件夹会被还原到被删除前所在的位置。

如果用户计划彻底删除这些文件或者文件夹，则在“回收站”窗口中，单击工具栏上的“清空回收站”按钮，则回收站里面所有的文件或文件夹会被清空掉；如果计划清除回收站中的部分文件或者文件夹，则选定该部分计划删除的文件或者文件夹，右击，在快捷菜单中单击“删除”。注意：在回收站中被清除的文件或者文件夹，将彻底被删除，无法被还原。

6）文件和文件夹的搜索。在资源管理器的导航窗格中，选定所要搜索的目标位置，在资源管理器的右上角的搜索框中，输入所要搜索的信息，包括关键字、修改日期、大小等信息，按回车键或者单击按钮，则符合搜索信息所限定条件的所有文件或者文件夹，将显示在文件列表框中。

（8）文件和文件夹快捷方式的建立。什么是快捷方式？可以将快捷方式看作一个指针，用来指向用户计算机或者网络上任何一个可链接程序（包括文件、文件夹、程序、磁盘驱动器、网页、打印机或另一台计算机等）。因此用户可以为常用的文件和文件夹建立快捷方式，将它们放在桌面或是能够快速访问的地方，便于日常操作，从而免去进入一级级的文件夹中寻找的麻烦。

1）创建文件的快捷方式。在资源管理器中，在导航窗格中选择所要放置快捷方式的目标位置，在右侧文件列表空白处，右击，在出现的快捷菜单中，选择“新建”→“快捷方式”，在出现的快捷方式对话框中，单击“浏览”，浏览所要链接的文件所在的文件夹并选择所要链接的文件后，单击“下一步”，在接下来的对话框中键入该快捷方式的名称后单击“完成”，即可。

2）创建文件夹的快捷方式。创建文件夹的快捷方式，与创建文件的快捷方式类似，这里不再赘述。

（9）文件和文件夹的压缩和解压。为了节省磁盘空间，用户可以对一些文件或文件夹进行压缩，压缩文件占据的存储空间少，而且压缩后可以更快速地传输到其他的计算机上，以实现不同用户之间的共享。在 Windows 7 操作系统中置入了压缩文件程序，用户无需安装第三方的压缩软件（如 WinRAR 等），就可以对文件或文件夹进行压缩和解压。

1）文件或文件夹的压缩。利用 Windows 7 系统自带的压缩软件程序，对文件或文件夹进行压缩后，会自动生成压缩文件夹，其打开和使用方法与普通文件夹相同。利用系统自带的压缩软件程序，创建压缩文件夹的具体步骤如下：选择要压缩的文件或文件夹，在该文件或文件夹上右击，从弹出的快捷菜单中选择“发送到”→“压缩（zipped）文件夹”菜单项，便弹出“正在压缩”对话框，绿色进度条显示压缩的进度。“正在压缩”对话框自动关闭后，可以看到窗口中出现了对应文件夹的压缩文件夹，可以重新对其命名，也可以选择默认的名称。压缩文件夹创建完成后，还可以继续向其中添加新的文件或文件夹，其操作步骤如下：找到想要添加的文件或文件夹，将其放到压缩文件夹所在的目录下；选择要添加的文件或文件夹，按住鼠标不放，将其拖至压缩文件夹中，释放鼠标，随即弹出“正在压缩”对话框，“正在压缩”对话框自动关闭后，需要添加的文件或文件夹，就会成功地加入到压缩文件夹中，双击压缩文件夹，可查看其中的内容。

注：如使用 WinRAR 软件来压缩文件或文件夹，则选定所要压缩的文件或文件夹，在选定处右击，在出现的快捷菜单中，选择“添加到‘*. Rar’”菜单项（注：其中*表示系统默认的主文件名），此时，便在当时文件夹中出现了一个扩展名为.rar 压缩文件。

2）文件或文件夹的解压。利用 Windows 7 系统自带的压缩软件程序，对文件或文件夹进行压缩后，此时，解压文件或文件夹就是从压缩文件夹中提取文件或文件夹，具体的操作步骤如下：在压缩文件夹上，右击，从弹出的快捷菜单中选择“全部提取”菜单项，弹出“提取压缩(zipped)文件夹”对话框，在“文件将被提取到这个文件夹”文本框中输入文件的存放路径，或者单击文本框右侧的“浏览”按钮，在弹出的“选择一个目标”对话框中，选择要存放的路径，选择完毕，单击“确认”按钮，返回“提取压缩(zipped)文件夹”对话框（注：如果选中“完成时显示提取的文件夹”复选框，则在提取文件夹后可查看所提取的内容），单击“提取”按钮，弹出“正在复制项目”对话框，文件提取完毕后，会自动弹出存放提取文件的窗口。

注：如使用 WinRAR 软件来解压文件或文件夹，则选定所要解压的压缩文件，右击，在弹出的快捷菜单中选择“解压到当前文件夹”或“解压到指定文件夹”，则压缩文件会被解压到当前的文件夹或指定文件夹中。

3. 实现方法

（1）请在“C:\WINKS\hot\pig”中建立文件夹“win7”。

操作步骤：

①右击工具栏上的“开始”菜单，选择“打开 Windows 资源管理器”（注：也可以用组合键“Win+E”打开资源管理器）；

②在资源管理器导航窗格中，依次单击文件夹“winks”→“hot”→“pig”，打开“pig”文件夹，在文件列表窗格中右击，在出现的快捷菜单中，选择“新建”→“文件夹”，将新建的文件夹名称改为“win7”。

（2）请将“C:\WINKS\big\m”中的文件夹“n”重命名为“no”。

操作步骤：

在资源管理器导航窗格中，依次单击文件夹“winks”→“big”→“m”，打开“m”文件夹，在文件列表窗格中找到文件夹“n”，光标指向“n”并右击，在快捷菜单中选择“重命名”，将“n”改为“no”。

（3）请将“C:\WINKS\focusing”中的文件夹“大数据”移动到“C:\WINKS\mine”中。

操作步骤：

在资源管理器导航窗格中，依次单击文件夹“winks”→“focusing”，打开“focusing”文件夹，在文件列表窗格中找到“大数据”文件夹，将光标指向“大数据”文件夹，右击，在快捷菜单中选择“剪切”（注：也可以选定“大数据”文件夹后，按组合键 Ctrl+X 完成剪切操作），在资源管理器导航窗格中，依次单击文件夹“winks”→“mine”，打开“mine”文件夹，在文件列表窗格中，右击，在出现的快捷菜单中选择“粘贴”（注：也可以用组合键 Ctrl+V 完成粘贴操作）。

（4）请在“C:\WINKS”目录下搜索（查找）文件夹“optional”，并删除。

操作步骤：

在资源管理器导航窗格中，单击文件夹“winks”，选定文件夹“winks”，在资源管理器右上角搜索框中输入“optional”，此时在文件列表窗格中便显示查找到的文件夹“optional”，在文件夹“optional”上右击，在快捷菜单中选择“删除”（注：也可以选定文件夹“optional”后，按 Delete 键删除所选定的文件夹）。

（5）试用 Windows 的“记事本”创建文件 scenery，存放于 C:\WINKS\precious 文件夹中，文件类型为 TXT，文件内容为“珍贵的人文和美景”。

操作步骤：

①在资源管理器导航窗格中，依次单击文件夹“winks”→“precious”，打开“precious”文件夹，在文件列表窗格中，右击，选择“新建”→“文本文档”，将新建的文本文档文件的主文件名命名为“scenery”（注意：不能改动该文件的扩展名）。

②双击该文本文件，系统会自动用“记事本”打开该文件，在编辑区中输入“珍贵的人文和美景”。

③单击菜单“文件”→“保存”菜单项。

（6）打开 Windows 7 的附件“写字板”并在其中输入文本“广东轻工职业技术学院”，然后保存在“C:\WINKS”中，文件名为“广轻.rtf”。

操作步骤：

①依次单击“开始”→“所有程序”→“附件”→“写字板”，打开“写字板”窗口。

②在“写字板”窗口编辑区中输入“广东轻工职业技术学院”。

③在“写字板”窗口左上角单击按钮，在出现的菜单中单击“保存”菜单项，打开

“另存为”对话框，选择 C 盘的“winks”文件夹，保存类型为“RTF 文档(RTF)(*.rtf)”，文件名设置为“广轻.rtf”，单击“保存”。如图 2-17 所示。

图 2-17　“另存为”对话框

（7）请在“C:\ WINKS”目录下搜索文件“mybook4.txt”，并把该文件的属性改为 “只读”，把“存档”或“可以存档文件”属性取消。

操作步骤：

在资源管理器导航窗格中，单击文件夹“winks”，选定文件夹“winks”，在资源管理器右上角搜索框中输入“mybook4.txt”，此时在文件列表窗格中便显示所查找到的文件“mybook4.txt”，在文件“mybook4.txt”上右击，在快捷菜单中选择“属性”，打开“属性”对话框，选中“只读”复选框，单击“高级”按钮，打开“高级属性”对话框，取消选中“可以存档文件”复选框，单击两次“确认”，分别关闭“高级属性”及“属性”对话框。如图 2-18 所示。

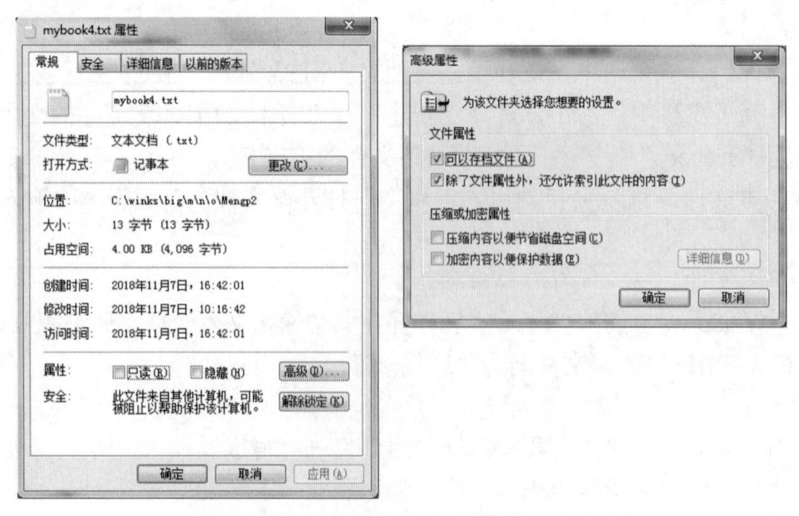

图 2-18　“属性”及“高级属性”对话框

（8）请在“C:\ WINKS”目录下搜索文件夹“a1ook”并改名为“question”。

操作步骤：

在资源管理器导航窗格中，单击文件夹“winks”，选定文件夹“winks”，在资源管理器右上角搜索框中输入“a1ook”，此时在文件列表窗格中便显示所查找到的文件夹“a1ook”，在文件夹“a1ook”上右击，在快捷菜单中选择“重命名”，将“a1ook”改为“question”后，在任何空白处单击予以确认。

（9）请将位于“C:\WINKS\do\World”上的 DOC 文件复制到目录“C:\WINKS\do\bigWorld”中。

操作步骤：

选定所要操作的文件，按组合键 Ctrl+C，在目标位置用组合键 Ctrl+V 即可，具体操作略。

（10）请将位于“C:\WINKS\focusing”上的 TXT 文件移动到目录“C:\WINKS\Testdir”内。

操作步骤：

选定所要操作的文件，按组合键 Ctrl+X，在目标位置用组合键 Ctrl+V 即可，具体操作略。

（11）请在“C:\WINKS\mine\sunny”目录下执行以下操作：将文件“sun.txt”用压缩软件压缩为“sun.rar”，压缩完成后删除文件 sun. txt。

操作步骤：

①在资源管理器导航窗格中，依次单击文件夹“winks”→“mine”→“sunny”，打开“sunny”文件夹，在文件列表窗格中找到“sun.txt”，光标指向该文件，右击，在快捷菜单中选择“添加到 sun.rar”，在当前文件夹中，便会自动生成一个文件名为“sun.rar”的压缩文件。

②选择“sun.txt”，单击键盘的 Delete 键将其删除即可。

（12）将位于“C:\WINKS\jinan”中的文件夹“hi”删除，打开“回收站”，查看被删除的文件夹“hi”是否在回收站中；利用屏幕复制功能及“画图”工具，将“回收站”窗口全部内容保存成一个图片文件，存放在“C:\WINKS\jinan”中，文件名为“回收站.jpg”；还原被删除的文件夹“hi”，并查看该文件夹是否还原在原位置。

操作步骤：

①在资源管理器导航窗格中，依次单击文件夹“winks”→“jinan”，打开“jinan”文件夹，在文件列表窗格中找到文件夹“hi”，并将其删除。

②在桌面上找到“回收站”图标，双击打开“回收站”窗口，查看并确认被删除的文件夹“hi”在文件列表中，按组合键 Alt+PrtSc 将当前的活动窗口复制在剪贴板中。

③依次单击“开始”→“所有程序”→“附件”→“画图”，打开“画图”窗口，单击“画图”窗口左上角的“粘贴”按钮，将存放在剪贴板中的“‘回收站’窗口”粘贴在画布上，单击“画图”窗口左上角的“保存”按钮，打开“另存为”窗口，保存路径选择在“C:\ WINKS\jinan”，文件名为“回收站.jpg”，保存类型选择为“*.jpg”。

④回到“回收站”窗口，在文件列表窗口中找到文件夹“hi”，光标指向该文件夹并右击，在快捷菜单中选择“还原”。

（13）请将位于“C:\WINKS\mine”上的文件“foreigners.txt”创建快捷方式图标，放在“C:\WINKS\mine\mine2”文件夹中，图标名称为“bookstore”。

操作步骤：

在资源管理器导航窗格中，依次单击文件夹“winks”→“mine” →“mine2”，打开文件夹“mine2”，在右侧文件列表窗格中，右击，在快捷菜单中，依次选择“新建”→“快捷方式”，打开“创建快捷方式”对话框，在“请键入对象的位置”处，通过“浏览”选定 C：\WINKS\mine 文件夹中的文件“foreigners.txt”后，单击“下一步”，在第二个“创建快捷方式”对话框中的“键入该快捷方式的名称”处，输入“bookstore”，单击“完成”。

（14）使用 Windows 7 自带的压缩功能将“C:\WINKS”文件夹压缩成“winks.zip”压缩文件夹。

操作步骤：

在资源管理器导航窗格中，单击“本地磁盘（C:)”，在右侧文件列表窗格中找到文件夹“WINKS”，光标指向文件夹“WINKS”并右击，在快捷菜单中，依次选择“发送到”→“压缩（zipped）文件夹”即可。

4. 课堂实践

（1）实践本案例。

（2）根据文件类型、用途及来源的不同分别创建不同的文件夹及子文件夹，以方便文件管理。如在 D 或 E 盘创建 student 文件夹，在该文件夹下创建 study、music、films、personal_information 等文件夹。在 study 文件夹中创建 study1、study2 文件夹。

（3）在 Windows 文件夹下搜索文件名形如 mspaint.* 的所有文件，将搜索到的文件复制到 study1 文件夹中，并将文件 mspaint.exe 改名为画图.exe。

（4）搜索程序文件 winword.exe、mspaint.exe 及 excel.exe，在“运行”对话框中，分别输入这些程序文件的名字并运行，观察它们分别是什么应用程序，在桌面上分别创建这三个程序的快捷方式。

（5）在本地磁盘 E 中，添加一个名为“我的快捷方式”文件夹，然后将（4）中创建的快捷方式添加到该文件夹中来。

（6）在桌面上为 study 文件夹创建一个快捷方式。

5. 评价与总结

- 根据时间情况让同学主动上台演示课堂实践的部分或全部操作。
- 鼓励多位同学分别总结本案例其中某一部分主要知识要点，学生或老师补充。

6. 课外延伸

（1）课外练习。

①在本机上或自己的计算机上添加一个新账户 ly，密码为 my1234。并将 ly 账户设置成 Power users 成员，然后以此账户登录，检验此账户权限，如是否能删除别人的文件等。

②对本地计算机进行安全设置，如设置计算机最小密码长度至少为 6，并启用“密码必须符合复杂性要求”，然后更改你的密码，验证是否符合要求。

提示：依次进入“开始”→“控制面板”→“管理工具”→“本地安全策略”→“账户策略”→“密码策略”→“密码长度最小值”，在弹出的对话框中，将最小数值填进去即可。

思考与练习

单选题

1．使用键盘切换活动窗口，应用（　　）组合键。
A．Ctrl+Shift　　B．Ctrl+Tab　　C．Shift+Tab　　D．Alt+Tab

2．单击窗口最小化按钮，窗口在桌面消失，此时该窗口所对应的程序（　　）。
A．还在内存中运行　　B．停止运行
C．正在前台运行　　D．暂停运行，可右击继续运行

3．要删除一种中文输入法，可在（　　）窗口中进行。
A．控制面板　　B．资源管理器
C．文字处理程序　　D．我的电脑

4．Windows 7 系统中，下列说法错误的是（　　）。
A．文件名不区分字母大小写　　B．文件名可以有空格
C．文件名最长可达 255 个字符　　D．文件名可以用任意字符

5．Windows 7 的“桌面”指的是（　　）。
A．整个屏幕　　B．全部窗口　　C．某个窗口　　D．活动窗口

6．Windows 7 是一个（　　）操作系统。
A．单用户单任务　　B．多用户单任务
C．单用户多任务　　D．多用户多任务

7．在 Windows 7 中“回收站”是（　　）。
A．硬盘上的一块区域　　B．软盘上的一块区域
C．内存中的一块区域　　D．光盘中的一块区域

8．在 Windows 7 中，下列哪些操作可启动一个应用程序（　　）。
A．右键双击应用程序图标
B．右击应用程序图标
C．单击该应用程序图标
D．将鼠标指向“开始”菜单中的“所有程序”项，在其子菜单中单击指定的应用程序

9．在 Windows 7 中，下列不能进行文件夹重命名操作的是（　　）。
A．选定文件后再按 F4 键
B．选定文件后再单击文件名一次
C．右击文件，在弹出的快捷菜单中选择“重命名”命令
D．用资源管理器“文件”下拉菜单中的“重命名”命令

10．在 Windows 7 中打开一个文档一般就能同时打开相应的应用程序，因为（　　）。
A．文档就是应用程序　　B．必须通过这个方法来打开应用程序
C．文档与应用程序建立了关联　　D．文档是应用程序的附属

第3单元　Word 2010使用技巧

学习目标

- 能够熟练建立、编辑、保存和打开Word文档
- 能够熟练进行Word文档基本排版，包括字符、段落格式和项目符号等
- 能够熟练处理表格、计算和排序，熟练将表格与文本之间进行相互转换
- 能够熟练进行图文混排、高级编排等操作
- 能够熟练应用样式和模板，插入页眉页脚、页码和进行页面设置等
- 能够熟练使用邮件合并

任务一　快速访问工具栏及功能区的定制

Word 2010的功能区提供了丰富多样的有关文本、格式和图形等的各种选项、命令和按钮，其中的某些功能可能需要长时间的使用才能熟练地知道其确切位置。为了缩短使用者的查找时间，Word提供了“自定义”功能区和快速访问工具栏的功能，使用者可以添加或删除功能区和选项卡上的按钮。

案例1　自定义快速访问工具栏和功能区

公司职员小陈经常要使用Word软件写一些工作报告。在写报告的过程中，某些命令或按钮使用频率非常高，比如新建文档、打开文档、打印预览等，而且还总是需要另存为2003版本的.doc文档，以便能用低版本的Word应用程序打开。小陈想把这些经常使用的按钮添加到快速访问工具栏里，这样办公速度就会提高很多。另外，小陈还经常使用“制表位”对话框、“边框和底纹”对话框等功能，这些命令并不直接呈现在功能选项卡中，因此他想自己建一个功能选项卡，放置一些自己常用的命令。请根据小陈的要求进行如下设置：

（1）给快速访问工具栏添加“新建”“打开”“打印预览”和“Word 97-2003文档”工具按钮；

（2）新建功能选项卡包含“制表位”和“边框和底纹”按钮。

1. 案例分析

本案例主要涉及自定义Word快速访问工具栏和功能选项卡的相关功能。利用“文件”选项卡的“选项”命令，打开“Word选项”对话框进行设置可以完成本案例的操作。

2. 相关知识点

（1）Word 2010工作界面。启动Word 2010后，屏幕上就会出现如图3-1所示的工作界面，主要由标题栏、快速访问工具栏、“文件”选项卡、功能区、文档编辑区、状态栏、视图按钮和缩放标尺组成。

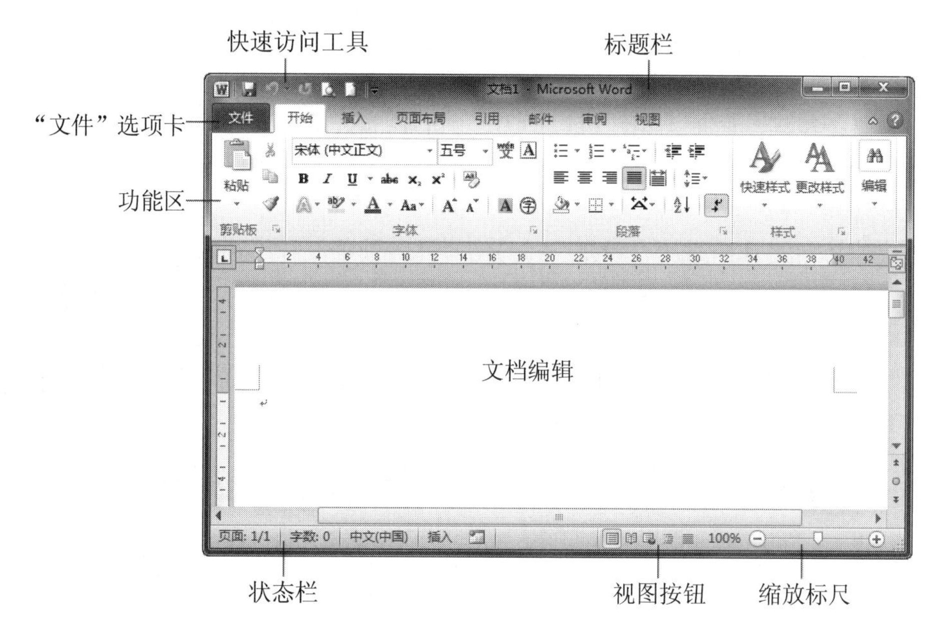

图 3-1　Word 2010 工作界面

1）标题栏：用于显示当前文档的名称。其中还包括标准的"最小化""还原"和"关闭"按钮。

2）快速访问工具栏：用于放置一些常用命令，用户可以根据需要进行自定义设置。

3）"文件"选项卡：包含了对文档本身而非对文档内容进行操作的命令，例如"新建""打开""另存为""打印"和"选项"等。单击"文件"选项卡，打开"文件"面板；再次单击"开始"选项卡，或者按 Esc 键将从"文件"面板快速返回到文档。"文件"选项卡取代了早期版本中的"Office 按钮"和"文件"菜单。

4）功能区：包含了在文档中工作的命令集，这些命令根据功能不同被划分到不同的选项卡中，例如"开始""插入""页面布局""引用""邮件""审阅"和"视图"等。每个选项卡又按功能不同进一步划分为若干选项组，每组提供相应功能按钮或下拉菜单按钮。有些选项组的右下角有一个对话框启动器按钮，单击它将打开相关的对话框或任务窗格，以进行更详细的设置。当用户在文档中选中表格、图片、艺术字或文本框等对象时，功能区中还会自动打开与所选对象设置相关的选项卡。Word 2010 功能选项卡取代了传统的菜单和工具栏操作方式。

5）文档编辑区：显示正在编辑的文档的内容。

6）状态栏：显示当前文档的页数、字数、使用语言和输入状态等信息。在状态栏上右击，在弹出的快捷菜单中会显示状态栏的配置选项。

7）视图按钮：用于快速切换不同的文档视图方式。

8）缩放标尺：用于快速调整当前文档的显示比例。

此外，单击滚动条上方的"标尺"可显示标尺工具。单击功能区右侧的帮助按钮?，可打开"Word 帮助"窗口，用户可在其中查找需要的帮助信息。

相较以往的版本，Word 2010 新增了许多强大而实用的功能。具体新增的功能介绍可参见课外延伸。

（2）自定义快速访问工具栏。快速访问工具栏包含有几个默认的常用按钮，用户还可以根据需要在快速访问工具栏中增加按钮。方法是单击“快速访问工具栏→其他命令”，打开“Word 选项”对话框进行设置，详细操作步骤见实现方法。

（3）自定义功能区。同理，用户可根据需要增加功能选项卡。方法是单击“文件”选项卡的“选项”命令，打开“Word 选项”对话框进行设置，详细操作步骤见实现方法。

3. 实现方法

（1）给快速访问工具栏添加“新建”“打开”“打印预览”和“Word 97-2003 文档”工具按钮。

扫码看视频

操作步骤：

①单击“快速访问工具栏”右侧的下拉按钮，在下拉列表中依次选择“新建”“打开”和“打印预览和打印”命令，如图 3-2 所示。

图 3-2 “自定义快速访问工具栏”命令列表

②在“快速访问工具栏”的下拉列表中选择“其他命令”，打开“Word 选项”对话框，如图 3-3 所示。在“从下列位置选择命令”中选择“所有命令”，找到“Word 97-2003 文档”命令，单击中间的“添加”按钮后可看见此命令已添加到右侧“自定义快速访问工具栏”下方的列表中。最后单击“确定”按钮即可。

也可以通过“文件”选项卡的“选项”命令打开“Word 选项”对话框。

利用“Word 97-2003 文档”按钮可快速另存扩展名为.doc 的旧版本 Word 文档。

（2）新建功能选项卡，包含“制表位”和“边框和底纹”按钮。

操作步骤：

①单击“文件”选项卡的“选项”命令，打开“Word 选项”对话框，选择“自定义功能区”选项卡，如图 3-4 所示。

②在此对话框中依次单击右侧的“新建选项卡”和“新建组”按钮，重命名新建选项卡为“我的选项卡”，通过右侧上下移动按钮调整其位置。然后在“从下列位置选择命令”中选择“不在功能区中的命令”，找到“制表位”和“边框和底纹”，将其添加到右侧“新建组”中。最后单击“确定”按钮即可。

操作完成后在功能区将看到新建的功能选项卡，如图 3-5 所示。

图 3-3　“Word 选项”对话框

图 3-4　自定义功能区

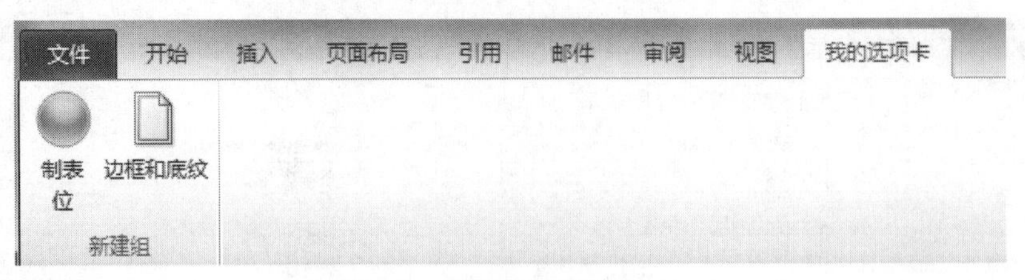

图 3-5　新建的功能选项卡

4. 课堂实践

（1）按实现方法（1）实践自定义快速访问工具栏。

（2）按实现方法（2）实践自定义功能选项卡。

5. 评价与总结

- 根据时间情况让同学主动上台演示课堂实践的部分或全部操作。
- 鼓励多位同学分别总结本案例中某一部分主要知识点，学生或老师补充。

6. 课外延伸

（1）Word 2010 的新增功能。

1）新增文字特效功能。在 Word 2010 中，用户通过“开始”选项卡“字体”组中的“文本效果”按钮，可以轻松地为文字应用各种内置的文字特效，自行为文字添加轮廓、阴影、映像、发光等特效，DIY 出更加丰富、美观的文字效果，如图 3-6 所示。

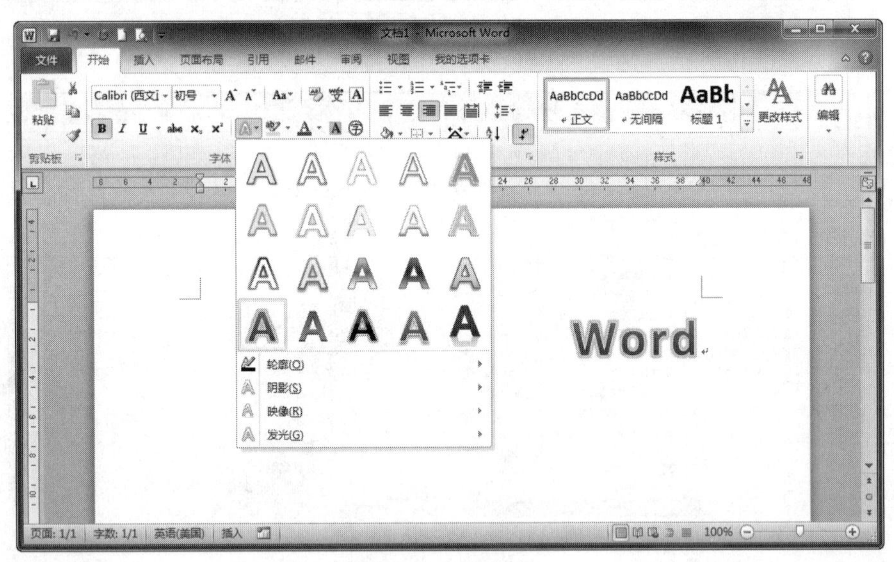

图 3-6　文字特效

2）增强图片处理功能。在 Word 2010 中，用户无须使用专业的图片处理工具，通过“图片工具|格式”选项卡就可以轻松地对图片进行处理，包括图片样式、图片效果和艺术效果等，如图 3-7 所示。

3）新增抠图功能。Word 2010“图片工具|格式”选项卡新增了一个“删除背景”功能，用户可以快速对图片进行简单的抠图操作，去除图片中不需要的元素，如图 3-8 所示。

4）新增屏幕截图功能。Word 2010“插入”选项卡新增了一个“屏幕截图”功能，用户可以快速截取打开的窗口画面或部分画面，并将截图即时插入到文档中，如图 3-9 所示。

图 3-7　图片处理功能

图 3-8　“删除背景”功能

图 3-9　“屏幕截图”功能

5）增强功能图。在 Word 2010 中，用户通过“插入”选项卡的“SmartArt”按钮，可以快速建立列表图、流程图、循环图、组织结构图、关系图等复杂的功能图形，如图 3-10 所示。

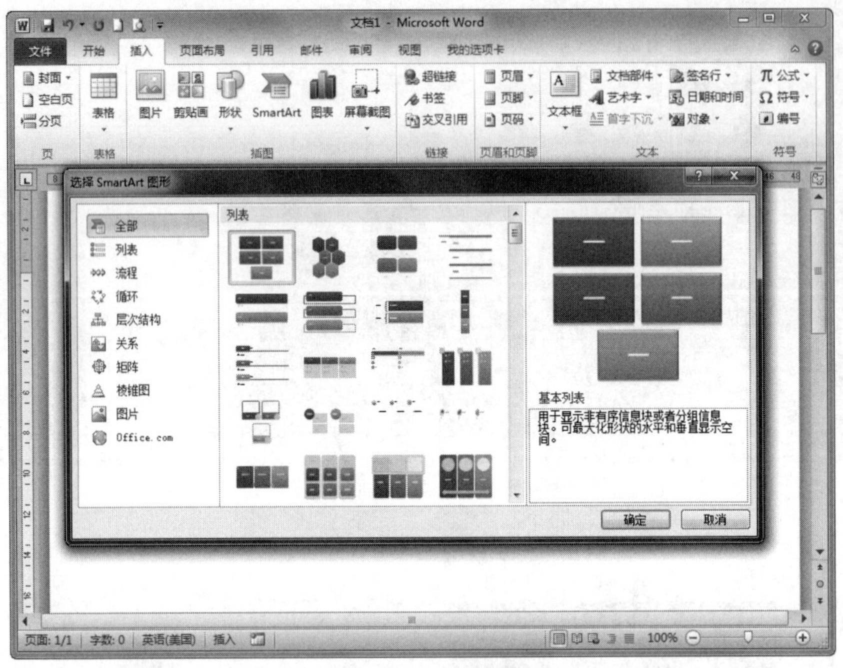

图 3-10　SmartArt 图形功能

6）新增语言翻译功能。在 Word 2010 中，用户通过“审阅”选项卡“翻译”按钮下拉菜单中的“翻译屏幕提示”命令，可以像电子词典一样进行屏幕取词翻译，对文档中的文字进行即时翻译，如图 3-11 所示。

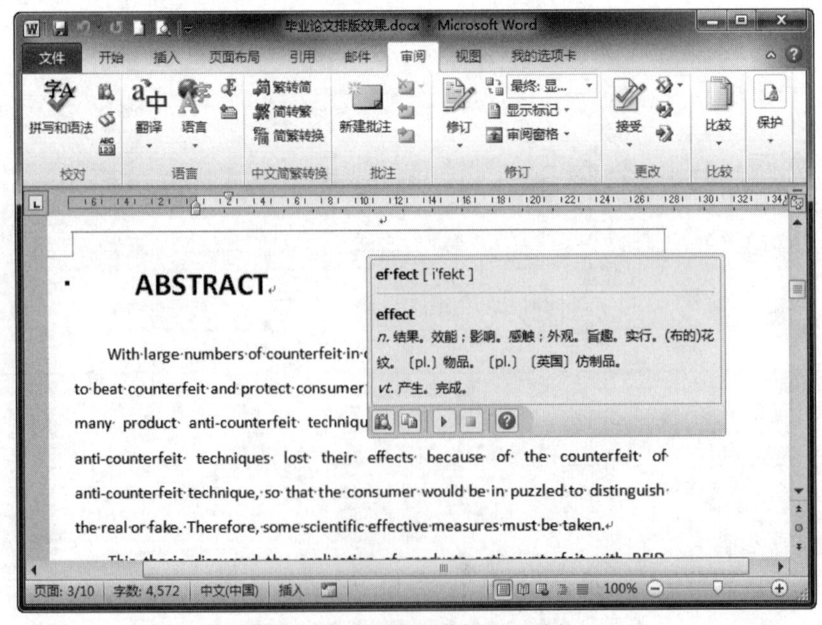

图 3-11　“翻译屏幕提示”功能

（2）课外练习。如何恢复功能选项卡原始的配置？请上网搜索资料进行解答。（提示：可以在“Word 选项”对话框中单击“重置”按钮。）

任务二　调查问卷的设计

Word 提供了丰富的文本编辑、格式设置、字符插入等功能，能实现各种办公文档的制作。

案例 2　用户调查问卷的制作

技佳电脑公司主要经营各种品牌电脑销售业务，为了做好市场和产品信息的收集工作，希望在出售产品时附上一张“用户调查问卷”，这样就可以跟踪服务了。调查问卷的主要内容已写在“调查内容.docx”中，请创建新文档，输入文本完善问卷内容，然后按下面的要求进行各项操作，完成排版工作。

（1）创建新文档，输入“尊敬的用户……谢谢合作！”三段内容。

（2）对“尊敬的用户……谢谢合作！”三段，设置字体格式为黑体、五号字。“优质”两字格式为小四号、加粗、蓝色，缩放 150%，加宽 1.2 磅。

（3）对“尊敬的用户……谢谢合作！”三段，设置段落格式为左右缩进 1 厘米，1.5 倍行距，段后间距 0.5 行。第二、第三段首行缩进 2 字符。

（4）插入“调查内容.docx”文件。

（5）“用户调查问卷”文字格式为黑体、二号字，文本效果为“渐变填充-蓝色，强调文字颜色 1，轮廓-白色，发光-强调文字颜色 2”，居中对齐。其余文字为宋体、小四号字，1.5 倍行距。

（6）对“姓名……地址”九段设置适当大小的项目符号，并添加下划线，要求下划线右对齐。

（7）对“贵单位……您购买时首先考虑的因素”四条问题设置自动编号。

（8）将该文档以“用户调查问卷.docx”为文件名存盘。

该文档排版后的效果如图 3-12 所示。

1. 案例分析

本案例主要涉及 Word 文档的创建、编辑、格式化、项目符号、编号、制表位、文档保存等相关功能。使用“开始”选项卡（如图 3-13 所示）下的“字体”组、“段落”组按钮，以及“插入”选项卡（如图 3-14 所示）下的“符号”组按钮可以完成本案例的操作。

2. 相关知识点

（1）文本输入。在文档中输入中文，必须切换成中文输入法。如果键入的内容有错误或者需要修改，应将光标插入点移至需要修改的位置，利用退格（Backspace）键可删除插入点左边的一个字符，利用 Delete 键可删除插入点右边的一个字符。

提示：有些文字下面会带有红色波浪线或绿色波浪线。这是 Word 对输入的文字进行自动拼写检查和语法检查时发现的，提示用户进行修改。用户可以纠正这些错误或者忽略。但这些波浪线不会打印出来。

尊敬的用户：

感谢您选购我们的产品！为更好的给您提供优质的服务，做好市场和产品信息的收集工作，请您务必在购买后三个月内，对产品进行首次保养后，及时填写好“用户调查问卷”，邮寄回我公司，以便我们跟踪服务，并随时与您联系！

谢谢合作！

✂---

用户调查问卷

- 姓名：________________________________
- 部门：________________________________
- 职业：________________________________
- 文化程度：____________________________
- 电话：________________________________
- 邮编：________________________________
- 身份证号：____________________________
- 单位：________________________________
- 地址：________________________________

1. 贵单位是否已购买笔记本电脑　□是　□否
2. 贵单位准备购买何种品牌
   □IBM　□SONY　□HP　□联想　□其他
3. 您了解品牌的途径
   □报刊、杂志　□广告　□展示会　□朋友推荐
4. 您购买时首先考虑的因素
   □品牌　□价格　□售后服务　□其他

回函请寄：（510630）广州国际科贸中心 资讯销售部 收

图 3-12　“用户调查问卷”排版效果

图 3-13　“开始”功能选项卡

图 3-14　“插入”功能选项卡

Word 文本输入模式有两种：插入模式和改写模式，默认的是插入模式。在插入模式下，插入点右边的字符和文字随着新的文字的输入逐一向右移动，此时状态栏中呈现“插入”按钮。在改写模式下，插入点右边的字符或文字将被新输入的文字或字符所替代，此时状态栏中呈现“改写”按钮。单击状态栏中的“插入”或“改写”按钮可在这两种方式之间切换。此外，用键盘上的 Insert 键也可以在插入和改写这两种方式之间切换。

（2）特殊符号。有时需要输入一些键盘上没有的特殊符号，诸如希腊字母、罗马数字、日文片假名、图形符号和特殊字符等。插入符号的方法是选择“插入”选项卡，在“符号”组中选择“符号”按钮，详细操作步骤参见实现方法。

（3）文本编辑。文本输入后经常需要修改，如插入、删除、复制、移动文字或段落等。文本的选定是进行编辑操作前的最基本操作。

1）选定文本。在文档中，若要对某一区域的文本进行某种操作时，必须先选定该文本。文本的选定通常有两种方法：鼠标选定和键盘选定。这里介绍鼠标选定方法。

常用的选定文本的方法如下：

选择任意数量的文字：从所选文本起始处拖动鼠标至所选文本结束处。

选择一行：鼠标指针移至该行左端文本选定区，鼠标呈“↗”形时，单击鼠标。

选择多行：选定首行后向下或向上拖动鼠标。

选择一段：鼠标指针移至该段左端文本选定区，双击鼠标。

选择行块：单击文本块起始处，然后按住 Shift 键，最后单击文本块结束处。

选择列块：按住 Alt 键拖动鼠标。

选择整篇文档：鼠标指针移至文本选定区三击鼠标，或使用快捷键 Ctrl+A，或单击“开始”选项卡“编辑”组中单击“选择”→“全选”命令。

图 3-15 给出了行块与列块的选择区别。

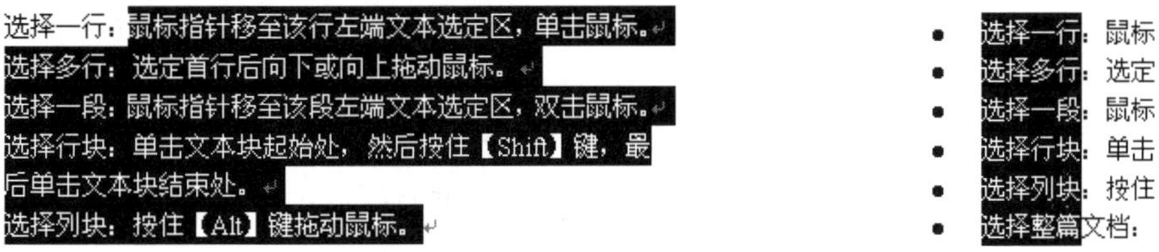

选择一行：鼠标指针移至该行左端文本选定区，单击鼠标。
选择多行：选定首行后向下或向上拖动鼠标。
选择一段：鼠标指针移至该段左端文本选定区，双击鼠标。
选择行块：单击文本块起始处，然后按住【Shift】键，最后单击文本块结束处。
选择列块：按住【Alt】键拖动鼠标。

（a）行块选择

- 选择一行：鼠标
- 选择多行：选定
- 选择一段：鼠标
- 选择行块：单击
- 选择列块：按住
- 选择整篇文档：

（b）列块选择

图 3-15　行块选择与列块选择的区别

2）插入文本。将插入点移至文档中的某一位置即可插入新的文字。如果要插入新的段落，则要先使用 Enter 键插入空行，再输入文字。

有时需要插入的文本可能要来自另外的文件，这时可以使用“插入→文本”组中“对象→文件中的文字”命令来进行操作，详细操作步骤参见实现方法。

3）删除文本。选定欲删除的文本，按 Delete 键或 Backspace 键即可将其删除。

在没有选定文本时，按 Delete 键将删除光标插入点后的字符，按 Backspace 键将删除光标插入点前的字符。

4）移动与复制文本。移动或复制文本可以利用剪贴板来完成，移动文本用“剪切”和“粘贴”命令，复制文本用“复制”和“粘贴”命令。Word 2010 剪贴板中可保留多达 24 条的内容，用户可以在剪贴板上选择粘贴任一内容。单击“开始”→“剪贴板”组中“对话框启动器”按钮，可以打开“剪贴板”任务窗格，看到要粘贴的项目内容。

使用快捷键能快速完成移动与复制操作：Ctrl+X 组合键表示“剪切”操作，Ctrl+C 组合键表示“复制”操作，Ctrl+V 组合键表示“粘贴”操作。

有时利用鼠标拖动的方法也可以比较方便地完成移动与复制操作。选定要移动的文本，直接用鼠标拖动该文本至需要的位置即可完成移动文本的操作。复制操作则要在拖动的同时按住 Ctrl 键。

5）撤消与恢复操作。如果用户对刚刚完成的一步或多步操作不满意，可以使用快速访问工具栏中的“撤消”按钮来取消刚做过的操作。

恢复操作是撤消操作的逆动作，其操作方法与撤消操作相同。

技巧：快捷键 Ctrl+Z 也可以完成撤消操作。

（4）字符格式化。在 Word 中，基本文档格式主要分为字符格式和段落格式。如果一段文本中既有字符格式又有段落格式，就要分两步进行设置。

字符的格式主要有字体、字形、字号、颜色、上下标、字符间距和文字效果等。其中文字效果是 Word 2010 新增功能，用户可以轻松地为文字应用各种内置的文字特效，自行为文字添加轮廓、阴影、映像、发光等特效，DIY 出更加丰富、美观的文字效果。

字符常用的设置方法有：

1）使用功能区工具。选取需要设置格式的文本，然后单击“开始→字体”组的相应按钮，就可以快速地设置字符格式，包括字体、字号、加粗、倾斜、下划线、删除线、上下标、字符边框、字符底纹、文本效果、字体颜色、带圈字符等，如图 3-16 所示。有些按钮在选择过程中具有实时预览功能。

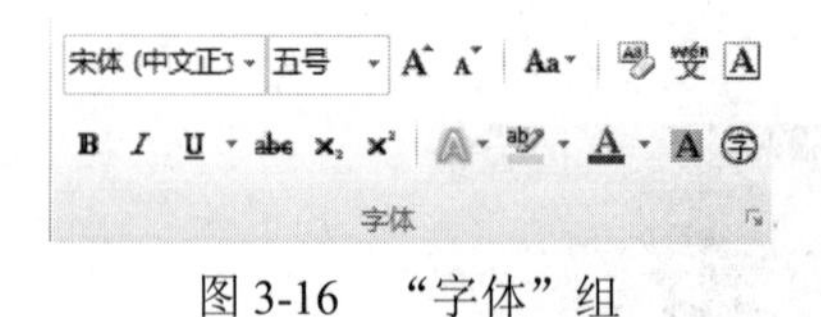

图 3-16 “字体”组

2）使用“字体”对话框。单击“字体”组右下角的对话框启动器按钮，打开“字体”对话框，可设置“字体”和“高级”格式，详细操作步骤参见实现方法。

3）使用浮动工具栏。选中要设置格式的文本，然后将鼠标稍向上移动，此时会出现浮动工具栏，它含有少量的常用文本格式工具，如图 3-17 所示。与功能区工具不同的是，浮动工具栏上的工具不提供实时预览功能。

（5）段落格式化。段落格式用来控制整个段落的外观，包括段落的对齐方式、缩进、行和段落间距和缩进等内容。使用“段落”组可快速设置常用段落格式（如图 3-18 所示）。使用“段落”对话框可详细设置段落格式，详细操作步骤参见实现方法。

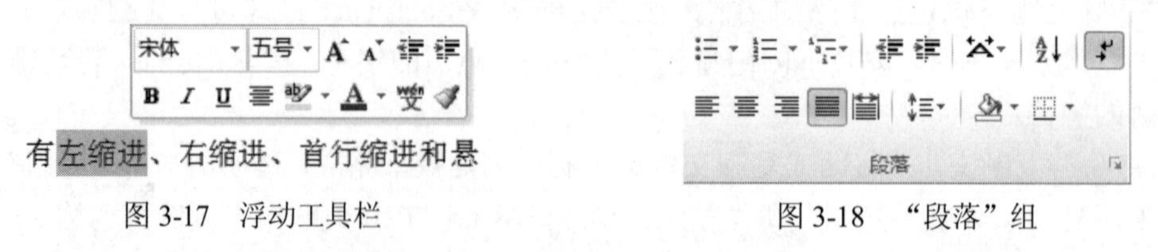

图 3-17 浮动工具栏　　　　图 3-18 “段落”组

1）缩进。缩进指的是文字相对左右页边距的位置，有左缩进、右缩进、首行缩进和悬挂缩进 4 种。首行缩进和悬挂缩进的设置放在“特殊格式”列表框中。各种缩进方式可以互相组合使用，但是首行缩进和悬挂缩进不能综合使用。

“左缩进”控制整个段落距左边界的距离。

“右缩进”控制整个段落距右边界的距离。

“首行缩进”控制段落第一行第一个字符的位置。

“悬挂缩进”控制段落中除第一行外，其他各行的缩进距离。

水平标尺也可以设置缩进。水平标尺上有段落缩进滑动块，如图 3-19 所示。拖动相应的滑动块，可以设置段落的缩进。

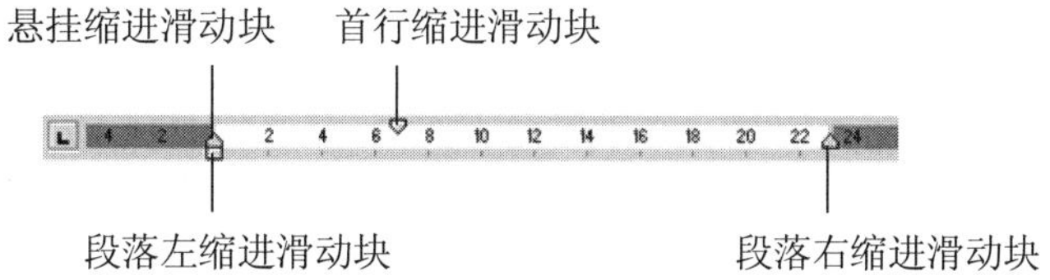

悬挂缩进滑动块　首行缩进滑动块

段落左缩进滑动块　段落右缩进滑动块

图 3-19　利用水平标尺设置段落缩进

技巧：在段首按一下 Tab 键，默认情况下相当于首行缩进 2 个字符。

技巧：拖动水平标尺上的缩进滑动块时再结合 Alt 键，可以拖动得比较平滑。

2）间距。段前间距和段后间距指的是段与段之间的距离；行距指的是一个段落中行与行之间的距离。图 3-20 所示为缩进和间距的效果示意图。

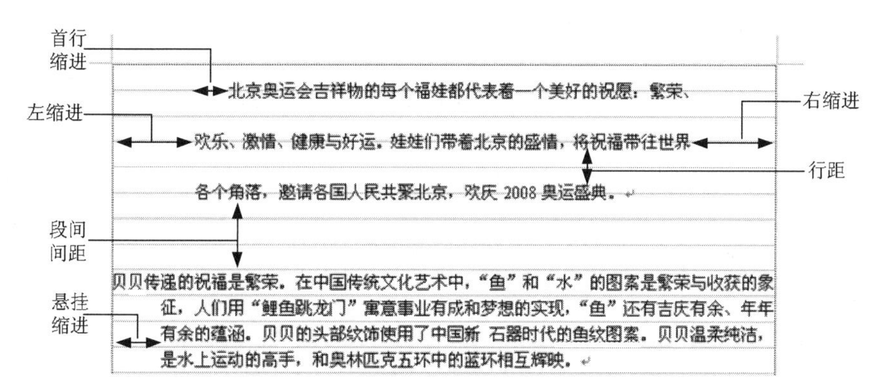

图 3-20　段落缩进和间距的效果示意图

3）对齐方式。对齐方式有 5 种：左对齐、居中、右对齐、两端对齐和分散对齐。对齐的基准是左右页边距及缩进。图 3-21 所示为不同对齐方式的效果示意图。其中，“分散对齐”方式使字符均匀地填满整行。“左对齐”和“两端对齐”方式在中文段落中的效果区别不大，而在英文段落中，两者的区别则比较明显。

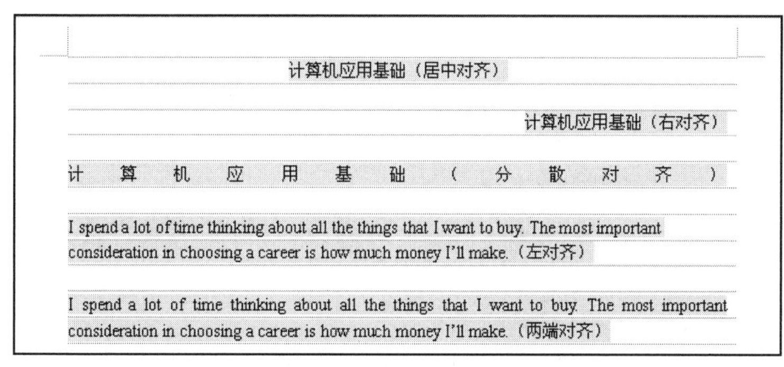

图 3-21　不同对齐方式的效果示意图

注意：所有段落格式的设置都是以段落为单位，而不是以行为单位，即同一段落内的格式是一致的。段落以“↵”作为一个段落结束的标记。

如果只对一个段落进行设置，则将鼠标放置到该段落中的任意位置；如果要对多个相邻的段落设置相同格式，则用鼠标选定所有的段落。

（6）项目符号与编号。在文档中，经常需要使用“一、二、三……”“1、2、3…”等编号或“●”“◆”等符号注释某些段落。

1）自动编号。在输入文本时，如果先输入如“一”“1.”“（1）”等格式的起始编号，然后输入文本，文本结束按 Enter 键时，在新的一段开头处就会根据上一段的编号格式自动创建编号。在创建了自动编号的段落中，删除或插入某一段落时，其余的段落编号会自动修改。

但有时自动编号也会给我们带来编辑的不便。如果要结束自动创建编号，按 Backspace 键删除插入点前的编号即可，或者单击快速访问工具栏的“撤消自动套用格式”命令，或者按 Ctrl+Z 组合键。

如果要将自动编号功能关闭，单击“文件”“选项”命令，打开“Word 选项”对话框，单击“校对”选项卡中的“自动更正选项”按钮，打开“自动更正”对话框，如图 3-22 所示，选择“键入时自动套用格式”选项卡，取消选中“键入时自动应用”栏中的“自动项目符号列表”和“自动编号列表”复选框即可。

图 3-22　关闭自动编号功能设置

2）对已键入的段落添加项目符号或编号。

选定要添加项目符号（或编号）的段落，单击“开始→段落”组中“项目符号（或编号）”

按钮，详细操作步骤参见实现方法。

通过右击弹出的快捷菜单也可以方便地添加项目符号或编号。

若对其中的符号不满意，利用“段落”组的“项目符号”下拉列表中的“定义新项目符号”命令，可以设置新符号的样式、字体大小、对齐等属性。

3）多级列表。Word 提供了自动设置多级编号的功能，当对章节进行了增删或移动时，标题编号随章节的改变而自动调整。单击“开始→段落”组“多级列表”命令可设置多级编号，详细操作步骤参见课堂实践。

（7）制表位的应用。在排版 Word 文档的时候，有时会需要文本在垂直方向上排列整齐，如列左对齐、列居中对齐、列小数点对齐和列右对齐，如图 3-23 所示。

列左对齐	列居中对齐	列小数点对齐	列右对齐
2170	左右	6622.69	13992
201002	左左右右	67900.40	112595
46001	左中右	713.87	1223

图 3-23　应用制表位的列对齐效果示意图

初学者往往用插入空格的方法来达到各行文本之间的列对齐，可是文档中的空格所占的空白区域的大小可能变化，所以使用键入多个空格来设置文字位置的方法常常不能令人满意。比较好的方法是使用制表位。制表位实际上是一种隐含的“光标定位”标记，专门与 Tab 键配合使用来完成各种列对齐方式。Word 默认制表位是 2 个字符，也可以自定义制表位。Word 提供 5 种制表位：左对齐、右对齐、居中对齐、小数点对齐和竖线对齐。

设置制表位有两种方法。

- 单击水平标尺最左端的按钮，不断单击它可以循环出现 5 种制表符类型。选定一种制表符后在水平标尺上单击要插入制表位的位置。这种方法操作简单，但不精确。
- 单击“开始→段落”组中“对话框启动器”按钮，打开“段落”对话框，单击对话框中左下角的“制表位”按钮，打开“制表位”对话框，在此对话框中可以精确设置制表位的位置。这种方法设置精确，并可以根据需要设置前导符。详细操作步骤参见实现方法。

注意：制表位是段落的属性，每个段落可以设置自己的制表位。

如果要删除某个制表位，也有两种方法。一种方法是用鼠标将水平标尺上的制表位拖出标尺即可。另一种方法是利用“制表位”对话框，在“制表位位置”列表框中选择要删除的制表位，单击“清除”按钮。也可以单击“全部清除”按钮清除所在段落所有的制表位。

3. 实现方法

（1）创建新文档。

扫码看视频

操作步骤：单击“文件→新建”命令，或者单击快速访问工具栏上的“新建”按钮。如果快速访问工具栏上没有直接显示“新建”按钮，则在快速访问工具栏的下拉菜单中选择“新建”命令即可。

（2）输入汉字。

操作步骤：切换成中文输入法，输入以下内容：

尊敬的用户：
感谢您选购我们的产品！为更好的给您提供优质的服务，做好市场和产品信息的收集工作，请您务必在购买后三个月内，对产品进行首次保养后，及时填写好“用户调查问卷”，邮寄回我公司，以便我们跟踪服务，并随时与您联系！
谢谢合作！

（3）插入文件。

操作步骤：将插入点移动到文本最后，单击 Enter 键，另起新段。然后单击“插入→文本”组“对象→文件中的文字”命令，如图 3-24 所示，打开“插入文件”对话框，如图 3-25 所示，选择文件所在的文件夹，再选中文件“调查内容.docx”，单击“插入”按钮即可。

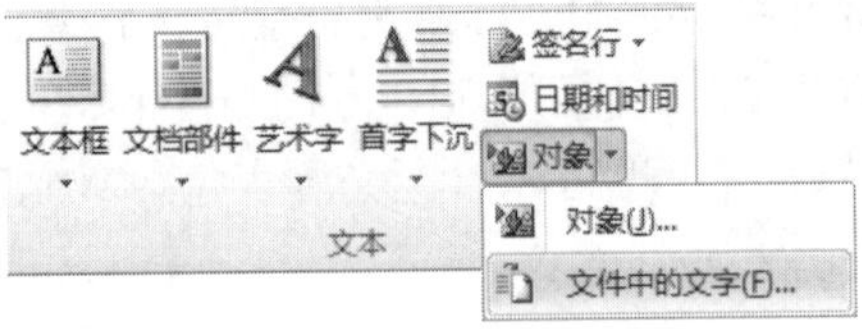

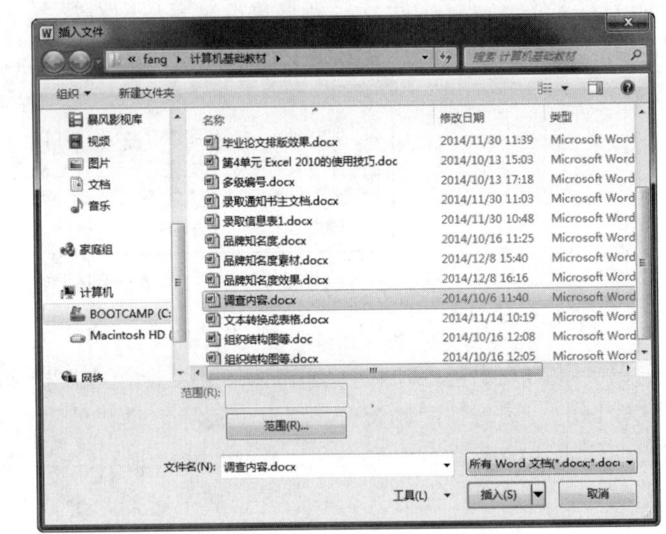

图 3-24 插入“文件中的文字”命令

图 3-25 “插入文件”对话框

（4）插入特殊字符。

操作步骤：

①把插入点移动到“----------------”虚线位置前，单击“插入→符号”组“符号→其他符号”命令，打开“符号”对话框，如图 3-26 所示。

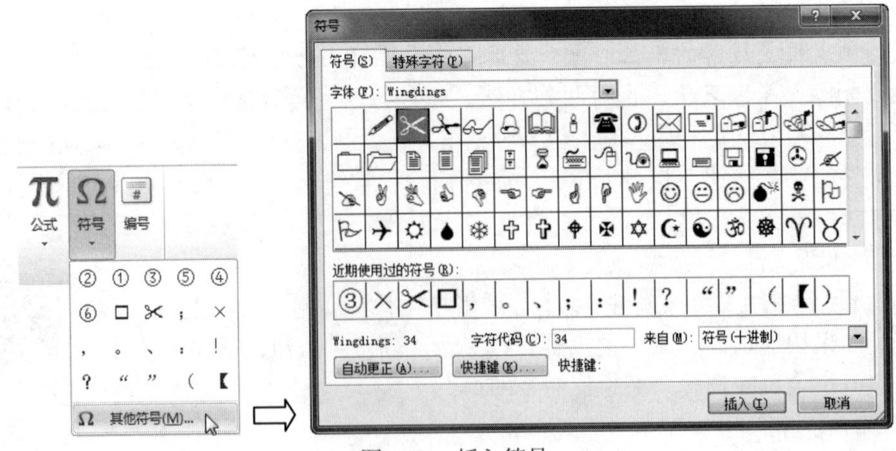

图 3-26 插入符号

②在此对话框中选择“符号”选项卡，在“字体”下拉列表中选择“Wingdings”，这时在“符号”选项卡中出现“✂”符号，选择该符号。

③单击“插入”按钮，该符号即可插入到所需处。

④单击“关闭”按钮，关闭“符号”对话框。

⑤同理，将插入点移动到所需位置，插入“□”符号。

（5）字符格式化和段落格式化。

要求：①对“尊敬的用户……谢谢合作！”三段，设置字体格式为黑体、五号字；设置段落格式为左右缩进 1 厘米、1.5 倍行距，段后间距 0.5 行；第二、第三段首行缩进 2 字符。②“优质”两字的字体格式为小四号、加粗、蓝色，缩放 150%，加宽 1.2 磅。③“用户调查问卷”六字的字体格式为黑体、二号字，文本效果为“渐变填充-蓝色，强调文字颜色 1，轮廓-白色，发光-强调文字颜色 2”；段落格式为居中对齐。④其余文字设置为宋体、小四号字，1.5 倍行距。

操作步骤：

①选择“尊敬的用户……谢谢合作！”三段，在“开始→字体”组的“字体”下拉列表中选择“黑体”，在“字号”下拉列表中选择“五号”；单击“开始→段落”组“对话框启动器”按钮，打开“段落”对话框，选择“缩进和间距”选项卡，如图 3-27 所示，设置段落格式为左右缩进 1 厘米，1.5 倍行距，段后间距 0.5 行。

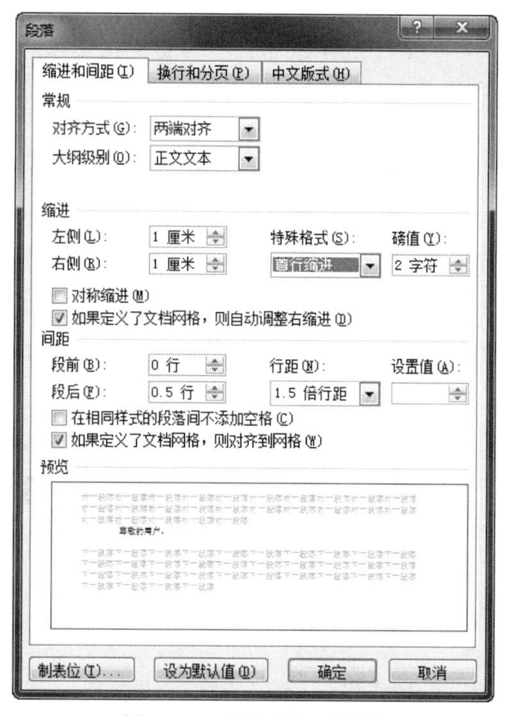

图 3-27　“段落”对话框

选择第二、第三段，在“段落”对话框中设置首行缩进 2 字符。

技巧：单击“文件”→“选项”命令，打开“Word 选项”对话框，选择“高级”选项卡，取消选中“显示”组中“以字符宽度为度量单位”复选框，则“度量单位”将采用默认值“厘米”。也可以在“段落”对话框中直接删除原度量单位，输入所需度量单位即可。

②选择“优质”两字，单击“开始→字体”组“对话框启动器”按钮，打开“字体”对话框，选择“字体”选项卡，如图 3-28 所示，设置字体格式为小四号、加粗、蓝色；选择“高级”选项卡，如图 3-29 所示，设置缩放 150%，间距加宽 1.2 磅。

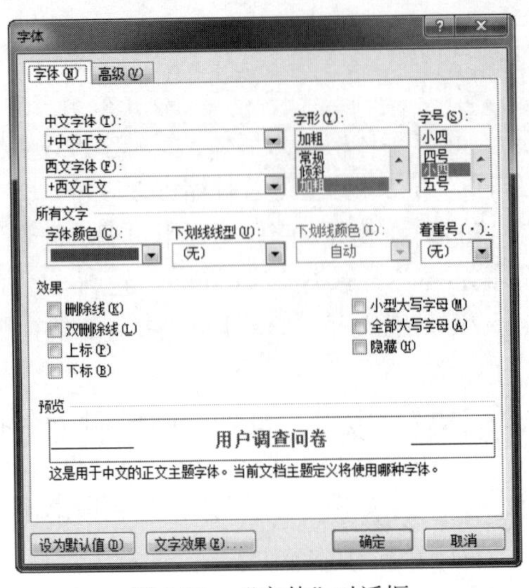

图 3-28 “字体”对话框

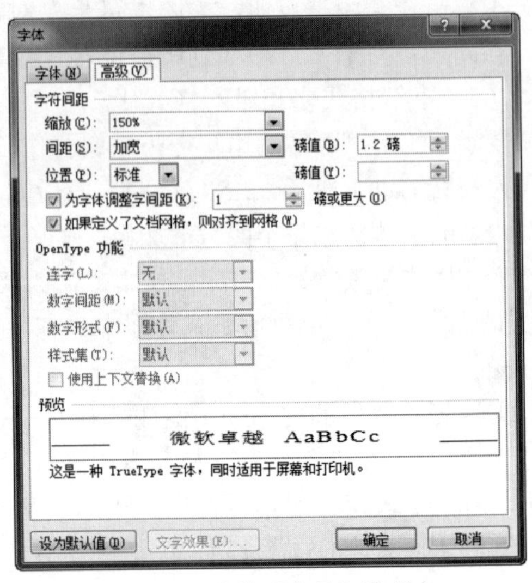

图 3-29 字体“高级”选项卡

③选择“用户调查问卷”六字，设置为黑体、二号；单击“开始→字体”组“文本效果”按钮，在下拉列表中选择第四行第一个样式“渐变填充-蓝色，强调文字颜色 1，轮廓-白色，强调文字颜色 2”，如图 3-30 所示。

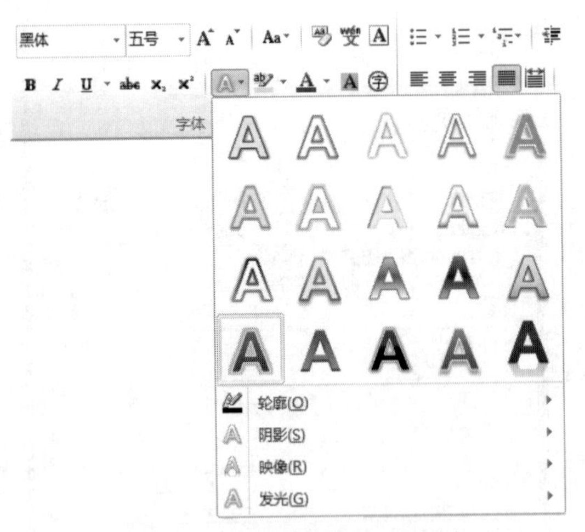

图 3-30 “文本效果”下拉列表

④选择其余文字，设置为宋体、小四号字；单击“段落”组“行和段落间距”按钮，在下拉列表中选择 1.5，如图 3-31 所示。

（6）插入项目符号。

操作步骤：

选择“姓名……地址”九段，单击“开始→段落”组“项目符号”下拉按钮，选择小方格项目符号即可，如图 3-32 所示。

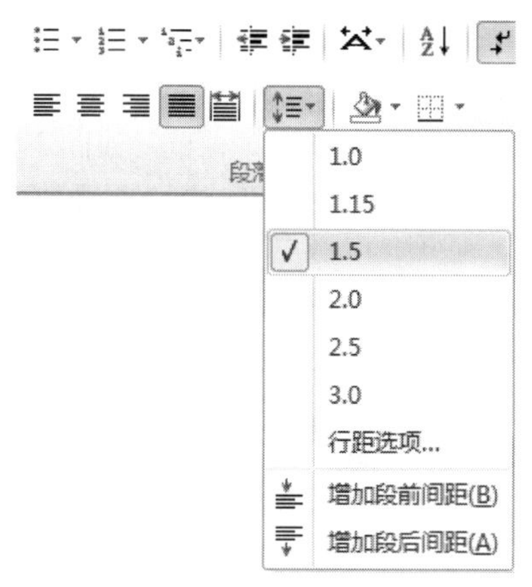

图 3-31　“行和段落间距”下拉列表

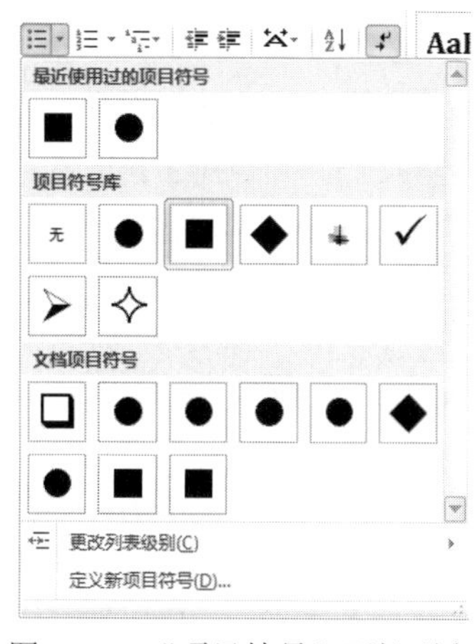

图 3-32　“项目符号”下拉列表

（7）插入自动编号。

操作步骤：

①选择“贵单位是否……”和“贵单位准备”两段，单击“开始→段落”组“编号”下拉按钮，选择相应编号即可。

②选择“您了解品牌……”一段，单击“编号”按钮，此时插入的编号默认为重新编号，从 1 开始，单击旁边的“自动更正选项”按钮，选择“继续编号”，则编号变为“3.”，如图 3-33 所示。如果没有出现“自动更正选项”按钮，则在此段落上右击，弹出快捷菜单，选择“继续编号”即可，如图 3-34 所示。

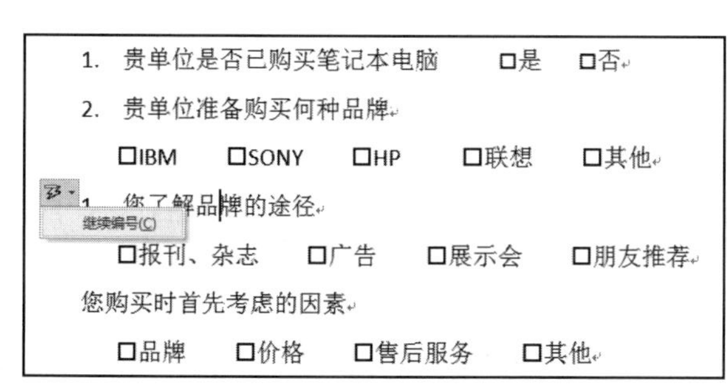

图 3-33　插入编号时的“自动更正选项”按钮

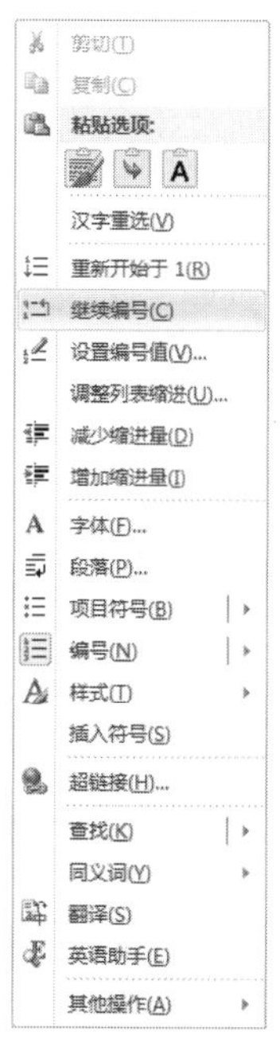

图 3-34　快捷菜单

同理，选择其他问题设置自动编号。

（8）制表位。

操作步骤：

①选择“姓名……地址”九段，单击“开始→段落”组“对话框启动器”按钮，打开“段落”对话框，单击对话框中左下角的“制表位”按钮，打开“制表位”对话框，如图 3-35 所示。

②在“制表位位置”中输入 38，在“对齐方式”中选择“右对齐”，在“前导符”中选择“4 ___”，单击“设置”按钮。单击“确定”按钮。

③将插入点放在“姓名：”后面，按 Tab 键，即会出现一条好像下划线的直线。同理，在其他段落后也按 Tab 键。“姓名……地址”九段的下划直线是右对齐的。

图 3-35 “制表位”对话框

技巧：把制表符显示出来，制表位的操作就更加清晰。单击“文件”→“选项”命令，打开“Word 选项”对话框，选择“显示”选项卡，在“始终在屏幕上显示这些格式标记”组中选中“制表符”复选框，就可以在 Word 文档中看到隐形的 Tab 制表符标记“→”。

（9）保存文档。

单击“文件”→“保存”命令或单击快速访问工具栏中的“保存”按钮，打开“另存为”对话框，选择文件保存位置，默认文件类型“Word 文档”不变，输入文件名“用户调查问卷.docx”，最后单击“保存”按钮即可。

4. 课堂实践

（1）实践本案例。

（2）打开文件“福娃.docx”，完成下列操作：

1）设置第 1 段字体格式为“黑体”；“福娃”文字格式为“小四号、加粗、蓝色，缩放 150%，加宽 1.2 磅”。

2）第 1 段段落格式设置为：首行缩进 2 字符，左右缩进各 1 厘米，1.5 倍行距，段后间距 0.5 行。

3）给最后 4 段添加菱形项目符号。

（3）打开“多级列表.docx”，将其设置成如图 3-36 所示的多级编号，具体要求：级别 1 的编号格式为“第 1 章”，编号对齐位置 0 厘米；级别 2 的编号格式为“1.1”，编号对齐位置 1

厘米；级别 3 的编号格式为“1.1.1”，编号对齐位置 2 厘米。

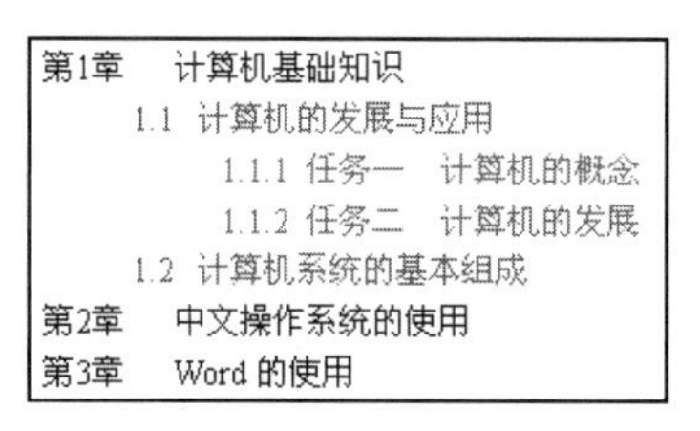

图 3-36　多级列表设置样例

操作步骤：

①选择需要添加编号的所有行。

②单击“开始→段落”组“多级列表→定义新的多级列表”命令，打开“定义新多级列表”对话框，如图 3-37 所示。

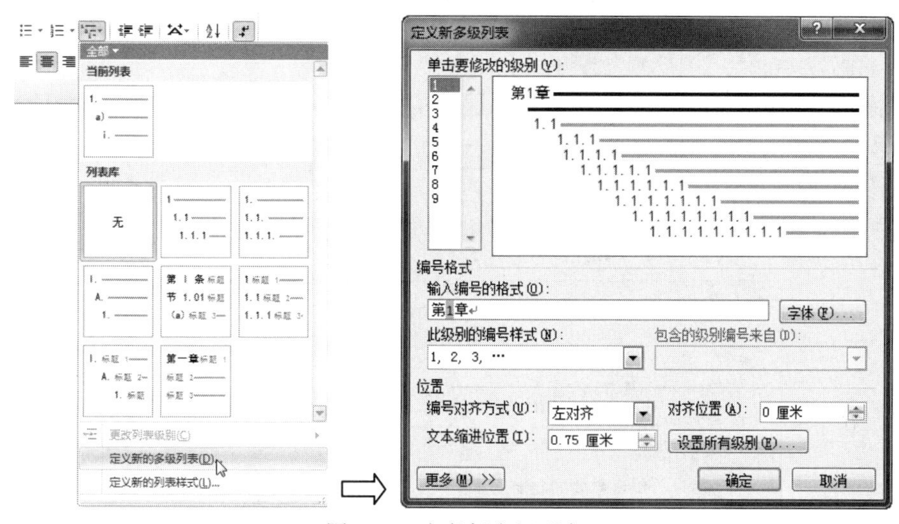

图 3-37　定义新多级列表

③设置级别 1：在“输入编号的格式”文本框中有编号“1”，在编号“1”的前后分别添加文字“第”“章”。设置“对齐位置”为“0 厘米”。其余项按默认设置。

设置级别 2：在“级别”列表框中选择 2，此时“输入编号的格式”文本框中为“1.1”。设置“对齐位置”为“1 厘米”，如图 3-38 所示。

设置级别 3：在“级别”列表框中选择 3，此时“输入编号的格式”文本框中为“1.1.1”。设置“对齐位置”为“2 厘米”，如图 3-39 所示。

④单击“确定”按钮后，各行前面都自动添加了“第 n 章”的级别 1 编号。

⑤选择红色字的行，按 Tab 键或单击“段落”组上的“增加缩进量”按钮一次，即可增加一个级别，编号如“1.1”。

⑥选择绿色字的行，按 Tab 键或单击“增加缩进量”按钮两次，将级别增加到 3 级，编号如“1.1.1”。

如果要将编号降低一个级别，按 Backspace 键一次或单击“段落”组上的“减少缩进量”按钮一次即可。

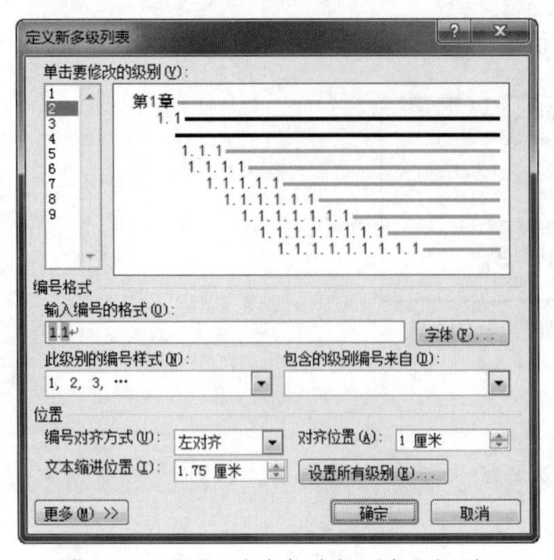

图 3-38 设置“定义新多级列表”级别 2

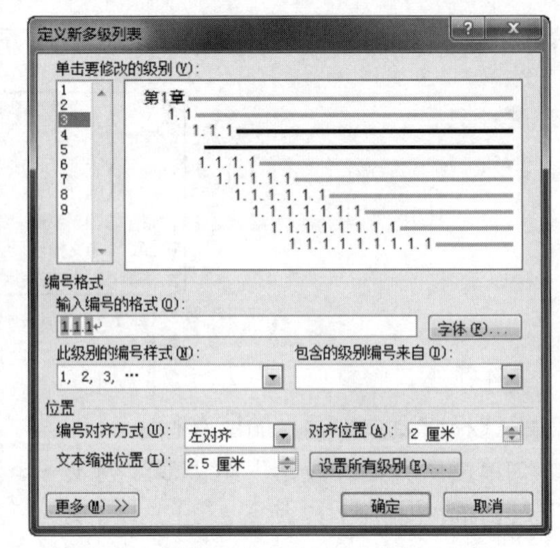

图 3-39 设置“定义新多级列表”级别 3

5. 评价与总结

- 根据时间情况让同学主动上台演示课堂实践的部分或全部操作。
- 鼓励多位同学分别总结本案例中某一部分主要知识点，学生或老师补充。

6. 课外延伸

利用制表位制作如图 3-40 所示的目录文档，并保存为“目录.docx”。

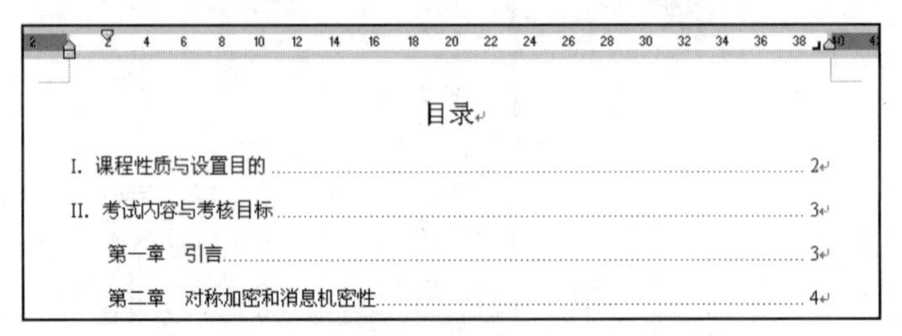
目录

I. 课程性质与设置目的..2

II. 考试内容与考核目标..3

第一章 引言..3

第二章 对称加密和消息机密性..4

图 3-40 带前导符的制表位应用示例

此例是手工制作的简单目录，Word 还提供自动生成目录功能，见任务六的论文排版制作。

任务三 销售报表的设计、排版

表格是日常学习和工作中经常用到的，由不同行列的单元格组成，比如学习中常用的课程表、报名表、成绩表，工作中常用的人事表、产品销售报表、申请表等。Word 提供了丰富的表格功能，可以在单元格中填写文字和插入图片，表格和文本间相互转换，进行简单的表格计算和排序等。

案例 3 产品销售报表的设计制作

技佳电脑公司为了及时掌握各种品牌电脑配件的销售情况，要求销售部门的职员小张做一张季度产品销售报表。要求报表能反映同一产品不同品牌的电脑配件的销售数据，并能根据季度销售额进行排序，看哪个品牌的销量最好。

1. 案例分析

小张查阅一般销售报表的通用格式后使用Word表格功能设计制作了一份有关主板的季度销售报表。该报表根据需要要合并单元格，绘制斜线表头，根据内容调整行高列宽，设置对齐方式。然后用 Word 公式计算销售额，对销售额进行排序，最后利用 Word 提供的自动套用格式快速格式化成专业表格，如图 3-41 所示。

主板季度销售报表

部门：　　　　　　　　　　负责人：　　　　　　　　　　年　　月　　日

月份 品牌	一月			二月			三月			金额合计
	数量	单价（元）	金额	数量	单价（元）	金额	数量	单价（元）	金额	
品牌 2	50	700	35000	60	650	39000	65	720	46800	120800
品牌 4	45	800	36000	50	760	38000	54	750	40500	114500
品牌 1	60	600	36000	65	580	37700	70	560	39200	112900
品牌 3	55	600	33000	63	560	35280	68	540	36720	105000
合计	210	2700	140000	238	2550	149980	257	2570	163220	453200

图 3-41　产品销售报表制作样例

本案例主要涉及表格的创建、编辑、格式设置、计算及排序等相关功能。利用“表格工具|设计”和“表格工具|布局”选项卡可以完成本案例的操作。

2. 相关知识点

（1）创建表格。将插入点移到需要插入表格的位置，单击“插入→表格”组“表格”按钮可在插入点创建表格。使用“插入表格”对话框可以插入行列数较多的大型表格，详细操作步骤参见实现方法。

插入表格后，功能区将自动显示“表格工具|设计”和“表格工具|布局”选项卡，这两个选项卡汇集了处理表格的各项功能按钮，方便用户对表格的操作。

（2）编辑表格。

1）行、列、单元格的选定。

选定整个表格：鼠标移至表格左上方，当表格左上角出现“⊞”标记时，单击标记即可选中整个表格。

选多行：鼠标移至表格左边框处，当鼠标指针变为“↗”时，上下拖动鼠标，即可选中一行或多行。

选多列：鼠标移至表格上边框上，当鼠标指针变为“⬇”时，左右拖动鼠标，可以选中一列或多列。

选某单元格：鼠标移至要选定单元格的左侧，当鼠标指针变为“➚”时，单击鼠标，则选中此单元格，如果左拖鼠标，则可以选中多个单元格。

此外，通过“表格工具|布局→表”组“选择”按钮也可以选定行、列和单元格。

2）插入行、列。将插入点移到需要插入行或列的位置，在“表格工具|布局→行和列”组中单击所需的插入按钮即可在指定位置插入行或列。在插入点右击，弹出的快捷菜单中也提供“插入”命令。详细操作步骤参见实现方法。

3）删除行、列、单元格和表格。选定要删除的行、列、单元格或表格，单击“表格工具|

布局→行和列”组“删除”按钮，下拉菜单中有四个命令可以选择：“删除单元格”“删除列”“删除行”和“删除表格”，如图 3-42 所示。

当选择“删除单元格”时，将弹出“删除单元格”对话框，如图 3-43 所示，询问单元格被删除后是否由右侧单元格左移补充，或者由下方单元格上移补充，或者删除整行或整列。

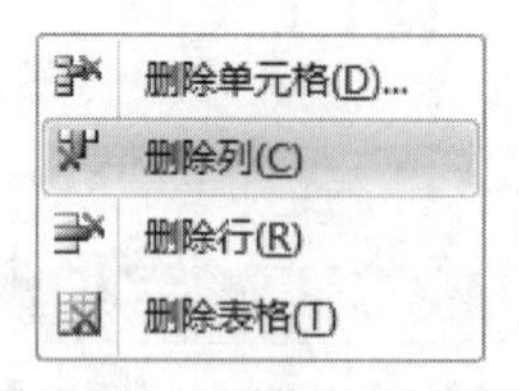

图 3-42 “删除”下拉菜单

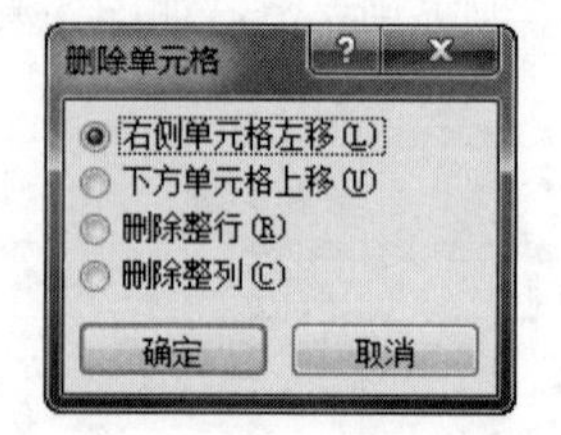

图 3-43 “删除单元格”对话框

（3）表格行高和列宽的调整。调整表格的行高和列宽有两种方法。一种方法是使用表格中行、列边界线快速调整；另一种方法是使用“表格工具|布局”选项卡上的“高度”“宽度”栏精确调整。

1）使用表格中行、列边界线。

当鼠标移过单元格的右边线时，指针变为带有水平箭头的双竖线“+||+”形状，单击鼠标并左右拖动，会减小或增加列宽，并且会同时调整相邻列的宽度。

按住 Shift 键的同时拖动边界线，只改变当前列列宽，右方各列保持不变，即对相邻列列宽无影响，但整表宽度发生变化。

调整行高的方法与调整列宽的方法类似，只是鼠标需移到单元格的下边线，指针变为“÷”形状。

2）使用“表格工具|布局”选项卡上的“高度”“宽度”栏。

选择需要设置的行或列，在“表格工具|布局→单元格大小”组中的“高度”或“宽度”栏中输入或选择数值，最后。按 Enter 键即可。详细操作步骤参见实现方法。

（4）单元格的合并与拆分

选定需要合并的若干连续的单元格，单击“表格工具|布局→合并”组“合并单元格”按钮，或选择快捷菜单中的“合并单元格”命令，即可将选定的单元格合并为一个单元格。详细操作步骤参见实现方法。

选定需要拆分的单元格，单击“表格工具|布局→合并”组“拆分单元格”按钮，或选择快捷菜单中的“拆分单元格”命令，打开“拆分单元格”对话框，输入或选择拆分后形成的行、列数，单击“确定”按钮。

（5）手工绘制斜线表头。有些表格含有斜线或不规则线，使用“表格工具|设计→表格样式”组“边框”或“表格工具|设计→绘图表框”组“绘制表格”按钮可以手工绘制这些不规则斜线。使用“边框”按钮绘制斜线表头的详细操作步骤参见实现方法。

使用“绘制表格”按钮绘制斜线表头的操作步骤：

①单击“绘制表格”按钮后，鼠标指针变成铅笔形状“✎”。

②将铅笔形状的鼠标指针移到绘制起点，按住鼠标左键拖动鼠标到绘制终点，放开鼠标即得斜线表头。

（6）表格中文字对齐方式的设置。文字在单元格中有 9 种位置，是水平对齐与垂直对齐

的组合。使用“表格工具|布局→对齐方式”组中的功能按钮或从快捷菜单中选择“单元格对齐方式”命令可完成操作。详细操作步骤见实现方法。

（7）改变文字方向。在表格中输入文字时，有时需要改变文字的排列方向。单击“表格工具|布局→对齐方式”组“文字方向”按钮，如图 3-44 所示，可以将单元格中的文字方向由横向更改成纵向，其中有些汉字标点符号也会改成竖写形式的标点符号，如双引号由“”变成﹁﹂。

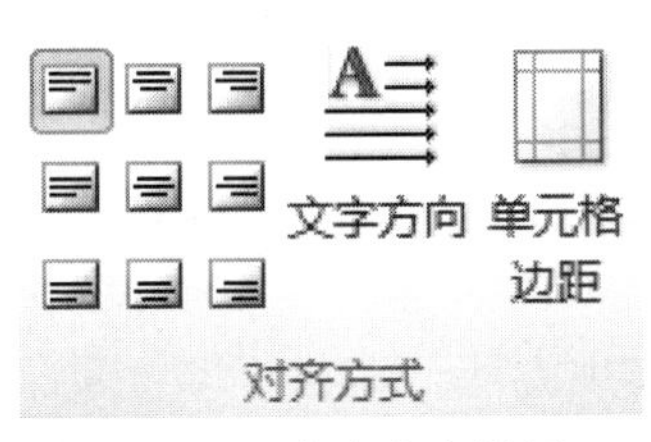

图 3-44　文字方向设置

（8）单元格的边框和底纹设置。为了美观，可以对表格进行边框和底纹的设置。系统默认表格边框为 0.5 磅的单行实线。可以使用“表格工具|设计→表格样式”组中的“边框”和“底纹”按钮来设置表格的边框和底纹。

更简便、灵活的边框设置方法是使用“表格工具|设计→绘图边框”组中的工具按钮。详细操作步骤参见实现方法。

（9）表格的对齐方式和文字环绕方式。表格的对齐方式是指整个表格在纸张中的水平对齐方式，有 3 种：左对齐、居中和右对齐。最简便的设置方法是单击表格左上角出现的“⊞”标记，选中整个表格，然后单击“开始→段落”组“居中”按钮即可。

也可以单击“表格工具|布局→表”组“属性”按钮，打开“表格属性”对话框，在“表格”选项卡中设置“居中”对齐方式，如图 3-45 所示。

图 3-45　“表格属性”对话框

文字环绕设置方法是：打开“表格属性”对话框，在“表格”选项卡中设置文字环绕。

（10）表格计算。Word 提供了简单的表格计算功能，如求和、求平均值等。

常用函数有 SUM（求和）、AVERAGE（求平均值）、MAX（求最大值）、MIN（求最小值）等。在表格中单击“表格工具|布局→数据”组“公式”按钮，打开“公式”对话框，在公式编辑栏中会看到默认公式“=SUM(LEFT)”或“=SUM(ABOVE)”，这表示对左侧连续单元格中的数值或上面连续单元格中的数值进行求和。

公式中也可以使用单元格地址作为参数，如公式“=SUM(C5,E5)”，表示计算 C5 单元格和 E5 单元格的数值之和。Word 表格中单元格地址的命名是由单元格所在的列号和行号组合而成，列号在前，行号在后，字母大小写通用。如表格左上角第一个单元格是 A1，第一行第二个单元格是 A2，依此类推。

表格计算的详细操作步骤见实现方法。

注意：Word 没有提供方便的复制计算方法，所以在 Word 中只适宜做少量计算，复杂大量的计算应在 Excel 中完成。

（11）表格排序。Word 提供了对表格中的数据进行排序的功能。在表格中单击“表格工具|布局→数据”组“排序”按钮，打开“排序”对话框，按需要设置主要关键字、次要关键字、第三关键字以及升序和降序即可。详细操作步骤参见实现方法。

（12）表格样式。当表格建立完后，可以利用“表格样式”对表格进行快速修饰。表格样式中预定义了许多表格的格式、字体、边框、底纹和颜色供用户选择，使得对表格的排版变得轻松、容易。详细操作步骤参见实现方法。

（13）表格与文本间的相互转换。在 Word 中，文本可以转为表格，表格也可以转为文本，但转为表格的文本必须以一种分隔符（如逗号、空格、制表符等）分隔文本列。

文本转换成表格的设置方法是：选定文本，单击“插入→表格”组“表格”按钮，在下拉列表中选择“文本转换成表格”命令，打开“将文字转换成表格”对话框，设置后可完成文本转换成表格的操作。详细操作步骤参见课堂实践。

表格转换成文本的设置方法是：将光标放置在任一单元格中，单击“表格工具|布局→数据”组“转换为文本”按钮。

（14）预览与打印。在打印文档之前，可以利用 Word 提供的“打印预览”功能检查整个文档的外观，特别是表格，更加需要检查表格边框设置是否正确。单击快速访问工具栏中的“打印预览和打印”按钮，或单击“文件”→“打印”命令，打开“打印”窗格，如图 3-46 所示。

“打印”窗格右侧可预览打印效果。中间部分是选择打印机和设置打印页数等，单击上面的“打印”按钮即可开始打印。

3. 实现方法

新建 Word 文档，单击“页面布局→页面设置”组“纸张方向”按钮，选择“横向”。在文档中输入表格题目“主板季度销售报表”和表格信息“部门：　负责人：　年　月　日”，并将表格题目设置为三号、黑体、加粗，居中对齐。

扫码看视频

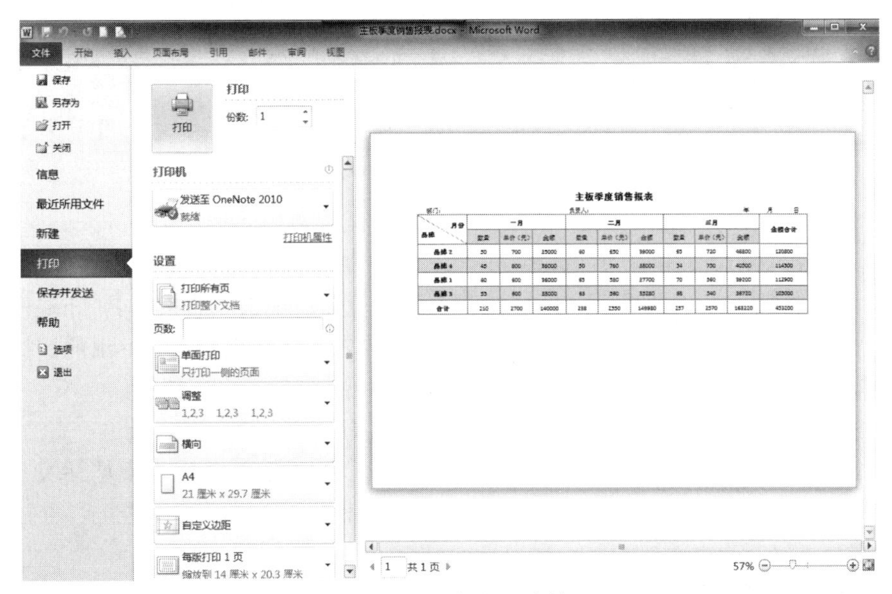

图 3-46　“打印”窗格

（1）创建一个 6 行×10 列表格。

操作步骤：单击“插入→表格”组“表格”按钮，在弹出的下拉菜单的“插入表格”网格中移动鼠标指针至 10×6 表格，单击后即可在插入点创建 6 行×10 列的表格。或者在弹出的下拉菜单中选择“插入表格”命令，打开“插入表格”对话框，如图 3-47 所示，输入或选择表格的列数为 10，行数为 6，最后单击“确定”按钮即可在插入点创建表格。

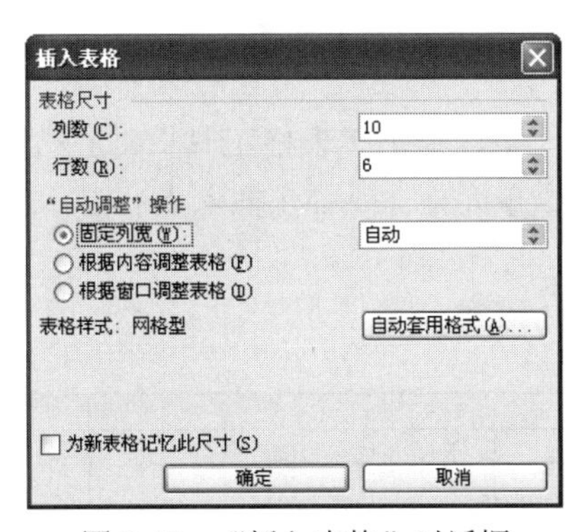

图 3-47　“插入表格”对话框

插入表格后，功能区将自动显示“表格工具|设计”和“表格工具|布局”选项卡，如图 3-48 和图 3-49 所示。

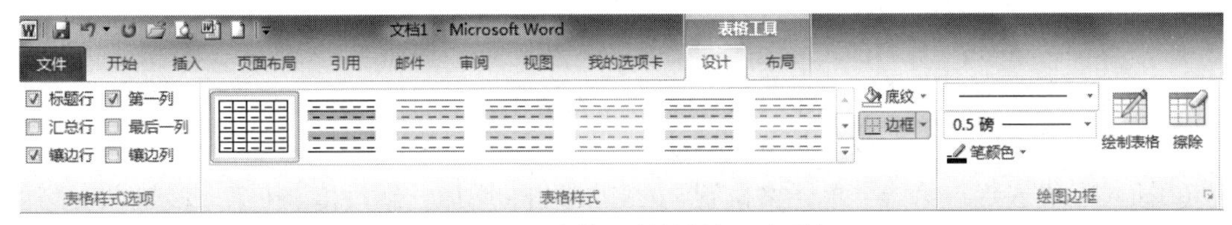

图 3-48　“表格工具|设计”选项卡

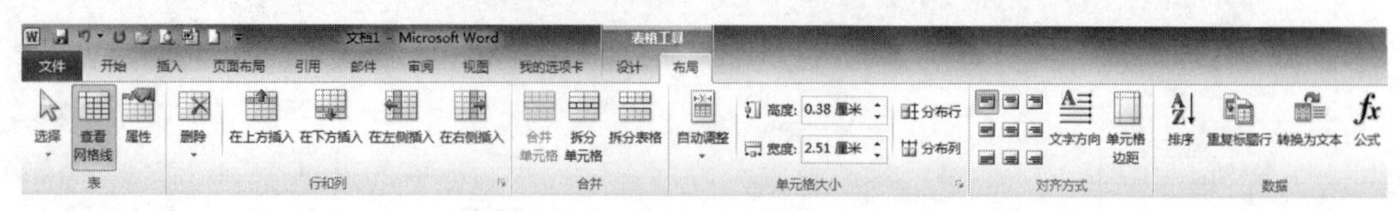

图 3-49 “表格工具|布局”选项卡

（2）插入行、列。

操作步骤：将插入点移到最后一行的任一单元格位置，单击“表格工具|布局→行和列”组“在下方插入”按钮，即可在指定位置插入一行。或者在插入点右击，弹出的快捷菜单中也提供有“插入”命令。

同理，插入一新列。最后形成 7 行×11 列的表格。

技巧：将插入点定位到表格的最后一个单元格内，按 Tab 键即可在表尾插入一个空行。将插入点定位在表格每行最后一个单元格外，按 Enter 键也可以插入一个空行。

（3）调整表格行高和列宽。

要求：所有行的行高均设置为“0.8 厘米”；第二至第十列的列宽设置为“2 厘米”，第一、第十一列的列宽设置为“3 厘米”。

操作步骤：

①选择所有行，在“表格工具|布局→单元格大小”组中的“高度”栏中设置为“0.8 厘米”，按 Enter 键即可。

②选择第二至第十列，在“宽度”栏中设置为“2 厘米”。同理，设置第一、第十一列的列宽为“3 厘米”。

（4）合并单元格。

操作步骤：

①选择第一列的前两个单元格，单击“表格工具|布局→合并”组“合并单元格”按钮，即可将选定的单元格合并为一个单元格。或者在插入点右击，在弹出的快捷菜单中也提供“合并单元格”命令。

②同理，按图 3-50 所示将所需单元格合并。

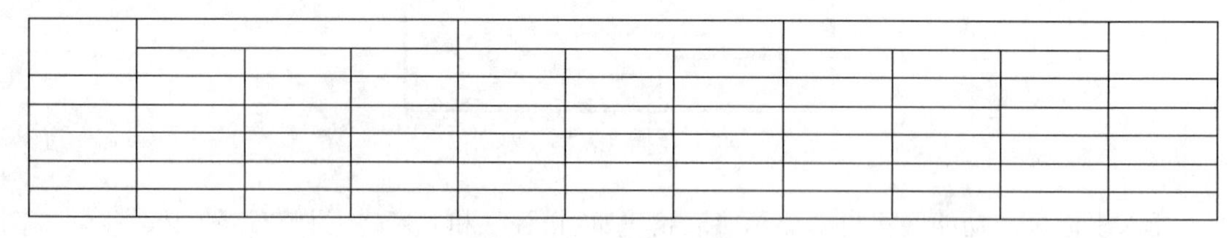

图 3-50 合并单元格样例

（5）手工绘制斜线表头。

操作步骤：

①将插入点移到第一个单元格位置，单击“表格工具|设计→表格样式”组“边框”下拉按钮，选择“斜下框线”命令，此单元格即增加了一条斜下框线。

②插入点仍放置在第一个单元格位置，按 Enter 键，增加一新段落。在第一段输入文字“月份”，设置为“右对齐”。在第二段输入文字“品牌”，设置为“左对齐”。

（6）输入表格标题内容。按图 3-51 所示输入表格标题内容。

月份 品牌	一月			二月			三月			金额合计
	数量	单价（元）	金额	数量	单价（元）	金额	数量	单价（元）	金额	
品牌 1										
品牌 2										
品牌 3										
品牌 4										
合计										

图 3-51　表格标题样例

（7）设置表格中文字对齐方式。

操作步骤：

①选择需要设置的行、列、单元格或整个表。这里可单击表格左上角出现的“⊞”标记来选择整个表。

②单击“表格工具|布局→对齐方式”组“中部居中”按钮，如图 3-52 所示。或是在选定区域上右击，在快捷菜单中也提供“单元格对齐方式”命令。

此时，表头的对齐方式需重新调整，将“月份”再次设置为“右对齐”，“品牌”设置为“左对齐”。

图 3-52　单元格对齐方式

（8）设置单元格边框和底纹。

操作步骤：

①先选定整个表格，单击“表格工具|设计→绘图边框”组“笔样式”下拉按钮，选择双线线型，这时鼠标指针变成铅笔形状“✎”，按住鼠标左键不放，沿着表格的外边框拖动鼠标即可将边框由单线变为双线。

按 Esc 键或单击“表格工具|设计→绘图边框”组“绘制表格”按钮，铅笔形状鼠标消失，恢复正常编辑状态。

②选定表头行，单击“表格工具|设计→表格样式”组“底纹”下拉按钮，选择“茶色，背景 2”，即可给选定的单元格添加底纹。

（9）输入表格数据。按图 3-53 所示输入表格数据。

月份 品牌	一月			二月			三月			金额合计
	数量	单价（元）	金额	数量	单价（元）	金额	数量	单价（元）	金额	
品牌 1	60	600		65	580		70	560		
品牌 2	50	700		60	650		65	720		
品牌 3	55	600		63	560		68	540		
品牌 4	45	800		50	760		54	750		
合计										

图 3-53　表格数据样例

（10）表格计算。

操作步骤：

1）各品牌金额的计算。

①将插入点移动到品牌 1 的“金额”单元格中，单击“表格工具|布局→数据”组“公式”按钮，打开如图 3-54 所示的“公式”对话框。

图 3-54 “公式”对话框

②清除“公式”编辑框中的默认显示，输入公式“=b3*c3”。

③单击“确定”按钮，完成第一个金额的计算。

④同理，计算其余品牌的金额。

Word 没有提供方便的复制计算方法，所以在 Word 中只适宜做少量计算，复杂大量的计算应在 Excel 中完成。

2）“金额合计”计算。计算方法类似品牌金额计算。提示：第一个“金额合计”单元格公式为“=d3+g3+j3”。

3）“合计”计算。计算公式为“＝SUM(ABOVE)”。计算结果如图 3-55 所示。

月份 品牌	一月			二月			三月			金额合计
	数量	单价（元）	金额	数量	单价（元）	金额	数量	单价（元）	金额	
品牌 1	60	600	36000	65	580	37700	70	560	39200	112900
品牌 2	50	700	35000	60	650	39000	65	720	46800	120800
品牌 3	55	600	33000	63	560	35280	68	540	36720	105000
品牌 4	45	800	36000	50	760	38000	54	750	40500	114500
合计	210	2700	140000	238	2550	149980	257	2570	163220	453200

图 3-55 表格计算

（11）表格排序。

操作步骤：

①选择“品牌 1……品牌 4”四行。

②单击“表格工具|布局→数据”组“排序”按钮，打开如图 3-56 所示的“排序”对话框。

③在“列表”选项组中，选择“无标题行”单选按钮。

④在“主要关键字”下拉列表中选择“列 11”项，“类型”为“数字”，选择“降序”。

⑤单击“确定”按钮。

排序后的结果如图 3-57 所示。

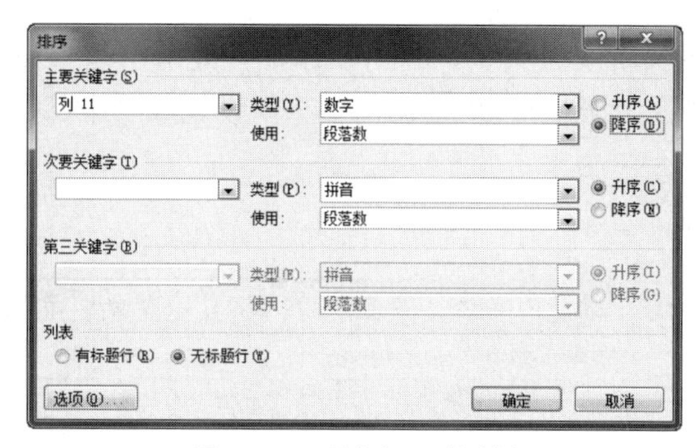

图 3-56　“排序”对话框

月份 / 品牌	一月			二月			三月			金额合计
	数量	单价（元）	金额	数量	单价（元）	金额	数量	单价（元）	金额	
品牌 2	50	700	35000	60	650	39000	65	720	46800	120800
品牌 4	45	800	36000	50	760	38000	54	750	40500	114500
品牌 1	60	600	36000	65	580	37700	70	560	39200	112900
品牌 3	55	600	33000	63	560	35280	68	540	36720	105000
合计	210	2700	140000	238	2550	149980	257	2570	163220	453200

图 3-57　表格排序样例

（12）表格样式。

操作步骤：

①将插入点移动到要排版的表格内。

②在“表格工具|设计→表格样式”组中单击“其他”下拉按钮，在弹出的下拉列表中选择“浅色网格-强调文字颜色 1”样式，如图 3-58 所示。

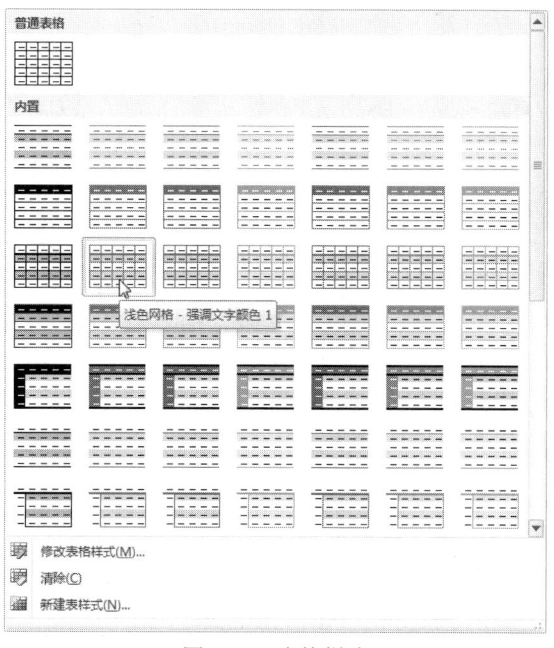

图 3-58　表格样式

套用表格样式后，表头斜线丢失了，需再次添加，此时可适当设置线条颜色。表格中文字对齐方式会自动变成“靠上居中”，可根据需要重新设置成“中部居中”对齐方式。设置后的效果如图 3-59 所示。

月份 品牌	一月			二月			三月			金额合计
	数量	单价（元）	金额	数量	单价（元）	金额	数量	单价（元）	金额	
品牌 2	50	700	35000	60	650	39000	65	720	46800	120800
品牌 4	45	800	36000	50	760	38000	54	750	40500	114500
品牌 1	60	600	36000	65	580	37700	70	560	39200	112900
品牌 3	55	600	33000	63	560	35280	68	540	36720	105000
合计	210	2700	140000	238	2550	149980	257	2570	163220	453200

图 3-59　表格套用表格样式

（13）设置表格的居中对齐方式。

操作步骤：单击表格左上角出现的“⊞”标记，选中整个表格，然后单击“开始→段落”组“居中”按钮即可将整个表格设置在纸张的水平居中位置。

（14）打印预览。单击快速访问工具栏中的“打印预览和打印”按钮，或单击“文件”选项卡的“打印”命令，显示“打印”窗格，检查表格边框设置是否正确，表格格式设置是否满意。

最后保存为“销售报表.docx”文件。

4. 课堂实践

（1）实践本案例。

（2）新建 Word 文档，按图 3-60 所示制作课程表（行高为 1 厘米，列宽为 2 厘米），并以“课程表.docx”为文件名存盘。

星期 班级．时间		一	二	三	四	五
机电一班	1、2 节	英语	高数	英语	数据库	制图
	3、4 节	网络	听力	制图	高数	数据库
	5、6 节	体育		网络	听力	
	7、8 节	实验			体育	

图 3-60　课程表样例

（3）将“文字转换为表格.docx”文档中的文字转换成表格。再将此表格转换成文本格式，以“*”号为文本间隔符。

1）将文字转换为表格的操作步骤：

①给文字添加段落标记和分隔符，如图 3-61 所示。

②选定要进行转换的所有文字。

③单击“插入→表格”组“表格”按钮，在下拉菜单中选择“文本转换成表格”命令（如图 3-62 所示），

姓名　性别　英语　数学　计算机
陈华　女　88　87　90
李业　男　78　90　90
王力　男　80　89　89
刘勇　男　83　86　88

图 3-61　添加分隔符的文本

打开“将文字转换成表格”对话框，如图 3-63 所示。

图 3-62　“文本转换成表格”命令

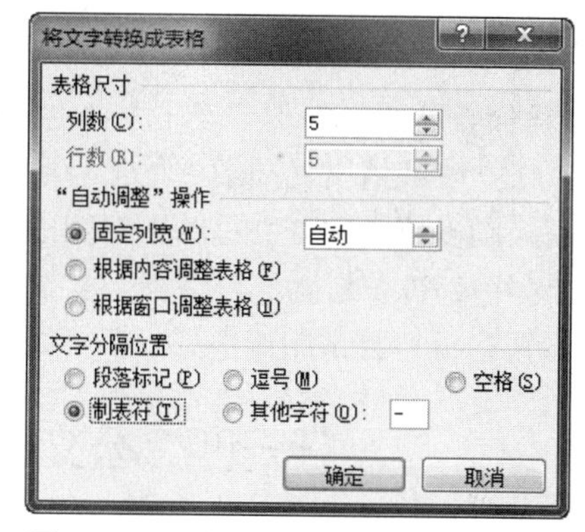

图 3-63　“将文字转换成表格”对话框

④根据所选择的内容，系统一般会自动识别分隔符，并自动给出列数；如果识别错误则需要在“文字分隔位置”栏选择一种分隔符或在“其他字符”编辑框中键入其他分隔符。由于文本中的分隔符是“制表符”，所以这里文字分隔位置选择“制表符”。

⑤单击“确定”按钮，即可将上述文本转换成表格，如图 3-64 所示。

姓名	性别	英语	数学	计算机
陈华	女	88	87	90
李业	男	78	90	90
王力	男	80	89	89
刘勇	男	83	86	88

图 3-64　文字转换为表格

2）将表格转换为文字的操作步骤：

①将插入点移动到表格中任一位置。

②单击“表格工具|布局→数据”组“转换为文本”按钮，打开如图 3-65 所示的“表格转换成文本”对话框。

③选择“文字分隔符”，使得转换后的文本使用此符号来分隔文字。这里使用“*”作为分隔符。

④单击“确定”按钮后，表格即可转换为文本。

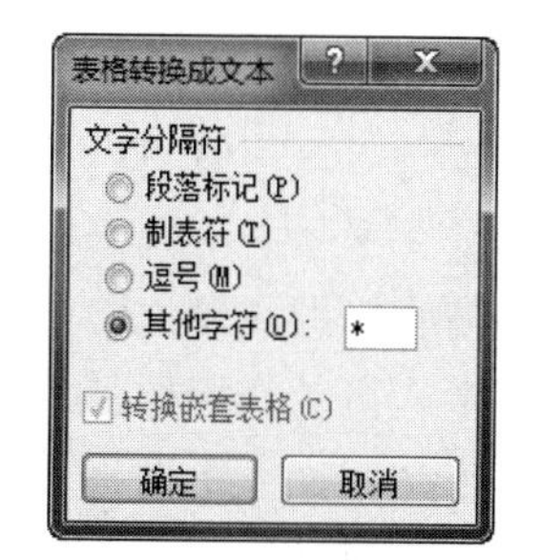

图 3-65　“表格转换成文本”对话框

（4）将“文字转换为表格.docx”文档中的文字转换成表格后，在最后添加一列“总分”，计算总分，按总分进行递减排序，如果有两个学生的总分相同，再按英语成绩递减排序。

（5）按图 3-66 所示制作报名表，插入图片“照片.jpg”，并以“报名表.docx”为文件名存盘。

报名表

姓名		性别		国籍地区		
身份证号						
学历		毕业院校				
工作单位						
通信地址						
报考级别		报考专业		联系电话		

图 3-66　报名表样例

5. 评价与总结

- 根据时间情况让同学主动上台演示课堂实践的部分或全部操作。
- 鼓励多位同学分别总结本案例中某一部分主要知识点，学生或老师补充。

6. 课外延伸

上网搜索资料尝试制作多页表格，如职称申报表等。

任务四　公文、合同等的设计、排版

可以使用 Word 的编辑排版功能制作规范文档，比如公文、协议、合同等文档。

案例 4　公文文档的制作与排版

学院党委办公室职员小李接到一项任务：按公文格式转发省委、市委的学习通知。小李知道公文具有规范的结构和格式（国家党政机关公文格式），各种类型的公文都有明确规定的格式，而不是像私人文件那样主要靠各种“约定俗成”的格式。那么怎样使用 Word 来编辑排版规范的公文呢？

1. 案例分析

首先，小李按公文结构拟了一份草稿，然后参照国家党政机关公文格式，按如下格式要求进行排版。排版后还将此规范文档另存为模板方便以后套用。

格式要求是：

- 采用 A4 纸型，即 210mm×297mm；上页边距为 37mm，下页边距为 25mm，左页边距为 28mm，右页边距为 26mm。
- 发文机关使用小初字号、宋体字，红色、加粗、居中对齐。
- 发文字号在发文机关标识下空 1 行，用三号、仿宋，居中对齐。
- 发文字号之下画一条宽 15cm、粗细为 1.5 磅的红色线。
- 公文标题在发文字号下空 2 行，用小二号、宋体，加粗、居中对齐。
- 主送机关在标题下空 1 行，用三号、仿宋。
- 公文正文在主送机关名称下一行，首行缩进 2 字符，用三号、仿宋。
- 成文时间用三号、仿宋，右对齐。

小李制作排版的公文效果如图 3-67 所示。

本案例主要涉及页面设置、字符格式化、段落格式化、绘制直线及模板等相关功能。利用“页面布局”选项卡下的“页面设置”组，“开始”选项卡下的“字体”“段落”组，“插入”选项卡上的“形状”按钮等可以完成本案例的制作。

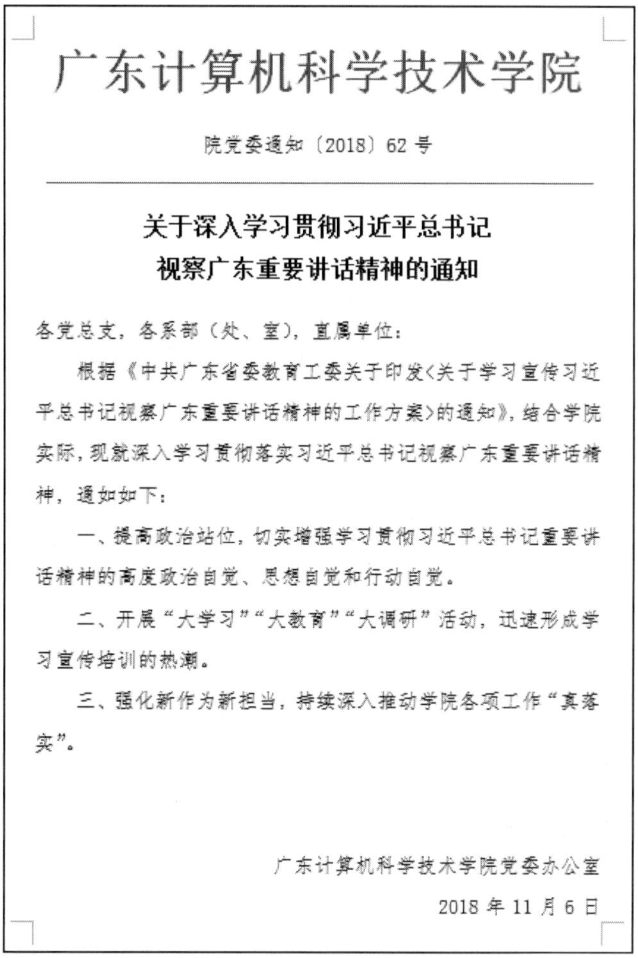

广东计算机科学技术学院

院党委通知〔2018〕62 号

关于深入学习贯彻习近平总书记
视察广东重要讲话精神的通知

各党总支，各系部（处、室），直属单位：

根据《中共广东省委教育工委关于印发〈关于学习宣传习近平总书记视察广东重要讲话精神的工作方案〉的通知》，结合学院实际，现就深入学习贯彻落实习近平总书记视察广东重要讲话精神，通知如下：

一、提高政治站位，切实增强学习贯彻习近平总书记重要讲话精神的高度政治自觉、思想自觉和行动自觉。

二、开展“大学习”“大教育”“大调研”活动，迅速形成学习宣传培训的热潮。

三、强化新作为新担当，持续深入推动学院各项工作“真落实”。

广东计算机科学技术学院党委办公室

2018 年 11 月 6 日

图 3-67　公文排版样例

2. 相关知识点

（1）页面的设置。页面设置可以设置页边距、纸张大小、纸张来源、版面以及每页行数和每行字符等。其中，页边距是指文档中的文本和打印纸边缘的距离。新建文档的页面按 Word 的默认方式设置，但是在打印正式文件前通常都要根据打印要求修改页面设置参数。

“页面布局”功能选项卡的“页面设置”组提供了页边距、纸张方向、纸张大小等常用工具按钮，如图 3-68 所示。单击“页面设置”组右下角的“对话框启动器”按钮，打开“页面设置”对话框，其中有“页边距”“纸张”“版式”和“文档网络”四个选项卡，可详细设置页边距、纸张大小、版式、每页的行数和每行的字数等，如图 3-69 所示。

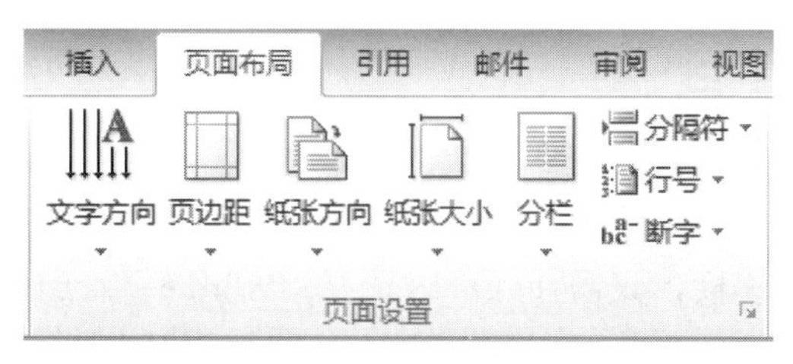

图 3-68　“页面设置”组

（2）绘制图形。Word 不仅可以处理文本，还可以方便地绘制图形。通过“插入→插图”组“形状”按钮可以很方便地完成绘图工作。单击“形状”按钮，在下拉列表中选择所需图形，鼠标指针将变为十字形状，按住鼠标左键拖动即可绘出相应图形。图形绘制好后 Word 系统自动打开“绘图工具|格式”功能选项卡，有关图形格式设置的按钮汇集于此。详细操作步骤参见实现方法。

（3）模板。任一 Word 文档都是基于模板建立的。模板是一个特殊文档，它包含对应文档的样式和页面设置。Word 系统的默认模板是空白文档 Normal.dotx，适用于创建一般文档。此外，Word 系统还提供了博客文章、书法字帖和样本模板等内置模板。Office.com 模板则提供了更丰富的网络在线模板，如报表、贺卡、名片、日历、简历等。

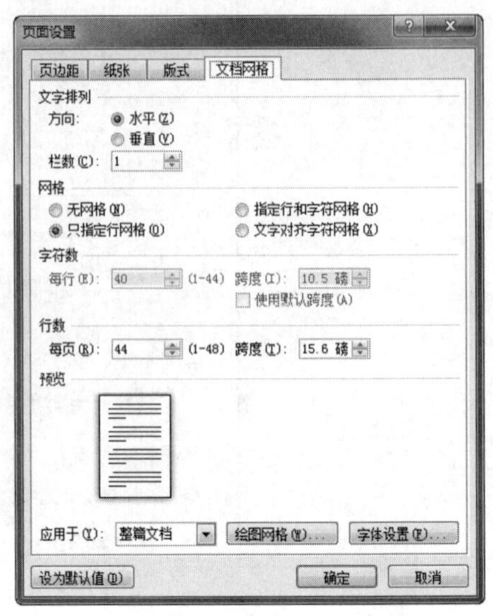

图 3-69 “页面设置”对话框

单击“文件”→“新建”命令，打开如图 3-70 所示的“新建”窗格，选择所需模板即可应用该模板，详细操作步骤参见课堂实践。

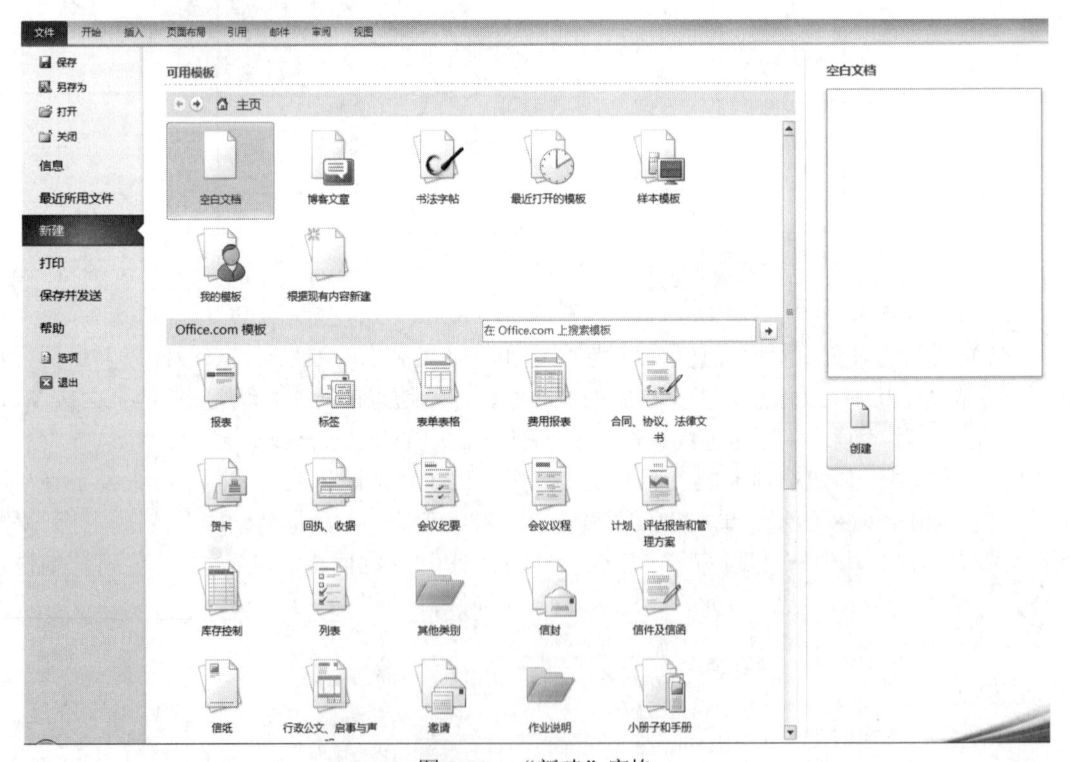

图 3-70 “新建”窗格

要将已有文档保存成模板，只需在保存时选择“Word 模板（*.dotx）”类型即可，详细操作步骤参见实现方法。

3．实现方法

打开“公文.docx”文档，按以下步骤进行操作。

（1）页面设置。

操作步骤：

单击“页面布局→页面设置”组“页边距”按钮，在下拉列表中选择“自定义边距”，打开“页面设置”对话框，选择“页边距”选项卡，在“页边距”栏的“上”“下”“左”“右”4个数值框中输入页边距值，上页边距为 3.7 厘米，下页边距为 2.5 厘米，左页边距为 2.8 厘米，右页边距为 2.6 厘米。选择“纸张”选项卡，在“纸张大小”列表框中选择 A4。设置过程如图 3-71 所示。

图 3-71　页边距设置

（2）字符格式化和段落格式化。

要求：

1）将第 1 段发文机关“……学院”设置为小初字号、宋体字，红色、加粗、居中对齐；

2）将第 3 段发文字号“……号”设置为三号、仿宋体字，居中对齐；

3）将第 6、7 段发文标题“关于……通知”设置为小二号、宋体字，加粗、居中对齐；

4）将第 9～17 段“各党总支……六日”设置为三号、仿宋体字，其中第 10～13 段首行缩进 2 字符，第 16、17 段右对齐。

操作步骤：

设置字符格式时要先选定文本，然后使用“开始”选项卡的“字体”组按钮进行设置。设置段落格式时也要先选定段落，然后使用“开始”选项卡的“段落”组按钮进行设置。

（3）绘制直线。

要求：绘制一条长 15 厘米，粗细为 1.5 磅的红色直线，并将其位置设置为垂直对齐，绝对位置距页边距下侧 3.8 厘米处。

操作步骤：

①单击“插入→插图”组“形状”按钮，选择“直线”线条，鼠标变成“+”形状后在所在位置上按住鼠标左键不放，拖画一条直线。直线绘制好后，系统自动打开“绘图工具|格式”功能选项卡，如图 3-72 所示。

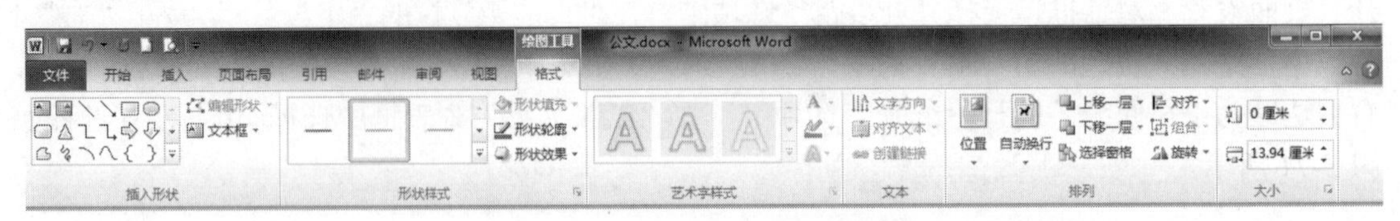

图 3-72　“绘图工具|格式”选项卡

②单击“绘图工具|格式→形状样式”组“形状轮廓”按钮，在下拉列表中选择“红色”标准色，在“粗细”的二级下拉列表中选择“1.5 磅”，如图 3-73 所示。

③在“绘图工具|格式→大小”组“形状宽度”栏中输入“15 厘米”，按 Enter 键确定。

④单击“绘图工具|格式→排列”组“对齐”按钮，在下拉列表中选择“左右居中”水平对齐方式，如图 3-74 所示。

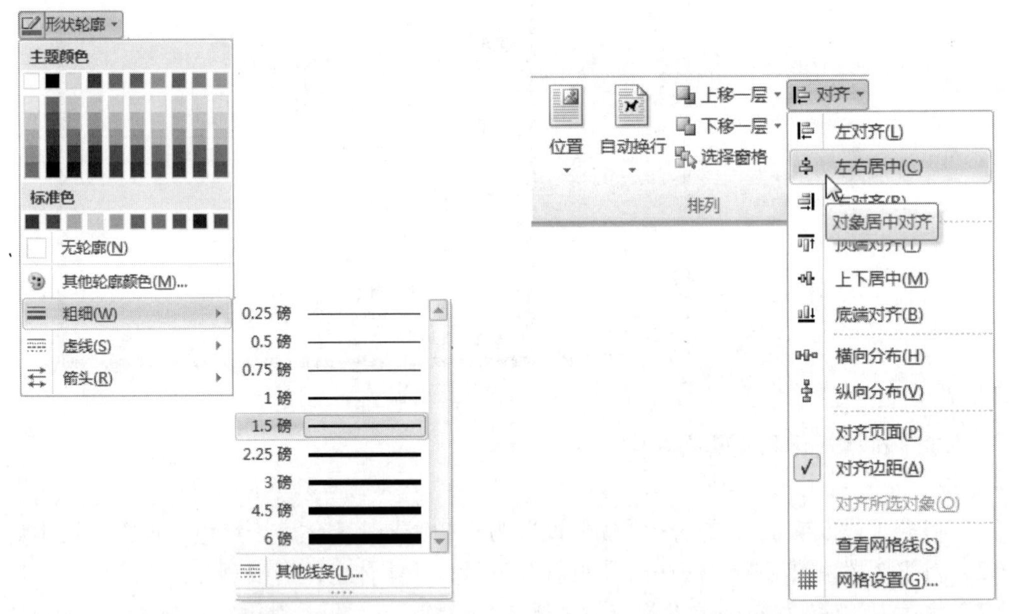

图 3-73　直线轮廓设置　　　　图 3-74　直线对齐设置

⑤单击“绘图工具|格式→排列”组“位置”按钮，在下拉列表中选择“其他布局选项”，打开“布局”对话框，选择“位置”选项卡，在“垂直”栏中选择“绝对位置”“3.8 厘米”和“页边距”，最后单击“确定”按钮。设置过程如图 3-75 所示。

（4）另存为模板。

操作步骤：按原文件名保存。

如果想将该文档保存成模板方便以后套用，则单击“文件”→“另存为”命令，在打开的“另存为”对话框中选择“保存类型”为“Word 模板（*.dotx）”即可。

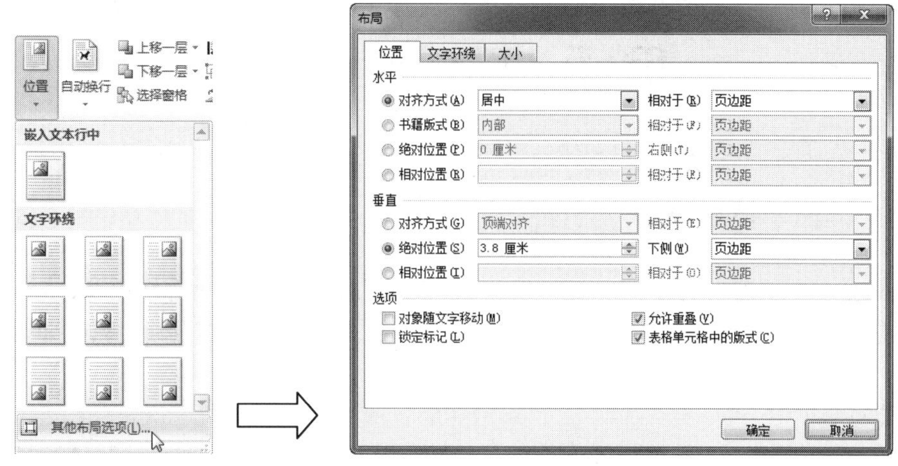

图 3-75　直线绝对位置设置

4. 课堂实践

（1）实践本案例。

（2）使用 Office.com 模板功能快速制作表格简历。

操作步骤提示：

①单击“文件”→“新建”命令，打开“新建”窗格。

②在“Office.com 模板”组中选择“简历”模板，双击打开“针对特定情况的”文件夹，选择“应届大学毕业生履历”模板，如图 3-76 所示，单击右窗格中的“下载”按钮，即可创建专业的简历文档。

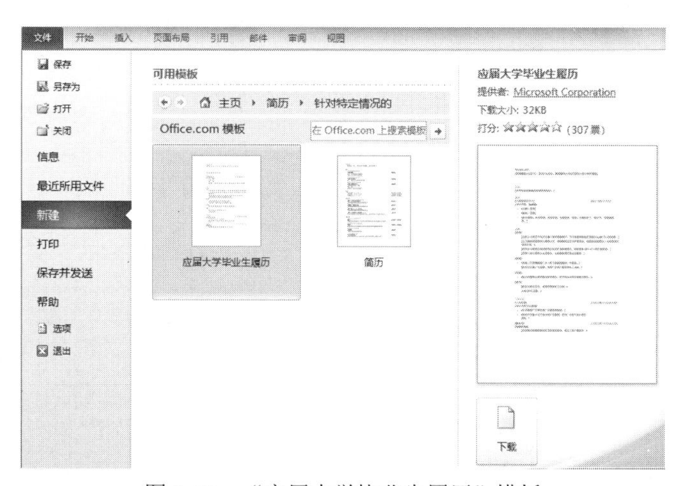

图 3-76　“应届大学毕业生履历”模板

5. 评价与总结

- 根据时间情况让同学主动上台演示课堂实践的部分或全部操作。
- 鼓励多位同学分别总结本案例中某一部分主要知识点，学生或老师补充。

6. 课外延伸

①利用 Word 中的名片模板来设计制作名片。

②上网搜索资料查看劳动合同的格式并进行模仿排版制作。

任务五　电子报刊排版制作

Word 提供了丰富的图文混排功能，可以制作电子小报、产品宣传画报、简历封面等文档。

案例 5　电子小报排版制作

公司科技部职员小陈为丰富职员科技知识，想创办科技小报。小陈知道 Word 有强大的图文排版功能，那么如何设计制作报头呢？各个文章如何灵活地放置在报刊中呢？如何将图片放置在文字下方形成水印效果呢？

1. 案例分析

报刊的排版关键是要先做好版面的整体设计，然后再对每个版面进行具体的排版。版面的整体设计包括版面大小、内容规划等。具体文章的放置可以使用文本框，文本框彼此分离，互不影响，可以放置在页面中的任意位置，非常适用于版面分割。

本案例涉及分栏、首字下沉、图片、艺术字、自选图形、水印等相关功能。利用“插入”选项卡下的“艺术字”“文本框”“形状”“首字下沉”“页面布局”选项卡下的“分栏”“水印”等命令可以完成本案例的制作。

电子小报排版样例如图 3-77 所示。

科技博览　第1版

科技　博览

2018 年 12 月 12 日　星期三　第 1 期　科技部主办

2007 年世界太空探索 4 件大事

1、“嫦娥奔月”梦成真

我国首颗绕月探测卫星嫦娥一号于 10 月 24 日发射升空，之后顺利进入绕月轨道并传回月球三维影像，标志着我国首次月球探测工程取得圆满成功。

2、一星三用看“月神”

日本“月亮女神”探月卫星于 10 月进入绕月轨道后，先后释放出两颗子卫星，它们可分别探索月球的电离层和重力场分布，而母卫星将用其携带的多种仪器，分析月球地形、月面下构造和月岩种类。

3、空间站上忙建设

截至 12 月 9 日，国际空间站在今年迎来了 3 架航天飞机、3 艘货运飞船和 2 艘载人飞船，“和谐”连接舱、新建构组件和太阳能电池板纷纷就位，这个庞大的天外科研基地有望在 2010 年左右完全建成。

4、“凤凰”寻探“火中冰”

美国“凤凰”号探测器于今年 8 月启程飞赴火星，它预计明年 5 月在火星北极一处平原的永久冻土带着陆，挖掘火星表面以下半米处的土壤，观察其中是否有水冰，分析土壤成分，观测当地的气候循环模式。

地球　月亮

太阳系的起源

近代关于太阳系起源的理论是从 18 世纪康德提出的星云假说开始的。根据这一理论，大约 50 亿年前，太阳系还是一团弥漫的缓慢转动的气体云。由于其他天体的引力扰动或邻近超新星爆发的冲击波，这块气体云开始坍缩，稠密的核心变为原始太阳，周围旋转的尘粒和气体原子，形成一个薄盘——原太阳星云。如同原星系云会分裂为众多恒星一样，类似的物理过程也会将原太阳星云分裂为大量引力束缚的团块（星子）。星子具有小行星的尺度，其中一部分就是今天的小行星和彗核，另一部分通过碰撞合并长大成星胚。这些星胚继续吸积周围的物质，像滚雪球一样最后变为大行星及其卫星。由于所有这些天体均由围绕原太阳旋转的薄盘内的物质组成，这就很自然地说明了它们的共面性和同向性。少数的例外（如金星的逆向自转）可以用潮汐效应等其他因素来解释。

《时代》杂志评出 2007 年十大科学发现

- 干细胞研究获得突破
- 科学家首次完整破译人类个体基因组
- 天文学家揭开最亮超新星爆发之谜
- 南极海域发现多种奇异的深海生物
- 科学家研制出人造心脏瓣膜
- 太阳系外新发现三颗行星
- 内蒙古发现当今世界上最大似鸟恐龙化石
- 找到人类走出非洲的证据
- 世界上年龄最大的动物
- 现实世界的“氧”

科技博览　第2版

JPEG 图片格式有可能被 HD 格式取代

JPEG 图像格式已经存在了 15 年之久。JPEG 文件的扩展名为.jpg 或.jpeg，其压缩技术十分先进，可以去除冗余的图像和彩色数据，压缩率和图像质量都相当不错，现在仍然被广泛使用。然而目前这项技术将面临挑战，微软公司于本周星期四宣称，短期内将向某个国际标准组织递交一种新的图片格式 HD。这种新图片格式可以提供更好的压缩能力和更高的图像质量。

HD 图片格式开始称为 Windows Media Photo，在 2006 年 11 月更名为 HD Photo，其初衷便是取代 JPEG。JPEG 和 HD 两种格式都可以对图片文件进行压缩，从而使图片更适合保存在存储卡中，但在压缩过程中，图片品质不可避免地会受到损害。而 HD 格式采用了经量级算法，在压缩过程中可以减少对图片质量的损坏，而且压缩后的文件只有 JPEG 图片的一半大小。

这种格式还提供了“完全无损”（lossless）和“低损”（lossy）两种压缩方式，这两种数据压缩方式在对 HD 格式图片的色彩平衡以及曝光等设置进行调整时，不会丢弃或者减少图片的原有数据，位图格式就做不到这一点。

当然，HD 格式要能取代 JPEG 格式，还要得到打印机、相机制造商和软件开发商的支持。而微软在自己的新产品中已经提供了对 HD 格式的支持，比如说 Vista、XP 操作系统。

预计在未来的两个月中，Adobe 和微软将发布一款外挂程序，可以安装在 Vista、XP 以及 Mac OS X 系统的 PhotoshopCS2 和 CS3 中，以提供对 HD 图片格式的支持。微软还开发了一种 HD Photo 设备的成套工具，以使硬件制造商能够更方便地提供对 HD 格式的支持。

无线共享上网解决方案

无线网络已经越来越多地应用于办公和家庭环境中，由于无需布线，因此用户可以随时、随地的连接到网络中，为我们的工作和生活带来了极大的便利。

1. 通过无线网络实现连接共享

现有两台笔记本电脑 A 和 B，安装的都是 Windows 操作系统，笔记本 A 内置有无线网卡和以太网卡，笔记本 B 内置无线网卡，现在使用笔记本 A 作为代理服务器，实现笔记本 B 的局域网连接。

在笔记本 A 的以太网卡上启用“Internet 连接共享”，打开 A 的“网络连接”窗口，右键单击以太网连接，选择“属性”选项，在连接属性对话框中选择“高级”选项卡，并选中“允许其它网络用户通过此计算机的 Internet 连接来连接”复选框。对于笔记本 B，将其无线连接选择为本地网络连接。最后，将 A 和 B 的无线网卡设置为对等无线网络连接，就可以实现笔记本 B 的网络连接共享。

2. 共享 GPRS 上网

首先，可以通过有线和无线两种方式将笔记本 A 和 B 互联，若两个笔记本都具有无线功能，则可以通过无线将两台机器连接，否则，可以通过网线将其连接。然后，将笔记本 A 作为 ICS 主机，笔记本 B 作为客户机，即可实现 GPRS 的共享。

让你期待的第三代互联网技术——网格。

网格是一种新技术，目前为止还没有具体的定义。但总的说来，我们可以认为网格就是下一代互联网应用，也有人直接称它是第三代互联网技术。它更全面地实现了计算资源、通信资源、存储资源、数据资源、信息资源、知识资源、软件资源等的共享，为用户提供最好的上网服务。

网格技术主要是把因特网连接成一个巨大的超级计算机，使高性能计算机、服务器、信息处理系统、模拟系统等各种系统集合在一起，为各种开发技术提供支持，实现各种资源共享和协调分布，为各行业和企业提供最好的服务，这也是网格研究的最主要目的。

图 3-77　电子小报排版样例

2. 相关知识点

（1）分页。如果在页面未满而又需要从新的页面输入文档内容时，可以插入人工分页符。单击“插入→页”组“分页”按钮即可完成分页操作。

（2）页眉与页脚。页眉和页脚是由文字或图形组成的，页眉出现在每一页的顶端，页脚出现在每一页的底端。在页眉和页脚中可以填写一些备注信息，通常包括书名、文章标题、日期和公司名称等内容。“插入”选项卡的“页眉和页脚”组提供了插入页眉和页脚按钮，其详细操作步骤参见实现方法。

（3）页码。给文档加上页码，可以方便读者阅读和查找。当对文档的内容进行增删操作时，Word 会自动更新文档的页码。单击“插入→页眉和页脚”组“页码”按钮可以独立插入页码，也可以将页码插入到页眉和页脚中，其详细操作步骤参见实现方法。单击“页码”→“设置页码格式”命令打开“页码格式”对话框，如图 3-78 所示，可设置页码的数字格式及起始页码等。

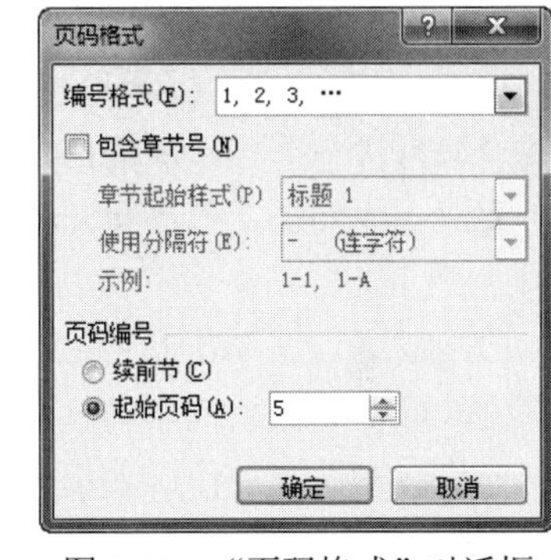

图 3-78　“页码格式”对话框

页码是属于页眉或页脚的。如果要删除页码，则双击页眉或页脚区域，进入页眉页脚编辑状态，选定页码后按 Delete 键将页码删除。

（4）艺术字。Word 提供了多种艺术字表示形式，可以插入各种形状的艺术字，还可以通过“绘图工具”选项卡对艺术字进行编辑和效果设置。

单击“插入→文本”组“艺术字”按钮可插入艺术字。艺术字插入和格式设置的详细操作步骤参见实现方法。

（5）文本框。使用文本框可以实现文档文本的灵活版面设置。尤其是要在图片上添加文字时，更是有利工具。文本框有横排文本框和竖排文本框两种。插入文本框的操作步骤是单击“插入→文本”组“文本框”按钮来绘制文本框。文本框插入和格式设置的详细操作步骤参见实现方法。

（6）图片。Word 提供了一个剪辑库，内含大量的图片，称为剪贴画，用户可以在文档中直接使用，也可以在文档中插入由其他绘图软件制作或从网上下载的图片。

在 Word 中，文档分文本层、文本上层、文本下层 3 层。单击“插入→插图”组“剪贴画或图片”按钮插入图片后，图片插入到文字之间，即与文字处于同一层，称为“嵌入型”。图片还可以处于文本上层，即“浮于文字上方”。图片若处于文本下层，即“衬于文字下方”，可实现水印的效果。拖动图片周边控制点可以直接调整图片大小。

图片插入后，系统自动打开“图片工具|格式”功能选项卡，如图 3-79 所示。通过此选项卡可设置图片边框、样式、颜色、艺术效果、大小、文字环绕、图片位置等格式。详细操作步骤参见实现方法和课堂实践。

图 3-79　“图片工具|格式”功能选项卡

（7）水印。“水印”是指在一些重要文档的背景中设置的一些隐约的文字或图案。当文档中某一页需要水印时，可以通过图形的层叠来制作。当文档的每一页都需要有水印时，可结合“页眉和页脚”来制作。

1）快速制作水印。Word 提供了快速制作水印的方法。单击“页面布局→页面背景”组“水印”按钮，可设置“图片水印”或“文字水印”，详细操作步骤参见课堂实践。用这种方法制作的水印会在每一页中都显示。

2）图片水印。制作图片水印的关键步骤是：①单击“图片工具|格式→调整”组“颜色”按钮，选择为“冲蚀”，使图片呈暗淡色。②单击“图片工具|格式→排列”组“自动换行”按钮，设置为“衬于文字下方”。用这种方法制作的水印只出现在当前页上。

3）艺术字、文本框和形状水印。艺术字、文本框和形状也可以设置为水印。关键步骤是在页眉编辑状态下插入所需的艺术字、形状或文本框，完成操作后，图形自动呈暗淡色、衬于文字下方，并且在文档的每一页都显示水印效果。详细操作步骤参见课外延伸。

（8）形状。

1）插入形状。Word 不仅可以处理文本，插入图片、艺术字等对象，还可以方便地绘制形状。插入形状后，系统自动打开“绘图工具|格式”功能选项卡，通过此选项卡可以很方便地完成形状格式设置工作，如填充色、线条、阴影和三维效果等，如图 3-80 所示。

图 3-80 “绘图工具|格式”功能选项卡

Word 提供了八大类形状。单击“插入→插图”组“形状”按钮，可以打开 Word 提供的各类形状列表，如图 3-81 所示。

2）在形状上添加文字。选定形状对象，右击，弹出快捷菜单，选择“添加文字”命令，系统自动添加文本框，在文本框内输入文字后可以按普通文本进行文字格式设置。

3）形状的叠放次序。当两个或多个形状对象重叠在一起时，最近绘制的那一个形状总是覆盖其他的形状，利用“绘图工具|格式→排列”组“上移一层”或“下移一层”按钮可以调整各形状之间的叠放次序。或者右击，弹出的快捷菜单中也有“置于顶层”等命令。

4）多个图形的组合。当各个图形对象的格式设置完成后，可以用“组合”命令将它们组成一个整体，便于图文混排。

组合图形之前，要先选定多个图形对象，方法是按住 Shift 键不放，依次单击各个对象。

选定需要组合的对象后，单击“绘图工具|格式→排列”组“组合”按钮，或选择快捷菜单中的“组合”命令。

如果要取消组合，先选定需要分解的对象，单击“排列”→“组合”→“取消组合”命令，或打开快捷菜单选择“组合”级联菜单中的“取消组合”命令。

（9）文字、段落及页面的边框和底纹。Word 文档中的文字、段落、页都可以加上边框或底纹，以达到突出醒目的效果。“开始”选项卡的“字体”组和“段落”组中提供了一些简单的文字底纹和边框快速设置按钮。使用“边框和底纹”对话框则可以根据需要设置丰富多样的文字边框和底纹、段落边框和底纹以及美观的“艺术型”页面边框。

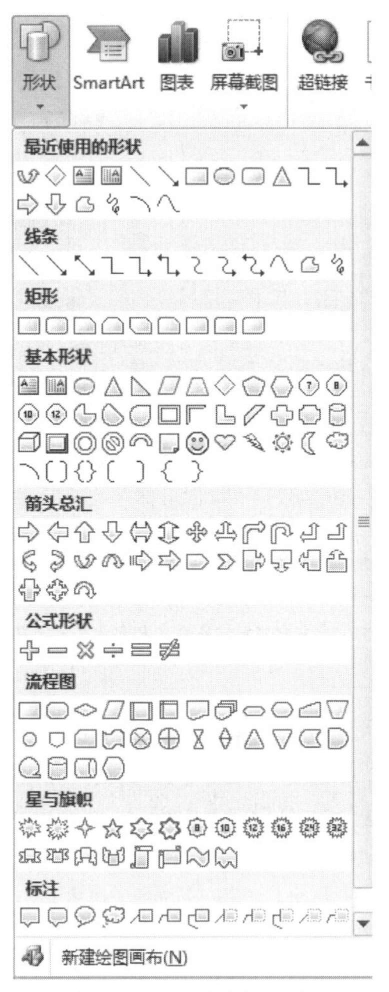

图 3-81　“形状”列表

单击“页面布局→页面背景”组“页面边框”按钮，可以打开“边框和底纹”对话框；或者单击“开始→段落”组“框线”下拉按钮，也有“边框和底纹”命令。如果需要设置边框和底纹的是段落，则在“应用于”下拉列表中选择“段落”，否则选择“文字”。详细操作步骤参见实现方法。

“边框和底纹”对话框的“页面边框”选项卡如图 3-82 所示，可以设置“艺术型”页面边框。

文字边框和底纹、段落边框和底纹以及页面边框的效果图如图 3-83 所示。

（10）分栏。在报纸、杂志中，经常可以看到分栏排版。用 Word 可以很方便地将文档分成两栏或者多栏。单击“页面布局→页面设置”组“分栏”按钮可设置分栏，详细操作步骤参见实现方法。

注意：分栏操作只有在页面视图下才能看到效果。

如果要取消分栏效果，在“分栏”下拉列表中选择“一栏”即可。

（11）首字下沉或悬挂。在报纸、杂志之类的文档中，经常看到有些文档为了突出文章的篇首而把第一个字变得大一些。在 Word 中可以用“首字下沉”实现这一功能。

图 3-82　“页面边框”选项卡

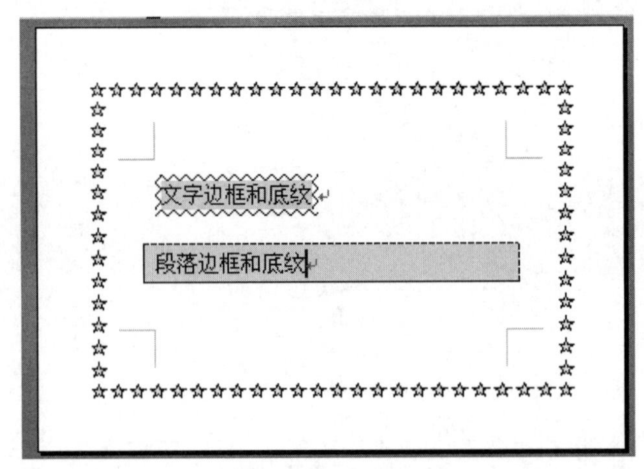

图 3-83　不同边框和底纹的效果示意图

单击“插入→文本”组“首字下沉”按钮可设置首字下沉，详细操作步骤参见实现方法。如果要取消首字下沉或悬挂的效果，在“首字下沉”下拉列表中选择“无”即可。

3. 实现方法

（1）版面设置。

1）页面设置。新建一个空白文档，在“页面布局→页面设置”组中将页边距设置为上下边距“2.5 厘米”，左右边距“2 厘米”；纸张大小设置为“A4”。

2）插入新页。单击“插入→页”组“分页”按钮来增加一个新的页面。

3）插入页眉和页码。

①单击“插入→页眉和页脚”组“页眉→编辑页眉”命令，如图 3-84 所示，进入页眉编辑状态。

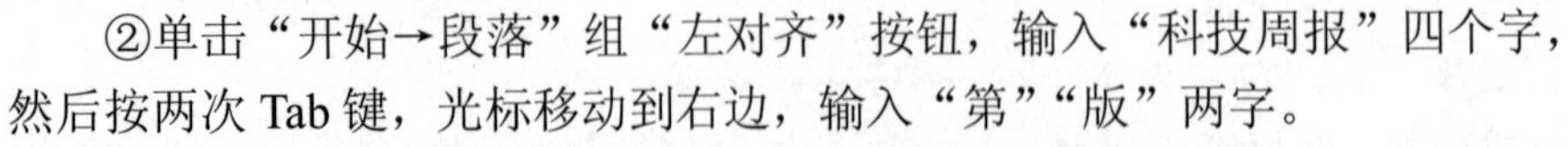

②单击“开始→段落”组“左对齐”按钮，输入“科技周报”四个字，然后按两次 Tab 键，光标移动到右边，输入“第”“版”两字。

③插入点移到“第”字与“版”字之间，在“页眉和页脚”组中单击“页码”→“当前位置”→“普通数字”命令，如图 3-85 所示。

图 3-84　编辑页眉命令

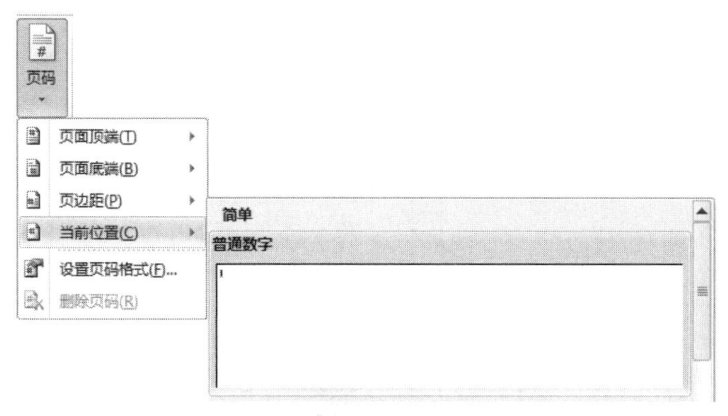

图 3-85　当前位置插入页码命令

插入页眉和页码后的效果如图 3-86 所示。

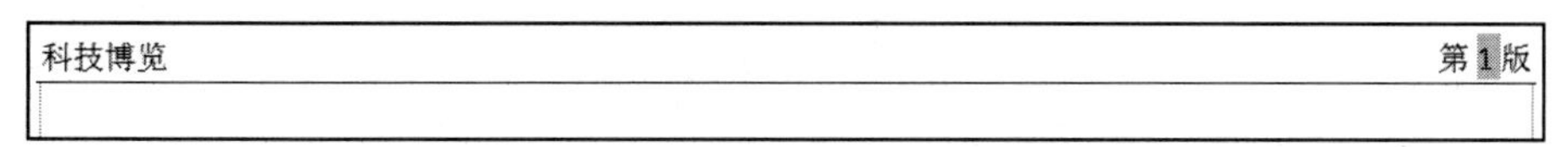

图 3-86　电子小报的页眉效果

4）页面颜色。单击“页面布局→页面背景”组“页面颜色→填充效果”命令，打开“填充效果”对话框，选择“纹理”→“羊皮纸”，如图 3-87 所示。最后单击“确定”按钮。

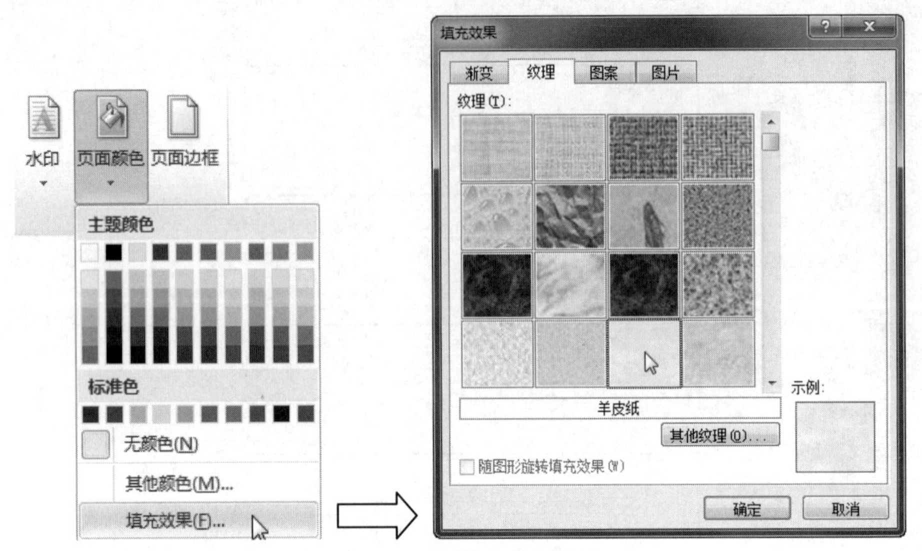

图 3-87　页面填充效果设置

（2）第一版的版面排版。

使用文本框进行版面分割。根据文章内容的多少给每篇文章绘制一个大小合适的文本框，然后把相应的内容放入对应的文本框中。图 3-88 为第一版的版面布局。

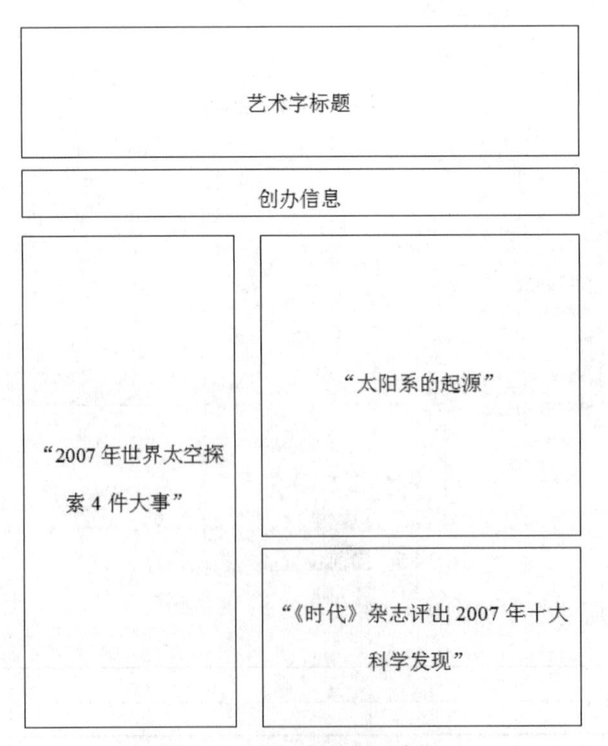

图 3-88　第一版的版面布局

1）制作艺术字标题。

①单击“插入→文本”组“艺术字”按钮，在下拉列表中选择第一个样式，打开艺术字输入框，输入“科技”两字。此时系统自动打开“绘图工具|格式”功能选项卡，如图 3-89 所示。

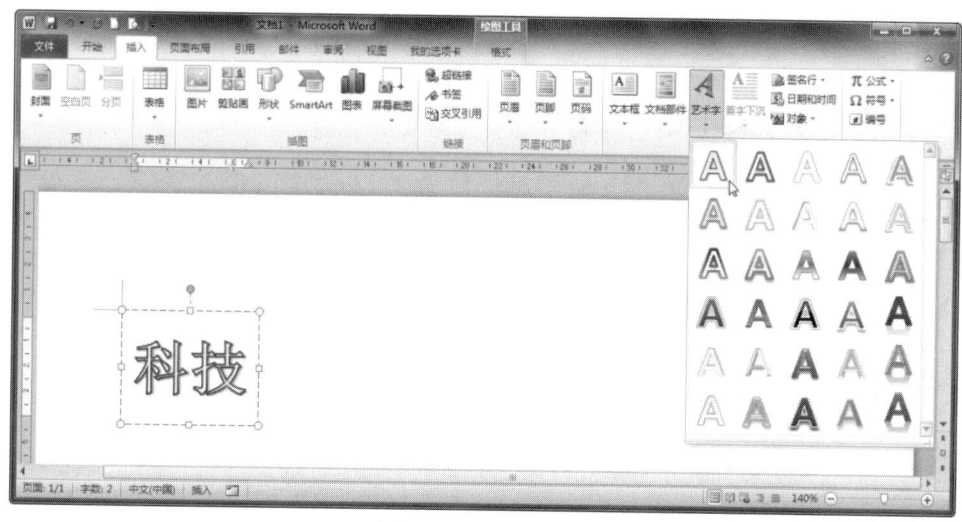

图 3-89　插入艺术字

②单击“开始”选项卡，在“字体”组中将“科技”两字设置为“华文琥珀”、72 号字。

③单击“绘图工具|格式→艺术字样式”组“对话框启动器”按钮，打开“设置文本效果格式”对话框，选择“文本填充”组，选择“渐变填充”，设置预设颜色为“彩虹出岫”，类型为“射线”。设置过程如图 3-90 所示。

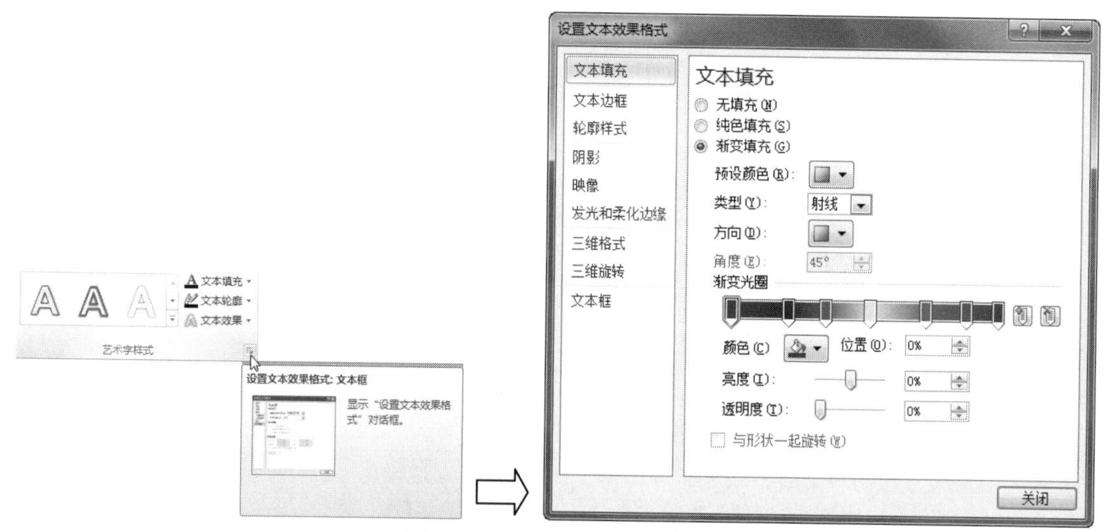

图 3-90　艺术字文本效果设置

④同理，插入艺术字“博览”，选择艺术字样式为第三行第二个样式“填充-橙色，强调文字颜色 6，渐变轮廓-强调文字颜色 6”，如图 3-91 所示，并设置为宋体、60 号字。

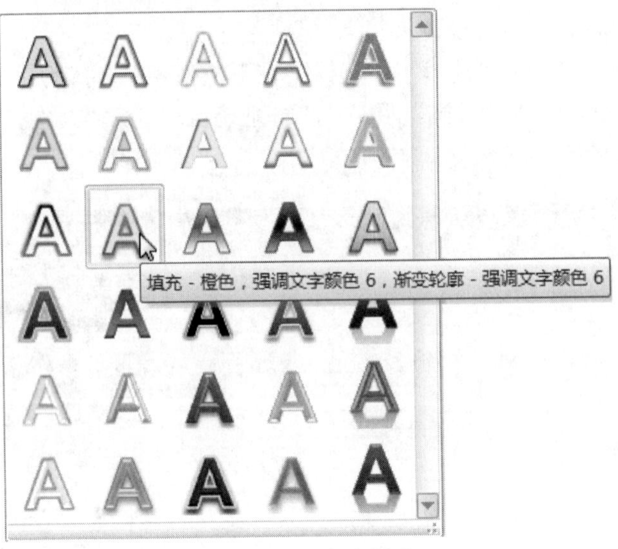

图 3-91　艺术字样式

2）制作创办信息框。

①单击“插入→文本”组“文本框→绘制文本框”命令，如图 3-92 所示，鼠标指针变成十字形，在文档中按住鼠标左键，拖动十字指针可画出矩形框，当大小合适后放开左键。此时，插入点在文本框中。输入创办信息“2018 年 12 月 12 日　星期三　第 1 期　科技部主办”。

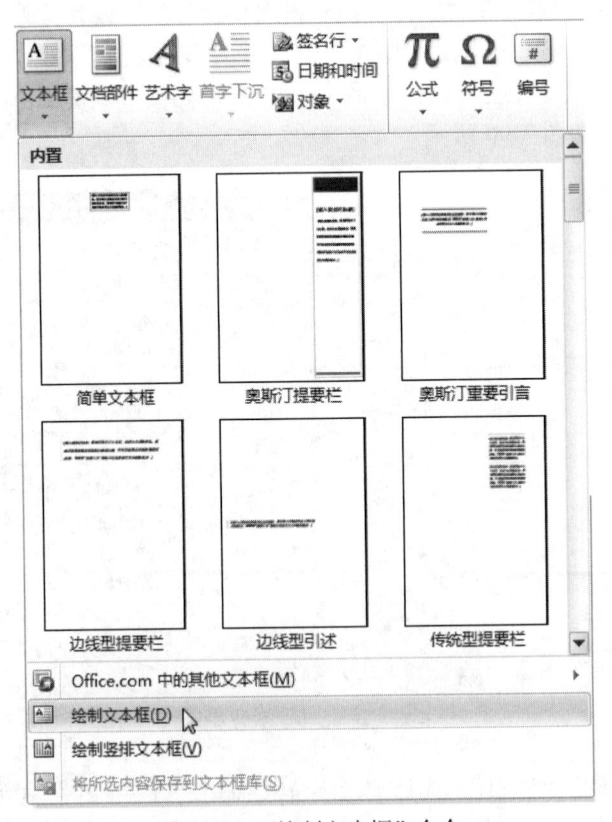

图 3-92　“绘制文本框”命令

②选择文本框，单击“开始→段落”组“居中”按钮，设置文本水平方向的居中对齐方式；单击“绘图工具|格式→文本”组“对齐文本→中部对齐”命令，设置文本垂直方向的居中对齐方式，如图 3-93 所示。

③在“绘图工具|格式→形状样式”组中选择第三行第五个样式“浅色 1 轮廓，彩色填充-紫色，强调颜色 4”，如图 3-94 所示。

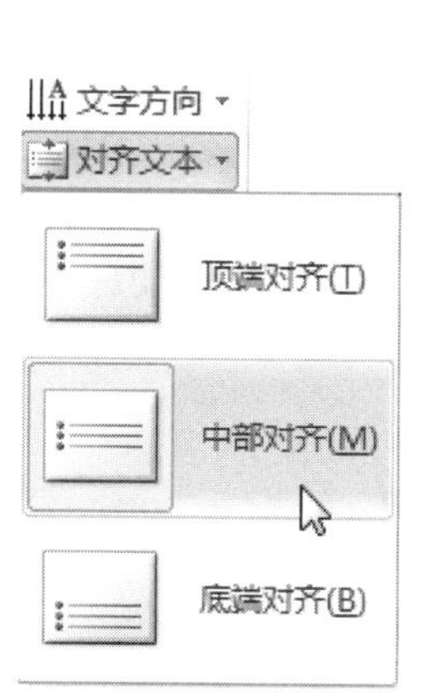

图 3-93　文本框垂直方向的对齐方式

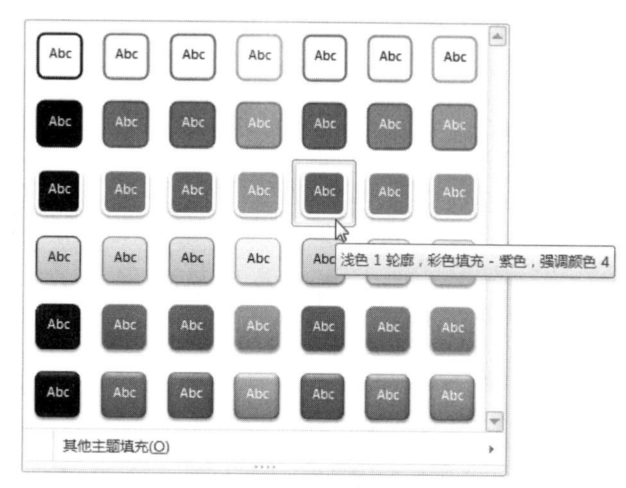

图 3-94　形状样式

适当调整艺术字和文本框的位置，艺术字标题、创办信息文本框的制作效果如图 3-95 所示。

图 3-95　艺术字标题、创办信息的制作效果

3）文章放置。

①按效果图的位置和大小插入 3 个大文本框，将“电子小报素材.docx”文档中对应的 3 篇文章复制到相应文本框中，并适当设置字体格式和段落格式。

②单击“开始→段落”组“项目符号”按钮，给“十大科学发现”文章添加项目符号。

4）文本框的边框。

①选择“2007 年世界太空探索 4 件大事”文本框，单击“绘图工具|格式→形状样式”组“形状轮廓”按钮，在下拉列表中选择“无轮廓”命令，去除文本框边框，如图 3-96 所示。同理，去除“太阳系的起源”文本框的边框。

②选择“《时代》杂志评出 2007 年十大科学发现”文本框，在“形状轮廓”下拉列表中选择“橙色，强调文字颜色 6，淡色 40%”主题颜色；选择“粗细”，设为“3 磅”；选择“虚线”，设为“圆点”。

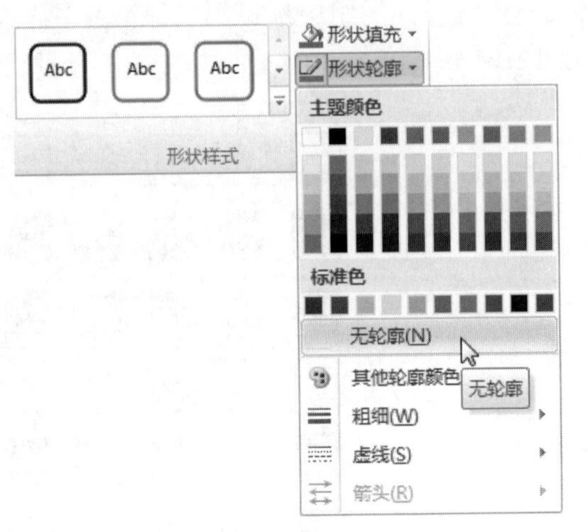

图 3-96　文本框边框设置

5）制作文本框的水印。

①选择“《时代》杂志评出 2007 年十大科学发现”文本框，单击“绘图工具|格式→形状样式”组“对话框启动器”按钮，打开“设置形状格式”对话框，选择“填充”→“图片或纹理填充”，此时对话框标题自动变为“设置图片格式”，如图 3-97 所示。同时，系统自动增加了“图片工具|格式”选项卡。

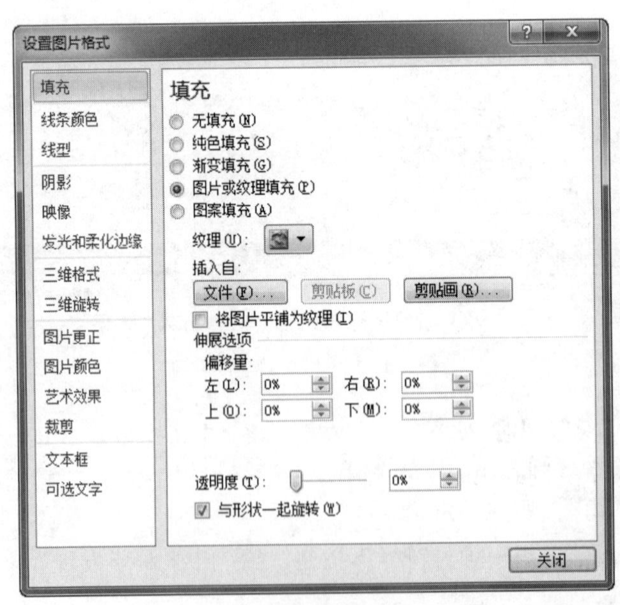

图 3-97　“设置图片格式”对话框

②在“设置图片格式”对话框的“填充”组中，单击“剪贴画”按钮，选择其中一幅作为图片填充。

③在“设置图片格式”对话框的“图片颜色”组中，单击“重新着色”栏中的“预设”按钮，在弹出的列表框中选择“冲蚀”，如图 3-98 所示。单击“关闭”按钮，图片颜色即可变淡，形成水印效果。

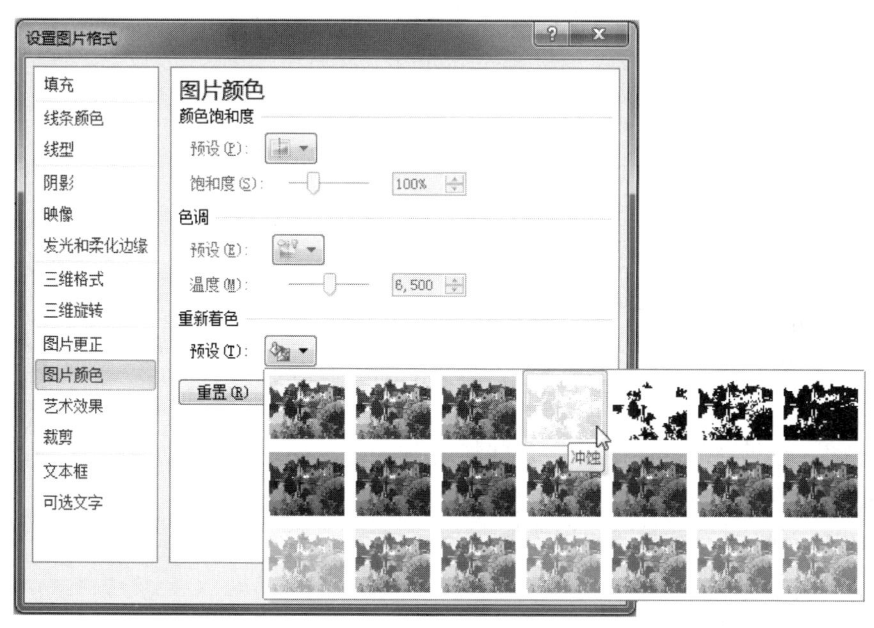

图 3-98　图片冲蚀设置

单击“图片工具|格式→调整”组“颜色”按钮，在下拉列表中也提供了“冲蚀”选项，如图 3-99 所示。

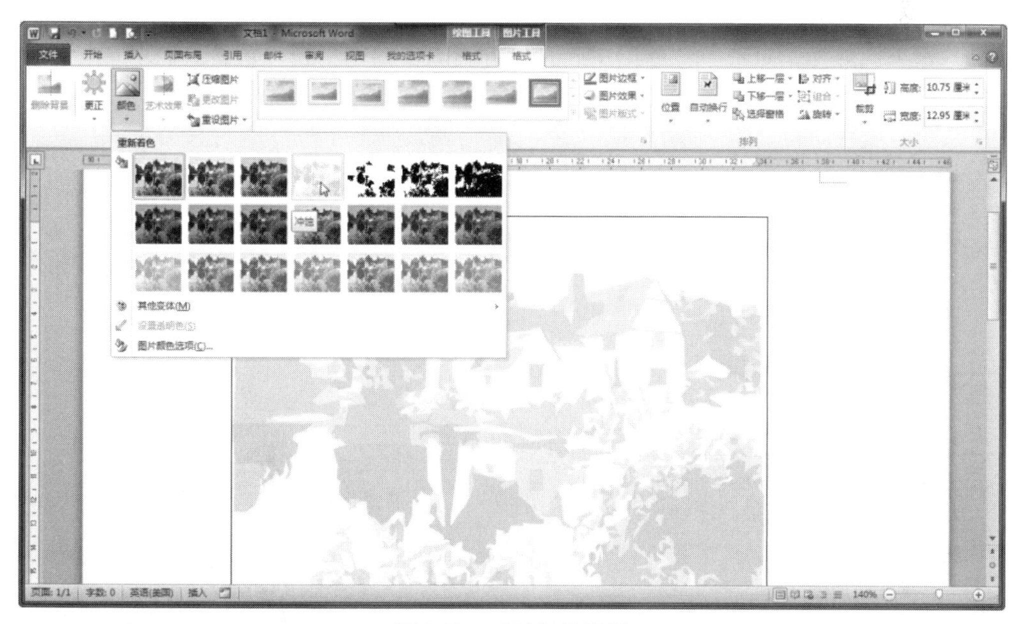

图 3-99　“冲蚀”选项

文本框水印制作效果如图 3-100 所示。

《时代》杂志评出 2007 年十大科学发现

- 干细胞研究获得突破
- 科学家首次完整破译人类个体基因组
- 天文学家揭开最亮超新星爆发之谜
- 南极海域发现多种奇异的深海生物
- 科学家研制出人造心脏瓣膜
- 太阳系外新发现三颗行星
- 内蒙古发现当今世界上最大似鸟恐龙化石
- 找到人类走出非洲的证据
- 世界上年龄最大的动物
- 现实世界的“氪”

图 3-100　文本框水印制作效果

6）绘制形状。

①单击“插入→插图”组“形状→基本形状→椭圆”按钮，按住 Shift 键的同时拖动鼠标可画圆。

②选择圆，在“绘图工具|格式→形状样式”组中适当设置圆的“形状填充”颜色和“形状轮廓”线条颜色。

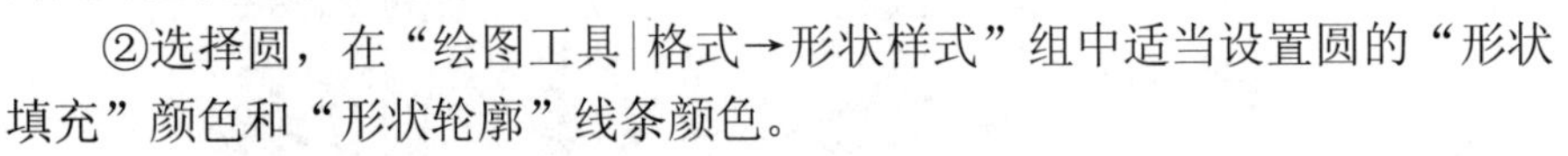

③选定圆，右击，在快捷菜单中选择“添加文字”命令，在文本框内输入“地球”两字，并设置适当字号和居中对齐方式。

④同样，绘制小圆“月亮”，并设置格式。

⑤选定“月亮”小圆，右击，弹出快捷菜单，选择“置于底层”命令，选择“下移一层”或“置于底层”，如图 3-101 所示。

⑥用 Shift 键选择“地球”和“月亮”两个圆，右击，弹出快捷菜单，选择“组合”命令，将两个圆组合成一个整体，并移动到适当位置。也可以单击“绘图工具|格式→排列”组“选择窗格”，在“选择和可见性”窗格中用 Ctrl 键选择多个对象，这样操作有时会更方便。

绘制形状的效果如图 3-102 所示。

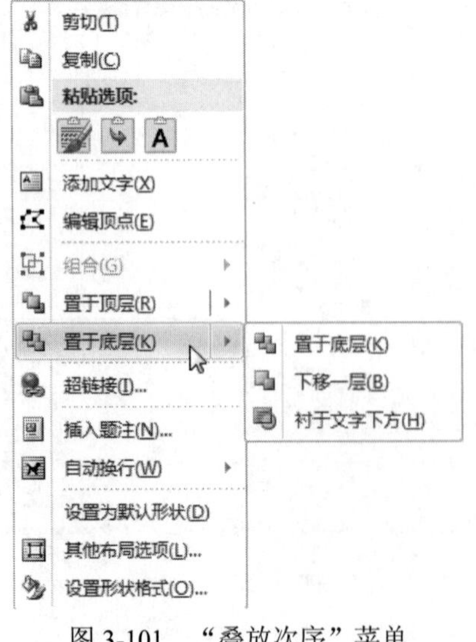

图 3-101　“叠放次序”菜单

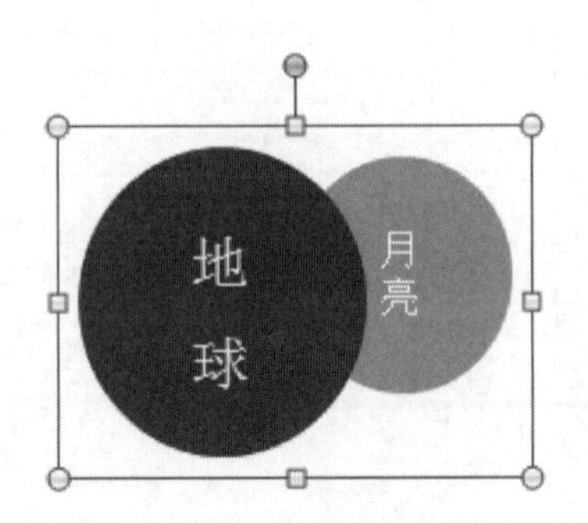

图 3-102　绘制形状效果

（3）第二版的版面排版。第二版第一篇文章需要分栏，但是在文本框中不能进行分栏，所以第一篇文章直接放在第二版开头即可。第二版的版面布局如图 3-103 所示。

扫码看视频

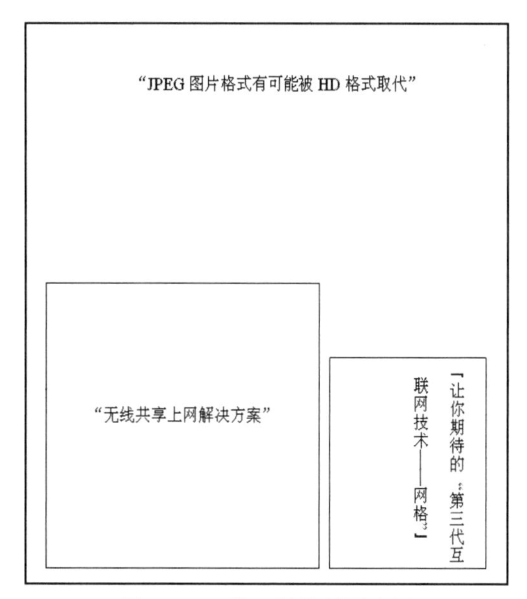

图 3-103　第二版的版面布局

1）边框和底纹。

①将文章“JPEG 图片格式……”复制到第二版的开头。

②选择第一段标题，单击“页面布局→页面背景”组“页面边框”按钮，打开“边框和底纹”对话框，选择“底纹”选项卡，选择应用于“段落”，填充“水绿色，强调文字颜色 5，淡色 40%”，如图 3-104 所示，并适当设置文本效果。

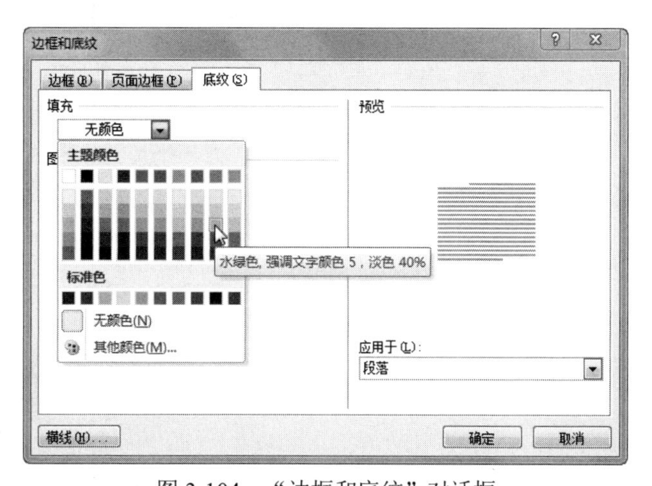

图 3-104　“边框和底纹”对话框

单击“开始→段落”组“框线”下拉按钮，在弹出的下拉列表底部也提供了“边框和底纹”命令。

2）设置分栏。

① 选择文章“JPEG 图片格式……”的其余段落。

② 单击“页面布局→页面设置”组“分栏”按钮，在下拉列表中选择“三栏”，如图 3-105 所示。

图 3-105 分栏设置

注意：如果 Word 把文档分成一个不等长的栏，可以试着在栏后适当插入回车符或改变栏间距来尽量平衡栏长。

3）设置首字下沉。

①将插入点移至文章“JPEG 图片格式……”的第一段。

②单击“插入→文本”组“首字下沉→首字下沉选项”命令，打开“首字下沉”对话框，如图 3-106 所示。

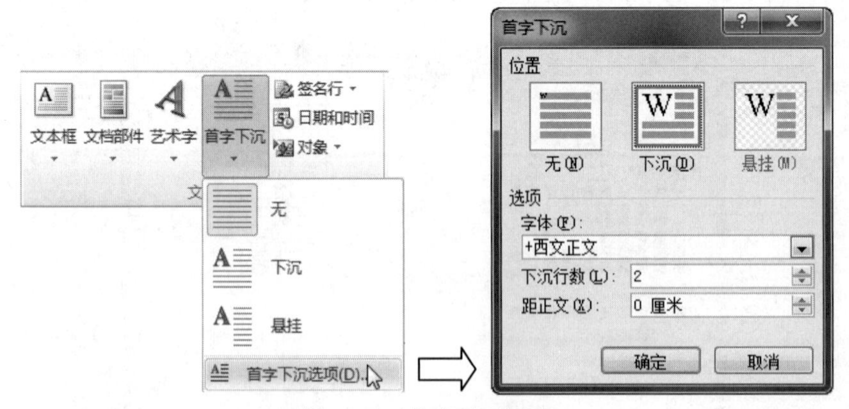

图 3-106 首字下沉设置

③在对话框中设置首字下沉位置“下沉”、下沉行数“2”等参数。

④单击“确定”按钮，返回文档后，便可以看到首字下沉的效果。

4）插入和设置图片。

①单击“插入→插图”组“剪贴画”，打开“剪贴画”任务窗格，单击“搜索”按钮，选

择所需图片，即可将此图片插入到文档中。此时系统自动打开“图片工具|格式”选项卡。

②单击“图片工具|格式→排列”组“自动换行→四周型环绕”命令。

③通过图片周边控制点适当调整图片大小即可。

5）插入和设置文本框。

①按效果图的位置和大小插入一个横排文本框和一个竖排文本框，将素材中的对应文章复制到相应文本框中，并设置字体格式和段落格式。

②设置横排文本框边框和“四周型”环绕方式，去除竖排文本框的边框。

③插入剪贴画的艺术化横线。

扫码看视频

4. 课堂实践

（1）实践本案例。

（2）打开配套练习资料“品牌知名度.docx”，按下列要求进行操作：

1）在“品牌知名度.docx”文档中插入一幅剪贴画，要求图片大小：高 6 厘米，宽 5 厘米；环绕方式：四周型；文字环绕只在左侧；图片位置：位于页面绝对位置水平右侧、垂直下侧（9，6）厘米处；图片填充色为浅绿；图片边框为橙色 3 磅双线。

2）把标题换成艺术字标题，要求是：艺术字样式为“渐变填充-紫色，强调文字颜色 4，映像”，艺术字字体为隶书，字号为一号，上下型环绕方式，双波形。

3）制作如图 3-107 所示的背景图片水印。

操作步骤提示：

1）剪贴画。

①插入剪贴画：单击“插入→插图”组“剪贴画”按钮，打开“剪贴画”任务窗格，如图 3-108 所示，单击“搜索”按钮，选择所需图片即可将此图片插入到文档中。如果在“搜索文字”栏中填入“面包”两字则能更快获得所需图片。此时系统自动打开“图片工具|格式”选项卡。

扫码看视频

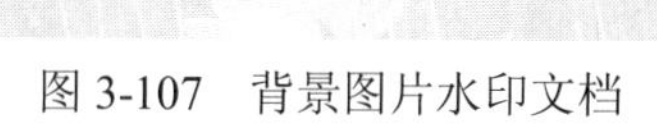

品牌知名度对品牌营销的价值

首先，品牌知晓有助于引起品牌喜爱。研究表明，品牌知晓与品牌喜爱关系密切。一项研究表明，在消费者心目中占第一位的品牌，即达到品牌浮现水平的品牌比占第二、三位的品牌更为其所喜爱。该研究表明，品牌知晓水平与品牌喜爱程度大体一致，即知晓水平越高，喜爱程度越高。而人们对某一品牌的喜爱程度、是影响其是否购买的一个重要因素。这就是为什么有些广告即使水平不高，但由于多次广告，受众对广告品牌产生了熟悉感，进而引起品牌喜爱，最终引起广告品牌销售量提高的原因。

其次，品牌知晓是品牌选择的基础。一般说来，品牌再认对选购现场进行品牌决策尤为重要。品牌知晓，特别是品牌回忆对耐用消费品的品牌决策尤为重要。因为，在前往商店购买大件(如空调)之前，人们往往要对其心目中的几个品牌(即达到品牌回忆水平的品牌)进行一番比较，以决定购买哪个品牌。然而，如果人们未能想到春兰或美的，它们就失去了被比较的机会，当然也就不会被选中。

最后，品牌知晓的最高水平——品牌浮现可直接引起购买。品牌浮现对日用消费品的品牌决策尤为重要。这是因为，在选购像口香糖、冰淇淋等日用消费品时，人们常常是那么漫不精心，以致哪个品牌最先出现在脑海里就购买哪个品牌。不仅如此，品牌浮现还常常阻碍人们对其他竞争品牌的回忆。

图 3-107　背景图片水印文档

图 3-108　“剪贴画”任务窗格

②图片大小设置：选择图片，单击“图片工具|格式→大小”组“对话框启动器”按钮，打开“布局”对话框的“大小”选项卡，取消选中“锁定纵横比”复选框，再设置高度和宽度，如图 3-109 所示。

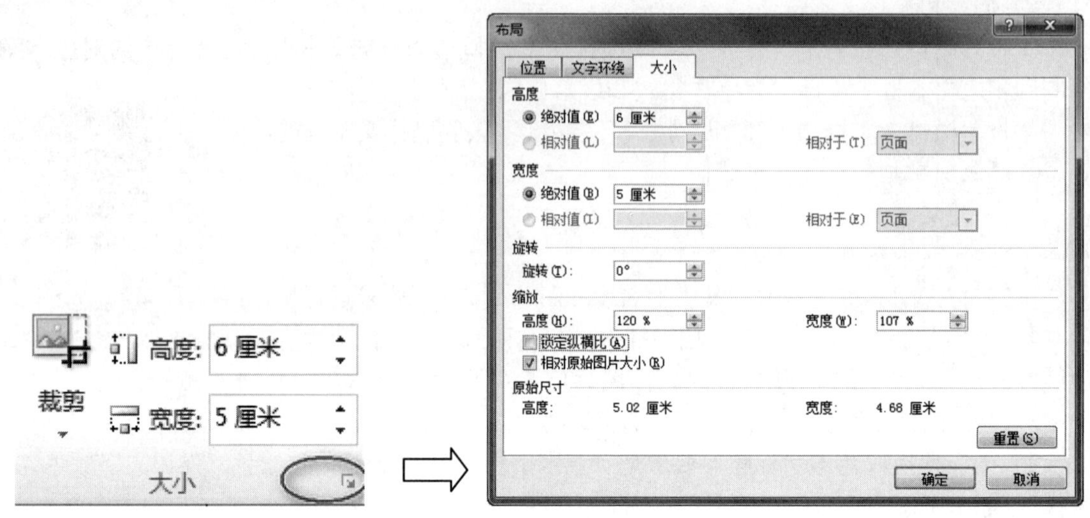

图 3-109　图片大小设置

③环绕方式设置：单击“图片工具|格式→排列”组“自动换行→四周型环绕”命令即可，如图 3-110 所示。

④文字环绕只在左侧设置：单击“图片工具|格式→排列”组“自动换行→其他布局选项”命令，打开“布局”对话框的“文字环绕”选项卡，如图 3-111 所示，选择“自动换行”栏中的“只在左侧”。

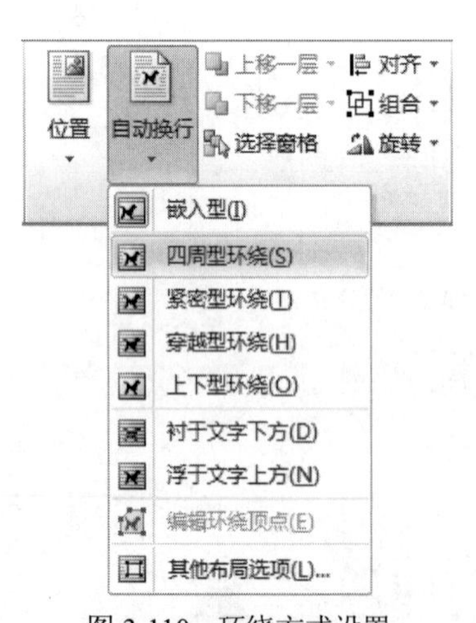

图 3-110　环绕方式设置

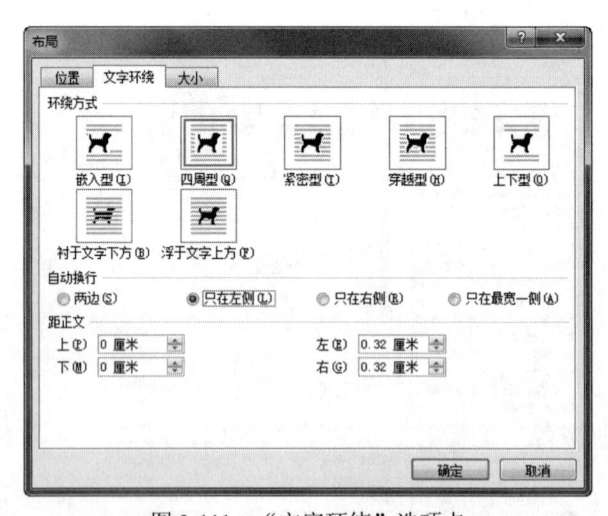

图 3-111　“文字环绕”选项卡

⑤图片位置设置：单击“图片工具|格式→排列”组“位置→其他布局选项”命令，打开“布局”对话框的“位置”选项卡，设置水平绝对位置“9 厘米”、右侧“页面”，垂直绝对位置“6 厘米”、下侧“页面”，如图 3-112 所示。

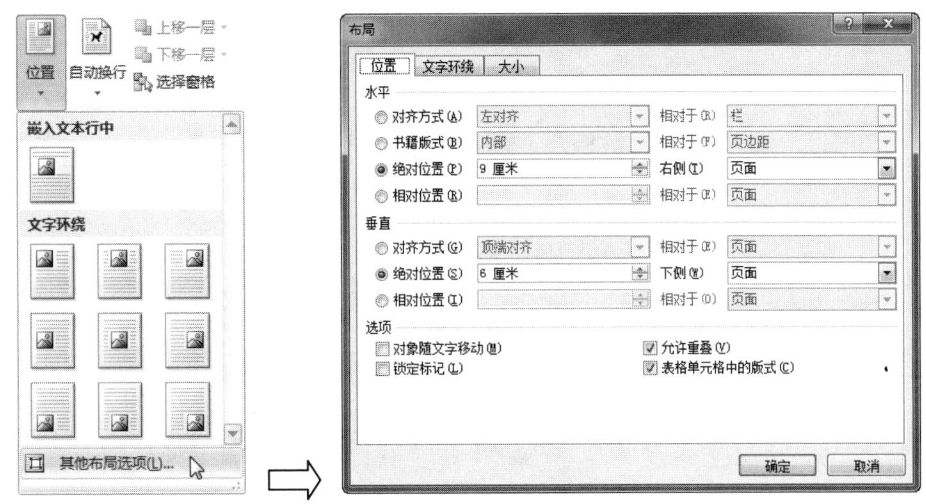

图 3-112　图片位置设置

⑥图片填充色和边框设置：单击“图片工具|格式→图片样式”组“对话框启动器”按钮，打开“设置图片格式”对话框，如图 3-113 所示。选择“填充”组，设置为浅绿的纯色填充；选择“线条颜色”组，设置为橙色实线；选择“线型”组，设置宽度为 3 磅，复合类型为双线。

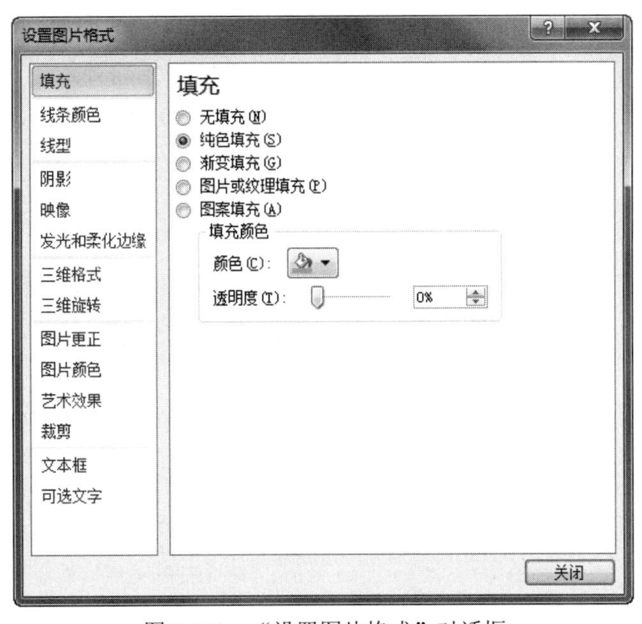

图 3-113　“设置图片格式”对话框

技巧：如果想取消图片格式设置，只需单击“图片工具|格式→调整”组“重设图片”按钮重设图片即可取消对图片所做的所有格式设置，图片将还原成原本的样子。

2）艺术字标题设置。

①选择标题文字，单击“插入→文本”组“艺术字”下拉按钮，在下拉列表中选择第四行第五个样式“渐变填充-紫色，强调文字颜色 4，映像”，如图 3-114 所示，标题文字即可变为艺术字。

扫码看视频

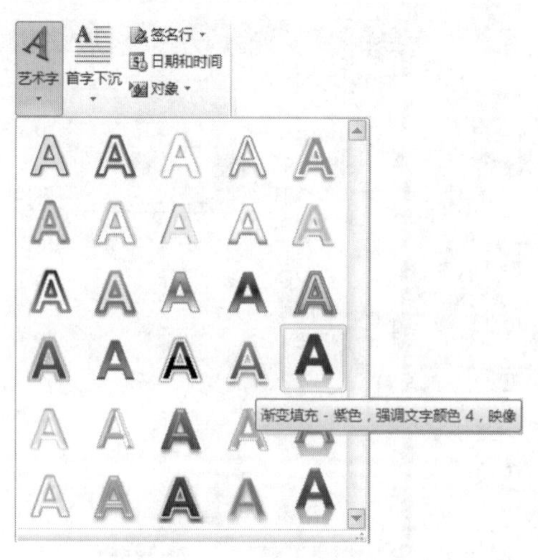

图 3-114　艺术字样式设置

②在“开始”选项卡中设置艺术字字体为隶书，字号为一号。

③单击“绘图工具|格式→排列”组“自动换行→上下型环绕”命令。

④单击“绘图工具|格式→艺术字样式”组“文本效果→转换→双波形 1”命令，如图 3-115 所示，艺术字变得弯曲。

图 3-115　艺术字双波形设置

3）背景图片水印设置。

单击“页面布局→页面背景”组“水印→自定义水印”命令，打开“水印”对话框，如图 3-116 所示，选择“图片水印”，单击“选择图片”按钮，在磁盘中选取所需图片，选中“冲蚀”复选框，最后单击“确定”按钮即可。

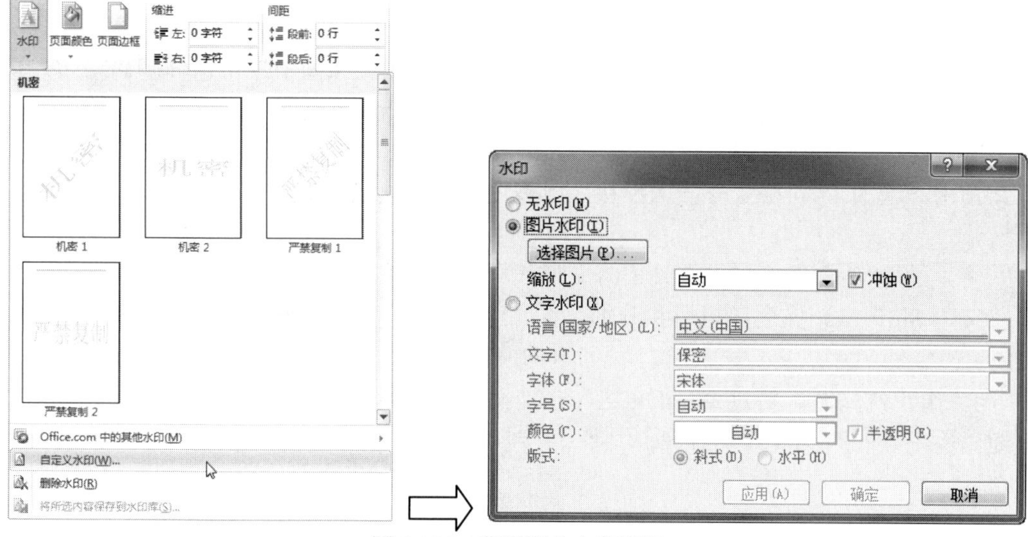

图 3-116　背景图片水印设置

（3）使用 Word 中的“形状”绘制注册电子邮箱流程图，如图 3-117 所示。

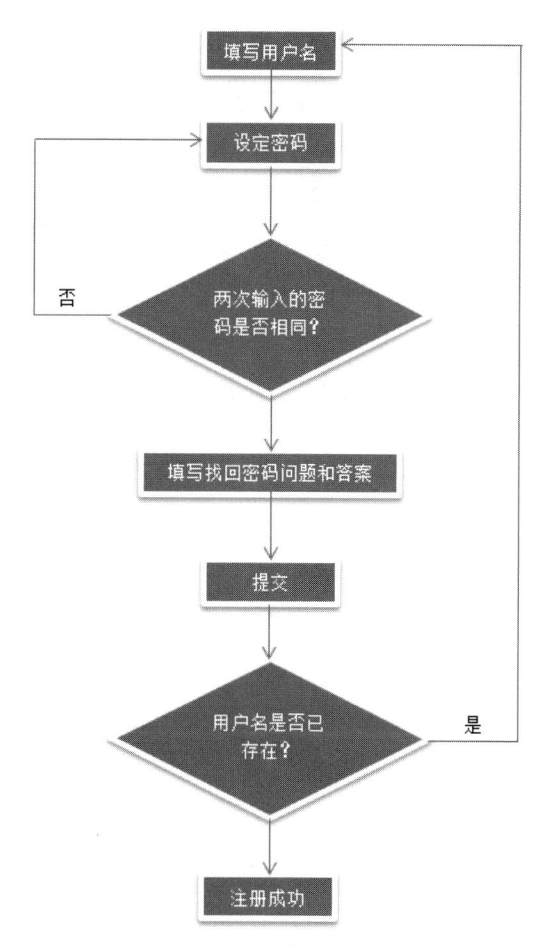

图 3-117　流程图样例

操作步骤提示：

①单击“插入→插图”组“形状”按钮，选择矩形，在文档中拖动鼠标画出矩形，此时系统自动打开“绘图工具|格式”选项卡。选定矩形，右击，在快捷菜单中选择“添加文字”命令，即可在文本框内输入文字。

②使用“绘图工具|格式→插入形状”组按钮，可快速绘制矩形、菱形、直线、箭头和文本框。

③将“是”“否”两个文本框设置为无形状填充和无形状轮廓。

④按住 Shift 键选择全部矩形和菱形，在“绘图工具|格式→形状样式”组中选择适当的样式。

（4）组织结构图。新建 Word 文档，在文档中建立如图 3-118 所示的组织结构图，并以“组织结构图.docx”为文件名存盘。

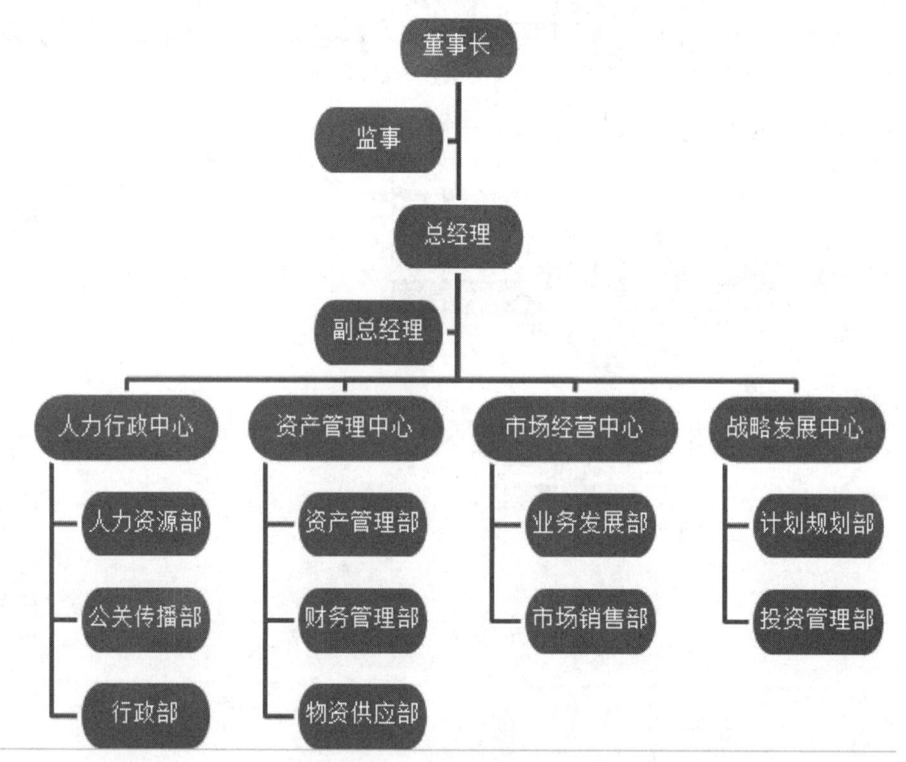

图 3-118 组织结构图样例

操作步骤提示：

①单击“插入→插图”组“SmartArt”按钮，打开“选择 SmartArt 图形”对话框，如图 3-119 所示，选择“层次结构”→“组织结构图”，单击“确定”按钮。文档中就插入了组织结构图，并自动打开“SmartArt 工具|设计”和“SmartArt 工具|格式”功能选项卡，如图 3-120 和图 3-121 所示。

②使用“SmartArt 工具|设计→创建图形”组“添加形状”按钮增加结构节点，使用 Delete 键删除结构节点，直至结构与样例图一致为止。

③在“文本”窗格中输入节点文本，如图 3-122 所示，或直接输入节点文本。

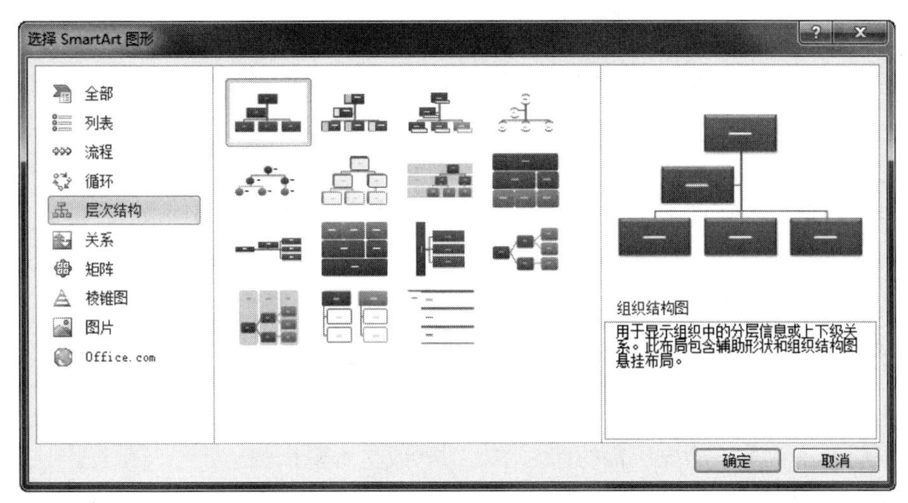

图 3-119　“选择 SmartArt 图形”对话框

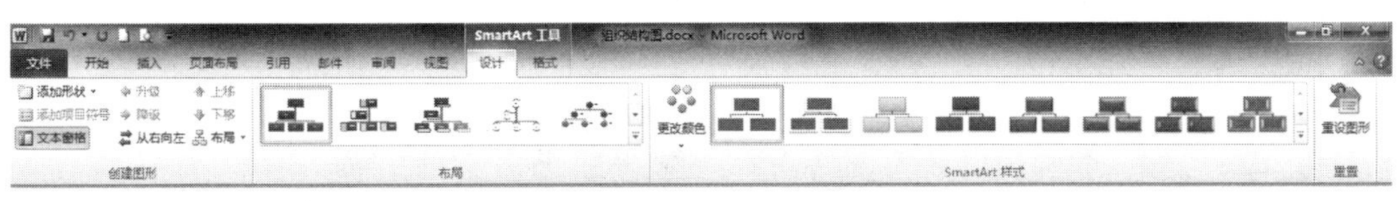

图 3-120　“SmartArt 工具|设计”功能选项卡

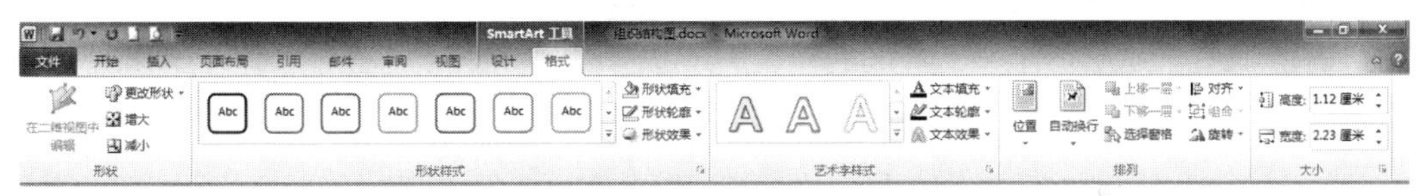

图 3-121　“SmartArt 工具|格式”功能选项卡

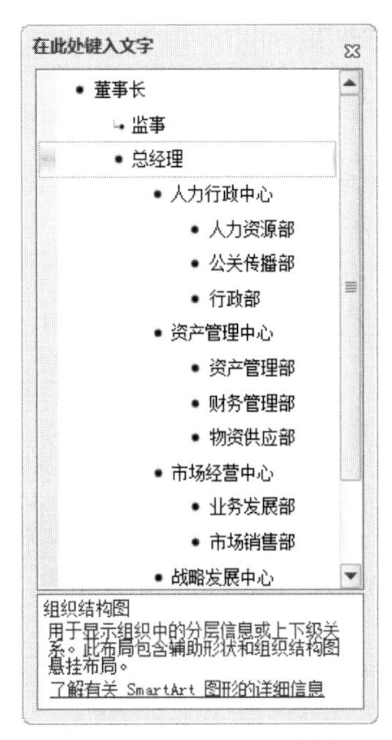

图 3-122　“文本”窗格

④在“文本”窗格中使用 Ctrl+A 组合键全选文本，然后单击“SmartArt 工具|格式→形状”组“更改形状”按钮，选择“流程图：终止”形状，改变节点形状。

⑤单击“SmartArt 工具|格式→形状”组“增大”按钮加大节点。

5. 评价与总结

- 根据时间情况让同学主动上台演示课堂实践的部分或全部操作。
- 鼓励多位同学分别总结本案例中某一部分主要知识点，学生或老师补充。

6. 课外延伸

（1）将艺术字、文本框和自选图形设置为水印。

操作步骤：

①单击“插入→页眉和页脚”组“页眉→编辑页眉”命令。

②在页眉编辑状态下插入所需的艺术字、形状或文本框，调整大小及位置。

③关闭页眉和页脚，则完成水印制作。

完成操作后，图形自动呈暗淡色，衬于文字下方，并且在文档的每一页都显示水印效果。图 3-123 所示即为每页都显示的艺术字水印效果图。

首先，品牌知晓有助于引起品牌喜爱。研究表明，品牌知晓与品牌喜爱关系密切。一项研究表明，在消费者心目中占第一位的品牌，即达到品牌浮现水平的品牌比占第二、三位的品牌更为其所喜爱。该研究表明，品牌知晓水平与品牌喜爱程度大体一致，即知晓水平越高，喜爱程度越高。而人们对某一品牌的喜爱程度，是影响其是否购买的一个重要因素。这就是为什么有些广告即使水平不高，但由于多次广告，受众对广告品牌产生了熟悉感，进而引起品牌喜爱，最终引起广告品牌销售量提高的原因。

其次，品牌知晓是品牌选择的基础。一般说来，品牌再认对选购现场进行品牌决策尤为重要。品牌知晓，特别是品牌回忆对耐用消费品的品牌决策尤为重要。因为，在前往商店购买大件(如空调)之前，人们往往要对其心目中的几个品牌(即达到品牌回忆水平的品牌)进行一番比较，以决定购买哪个品牌。然而，如果人们未能想到春兰或美的，它们就失去了被比较的机会，当然也就不会被选中。

最后，品牌知晓的最高水平——品牌浮现可直接引起购买。品牌浮现对日用消费品的品牌决策尤为重要。这是因为，在选购像口香糖、冰淇淋等日用消费品时，人们常常是那么漫

图 3-123　每页都显示的艺术字水印文档

（2）上网搜索资料设计制作个人简历封面。

（3）利用形状绘制如图 3-124 所示的分子结构式。

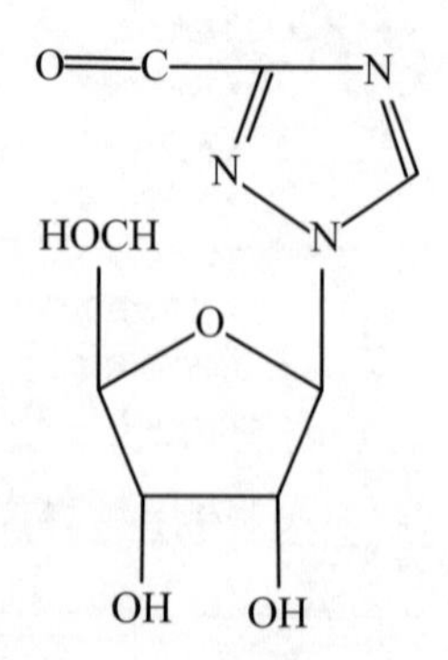

图 3-124　分子结构式样例

（4）利用形状和艺术字绘制如图 3-125 所示的印章。

图 3-125　印章样例

操作步骤提示：

①使用“形状”按钮画圆（画圆时配合使用 Shift 键能画出正圆），设置无填充、红色轮廓。

②插入艺术字“广东计算机科学技术学院”，设置红色填充、红色轮廓、无阴影；单击“绘图工具|格式→艺术字样式”组“文本效果→转换→跟随路径→上弯弧”，然后拖动艺术字外边框，将四条边框设置成上述圆形的外切正方形；适当设置字体大小（可设置为初号）；最后可适当向下拖动左边紫色菱形的调节柄，增大艺术字弧度。

③插入艺术字“党委办公室”，设置红色填充、红色轮廓、无阴影，适当设置字体大小。

④使用“形状”按钮画五角星（配合使用 Shift 键能画出正五角星），设置红色填充、红色轮廓。

⑤用 Shift 键选择对象，并组合。也可以单击“绘图工具|格式→排列”组“选择窗格”，在“选择和可见性”窗格中用 Ctrl 键选择多个对象，这样操作有时会更方便。

任务六　论文排版制作

在日常使用 Word 办公的过程中，长文档的制作常常需要涉及，比如毕业论文、营销报告、活动策划、宣传手册、使用说明手册等类型的长文档。由于长文档的纲目结构通常比较复杂，内容也较多，所以需要注意使用正确高效的方法，才能使得整个工作过程省时省力，质量更令人满意。

案例 6　毕业论文的设计与排版

学生小李快毕业了，正在写毕业论文，学校要求论文格式如下：

（1）扉页格式要求：

“广东轻工职业技术学院毕业论文”设为宋体、小二号、居中对齐；

中文题目设为宋体、二号、居中对齐；

英文题名设为 Times New Roman 字体、二号、居中对齐；

其余文字设为宋体、四号字，并适当加下划线和调整缩进等对齐方式。

（2）“摘要”“ABSTRACT”“目录”和章名的格式统一为黑体、小二号，段后 2 行，居中对齐；

节名格式统一为宋体、加粗、四号字，段前、段后1行，两端对齐，首行缩进2字符；

小节名格式统一为宋体、加粗、小四号字，段前、段后1行，两端对齐，首行缩进2字符；

正文格式统一为宋体、小四号字，1.5倍行距，首行缩进2字符。

（3）扉页没有页眉、页脚和页码。其余页页码设置在页脚中间。奇数页页眉为“广东轻工职业技术学院毕业论文”，偶数页页眉为论文题目。

小李在编辑排版过程中遇到了一些问题：

1）长文档的各级标题格式如何统一成学校要求的格式？如果需要修改时能否统一自动修改？

2）如何设置首页、奇偶页不同的页眉和页脚？

3）如何插入数学公式？

4）如何添加脚注和尾注？

5）如何将论文中的英文标点全部快速找到并修改成中文标点？

6）如何自动生成目录？

1. 案例分析

本案例主要涉及样式、页眉页脚、脚注、尾注、批注、修订、查找、替换、公式编辑器及自动生成目录等相关功能。定义样式，并分别应用于论文的各级标题、正文，这样整个文档的格式就可以统一，而且方便以后的统一修改。所有格式设置好后就可以利用具有大纲级别的标题自动生成目录，完成本案例的操作。

如果长文档的封面、扉页、摘要、目录和正文等各部分的格式要求都有所不同（如页眉页脚和页码等的格式），则需要使用“分节”的功能。

2. 相关知识点

（1）分页与分节。如果在页面未满时，需要从新的页面输入文档内容时，可以插入人工分页符。其操作步骤是单击“插入→页”组“分页”按钮。

节是文档格式化基本单位。在Word中一个文档可以分为多个节，根据需要每个节都可以设置各自的格式（包括页眉或页脚、段落编号或页码等格式），但是却不会影响其他节的文档格式设置。其操作步骤是单击“页面布局→页面设置”组“分隔符”按钮，在下拉列表中选择“分节符”中的某一选项。节的应用参见课外延伸。

（2）样式。所谓样式，就是系统或用户定义并保存的一系列排版格式，目的是将这种排版格式重复用于文档的其他部分。在书籍、报刊等的排版中，样式的作用非常明显，可以确保不同章节标题的格式在整篇文档中一致。

1）查看样式。Word 2010提供了许多样式，如标题、正文、强调等。查看这些样式的方法主要有以下两种：

在“开始→样式”组中可以查看文档中提供的样式，如图3-126所示，单击其下拉按钮▼可查看更丰富的样式。

单击“开始→样式”组“对话框启动器”按钮，打开“样式”任务窗格，如图3-127所示，在任务窗格中可以看到许多样式名，当鼠标指针停留在某种样式上时，就会出现该样式的详细格式设置说明。

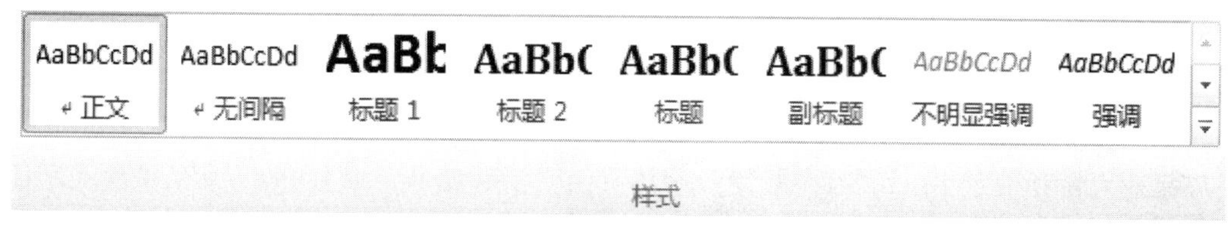

图 3-126　“样式”框

2）应用样式。应用样式格式化文档是设置文档格式的快捷方法。先选定需要设置样式的文本，再选择所需要的样式即可应用样式，详细操作步骤见实现方法。

3）创建样式。如果样式组中缺少需要的样式，用户可以自己创建。

操作步骤：

①单击“开始→样式”组“对话框启动器”按钮，打开“样式”任务窗格。

②单击左下角的“新建样式”按钮，打开“根据格式设置创建新样式”对话框，如图 3-128 所示。

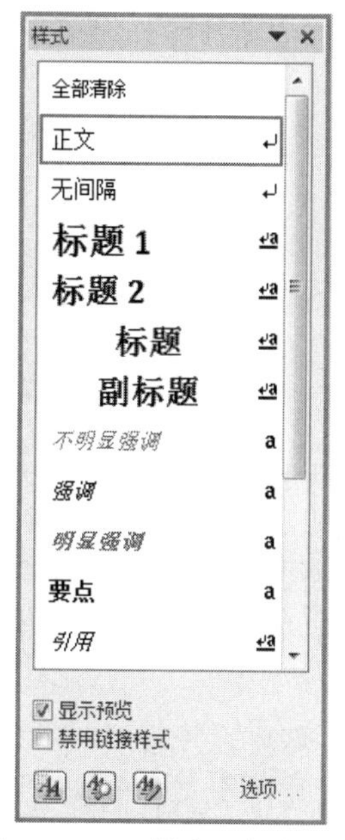

图 3-127　“样式”任务窗格

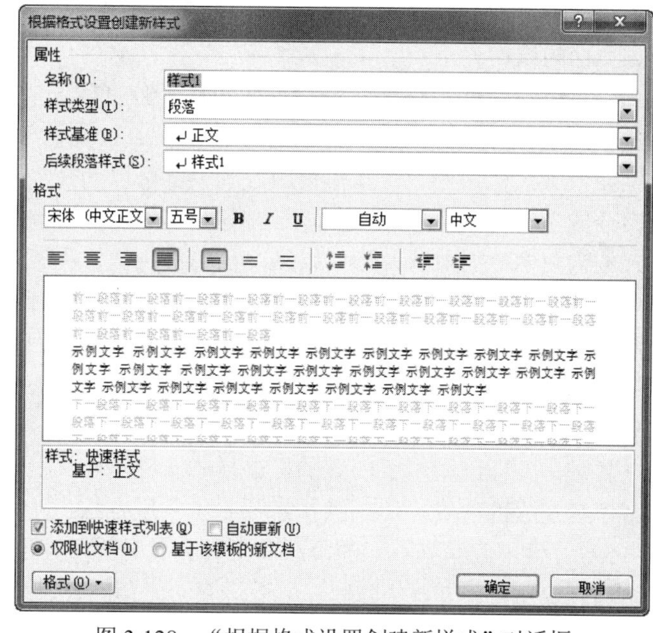

图 3-128　“根据格式设置创建新样式”对话框

③在“名称”文本框中输入新样式名，在“样式类型”下拉列表中选择段落或字符类型，在“样式基准”下拉列表中选择新样式的基准。

④单击“格式”按钮为新样式设置字符、段落等格式，根据需要选中“添加到快速样式列表”或“自动更新”等复选框后，单击“确定”按钮，新定义的样式名即出现在当前的样式组中。

4）修改样式。如果修改了某个样式的格式，所有赋予该样式的段落的格式都自动随之改变。右击“开始→样式”组“标题 1”按钮，在快捷菜单中选择“修改”命令，打开“修改样式”对话框，按需修改样式的格式即可，详细操作步骤见实现方法。

如果已经打开“样式”任务窗格，单击要修改的样式的下拉按钮，在弹出的下拉菜单中选择“修改”命令，也可以打开“修改样式”对话框。

5）删除自定义样式。不能删除 Word 系统提供的样式，只能删除用户自定义的样式。删除自定义样式的方法是：打开“样式”任务窗格，单击要修改的样式的下拉按钮，在弹出的下拉菜单中选择“删除”命令即可。

如果想清除所有格式，单击“开始→字体”组“清除格式”按钮，或在“样式”任务窗格中选择“全部清除”即可。

（3）文档视图。Word 2010 提供了多种显示文档的方式，有页面视图、阅读版式视图、Web 版式视图、大纲视图和草稿等。用户可以根据需要在各种视图之间进行切换。切换方法是：单击“视图”选项卡中“文档视图”组中的按钮或单击屏幕右下角的各个视图切换按钮。

①“页面视图”以页面形式显示文档，反映的是实际打印效果，适用于文档的排版工作。

②“阅读版式视图”考虑到人们的自然阅读习惯，隐藏了不必要的工具栏等元素，将 Word 窗口分割成尽可能大的两个页面，显示优化后便于阅读的文档，文字放大，行长度缩短。

③“Web 版式视图”适合于 Web 页设计，文档的显示方式如同使用 Web 浏览器时所看到的一样。

④“大纲视图”以级别化的方式显示文档的层次和结构，简化文本格式的设置，适用于整理长文档的结构。

⑤“草稿”简化了整个屏幕的页面布局，分页标记为一条细线，页眉、页脚、分栏等格式不显示出来，图形编辑操作受限制。

除阅读版式视图外，在其他视图方式下都可以选择“视图→显示”组“导航窗格”，使文档窗口分成左右两个部分，左边显示结构图，右边显示结构图中特定主题所对应的文档的内容。用户在结构图中更换主题，便可以从文档的某一位置快速切换到另一位置。

（4）自动生成目录。目录通常是长文档不可缺少的部分，有了目录，用户就能很容易地知道文档中有什么内容，如何查找内容等。Word 提供了自动生成目录的功能，使目录的制作变得非常简便，而且在文档发生了改变以后，还可以利用更新目录的功能来适应文档的变化。

Word 一般是利用标题或者大纲级别来创建目录的。因此，在创建目录之前，应确保希望出现在目录中的标题应用了内置的标题样式（标题 1 到标题 9）。也可以应用包含大纲级别的样式或者自定义的样式。详细操作步骤参见实现方法。

（5）首页、奇偶页不同的页眉和页脚。有时为了突出第一页，需要设置首页与其他页不同的页眉和页脚。在书籍排版时，由于是双面印刷的，因此常常要求其奇数页和偶数页的页眉与页脚有所不同，即要求设置首页、奇偶页不同的页眉和页脚。

其操作步骤是进入页眉或页脚编辑状态，在“页眉和页脚工具|设计”选项卡选中“首页不同”和“奇偶页不同”复选框即可。详细操作步骤参见实现方法（页眉和页脚的插入步骤已在任务五中介绍）。

（6）公式编辑器。利用 Word 提供的公式编辑器可以在文档中输入数学公式。单击“插入→符号”组“公式”按钮可插入公式，详细操作步骤参见实现方法。或者单击“插入→文本”组“对象”按钮，打开“对象”对话框，选择“Microsoft 公式 3.0”也可插入公式。

（7）超链接和书签。利用 Word 的超链接功能，可以在 Word 中直接打开其他文件，如其他 Word 文件、Excel 文件、网页文件、视频音频等多媒体文件等。此外，超链接和书签的配合使用可以在长篇文档中快速跳转到文档内的其他位置。

“插入”选项卡的“链接”组提供了插入书签和超链接按钮，其详细操作步骤参见实现方法。

设置好超链接后，将鼠标移到超链接文本处按住 Ctrl 键，指针变为“👆”时单击，即可实现快速跳转。

如果要取消超链接，只需将光标移至将要取消的超链接上右击，在弹出的快捷菜单中执行“取消超链接”命令即可。

（8）脚注和尾注。脚注和尾注用来对文档中的文本进行注释并提供相关的参考资料。在同一文档中可以既有脚注也有尾注。例如，可用脚注进行详细的注释，用尾注列出引用的文献。脚注出现在文档中该页的底端，尾注一般位于整个文档的结尾。

脚注或尾注包含两个相关联的部分：注释引用标记以及标记所指的注释文本。注释引用标记显示在文档中，标记所指的注释文本则出现在注释窗口、页（或文字）的底端或整个文档的结尾。将指针停留在文档中的注释引用标记上，会显示该脚注或尾注的注释。双击注释引用标记，光标自动移到注释窗口中，可对注释文本进行修改。

“引用”选项卡的“脚注”组提供了插入脚注和尾注按钮，其详细操作步骤参见实现方法。

如果要删除脚注和尾注，则在文档中选定要删除的注释引用标记，然后按 Delete 键即可。

（9）批注和修订。

1）批注。批注是作者或审阅者为文档添加的注释或批注。批注显示在文档的页边距或“审阅窗格”中。插入批注后，Word 为了保留文档的版式，会在文档的文本中显示一些标记元素，而其他元素则显示在页边距上的批注框中。

新建批注的操作步骤：选择要设置批注的文本或内容，然后单击“审阅→批注”组“新建批注”按钮，文档出现“批注”输入框，在“批注”输入框中键入批注文字。

修改批注的操作步骤：在批注框中单击需要编辑的批注，然后适当修改文本。

删除批注的操作步骤：单击某个批注框，再单击“审阅→批注”组“删除”按钮，可删除当前批注；若此时单击“删除”下拉按钮，在下拉菜单中选择“删除文档中的所有批注”命令，可删除所有批注，如图 3-129 所示。

图 3-129　删除批注命令

2）修订。当需要对已编辑的文档进行修改，如删除、插入或其他编辑操作的时候，Word 可以对这些修改的地方作标记，以便修改完成后判断这些修改是否被接受。

单击“审阅→修订”组“修订”按钮，即可启用修订功能。再次单击“修订”按钮则关闭修订功能。“审阅”选项卡的“更改”组提供了接受和拒绝修订的功能，可接受和拒绝单个修订，也可接受和拒绝所有修订，详细操作步骤参见实现方法。

"修订"文档时可用四种显示状态来查看文档：

- 最终：显示标记。这种方式下，文档中将会显示修订后的文字，并在批注框中显示删除或插入的文字。
- 最终状态。这种方式将显示接受所有修订之后的文档，以便查看接受修订的效果。
- 原始：显示标记。这种方式下，删除的文字的上方将会出现红色的删除线，插入的文字也会以红色显示。
- 原始状态。这种方式显示原始的、未更改的文档，以便查看拒绝所有修订后的文档。

（10）查找和替换。在编辑文档时，有时需要在文档中查找某个词或者替换某个词，特别是对于长文档来说，人工查找方法不仅费时费力，而且很容易遗漏。使用 Word 的自动查找功能，可以在长文档中快速查找或替换特定内容。查找或替换的内容除普通文字外，还可查找或替换特殊字符，如空格、段落标记、制表符等，也可以对文本进行指定格式的快速修改和删改。

"开始"选项卡的"编辑"组提供了查找和替换功能。

单击"开始→编辑"组"查找"按钮，将打开"导航"任务窗格，在"搜索文档"一栏中输入要查找的文字可快速进行全文搜索，搜索结果将显示在"导航"任务窗格中，单击这些搜索结果导航块可快速定位到文档的相关位置。

在"导航"任务窗格中，单击"搜索文档"右边的下拉按钮，弹出下拉菜单，如图 3-130 所示，可以进一步查找文档中的图形、表格、公式、脚注、尾注和批注。

单击"开始→编辑"组"查找→高级查找"命令，将打开"查找和替换"对话框，如图 3-131 所示，可设置"阅读突出显示""在以下项中查找""搜索选项""格式""特殊格式"等。其中，单击"格式"按钮可设置字体、段落等格式。如果要把所设置的格式去掉，单击"不限定格式"按钮即可。单击"特殊格式"按钮，打开"特殊字符"列表，可以选择查找段落标记、制表符、白色空格字符等。

单击"开始→编辑"组"替换"按钮，打开"查找和替换"对话框的"替换"选项卡，可进行替换操作，其详细操作步骤参见实现方法。

图 3-130　查找选项和其他搜索命令

图 3-131　“查找和替换”对话框

（11）字数统计。Word 提供了方便的字数统计功能。单击“审阅→校对”组“字数统计”命令，打开“字数统计”对话框。该对话框中显示了详细的字数统计结果，包括文档的页数、字数、字符数、段落数、行数等。

3. 实现方法

打开文件“毕业论文排版素材.docx”，排版过程如下：

（1）插入分页符。

要求：在扉页、中文摘要、英文摘要、目录、正文第 1 章、正文第 2 章这几部分之间插入分页符，使之从新的一页开始。

操作步骤：

①将插入点移至中文摘要之前的位置。

②单击“插入→页”组“分页”按钮，即可将中文摘要分到下一页显示。

③完成其余分页符的操作。

（2）页面设置。在“页面布局”选项卡中将页边距设置为：上边距“3 厘米”，下边距“2.5 厘米”，左边距“3 厘米”，右边距“3 厘米”（注意：应用于“整篇文档”）。

（3）扉页格式设置。要求：“广东轻工职业技术学院毕业论文”设为宋体、小二号、居中对齐；题目“基于 RFID 技术的产品防伪应用系统的设计与实现”设为宋体、二号、居中对齐；英文题名设为 Times New Roman 字体、二号、居中对齐；其余文字设为宋体、四号字，并适当加下划线和调整缩进等对齐方式。

扉页排版效果如图 3-132 所示。

（4）应用样式。要求：将“摘要”“ABSTRACT”“目录”和章名应用“标题 1”样式，节名（如“1.1”）应用“标题 2”样式，小节名（如“1.2.1”）应用“标题 3”样式。

扫码看视频

广东轻工职业技术学院毕业论文

基于RFID技术的产品防伪应用系统的
设计与实现
The Design and Realization of Product
Anti-Counterfeit Application System Based on
RFID Technology

申请人：
指导教师：
专业名称：
研究方向：
答辩委员会主席：
答辩委员会委员：

二零一八 年 九 月

图 3-132　扉页样例

操作步骤：

①将插入点移至“摘要”两字上。

②单击“开始→样式”组“标题 1”按钮，“摘要”两字即可套用标题 1 格式，如图 3-133 所示。

③完成其余应用样式操作。

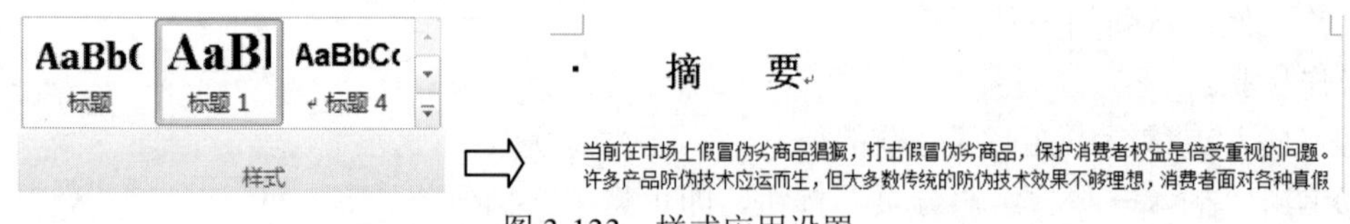

图 3-133　样式应用设置

（5）修改样式。根据表 3-1 修改样式。

表 3-1　样式修改

样式名称	字体	字体大小	段落格式
标题 1	黑体，非加粗	小二号	段后 2 行，居中，无缩进
标题 2	宋体，加粗	四号	段前、段后 1 行，两端对齐，首行缩进 2 字符
标题 3	宋体，加粗	小四号	段前、段后 1 行，两端对齐，首行缩进 2 字符
正文	宋体	小四号	1.5 倍行距，首行缩进 2 字符

操作步骤：

①右击“开始→样式”组“标题 1”按钮，在快捷菜单中选择“修改”命令，打开“修改

样式”对话框，如图 3-134 所示。

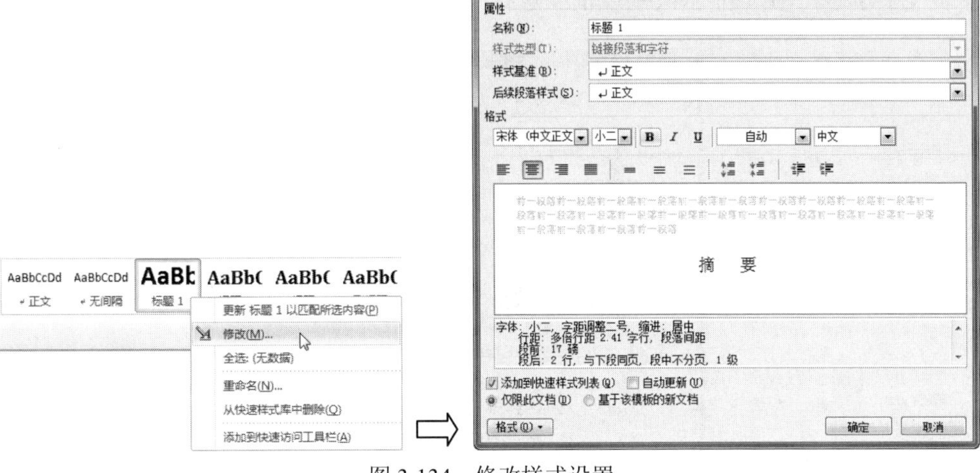

图 3-134　修改样式设置

②设置“黑体”“小二号”“非加粗”字符格式；单击“格式”按钮，选择“段落”，打开“段落”对话框，设置“段后 2 行”“居中”“无缩进”的段落格式。

③单击“确定”按钮完成“标题 1”的修改，此时文档中已应用标题 1 样式的文本均自动更新了格式。

同理，修改“标题 2”“标题 3”和“正文”的样式。

（6）浏览文档。应用样式时自动应用了样式中的大纲级别，因此使用“导航窗格”和“大纲视图”可以有层次地浏览长文档，方便对文档进行定位。

操作步骤：

①选中“视图→显示”组“导航窗格”，打开“导航”窗格，如图 3-135 所示，呈现出类似目录的树形结构，单击三角形按钮可展开或折叠。

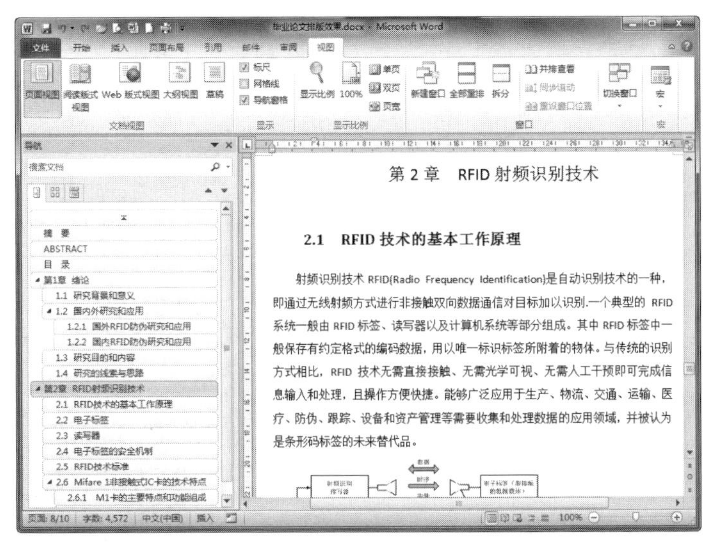

图 3-135　文档导航窗格

②单击“视图→文档视图”组“大纲视图”按钮，显示大纲视图，如图 3-136 所示，“大纲”功能选项卡自动打开。将插入点置于某个标题中。在“大纲工具”组中单击加号“展开”按钮，可显示正文。在“显示级别”框中选择“2 级”，可显示第 1 级到第 2 级的标题。

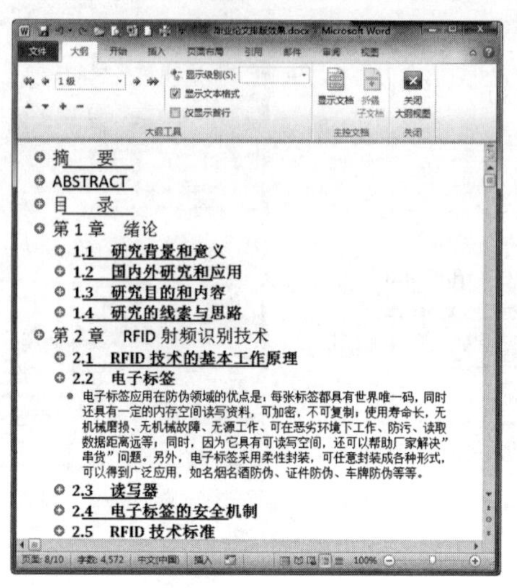

图 3-136　大纲视图

（7）自动生成目录。长文档应用了标题样式或设置了大纲级别后就可以应用 Word 的自动生成目录功能了。

扫码看视频

操作步骤：

①将插入点置于“目录”之后的空行中。

②单击“引用→目录”组“目录”按钮，弹出下拉列表，如图 3-137 所示。在下拉列表中选择“自动目录 1”或“自动目录 2”，可快速按系统默认值自动生成 3 级目录，效果如图 3-138 所示。

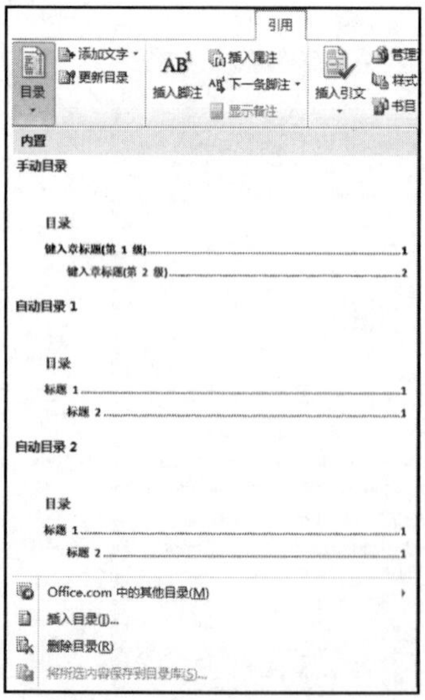

图 3-137　“目录”下拉列表

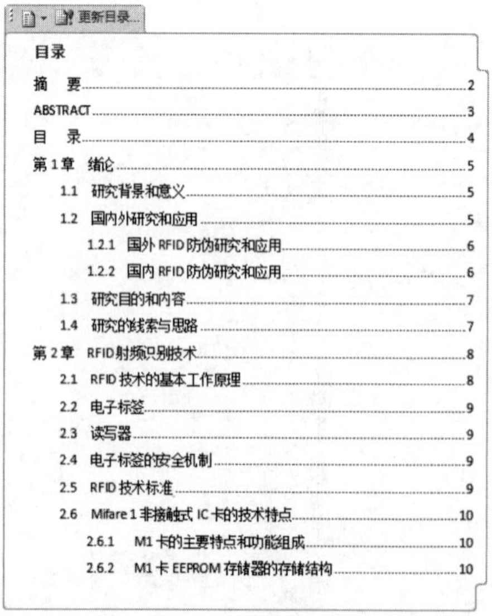

图 3-138　自动生成目录效果

③如果在下拉列表中选择“插入目录”命令，则打开“目录”对话框，如图 3-139 所示，可按需修改显示级别、制表符前导符的样式等。

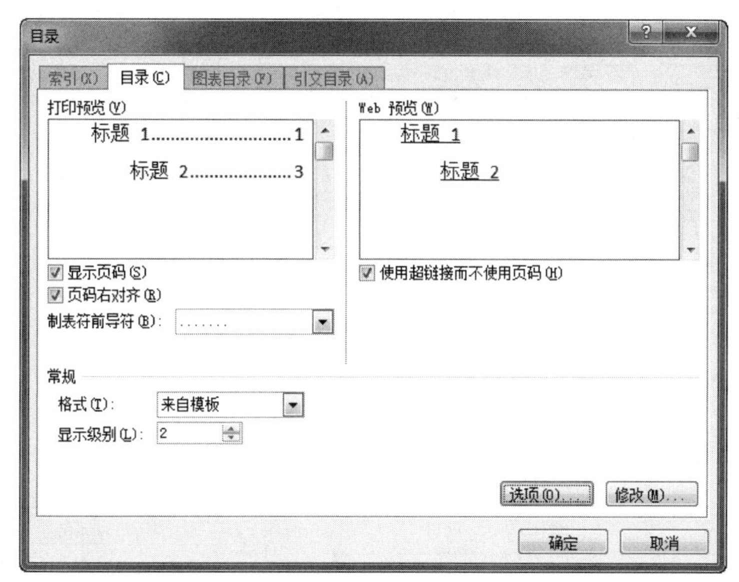

图 3-139　“目录”对话框

如果文档内容被修改，页码或标题发生变化，则只需在目录区中单击，目录上方出现“更新目录”按钮，单击它打开“更新目录”对话框，选择“只更新页码”或“更新整个目录”即可。或者在目录区中右击，在快捷菜单中选择“更新域”命令，也可打开“更新目录”对话框。

扫码看视频

（8）设置首页、奇偶页不同的页眉和页脚。

要求：奇数页页眉为“广东轻工职业技术学院毕业论文”，偶数页页眉为论文题目“基于 RFID 技术的产品防伪应用系统的设计与实现”，首页页眉没有文字，没有框线，首页页脚无页码，其余页页码从 2 开始。

操作步骤：

扫码看视频

①单击“插入→页眉和页脚”组“页眉”按钮，在下拉菜单中选择“编辑页眉”命令，进入页眉编辑状态。系统自动打开“页眉和页脚工具|设计”功能选项卡，如图 3-140 所示。

图 3-140　“页眉和页脚工具|设计”功能选项卡

②在“页眉和页脚工具|设计→选项”组中选中“首页不同”和“奇偶页不同”复选框，此时文档中会出现不同标识的页眉虚线框区域，在“奇数页页眉”中输入“广东轻工职业技术学院毕业论文”，在“偶数页页眉”中输入论文题目“基于 RFID 技术的产品防伪应用系统的设计与实现”，在“首页页眉”中不写文字。

③将插入点置于首页页眉中，单击“开始→段落”组“框线”下拉按钮，在下拉列表中选择“边框和底纹”，打开“边框和底纹”对话框，如图 3-141 所示，选择“边框”选项卡，选择应用于“段落”，设置“无”可去除首页页眉边框。

图 3-141 “边框和底纹”对话框

④将插入点置于除首页外的页脚中，单击“页眉和页脚工具|设计→页眉和页脚”组“页码”按钮，在下拉菜单中选择“页面底端→普通数字 2”命令，则首页无页码，其余页页码从 2 开始。

（9）输入数学公式

$$\int_0^1 \frac{1}{2} x^2 \ln x \mathrm{d}x$$

扫码看视频

操作步骤：

①将插入点移至需要插入数学公式的位置。

②单击“插入→符号”组“公式”按钮，在下拉列表中选择“插入新公式”命令，打开公式编辑框，同时打开“公式工具|设计”功能选项卡，如图 3-142 所示。

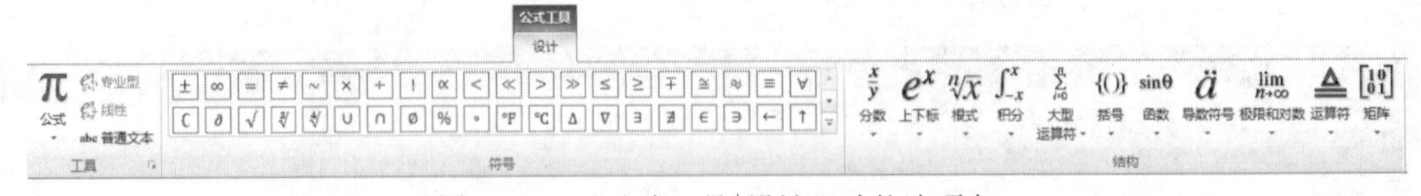

图 3-142 “公式工具|设计”功能选项卡

③在编辑框中编辑公式。

单击“结构”组“积分”按钮，在下拉列表中选择定积分项，此时编辑框中出现定积分式，单击积分上限输入框，输入“1”；单击积分下限输入框，输入“0”。完成“$\int_0^1$”部分的编辑。

单击“结构”组“分数”按钮，选择所需项，此时编辑框中出现分式，输入分子“1”，输入分母“2”。完成“ $\int_0^1\frac{1}{2}$ ”部分的编辑。

输入“x”，然后单击“结构”组“上下标”按钮，选择所需项，在编辑框[]中输入上标“2”。完成“ $\int_0^1\frac{1}{2}x^2$ ”部分的编辑。

输入“lnxdx”后，完成了公式的全部输入。单击编辑框外任一处，结束公式编辑，回到文档的编辑状态。

如果需要对公式进行修改，单击该公式图形，即可进入公式编辑环境进行修改。

（10）插入超链接和书签。

扫码看视频

要求：在“目录”前插入书签，在每章结尾处插入“返回目录”超链接，通过超链接实现跳转到书签所在处。

操作步骤：

①将插入点移至“目录”两字前面，然后单击“插入→链接”组“书签”按钮，打开“书签”对话框，如图 3-143 所示。在“书签名”编辑框中输入“目录”，单击“添加”按钮退出。

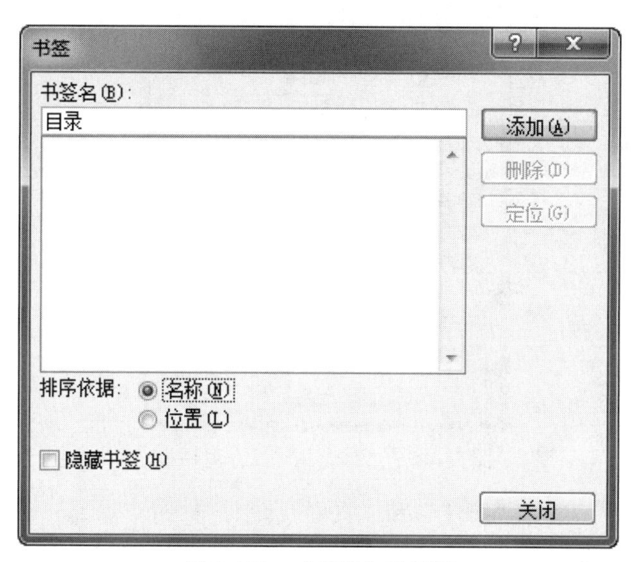

图 3-143　“书签”对话框

②在第 1 章结尾输入文字“返回目录”。选中这 4 个文字，单击“插入→链接”组“超链接”按钮，打开“插入超链接”对话框，如图 3-144 所示。在“链接到”中选择“本文档中的位置”，然后选择“目录”书签。单击“确定”按钮后，“返回目录”文字自动变色，并且下面多了下划线。同样，给第 2 章结尾设置“返回目录”的超链接。

③设置好后，将鼠标移到超链接文本处按住 Ctrl 键，指针变为“”时单击，即可实现快速跳转。

（11）添加脚注。

要求：在第 1 章第 1.2 节的 IRE 后插入脚注，位置为页面底端，编号格式为 I、II、III，起始编号为 I，内容为“创立于 1912 年”。

扫码看视频

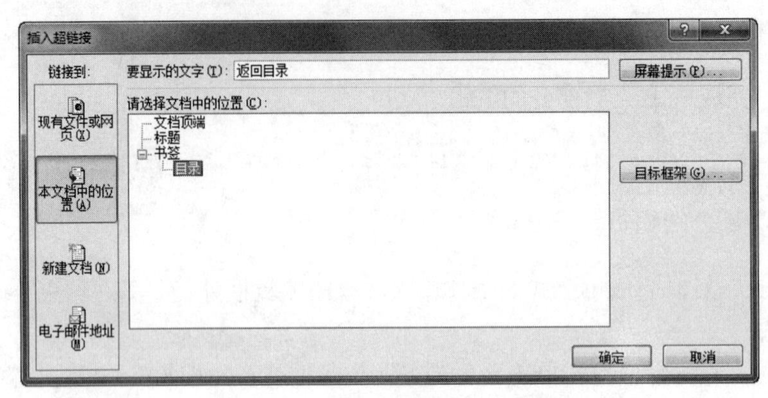

图 3-144　“插入超链接”对话框

操作步骤：

①将光标移到“IRE”后。

②单击“引用→脚注”组“对话框启动器”按钮，打开“脚注和尾注”对话框，如图 3-145 所示。

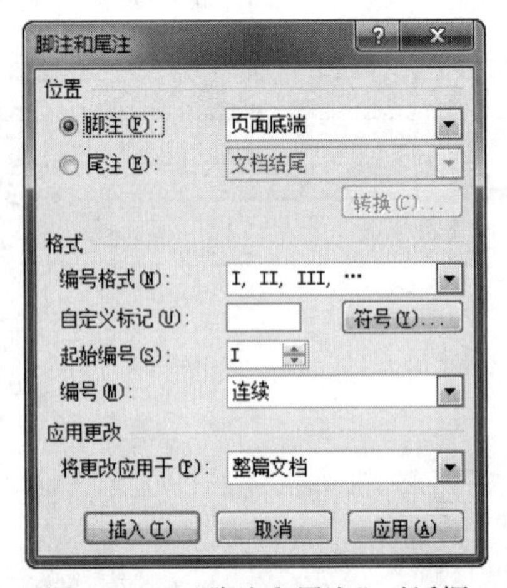

图 3-145　“脚注和尾注”对话框

③在“位置”栏中，选择“脚注”和“页面底端”。

④在“格式”栏中选择“编号格式”为 I，II，III，“起始编号”为“I”。

⑤单击“插入”按钮，此时文字“IRE”后插入注释引用标记，同时光标自动移到当前页底端的注释文本区域，输入注释文本“创立于 1912 年”。单击区域外任一处，结束脚注编辑，回到文档的编辑状态。

如果要删除脚注和尾注，则在文档中选定要删除的注释引用标记，然后按 Delete 键即可。

（12）修订文档。

要求：修改英文摘要，要求将改动过程标记下来并显示。

操作步骤：

①单击“审阅→修订”组“修订”按钮，启动修订功能。

②修改英文摘要，比如将英文关键词加粗，此时文档显示修订后的文字，并在批注框中标记显示所做的更改，如图 3-146 所示。

扫码看视频

This thesis built up a platform of anti-counterfeit and identification management system. It can protect not only the enterprise's benefit, but also the legal right of selling merchant and consumer. Owing to one of the efficient anti-counterfeit technologies, RFID technology is worth doing researches.

Keywords: **RFID**、**Anti-Counterfeit**、**E-Tag**、**Encryption**、**Authentication**

带格式的: 字体: 加粗
带格式的: 字体: 加粗
带格式的: 字体: 加粗
带格式的: 字体: 加粗
带格式的: 字体: 加粗

图 3-146　修订标记

③依次单击“修订”组中四种文档显示状态，如图 3-147 所示，观察文档显示内容。

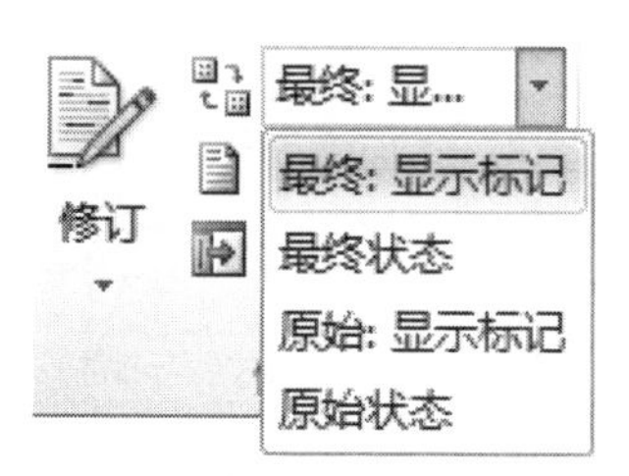

图 3-147　修订的四种显示状态

④单击“审阅→更改”组“接受→接受对文档所做的所有修订”命令接受修订，标记消失。

⑤再次单击“审阅→修订”组“修订”按钮，关闭修订功能。

（13）查找和替换。

要求：利用“查找和替换”功能，将英文逗号、句号、冒号和小括号全部查找出来，并修改为相应的中文标点符号。

操作步骤：

①单击“开始→编辑”组“替换”按钮，打开“查找和替换”对话框，如图 3-148 所示。

查找和替换
查找(D)　替换(P)　定位(G)
查找内容(N): ,
选项: 区分全/半角
替换为(I): ，
<< 更少(L)　替换(R)　全部替换(A)　查找下一处(F)　取消
搜索选项
搜索: 全部
区分大小写(H)　区分前缀(X)
全字匹配(Y)　区分后缀(T)
使用通配符(U)　区分全/半角(M)
同音(英文)(K)　忽略标点符号(S)
查找单词的所有形式(英文)(W)　忽略空格(W)
替换
格式(O)　特殊格式(E)　不限定格式(T)

图 3-148　“替换”选项卡

②选择“替换”选项卡，在“查找内容”编辑框内输入英文逗号。

③在“替换为”编辑框内输入中文逗号。

④单击“查找下一处”按钮进行查找。如果找到，可单击“替换”按钮，或单击“全部替换”按钮一次全部替换完毕。

同理，完成其余查找替换操作。

技巧：单击“查找下一处”按钮，然后单击“替换”按钮，反复进行这两步可以边审查边替换；单击“全部替换”按钮则可以一次全部替换完毕。

（14）字数统计。单击“审阅→校对”组“字数统计”按钮，打开如图 3-149 所示的“字数统计”对话框查看字数。

扫码看视频

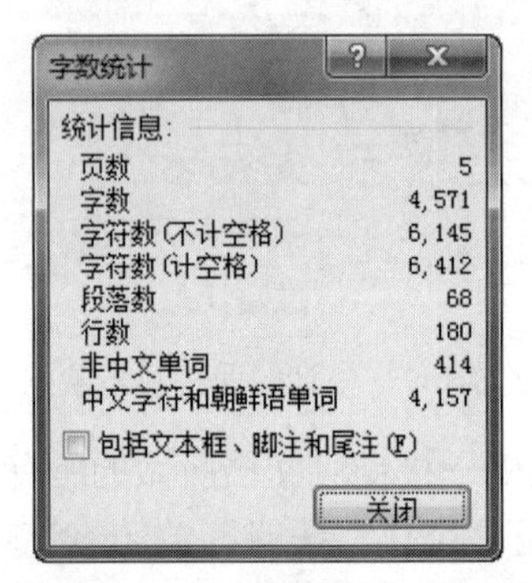

图 3-149 “字数统计”对话框

4. 课堂实践

（1）实践本案例。

（2）打开“电子邮件礼仪.docx”文件，查找文档中的“电子邮件”文本，并将其替换为红色加粗的“E-mail”。

（3）创建一样式，名称为“强调”；该样式的格式为：字符间距加宽 2 磅，文字加粗，文本效果为填充-橄榄色，段前、段后间距为 5 磅。该新建样式应用到本案例文档的每一章的第 1 段正文。

（4）新建 Word 文档，在文档中输入以下公式，并以“极限公式.docx”为文件名存盘。

$$\lim_{n \to +\infty} (x_n + 1) = \alpha$$

（5）打开“李白诗词.docx”文档，按下面要求设置文档，制作效果如图 3-150 所示。

1）设置文本：

- 标题设为宋体、二号字，居中对齐；
- 第二行设为隶书、三号字，居中对齐；
- 第三至五行诗句设为宋体、三号字，居中对齐。

2）编排格式：

- 按图 3-150 所示，在唐诗的相应位置插入编号，并将其设置为上标；
- 适当调整第五行诗句的字符间距（如加宽 0.5 磅），使之与上行诗句对齐。

3）插入表格：

- 在文档后插入表格，并输入其中的文字；

- 表格的文字设为黑体、四号字，居中对齐；
- 表格首行添加底纹；
- 修饰表格边框线，使左右两边无外边框；
- 设置表格居中对齐。

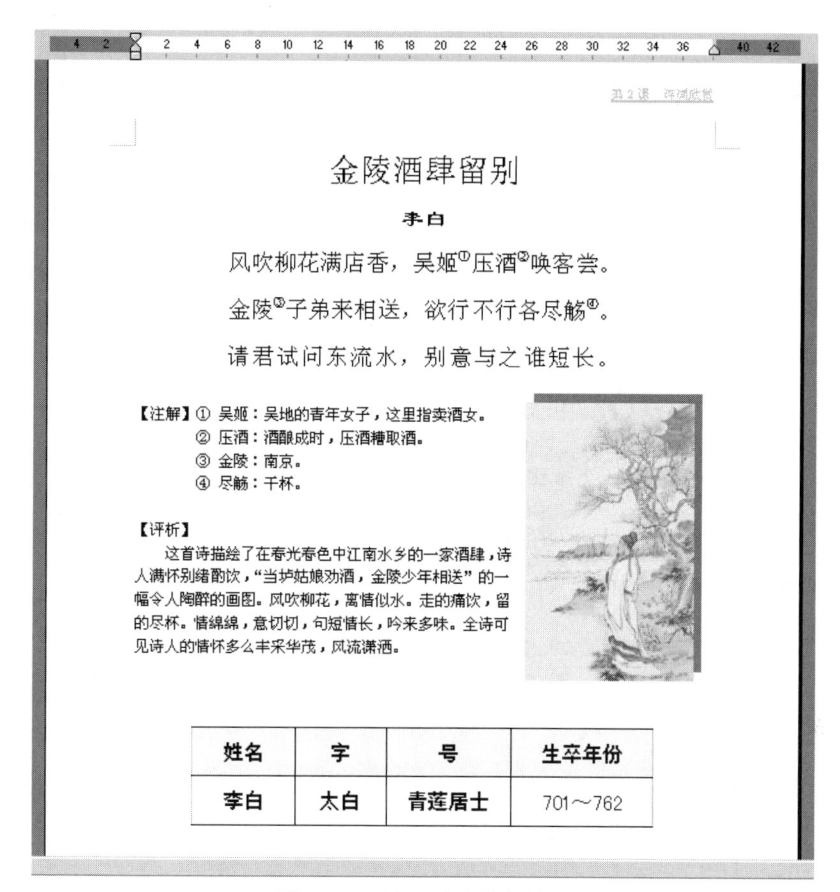

图 3-150　诗词综合排版效果

4）插入图片：
- 将李白图片设置成“四周型”环绕方式；
- 设置阴影；
- 移至合适位置。

5）插入页眉：
- 插入页眉，输入文字“第 2 课　诗词欣赏”；
- 去掉页眉文字的边框；
- 给页眉文字添加双下划线。

6）页面设置：
- 纸型设置为“16 开”；
- 页边距设置为：上“3 厘米”、下“2.15 厘米”、左“2.15 厘米”、右“2.15 厘米”。

（6）打开“春.docx”文档，按下面要求设置文档，制作效果如图 3-151 所示。

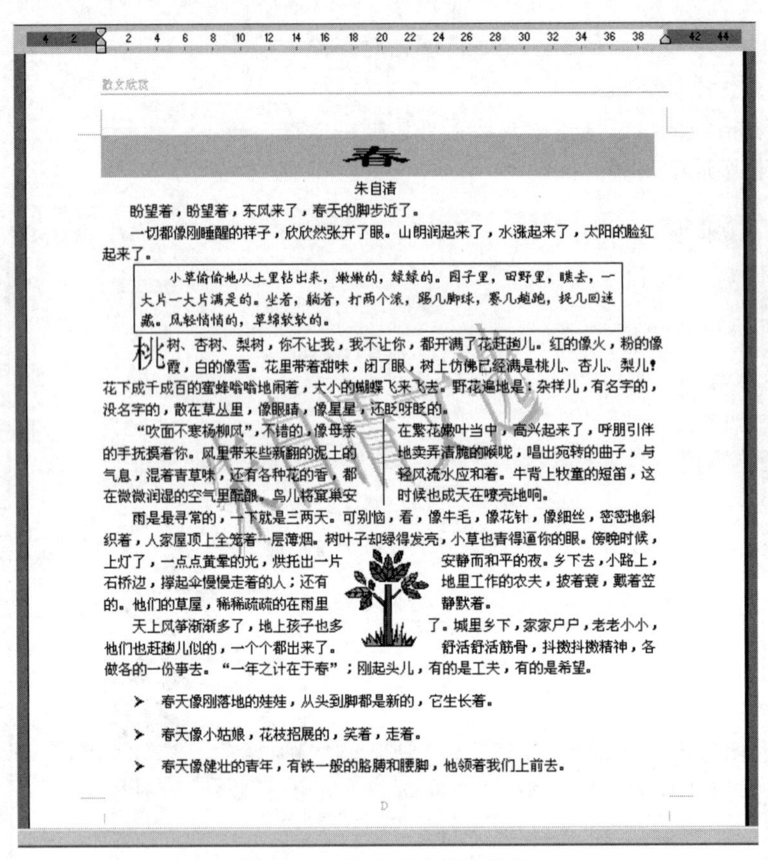

散文欣赏

春

朱自清

盼望着，盼望着，东风来了，春天的脚步近了。

一切都像刚睡醒的样子，欣欣然张开了眼。山朗润起来了，水涨起来了，太阳的脸红起来了。

小草偷偷地从土里钻出来，嫩嫩的，绿绿的。园子里，田野里，瞧去，一大片一大片满是的。坐着，躺着，打两个滚，踢几脚球，赛几趟跑，捉几回迷藏。风轻悄悄的，草绵软软的。

桃树、杏树、梨树，你不让我，我不让你，都开满了花赶趟儿。红的像火，粉的像霞，白的像雪。花里带着甜味，闭了眼，树上仿佛已经满是桃儿、杏儿、梨儿！花下成千成百的蜜蜂嗡嗡地闹着，大小的蝴蝶飞来飞去。野花遍地是：杂样儿，有名字的，没名字的，散在草丛里，像眼睛，像星星，还眨呀眨的。

"吹面不寒杨柳风"，不错的，像母亲的手抚摸着你。风里带来些新翻的泥土的气息，混着青草味，还有各种花的香，都在微微润湿的空气里酝酿。鸟儿将窠巢安在繁花嫩叶当中，高兴起来了，呼朋引伴地卖弄清脆的喉咙，唱出宛转的曲子，与轻风流水应和着。牛背上牧童的短笛，这时候也成天在嘹亮地响。

雨是最寻常的，一下就是三两天。可别恼，看，像牛毛，像花针，像细丝，密密地斜织着，人家屋顶上全笼着一层薄烟。树叶子却绿得发亮，小草也青得逼你的眼。傍晚时候，上灯了，一点点黄晕的光，烘托出一片安静而和平的夜。乡下去，小路上，石桥边，撑起伞慢慢走着的人；还有地里工作的农夫，披着蓑，戴着笠的。他们的草屋，稀稀疏疏的在雨里静默着。

天上风筝渐渐多了，地上孩子也多了。城里乡下，家家户户，老老小小，他们也赶趟儿似的，一个个都出来了。舒活舒活筋骨，抖擞抖擞精神，各做各的一份事去。"一年之计在于春"；刚起头儿，有的是工夫，有的是希望。

➢ 春天像刚落地的娃娃，从头到脚都是新的，它生长着。

➢ 春天像小姑娘，花枝招展的，笑着，走着。

➢ 春天像健壮的青年，有铁一般的胳膊和腰脚，他领着我们上前去。

图 3-151 散文综合排版效果

1）设置文本：

- 标题设为隶书、小一号、缩放 200%、加宽 1 磅、居中对齐、茶色段落底纹；
- 正文第 3 段设为楷体、五号、斜体，左右缩进 1 厘米、首行缩进 2 字符，加段落边框。

2）设置首字下沉：

- 正文第 4 段设置为首字下沉 2 行。

3）设置分栏：

- 正文第 5 段分成两栏，带分隔线。

4）插入项目符号：

- 正文第 8、9、10 段都添加项目符号，并且段前段后间距为 0.5 行。

5）插入图片：

- 插入任意一幅剪贴画；
- 设置剪贴画格式为大小缩放 53%，紧密型环绕方式；
- 将剪贴画移至第 6、7 段中。

6）插入页眉：

- 插入页眉，输入文字"散文欣赏"；
- 页眉两端对齐。

7）插入页码：

- 在页面底端中部插入页码，设置页码“数字格式”为“A,B,C…”，设置“起始页码”为“D”。

8）页面设置：

- 将纸张设置成宽 18.8 厘米、高 22 厘米；
- 页边距设置为：上“3 厘米”、下“2.15 厘米”、左“2 厘米”、右“2 厘米”。

9）制作水印：

- 激活页眉页脚编辑状态，插入“朱自清文选”艺术字；
- 艺术字选择适当样式，自由旋转适当角度。

5. 评价与总结

- 根据时间情况让同学主动上台演示课堂实践的部分或全部操作。
- 鼓励多位同学分别总结本案例中某一部分主要知识点，学生或老师补充。

6. 课外延伸

（1）插入封面。为了使文档更加完整，可在文档中插入封面。Word 2010 提供了一个封面样式库，用户可直接使用。

操作步骤：

①将插入点置于文档最开头处，单击“插入→页”组“封面”按钮，在下拉列表中选择一种内置样式，如“瓷砖型”，文档中即可插入封面。

②按需输入相应内容，并调整字体大小及设置文字效果等。

封面制作效果如图 3-152 所示。

图 3-152 封面样例

（2）分节。节是文档格式化基本单位。不同的节可以设置不同的格式（包括页眉或页脚、段落编号或页码等）。在本案例中如果进一步要求：扉页、摘要、目录部分都没有页眉；第 1 章和第 2 章的首页没有页眉，奇数页页眉为章名，偶数页页眉为论文题目；扉页没有页码，摘要和目录的页码格式为“I，Ⅱ，Ⅲ，…”，起始页码为“I”；第 1 章和第 2 章的页码格式为“1，2，3，…”，起始页码为“1”，那么就必须应用分节的功能才能做到。

操作步骤：

①按图 3-153 所示插入“下一页”分节符和分页符，形成扉页、中文摘要、英文摘要、目录、第 1 章、第 2 章这几部分，并分成 4 节。

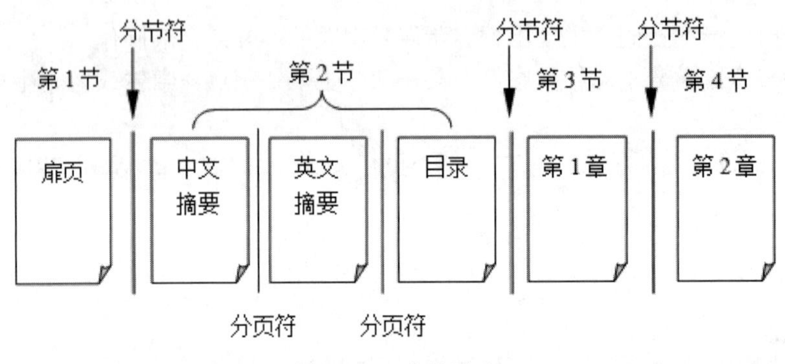

图 3-153　分节图示

②将插入点移至第 3 节页眉，在“页眉和页脚工具|设计→选项”组中勾选“奇偶页不同”和“首页不同”复选框，然后单击“导航”组上的“链接到前一条页眉”按钮，取消“与上一节相同”，使得每一节设置的内容都可以不相同。这时，就可以在第 3 节的偶数页页眉输入论文题目，奇数页页眉输入“第 1 章　绪论”，去掉首页页眉边框。

③同样，设置第 4 节的奇偶页不同和首页不同，取消“与上一节相同”，并输入相应页眉。

④将插入点移至第 2 节页脚，居中，取消“与上一节相同”，插入页码，设置页码格式为“I，Ⅱ，Ⅲ，…”，起始页码为“I”。

⑤同样，设置第 3 节和第 4 节的页码格式为“1，2，3，…”，起始页码为“1”。

在页面视图方式下，分节符默认是不显示的。单击“文件”→“选项”→“显示”命令，选中“显示所有格式标记”复选框，就可以在 Word 文档中显示分节符。或者切换到草稿视图方式下，则会出现一条贯穿页面的分节符虚线，其效果如图 3-154 所示。

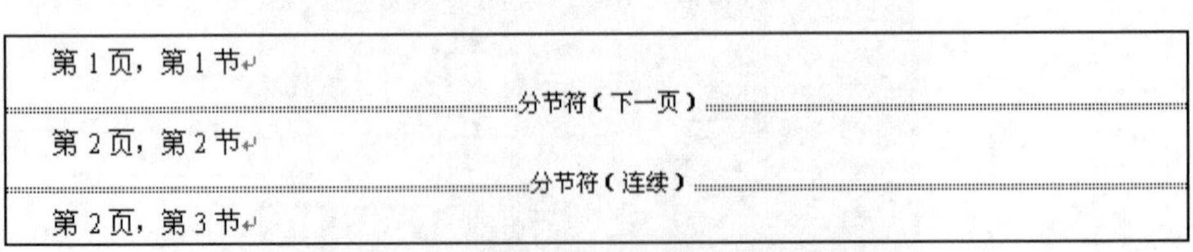

第 1 页，第 1 节↵
分节符（下一页）
第 2 页，第 2 节↵
分节符（连续）
第 2 页，第 3 节↵

图 3-154　“分节符”在草稿视图中呈现的效果

分节后，页码设置与本案例就不一样了，此时可更新目录域，分节的目录如图 3-155 所示。

（3）添加题注。利用题注，可给文档中的表格或图片添动如“表 1-1、表 1-2”或“图 1-1、图 1-2”等的标签，当添加或删除图表时，标签编号可自动更改。

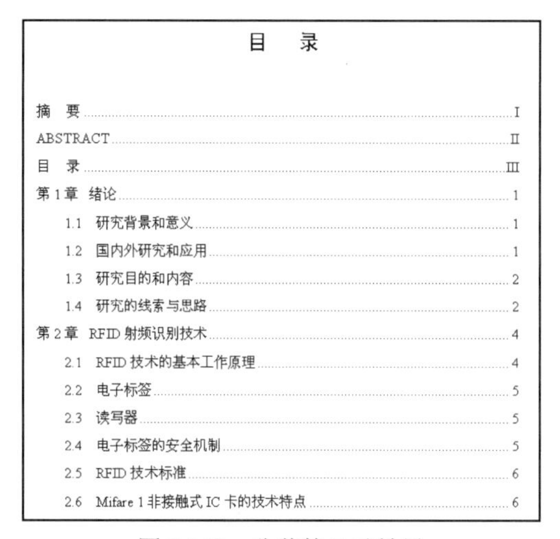

目　录

摘　要 …… I
ABSTRACT …… II
目　录 …… III
第 1 章　绪论 …… 1
1.1　研究背景和意义 …… 1
1.2　国内外研究和应用 …… 1
1.3　研究目的和内容 …… 2
1.4　研究的线索与思路 …… 2
第 2 章　RFID 射频识别技术 …… 4
2.1　RFID 技术的基本工作原理 …… 4
2.2　电子标签 …… 5
2.3　读写器 …… 5
2.4　电子标签的安全机制 …… 5
2.5　RFID 技术标准 …… 6
2.6　Mifare 1 非接触式 IC 卡的技术特点 …… 6

图 3-155　分节的目录效果

要求：在 2.1 节的“RFID 技术……”这段之后插入一个如图 3-156 所示的表格，要求表格插入后，在表格上方会自动插入“表 1-1”的题注。

表 1-1

证件防伪	如身份证、学生证、电子护照等
票务防伪	如 RFID 火车票、电子机票、景点门票等
产品防伪	如药品、烟酒、服装等产品的防伪
其他应用	如 DVD 防盗版、军车号牌防伪等

图 3-156　题注样例

操作步骤：

①单击“引用→题注”组“插入题注”按钮，打开“题注”对话框，单击“自动插入题注”按钮，打开“自动插入题注”对话框，勾选 Microsoft Word 表格，单击“新建标签”按钮，打开“新建标签”对话框，输入“表 1-”标签，单击“确定”按钮后回到“自动插入题注”对话框，选择使用标签“表 1-”，位置为“项目上方”，如图 3-157 所示，最后单击“确定”按钮。

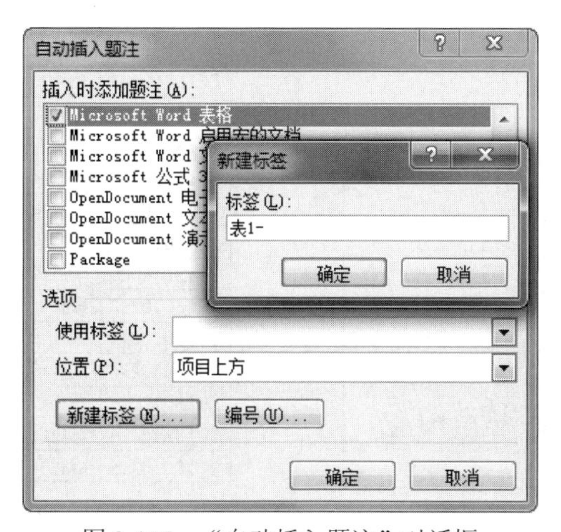

图 3-157　“自动插入题注”对话框

②在文档中插入表格，此时表格上方会自动插入“表 1-1”标签。

技巧：如果更新少量题注，可选择题注的编号，右击，选择“更新域”。如果要批量更新题注，单击“打印预览和打印”按钮，Word 会自动更新文档中的所有域；或者按 Ctrl+A 组合键全选文档，然后按 F9 键更新文档即可。

（4）课外练习。

①在 1.2.1 小节的“药品防伪……”这段之后插入一个如图 3-158 所示的表格，要求表格插入后，在表格上方会自动插入“表 1-2”的题注。

表 1-2

电子护照	是国际 RFID 防伪应用的最大领域
药品防伪	是国际 RFID 防伪应用的新兴领域

图 3-158　表格样例

②在第 2 章的 RFID 系统的工作原理图的下方插入“图 2-1”的题注。

任务七　邮件合并的应用

邮件合并用于创建信函、信封、邮件地址标签等各种批量套用的文档，如批量打印录取通知书、准考证、工作证，批量打印信封、请柬、工资条，批量打印学生成绩单、获奖证书等。这些文档的主要内容、格式都相同，只是具体数据有变化。使用 Word 的邮件合并功能可减少大量重复工作。

案例 7　批量制作录取通知书

学校招生办小林要给录取的学生批量制作录取通知书，通知书的主要内容如图 3-159 所示，而学生的录取信息（准考证号、姓名、录取专业等）则放在另一文件中，如图 3-160 所示。要求将录取信息一一对应插入通知书相应位置。

录取通知书

准考证号：____________

__________同学：

您已被我校录取________________专业的学员。请持本通知、身份证，于 2018 年 9 月 1 日，到我校办理入学手续。

图 3-159　录取通知书内容

准考证号	姓名	录取专业
2018010201	蔡腾达	计算机应用技术
2018010202	陈惠娟	计算机应用技术
2018010203	成姚龙	计算机应用技术
2018010204	方兴	自动控制
2018010205	高月利	自动控制
2018010206	古永武	自动控制
2018010207	江金华	机械一体化
2018010208	李广华	机械一体化
2018010209	李鸿华	机械一体化
2018010210	廖芹	电子商务
2018010211	刘升	电子商务
2018010212	刘小翠	电子商务
2018010213	阚海和	国际贸易
2018010214	沈建昆	国际贸易
2018010215	舒礼清	国际贸易

图 3-160　学生录取信息

1. 案例分析

本案例主要涉及邮件合并功能。利用“邮件”功能选项卡中的工具按钮可以完成本案例的制作。

2. 相关知识点

邮件合并是通过合并一个主文档和一个数据源来实现的。主文档包含文档中固定不变的正文内容，如图 3-159 所示。数据源包含文档中要变化的内容，如图 3-160 所示。可以直接利用 Word 建立一个仅有表格的文档保存后作为数据源文件使用，也可以来自 Access、Excel 或 Visual FoxPro 等程序。

使用“邮件”功能选项卡（如图 3-161 所示），通过创建主文档、创建数据源、插入合并域、合并四步就可完成邮件合并功能。

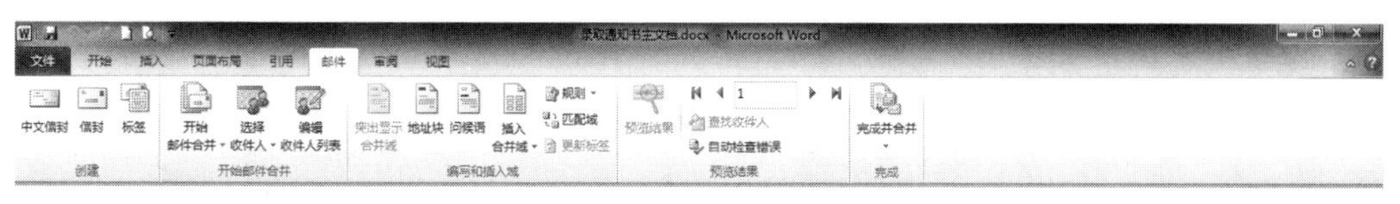

图 3-161　“邮件”功能选项卡

3. 实现方法

扫码看视频

（1）创建主文档。

操作步骤：

①打开一个现有的文档或建立一个新文档并输入固定不变的内容。此例是打开文件“录取通知书主文档.docx”作为主文档。

②单击“邮件→开始邮件合并”组“开始邮件合并”命令按钮，在下拉列表中选择主文档类型，如图 3-162 所示。此例可选择“普通 Word 文档”。

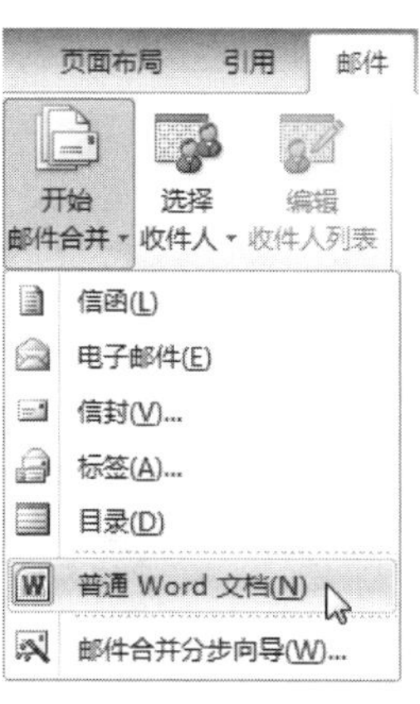

图 3-162　主文档类型

（2）创建数据源。

方法 1：使用 Word 文档作为数据源。

操作步骤：

①新建一个 Word 文档，创建表格后输入标题和内容，如图 3-163 所示。该文档只能包含一个表格。为操作方便，在配套练习资料中已有“录取信息表 1.docx”文件可作为数据源文件。

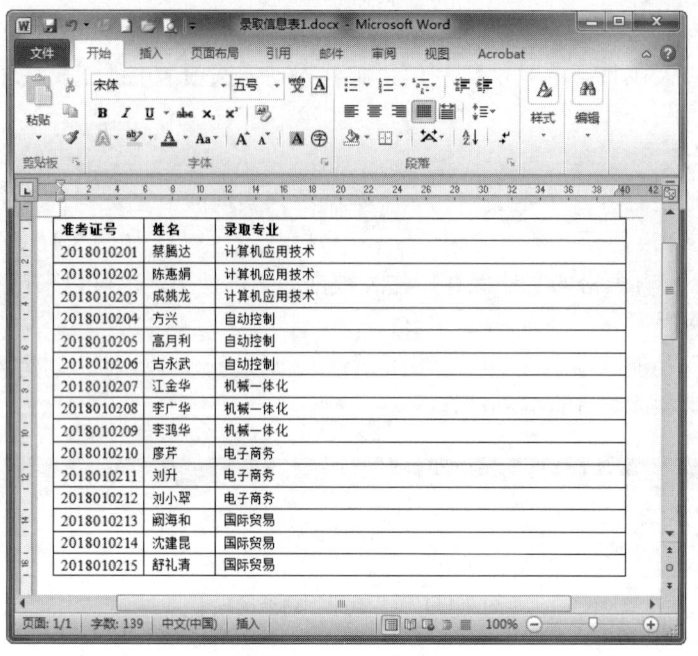

准考证号	姓名	录取专业
2018010201	蔡腾达	计算机应用技术
2018010202	陈惠娟	计算机应用技术
2018010203	成姚龙	计算机应用技术
2018010204	方兴	自动控制
2018010205	高月利	自动控制
2018010206	古永武	自动控制
2018010207	江金华	机械一体化
2018010208	李广华	机械一体化
2018010209	李鸿华	机械一体化
2018010210	廖芹	电子商务
2018010211	刘升	电子商务
2018010212	刘小翠	电子商务
2018010213	阚海和	国际贸易
2018010214	沈建昆	国际贸易
2018010215	舒礼清	国际贸易

图 3-163　录取信息表

②单击“邮件→开始邮件合并”组“选择收件人”按钮，在下拉列表中选择“使用现有列表”命令，打开“选取数据源”对话框，选择“录取信息表 1.docx”文件即可。

这时“邮件”功能选项卡的大部分按钮被激活。

方法 2：使用 Excel 文档作为数据源。

操作步骤：

①新建一个 Excel 文档，在单元格中输入内容，如图 3-164 所示。为操作方便，在配套练习资料中已有“录取信息表 2.xlsx”文件可作为数据源文件。

准考证号	姓名	录取专业
2018010201	蔡腾达	计算机应用技术
2018010202	陈惠娟	计算机应用技术
2018010203	成姚龙	计算机应用技术
2018010204	方兴	自动控制
2018010205	高月利	自动控制
2018010206	古永武	自动控制
2018010207	江金华	机械一体化
2018010208	李广华	机械一体化
2018010209	李鸿华	机械一体化
2018010210	廖芹	电子商务
2018010211	刘升	电子商务
2018010212	刘小翠	电子商务
2018010213	阚海和	国际贸易
2018010214	沈建昆	国际贸易
2018010215	舒礼清	国际贸易

图 3-164　Excel 数据源

②单击“邮件→开始邮件合并”组“选择收件人”按钮，在下拉列表中选择“使用现有列表”命令，打开“选取数据源”对话框，选择“录取信息表2.xlsx”文件后会打开如图3-165所示的“选择表格”对话框，选择数据所在工作表“Sheet1$”，最后单击“确定”按钮。

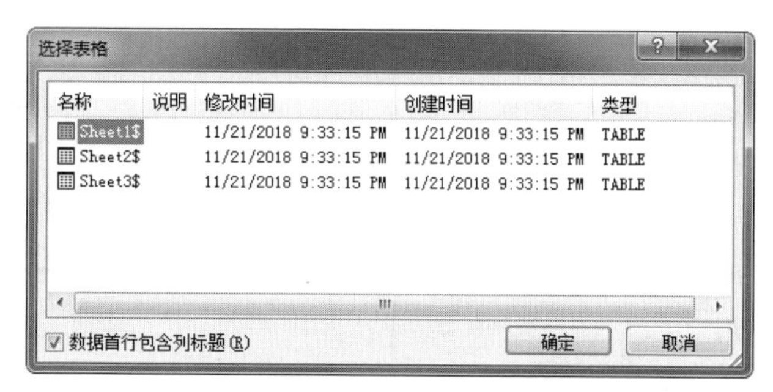

图3-165 “选择表格”对话框

（3）插入合并域。

操作步骤：在主文档中，将插入点移到需要插入可变内容（即“域”）的地方，单击“邮件→编写和插入域”组“插入合并域”按钮，在下拉列表中选择合适的域，如“准考证号”即可。

重复操作，把所有需要的“域”插入到主文档相应的位置，结果如图3-166所示。

（4）把数据合并到主文档。

操作步骤：单击“邮件→完成”组“完成并合并”按钮，在下拉列表中选择“编辑单个文档”命令，打开如图3-167所示的“合并到新文档”对话框，选择“全部”，单击“确定”按钮后，即可将两个文件合并，并且以新文档出现，如图3-168所示。

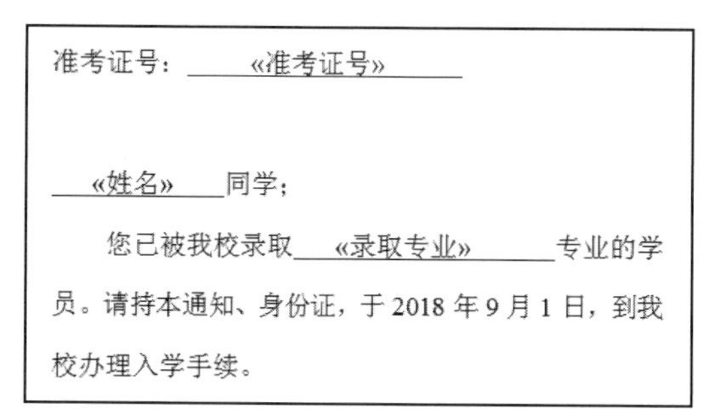
准考证号：«准考证号»

«姓名»同学：

您已被我校录取«录取专业»专业的学员。请持本通知、身份证，于2018年9月1日，到我校办理入学手续。

图3-166 插入“合并域”后的文档

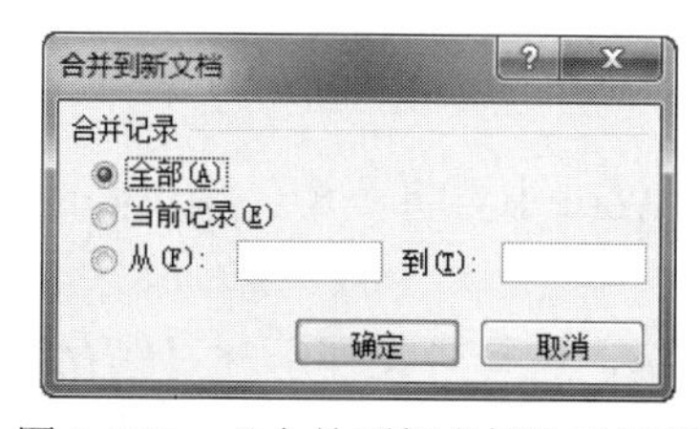

图3-167 “合并到新文档”对话框

4. 课堂实践

（1）实践本案例。

（2）打开文件“成绩通知单.docx”，以该文档为主文档，以“姓名和成绩.docx”为数据源，进行邮件合并，把生成的新文档以“邮件合并成绩通知单.docx”为文件名存盘。

（3）打开“求职函.docx”文档，以该文档为主文档，以“求职信息.docx”为数据源，进行邮件合并，把生成的新文档以“邮件合并求职函.docx”为文件名存盘。

5. 评价与总结

- 根据时间情况让同学主动上台演示课堂实践的部分或全部操作。
- 鼓励多位同学分别总结本案例中某一部分主要知识点，学生或老师补充。

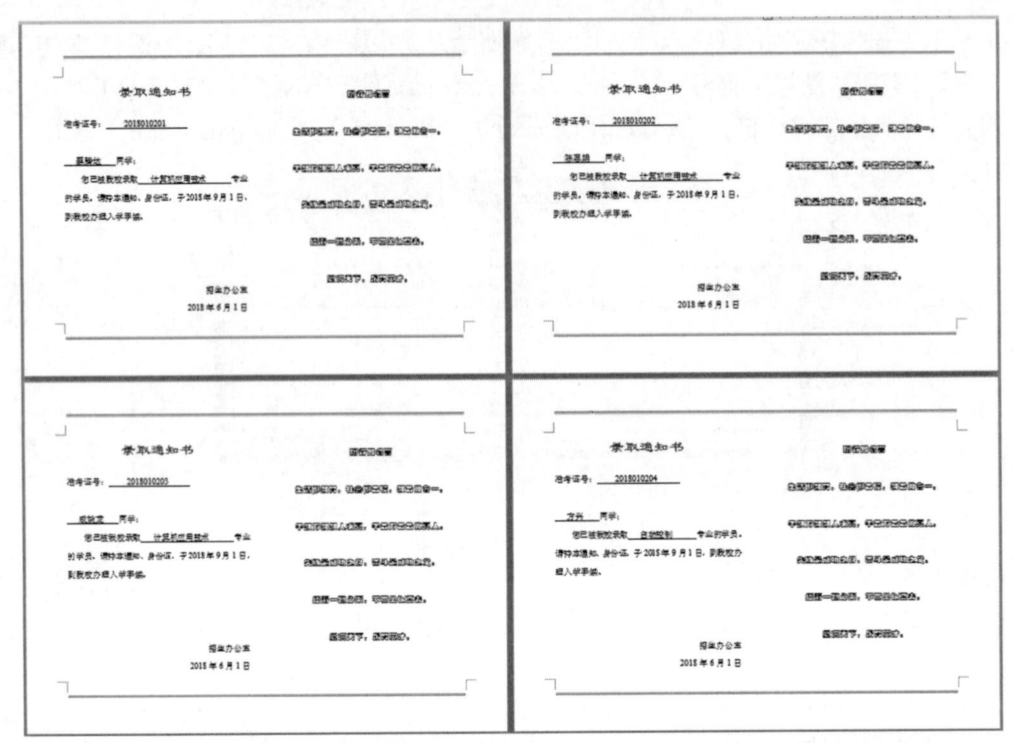

图 3-168　邮件合并样例

6. 课外延伸

上网搜索资料尝试批量制作工作证。

思考与练习

一、单选题

1. Word 中要将一个已编辑好的文档保存到当前目录外的另一指定目录中，正确操作步骤是（　　）。

A. 选择“文件”→“保存”，让系统自动保存

B. 选择“文件”→“另存为”，再在“另存为”文件对话框中选择目录保存

C. 选择“文件”→“关闭”，让系统自动保存

D. 选择“文件”→“退出”，让系统自动保存

2. Word 中在输入文本时，按（　　）组合键可以切换全/半角输入状态。

A. Shift+Space　　B. Ctrl+Space　　C. Tab+Space　　D. Alt+Space

3. Word 编辑状态下，利用（　　）可快捷、直接地调整文档的左右边界。

A. 格式栏　　B. 工具栏　　C. 菜单　　D. 标尺

4. 在 Word 文档中含有页眉、页脚、图形等复杂格式内容时，必须采用（　　）方式进行显示。

A. 页面视图　　B. 大纲视图　　C. 草稿视图　　D. Web 版式

5．在 Word 编辑文档时，英文单词下面有红色波浪下划线表示（　　）。

A．可能是拼写错误　　B．可能是语法错误

C．对输入的确认　　D．已修改过的文档

6．在 Word 中输入文本时，如果当前行没有足够的空间容纳正在输入的文字，那么，当输到行尾时，应该（　　）。

A．将鼠标移到下一行双击鼠标左键，继续输入

B．按回车键，继续输入

C．将鼠标移到下一行单击鼠标左键，继续输入

D．继续输入

7．在 Word 编辑文档时，选择某一段文字后，把鼠标指针置于选中文本的任一位置，按鼠标左键拖到另一位置上才放开鼠标。那么，刚才的操作是（　　）。

A．删除文本　　B．替换文本　　C．移动文本　　D．复制文本

8．Word 中要对表格中的数据进行计算，应选择的主选项卡是（　　）。

A．“页面布局”　　B．“开始”　　C．“插入”　　D．“表格工具”

9．Word 表格中的“表格属性”对话框设置不涉及（　　）。

A．表格、行、列和单元格的尺寸　　B．边框和底纹的设置

C．单元格垂直对齐方式　　D．表格样式的设置

10．在 Word 表格中，若光标位于表格外右侧行尾处，按 Enter 键，结果将（　　）。

A．光标移到下一列　　B．光标移到下一行，表格行数不变

C．插入一行，表格行数改变　　D．在本单元格内换行，表格行数不变

11．Word 表格中合并单元格的正确操作是（　　）。

A．选中要合并的单元格，按 Enter 键

B．选中要合并的单元格，按 Space 键

C．选中要合并的单元格，选择“页面布局→合并单元格”

D．选中要合并的单元格，选择“表格工具|布局→合并单元格”

12．若要在 Word 文档中插入页眉和页脚，应当使用（　　）。

A．“开始”选项卡　　B．“插入”选项卡

C．“页面布局”选项卡　　D．“视图”选项卡

13．在 Word 编辑状态下，将鼠标指针移到某行左端文档选定区，鼠标指针变成“箭头”形状时，单击鼠标左键，则（　　）。

A．该行被选定　　B．该行的下一行被选定

C．该行所在的段落被选定　　D．全文被选定

14．在 Word 中，选定某行内容后，用鼠标拖动方法复制选定文本时，应同时按住（　　）。

A．Esc 键　　B．Ctrl 键　　C．Alt 键　　D．不做操作

15．Word 中清除已设置的多个“制表位”的正确操作是（　　）。

A．在“制表位”对话框中单击“清除”，再单击“取消”按钮

B．在“制表位”对话框中单击“全部清除”，再单击“确定”按钮

C．在“制表位”对话框中单击“全部清除”，再单击“取消”按钮

D．在“制表位”对话框中单击“清除”，再单击“确定”按钮

16．某公司要发出大量内容相同的信，仅仅是信中的称呼不同，为了不做重复编辑工作，快速完成各封信件的制作，可以利用以下 Word 的（　　）功能。

A．邮件合并　　B．书签　　C．模板　　D．复制

17．在 Word 文档中插入图片后不可以进行的操作是（　　）。

A．删除　　B．编辑　　C．剪裁　　D．缩放

18．在 Word 中，下列关于模板的说法中正确的是（　　）。

A．在 Word 中，文档都不是以模板为基础的

B．模板的扩展名是.txt

C．模板不可以创建

D．模板是一种特殊的文档，它决定着文档的基本结构和样式，可作为其他同类文档的模型

19．设定打印纸张大小时，应当使用的命令是（　　）。

A．“开始”选项卡中的“纸张大小”命令

B．“文件”选项卡中的“打印”命令

C．“页面布局”选项卡中的“纸张大小”命令

D．“视图”选项卡中的“页宽”命令

20．在 Word 中，如果要将文档中的某一个词组全部替换为新词组，应（　　）。

A．选择“开始”→“替换”命令　B．选择“插入”→“替换”命令

C．选择“开始”→“样式”命令　D．选择“开始”→“选择”命令

二、实操题

1．查找与替换。打开 We-1.docx 文档，将文档中的段落标记全部去掉，连成一段并存盘。

2．制作个人简历，要求图文并茂，使用不少于 10 种文本及对象的格式设置，版面设计要美观、大方，有良好的视觉效果，适当使用表格（如描述家庭成员、小学以后的就学、获奖情况等），并保存为 We-2.docx。

3．选择教科书的一页进行模仿排版（包括输入文本、屏幕截取图片、表格等），做到与教科书的排版效果一致，并保存为 We-3.docx。

4．打开 We-4.docx 文档，将该文档中表格转换为普通文本，分隔时用“#”。

5．在 Word 中建立如图 3-169 所示的表格，并保存为 We-5.docx。

城市名称	气温		天气情况	
	最低℃	最高℃	日间	夜间
广州	7	16	大致晴天	大致晴天
花都	7	16	多云间少云	多云间少云
番禺	8	16	多云为主	多云为主
从化	6	15	多云间少云	多云间少云
增城	7	15	多云为主	多云为主

图 3-169　表格制作样例

第 4 单元　Excel 2010 使用技巧

学习目标

- 会定制想要的个性窗口界面
- 会对数据表进行数据有效性设置
- 会利用相关函数对数据表中数据进行统计计算
- 会对数据清单中的数据进行排序、筛选及分类汇总
- 会根据数据清单中的数据创始透视表、透视图及绘制图表
- 会对数据清单中的数据进行带有附加条件统计和模拟分析

任务一　学生成绩录入与数据有效性控制

在录入含有大量数据记录的过程中，不可避免地出现录入错误的现象。为了尽可能地减少录入错误，可对数据表单元格区域设置有效性校验条件，一旦出现录入错误，系统会自动提示，以便修改。为了方便操作，将自己最常用命令添加到快速访问工具栏中，即定制自己的快速访问工具栏。

案例 1　数据填充与数据有效性设置

教务员小张经常要录入该系的各门课程的成绩单，为了快速录入且减少错误，小张想到利用数据填充和数据有效性等工具来实现他的要求。为了操作方便，准备将自己最常用命令添加到快速访问工具栏中。请打开“学生成绩表.xlsx”，根据小张的要求进行如下设置：

（1）将新建、打印预览和打印、窗口切换等最常用的按钮添加到快速访问工具栏中；

（2）序号从 1 自动填充到 21；

（3）学号列从 2018030302301 填充到 20180303023021；

（4）在性别列 D2:D22 区域设置数据有效性，要求：当用户选中“性别”列除标题外的任一单元格时，在其右侧显示一个下拉列表箭头，并提供“男”和“女”的选择项供用户选择；

（5）设置课程列数据的有效性，要求：当光标定位于相应列的单元格时，显示输入信息：标题“成绩”“请输入 0～100 之间有效成绩”。当用户输入数据不在指定的范围内，系统自动弹出错误对话框，错误信息“成绩必须在 0～100 之间”“停止”样式，错误对话框的标题为“错误”。

1. 案例分析

案例中（1）的要求可以通过“Excel 选项”对话框中的“快速访问工具栏”的命令来实现，（2）、（3）的要求可以通过自动填充或手动填充来实现；（4）的要求可以通过“数据”选项卡的“数据工具”组中的“有效性”命令来实现。

2. 相关知识点

（1）Excel 2010 窗口界面。

Miscosoft Excel 2010 与 Miscosoft Excel 2003 的窗口界面有着很大的区别，在 Excel 2010 窗口界面中没有了 Excel 2003 窗口中的工具栏和菜单栏，窗口中只有“文件”“开始”“插入”“页面布局”“公式”“公式”“数据”“审阅”“视图”“加载项”几个功能选项卡。常用的功能按扭分别分布在这几个选项卡的功能区面板中。有时在进行如插入“艺术字”“图片”“图表”“页码”等操作时，还会出现上下文选择卡，当退出对这些对象操作时，上下文选项卡随之退出显示，如图 4-1 所示。单击某个选项卡，就会出现若干相关的命令组，每一个命令组由若干个相关的命令组成。如单击“开始”选项卡，可以看到开始选项功能面板由“剪贴板”“字体”“对齐方式”“数字”“格式”“单元格”“编辑”几个命令组组成。Excel 2010 增加了对命令（组）按钮的提示功能，当鼠标指向命令按钮时，就会弹出一个提示信息框，包括命令按钮的名称、快捷键、功能等，有的命令组右下角还有一个扩展按钮，当单击扩展按钮时，会弹出对话框，方便更一步操作。

图 4-1　Excel 窗口界面

提示：功能区可以最小化或展开，见图 4-1 所示的右上角？号左侧的向下或向上箭头按钮，单击箭头按钮可实现功能区的展开或最小化，快捷键是 Ctrl+F1。

（2）工作簿、工作表、单元格（单元格区域）。

Excel 2010 文档称为 Excel 工作簿，其扩展名是“.xlsx”，每一个工作簿可包含多张工作表。工作表默认的标签名称是 Sheet1、Sheet2、Sheet3 等。每张工作表有 16384（2^{14}）列、1048576（2^{20}）行，列号用字母 A、B……标识，行号用序号 1、2……标识，按 Ctrl+Shift+↓（→）组合键便知最大行数与列数。单元格地址用列号加行号表示，如 A1、A2 等。连续单元格组成的矩形区域用“左上角单元格地址:右下角单元格地址”表示。如 A1:D100 表示从 A1 单元格到

D100 单元格之间的矩形区域。

提示：表标签字体大小的修改，由于这些元素是由操作系统设定的，所以要到 Windows 7 系统中去修改。右击桌面空白处，选择“个性化”→“显示”→“设置自定义文本大小（DPI：每英寸点数）”，在“自定义 DPI 设置”对话框中来用鼠标拖动标尺来决定缩放为正常大小的百分比，单击“应用”。

（3）文本型数值数据的输入。在中文 Excel 中，文本是指当作字符串处理的数据。对于不参与运算的数值型数据有时必须把它们作为文本型数据处理，否则可能显示不正确或造成某些数据位的丢失。如身份证号（若作为数值型数据处理，身份证右边几位数将作 0 处理）、课程代码 06040701（若作为数值型数据左面的 0 将丢失）等。在输入这些作为文本的数字型数据时，应先输入英文单引号“'”，再输入数字串。但最方便的方法还是在录入数值型文本数值之前，先将这一列（行）设置为文本格式，这样就不需要每一次都要在数值前加英文单引号了。

当单元格内的数据比较长而列宽有限时，而右边单元格又有数据时会造成单元格内的数据不能全部显示或打印，为此，可单击“开始”选项卡的“对齐方式”组中“自动换行”按钮实现数据自动换行以便数据多行显示可见；也可以按 Alt+Enter 组合键实现单元格内人工换行。

（4）数据填充。对于工作表中同行或同列数据有规律时，可以使用填充功能快速输入数据。单击“开始”选项卡“编辑”命令组中的“填充”→“向下（上）填充、向右（左）填充”命令，实现数据快速复制；单击“填充”→“系列”命令，根据需要可在“序列”对话框选择“等差序列”“等比序列”“日期”之一进行数据填充。对于日期选项，还可按“年”“月”“日”“工作日”进行数据填充，如图 4-2 所示。

（5）数据的有效性。对某单元格区域预先设置好数据有效性条件，一旦用户输入数据不符合有效性条件时，系统会自动弹出错误信息对话框，以提示用户修改输入数据，这样可尽可能减少人工输入错误。

单击“数据”选项卡的“数据工具”命令组中的“数据有效性”→“数据有效性”命令，弹出“数据有效性”对话框，如图 4-3 所示。在“设置”选项卡的“有效性条件”选项中，在“允许”下拉列表中，选择其中一项进行设置。如允许“整数”可设置整数范围；选择“序列”可定义数据序列；选择“自定义”选项可自定义数据应满足条件。

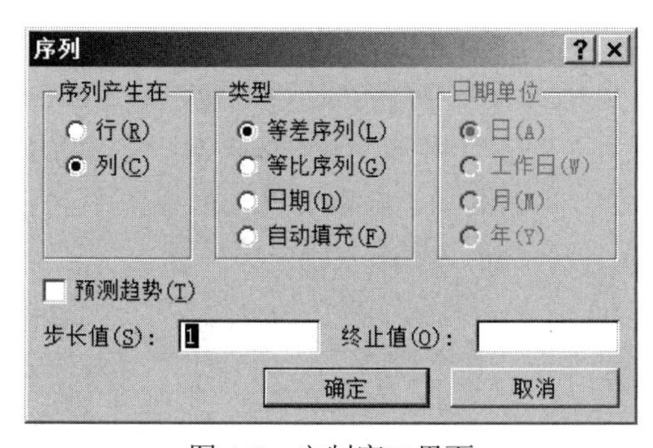

图 4-2　定制窗口界面

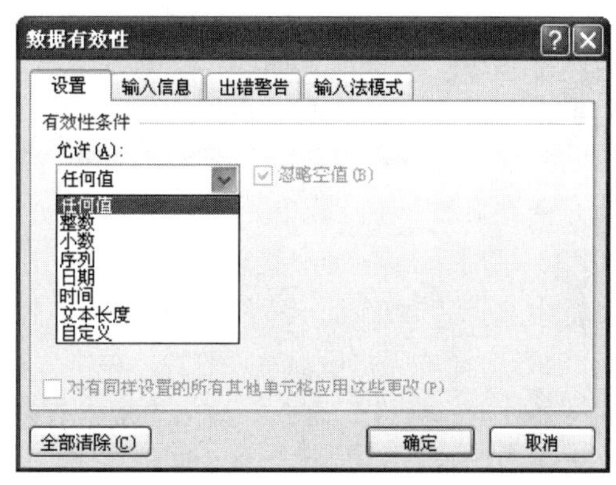

图 4-3　数据有效性

3. 实现方法

（1）在如图 4-1 所示的快速访问工具栏中，单击“自定义快速访问工具栏”按钮，在弹出的菜单中单击“新建”“打印预览和打印”命令，使它们处于勾选状态，这时我们就可以看到快速访问工具栏中多出了“新建”“打印预览和打印”两个按钮。

单击“文件”→“选项”命令，弹出“Excel 选项”对话框，单击左窗格中的“快速访问工具栏”命令项，在自定义快速访问工具栏窗格的“从下列位置选择命令”列表框中选择“所有命令”，将“窗口切换”等最常用命令添加到“自定义快速访问工具栏”列表中，单击“确定”按钮即可，如图 4-4 所示。

图 4-4　Excel 选项

（2）打开“学生成绩表.xlsx”文件，在“成绩表”工作表的 A2 中输入 1，选择单元格区域 A2:A22，在“开始”选项卡的编辑组中，单击“填充”→“序列”命令，在“序列”对话框的“步长值”文本框中输入 1，单击“确定”。

最便捷方法：按住 Ctrl 键同时拖动 A2 右下角的填充柄到 A22 即可。

（3）在单元格 B2 中，直接输入数据“2018030302301”，按住 Ctrl 键同时拖动 B2 右下角的填充柄到 B22 即可。若单元格数据显示为“2.01E+12”，是因数据太大而以指数形式显示（2.01×10^{12}）。这时只需在右击菜单的“设置单元格格式”对话框的“数字”选项卡中，在“分类”列表框中选择“数值”，设置“小数位为零”，如图 4-5 所示，单击“确定”按钮。

（4）选择单元格区域 D2:D22，单击“数据”选项卡“数据工具”命令组中的“数据有效性”→“数据有效性”命令，弹出“数据有效性”对话框，在“设置”选项卡的“有效性条件”框之“允许”下拉列表中选择“序列”，在“来源”框中输入“男,女”（逗号必须是英文状态的逗号“,”），同时选中“忽略空值”和“提供下拉箭头”选项，设置如图 4-6 所示，单击“确定”。

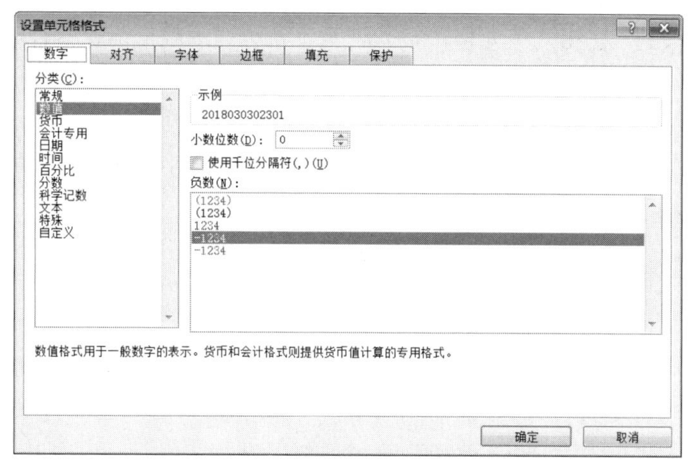

图 4-5　“数字”选项卡

图 4-6　有效性设置

（5）选择数据区域 E2:I22，在如图 4-6 所示“数据有效性”对话框中的“允许”下拉列表中选择“整数或小数”，在“数据”下拉列表中选择“介于”，在“最小值”框中输入 0，在最大值框中输入 100；在“输入信息”选项卡中，“标题”框中输入“成绩”，在“输入信息”框中输入“请输入 0～100 之间有效成绩”，如图 4-7 所示；在“出错警告”选项卡中，“标题”框中输入“错误”，在“错误信息”框中输入“成绩必须在 0～100 之间”，“样式”列表中选“停止”，单击“确定”。单击“全部清除”可以清除上述对数据的有效性限制。

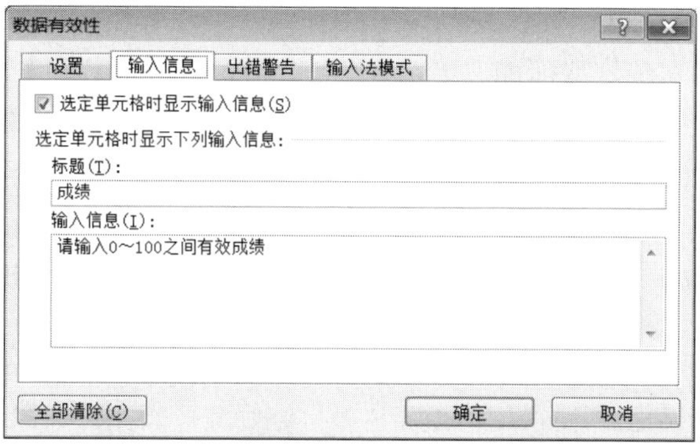

图 4-7　成绩有效性

将光标移到相关列，在相关单元格中输入任意不符合要求的值，观察有效性设置是否有效。

4. 课堂实践

（1）打开“填充.xlsx”文件，按下列要求完成相应的操作：

①在“身份证号”列输入你的身份证号码，观察作为文本和作为数值有何不同；

②学号按末位递增1向下填充；

③“入学日期”列按月递增1向下填充；

④“高级班入学日期”按年份递增向下填充；

⑤“入学成绩”按预测趋势向下填充；

⑥将“姓名”列中十位同学添加到（导入）自定义序中，删除后9位同学，向下拖动A2单元格的填充柄，能否填充？

提示：单击“文件”→“Excel选项”→“高级”→“常规”→“创建用于排序和填充序列的列表”→“编辑自定义列表”按钮，打开“自定义序列”对话框，在该对话框中添加或导入自定义序列。

⑦在“数据有效性”工作表中，在“职务”列设置数据有效性条件，当鼠标选择该列的任一单元格时，在其右侧显示一个下拉列表框箭头，并提供“处长”“科长”“科员”列表选项供用户选择。

（2）实践案例1。

5. 评价与总结

- 老师鼓励同学（一般2位一起）主动上台演示部分或全部操作，增强学生学习的成就感。必要时老师点评。
- 鼓励同学总结本案例相关知识点，学生或老师补充。

6. 课外延伸

在“数据有效性”对话框“设置”选项卡“允许”列表框中选择“自定义”选项，如何实现案例1中的有效性要求？试试看！（提示：用到逻辑函数and及or）

技巧：

- 在如图4-4所示的Excel对话框的“高级”面板中，可以启用填充柄和单元格的拖放功能，在“编辑”选项中选中或清除“启用填充柄和单元格拖放功能”复选框。在这里还可设置回车后光标移动方向。
- 利用如图4-4所示的Excel对话框“自定义功能区”面板，可以添加或去掉主选项卡的选项，还可以创建自定义选项卡及工作组，向工作组中添加命令。
- 输入分数时，应在分数前加“0”和一个空格，这样可以区别于日期。例如输入“0□1/3”表示分数“1/3”。在输入“二又三分之一”时，输入“2　1/3”即可。
- 如果要输入当天的日期，可按Ctrl+;组合键，如果要输入当前时间，可按Ctrl+Shift+;组合键。
- 右击任一单元格，单击“设置单元格格式”命令，在“设置单元格格式”对话框中，可以很方便地设置单元格的各种格式，而无需到功能区去找各种按钮。
- 删除数据表中的重复数据行。步骤：选择整个数据区域，单击“插入→表格”组“表格”按钮，打开“创建表”对话框，勾选“表包含标题”，单击“确定”，单击“删除重复项”按钮，在“删除重复项”对话框中，选择一个或多个包含重复值的列，单击“确定”。

将上述表格转换为普通单元格区域：选择表区域，单击“转换为区域”按钮，单击“确定”。这样就将上述刚创建的表转换为普通工作表区域了。

任务二　学生成绩表的统计与分析

教师在所教课程教学结束时，通常都要对教学进行评价，对学生的平时考查成绩、期末成绩、平时表现分数等进行统计计算，最后给每一位同学一个最终成绩或等级。这些烦琐的工作其实利用 Excel 函数计算就很容易搞定了。

案例 2　成绩计算与统计

辅导员小张要对所带班级学生的学习情况进行摸底，为下学期初奖学金评定做准备工作。打开“成绩计算.xlsx”文件，根据以下要求进行各种统计计算：

（1）在“总分”列中计算每个同学所学课程的总分；

（2）在“平均成绩”行，统计每门课程的平均分；

（3）在单元格 E25、E26 中统计男生人数和女生人数；

（4）在“总评 A”列中，根据总分给每一位同学评定一个等级，标准是：总分在 350 分以上（包括 350 分）为“合格”，总分在 350 分以下“不合格”；

（5）在“总评 B”列中，评定等级标准是：总分在 390 分以上（包括 390 分）为“A”，总分在 350 分以下“C”，总分大于等于 350 且小于 390，等级为“B”；

（6）在单元格 E27、E28 中分别统计男生高数总分及女生高数总分，并验证“高数总分=男生高数总分+女生高数总分”是否成立。

1．案例分析

Excel 2010 提供大量的系统函数，给人们计算带来了极大方便。利用 SUM()及 AVERAGE()函数可以完成（1）、（2）中的任务；函数 COUNT()与 COUNTIF()可以进行计数和有条件的计数；IF()函数可以进行逻辑判断，根据判定不同的结果从而返回不同的值；SUMIF()函数可以进行有条件的求和，如（6）中的要求。

2．相关知识点

Excel 2010 提供了大量的系统函数，功能非常丰富。按照其功能来划分主要有统计函数、日期与时间函数、数学与三角函数、财务函数、逻辑函数、文本函数、数据库函数等。在输入函数或公式时，必须以“=”开头，输入函数的一般格式为：

=函数名(参数 1,参数 2,…)

（1）常用函数。

①SUM(number1,number2,...)，返回参数之和。

其中：Number1,number2,...为 1 到 30 个需要求和的参数，可以是数字、逻辑值及数字的文本表达式或数组。

如=SUM(1,3,5)；=SUM(1,A2:D10,TRUE)等。

②AVERAGE(number1,number2,...)，返回参数的平均值。

其中：Number1,number2,...可以是数字，或者是包含数字的名称、数组或引用。

如=AVERAGE(A1:D10,5)。

③COUNT(value1,value2,...)，返回包含数字以及包含参数列表中的数字的单元格的个数，其中 value1,value2,...为包含或引用各种类型数据的参数（1 到 30 个）。

说明：只有数字类型的数据才被计算。如=COUNT(1,3,"abc")返回函数值 2。

④COUNTA(value1,value2,...)，返回参数列表中非空值的单元格个数。

⑤COUNTIF(range,criteria)，返回区域中满足给定条件的单元格的个数，其中：range 是统计的单元格区域；criteria 为确定哪些单元格将被计算在内的条件。其形式可以为数字、表达式或文本。例如，条件可以表示为 32、"32"、">32"或"apples"等。

⑥SUMIF(range,criteria,sum_range)，返回满足条件的若干单元格的和，其中：range 为用于条件判断的单元格区域；criteria 为确定哪些单元格将被相加求和的条件；sum_range 是需要求和的实际单元格（区域）。

（2）常用数学函数。

①ROUND(number,num_digits)，返回某个按指定位数进行四舍五入后的数字。

其中：number 是要进行四舍五入的数字，num_digits 是指定的位数，按此位数进行四舍五入。

如：=ROUND(12.75,1)对 12.75 四舍五入保留一位小数，返回值 12.8；=ROUND(12.75,-1)返回值 10；=ROUND(12.75,0)返回值 13。

②TRUNC(number,num_digits)，返回某个按指定位数截取后的数字，其中：number 是需要截取的数字，num_digits 是指定的位数，按此位数进行截取。num_digits 的默认值为 0，则返回截断小数位后的整数。

如=TRUNC(12.6)返回值 12；=TRUNC(-12.6)返回值-12。

③RAND()，返回大于等于 0 及小于 1 的均匀分布随机数，每次重新计算时都将返回一个新的数值。随机抽题、抽奖等可能用到此函数。

如=RAND()，返回介于 0 到 1 之间的一个随机数（变量）；=RAND()*100+100，返回大于等于 100 但小于 200 的一个随机数（变量）。

常用统计和数学函数还有最大值函数 MAX，最小值函数 MIN，取整函数 INT、平方根函数 SQRT、绝对值函数 ABS、幂函数 POWER 等，详细请参考 Excel 帮助中的相关实例（在 Excel 中，按 F1 键后在“搜索”框中输入关键字，按回车键即可）。

（3）逻辑函数。

①IF(logical_test,value_if_true,value_if_false)

执行真假值判断，根据逻辑计算的真假值，返回不同结果。其中：

logical_test 表示计算结果为 TRUE 或 FALSE 的任意值或表达式；

Value_if_true 是 logical_test 为 TRUE 时返回的值，Value_if_false 是 logical_test 为 FALSE 时返回的值。

如=if(5>3,"Y","N")返回 Y，而=if(5>30, "Y","N")返回 N。

②AND(logical1,logical2,...)

所有参数的逻辑值为真时，返回 TRUE；只要有一个参数的逻辑值为假，即返回 FALSE。

如=AND(5>3,100>50)返回 TRUE，而公式=AND(5>3,100>500)返回 FALSE。

③OR(logical1,logical2,...)

所有参数的计算值均为 FALSE 时，才返回 FALSE；只要有一个参数的逻辑值为真时，即返回 TRUE。如公式=OR(5>3,100>500)返回 TRUE，公式=OR(5>30,100>500)返回 FALSE。

（4）时间日期函数。

①NOW()

返回当前日期和时间所对应的序列号或日期时间数据（与单元格格式有关）。如=NOW()。

说明：Microsoft Excel 可将日期存储为可用于计算的序列号。默认情况下，1900 年 1 月 1 日的序列号是 1，每向后一天序号加 1。序列号中小数点右边的数字表示时间，左边的数字表示日期。

②TODAY()

返回当前日期的序列号或日期格式数据。如=TODAY()。

③DATE(year,month,day)

返回代表特定日期的序列号。如果在输入函数前，单元格格式为“常规”，则结果将显示为日期数据。如=date(2010,11,12)。

④YEAR(serial_number)，返回某日期序列对应的年份。如=year(now())。

⑤MONTH(serial_number)，返回某某日期序列对应的月份。如=MONTH(now())。

⑥DAY(serial_number)，返回以序列号表示的某日期的天数，用整数 1 到 31 表示。

与 YEAR 函数具有相同参数的日期时间函数还有 HOUR、MINUTE 等函数。

⑦TIME(hour,minute,second)，返回某一特定时间的小数值。如果在输入函数前，单元格的格式为“常规”，则结果将设为日期格式。

TIME 函数语法具有以下：

hour 必须是 0（零）到 32767 之间的数值，代表小时。任何大于 23 的数值将除以 24，其余数将视为小时。例如，TIME(27,0,0)=TIME(3,0,0)=.125 或 3:00AM。

minute 必须是 0 到 32767 之间的数值，代表分钟。任何大于 59 的数值将被转换为小时和分钟。例如，TIME(0,750,0)=TIME(12,30,0)=.520833 或 12:30PM。

second 必须是 0 到 32767 之间的数值，代表秒。任何大于 59 的数值将被转换为小时、分钟和秒。例如，TIME(0,0,2000)=TIME(0,33,22)=.023148 或 12:33:20AM。

3. 实现方法

扫码看视频

（1）选择区域 J2:J22，单击“公式→函数库”组“自动求和”按钮，所有结果就计算出来了。

（2）将光标定位于 E23 单元格中，单击“函数库”中“自动求和”下拉箭头，在弹出的菜单中，单击“平均值”命令，结果就出来了。设置好单元格的小数位数后，拖动填充柄向右填充即可。

（3）光标定位于 E25 单元格中，单击函数库中“插入函数 f_x”按钮，弹出“插入函数”对话框，在“搜索函数”框中输入“countif”后单击“转到”按钮，选择“COUNTIF”后单击“确定”按钮。在弹出的“函数参考”对话框的 Range 中圈选 D2:D22，在 Criteria 框中输入"男"或单击性别为男的单元格如 D4，如图 4-8 所示，单击“确定”按钮。同样，在 E26 中可以计算出女生人数。

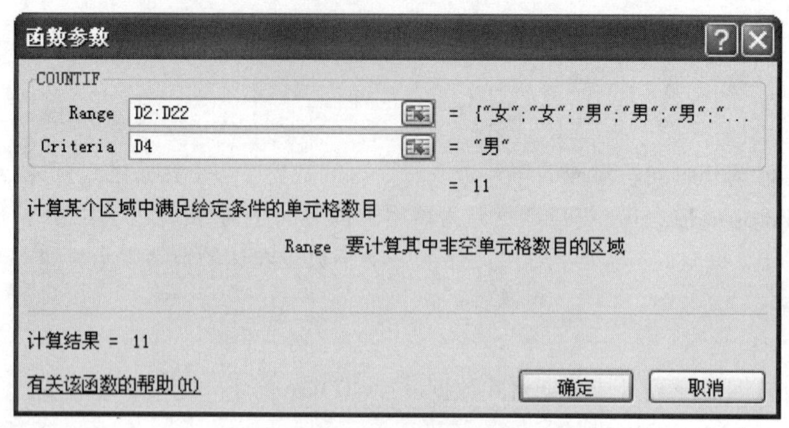

图 4-8　COUNTIF 函数

（4）在单元格 K2 中，插入 IF 函数，在 Logical_test 输入判定条件“J2>=350”，计算结果可能为 TRUE 或 FALSE，在 Value_if_true 框中输入判定条件为 TRUE 时返回值"合格"，在 Value_if_false 框中输入判定条件为 FALSE 时返回值"不合格"，如图 4-9 所示。

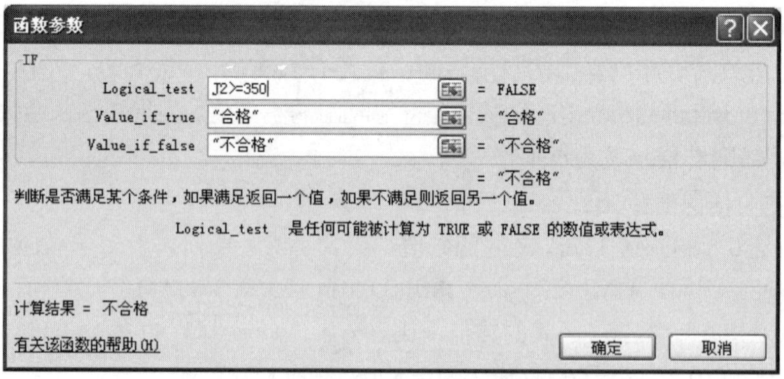

函数参数
IF
Logical_test J2>=350 = FALSE
Value_if_true "合格" = "合格"
Value_if_false "不合格" = "不合格"
= "不合格"
判断是否满足某个条件，如果满足返回一个值，如果不满足则返回另一个值。
Logical_test 是任何可能被计算为 TRUE 或 FALSE 的数值或表达式。
计算结果 = 不合格
有关该函数的帮助(H)
确定
取消

图 4-9　IF 函数

（5）在“总评 B”列中，根据题意要求将总分分成了三段，总评 B 有三个值（A、B、C），而一个 IF 函数只能“一分为二”，所以在这里要用两个 IF 套在一起来解决“一分为三”的问题。

操作步骤：在 L2 单元格中，插入 IF 函数，在 Logical_test 输入“J2>=390”，Value_if_true 框中输入“A”，光标定位在 Value_if_false 框中，单击数据编辑栏最左边的 IF 函数，又弹出新的“函数参数”对话框，在从上到下的三个框中分加别输入“J2>=350”“B”“C”，单击“确定”按钮。将公式向下填充到其他单元格即可。

其实，也可以直接在单元格中输入公式“=IF(J2>=390,"A",IF(J2>=350,"B","C"))”。当然，也可以先从总分小于 350 标准开始设置。

（6）在单元格 E27 中，插入 SUMIF 函数，在弹出的“函数参数”对话框的 Range 框中，圈选包括“性别”区域 D2:D22（用于确定哪些数据参与求和，即求和条件区域），在 Criteria 框输入“男”或单击值为“男”的单元格，在 Sum_range 框中圈选实际求和的单元格区域“E2:E22”，单击“确定”按钮。计算结果为 777，如图 4-10 所示。同理，在 E28 中计算女生高数总分为 670。经验证，式子“高数总分=男生高数总分+女生高数总分”，两边结果都是 1447，说明上述两个函数的计算过程是正确的。

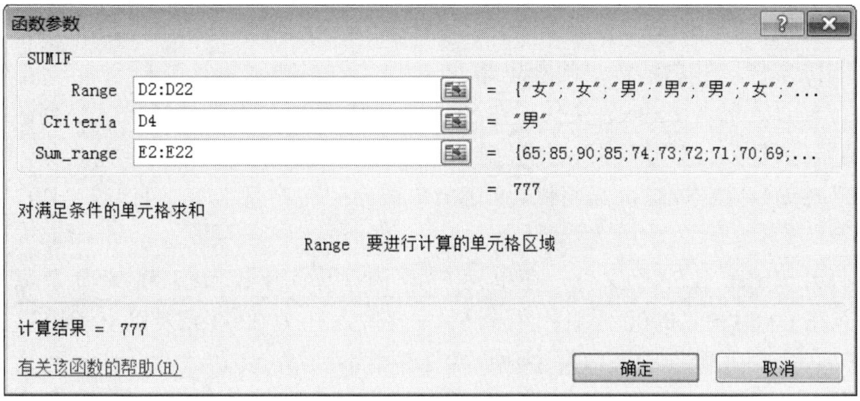
函数参数
SUMIF
Range　D2:D22　= {"女";"女";"男";"男";"男";"女";"...
Criteria　D4　= "男"
Sum_range　E2:E22　= {65;85;90;85;74;73;72;71;70;69;...
= 777
对满足条件的单元格求和
Range　要进行计算的单元格区域
计算结果 = 777
有关该函数的帮助(H)
确定
取消

图 4-10　SUMIF 函数

Excel 2010 内容十分丰富，函数功能很强。在学习或操作过程中有疑难问题时，查询系统帮助是一个非常有效的解决问题的办法。查询帮助方法如下：

在 Excel 窗口中，直接按 F1 键，弹出“Excel 帮助”窗口如图 4-11 所示，在“搜索”框中输入要查询问题的关键字如 sumif，单击右边的“搜索”按钮，即可搜索到 SUMIF 函数的详细使用方法及应用示例。也可以在如图 4-11 所示的“Excel 帮助”窗口中，单击某一主题链接，打开有关主题帮助列表，单击某一标题可获得更详细的帮助信息。如想查询 SUMIF 函数的使用方法，单击“函数参考”→“数学与三角函数”→“SUMIF 函数”链接，可获得 SUMIF 函数使用的详细帮助信息，如图 4-12 所示。

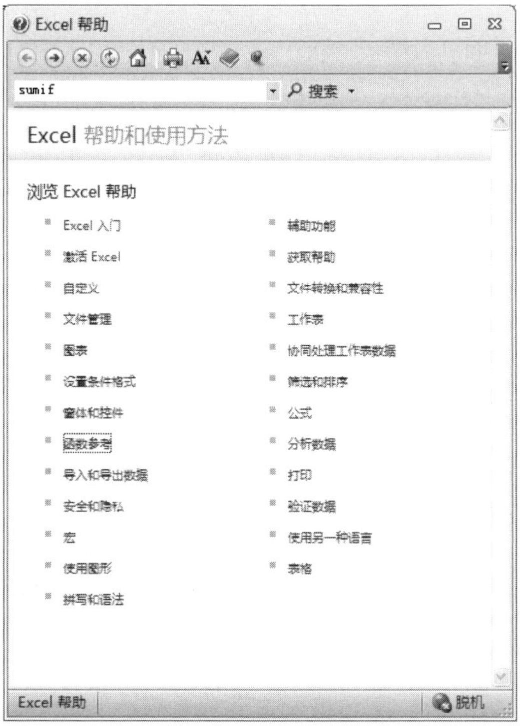
Excel 帮助
sumif
搜索
Excel 帮助和使用方法
浏览 Excel 帮助
Excel 入门
激活 Excel
自定义
文件管理
图表
设置条件格式
窗体和控件
函数参考
导入和导出数据
安全和隐私
宏
使用图形
拼写和语法
辅助功能
获取帮助
文件转换和兼容性
工作表
协同处理工作表数据
筛选和排序
公式
分析数据
打印
验证数据
使用另一种语言
表格
Excel 帮助
脱机

图 4-11　Excel 帮助

Excel 帮助
sumif
搜索
SUMIF 函数
全部显示
本文介绍 Microsoft Excel 中 SUMIF 函数的公式语法和用法。
说明
使用 SUMIF 函数可以对区域中符合指定条件的值求和。例如，假设在含有数字的某一列中，需要让大于 5 的数值相加，请使用以下公式：
=SUMIF(B2:B25,">5")
在本例中，应用条件的值即要求和的值。如果需要，可以将条件应用于某个单元格区域，但却对另一个单元格区域中的对应值求和。例如，使用公式 =SUMIF(B2:B5, "John", C2:C5) 时，该函数仅对单元格区域 C2:C5 中与单元格区域 B2:B5 中等于 "John" 的单元格对应的单元格中的值求和。
注释　若要根据多个条件对若干单元格求和，请参阅 SUMIFS 函数。
Excel 帮助
脱机

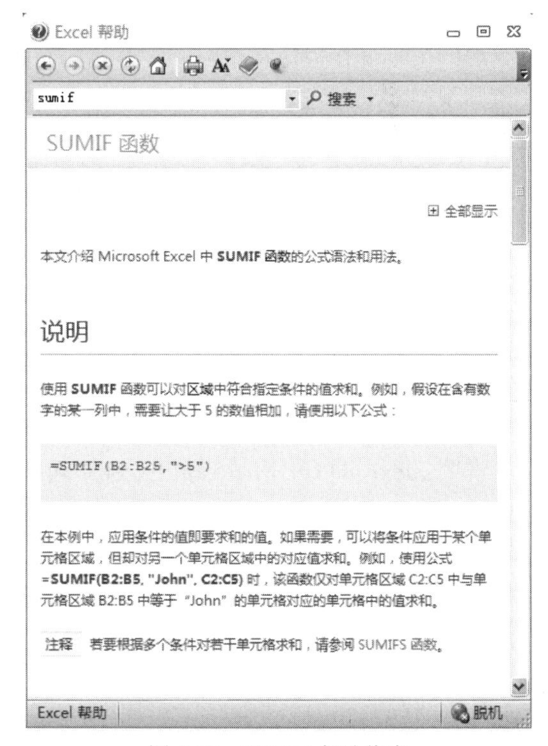

图 4-12　SUMIF 帮助信息

4. 课堂实践

（1）实践本例，并总结解决问题思路。

（2）打开“工资表 1.xlsx”文件，在 Sheet1 工作表 D 列的左边插入一空列，在插入列首单元格中输入栏目名“部门名称”，并根据“部门代码”用 IF 函数填入部门名称，其中：部门代码“A02”表示“技术部”，部门代码“B01”表示“生产部”，部门代码“B03”表示“销售部”。

（3）打开“SJB.XLSX”文件，在单元 F3 格内计算：年收入在 80000 元及以下者扣税金 3%，年收入在 80001～100000 元者扣税金 6%，年收入在 100000 元及以上者扣税金 10%，然后复制到 F4:F17，“税金”的数值取小数点后 2 位。

5. 评价与总结

- 第一组同学（2 位为一组）主动上台演示（1）～（3）。
- 第二组同学主动上台演示（4）～（6）。
- 鼓励同学总结本案例解决思路，学生或老师补充。

6. 课外延伸

时间日期函数在计算、统计等中也常用到；信息函数在排除错误时也会用到。下面介绍最常用的几个，以示说明。

（1）文本函数。

①LEN(text)，返回文本字符串中的字符数。

如=LEN("abcd")返回 4，=LEN("英语 abc")返回 5。

②MID(text,start_num,num_chars)

返回文本字符串中从指定位置开始的特定数目的字符串。

其中：text 是包含要提取字符的文本字符串，start_num 是文本中要提取的第一个字符的位置，num_chars 指定希望 MID 从文本中返回字符的个数。

如=MID("英语 abc123",3,3)返回"abc"。

③TEXT(value,format_text)，将数值转换为按指定数字格式表示的文本。

其中：value 为数值，或计算结果为数字公式或对包含数字值的单元格的引用；

format_text 为“单元格格式”对话框中“数字”中的“分类”框中的文本形式的数字格式。

如=TEXT(20000,"￥0.00")，返回值“￥20000.00”。

④VALUE(text)，返回由数字文本字符串转换成的数字。

其中：text 为带引号的文本，或对需要进行文本转换的单元格的引用。

说明：text 可以是 Microsoft Excel 中可识别的任意常数、日期或时间格式。如果 text 不是这些格式的数据，则函数 VALUE 返回错误值#VALUE!。

如=VALUE("$1,000")，返回数值 1000。

常用的文本函数还有 LOWER（将文本转换成小写形式）、UPPER（将文本转换成大写形式）、TRIME（除了单词之间的单个空格外，清除文本中所有的空格）等，更多文本函数请参考帮助“文本函数”中有关函数。

（2）信息函数*。

信息函数可以用于对工作表中的单元格数据类型、错误类型等进行判断，从而采取不同处理手段。如在 D1 中有公式=AVERAGE(A1:C1)，而 A1:C1 单元格区域中为空，这时在 D1

单元格中出现了错误信息“#DIV/0!”，它提示 0 不能作为除数，如图 4-13 所示。这是因为 A1:C1 单元格区域中每一个单元格为空，所以在计数时为 0，而 0 不能作为除数，一旦在相关单元格中输入数值，错误就没有了。要排除这种显示错误，需用到信息函数。在 D1 中可以输入函数 =IF(ISERROR(AVERAGE(A1:C1)),"",AVERAGE(A1:C1))，这样就让错误显示为空，这种方法在设计 Excel 计算模板中用得较多。

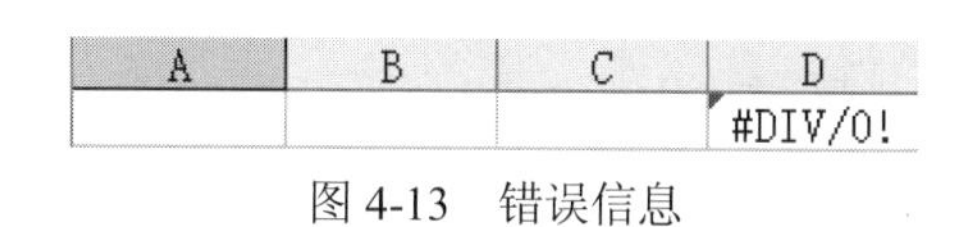

图 4-13 错误信息

①ISERROR(VALUE)，当 VALUE 为任意错误值时返回 TRUE。如=ISERROR(D1)，返回 TRUE。②ISNUMBER(VALUE)，当 VALUE 为数字时返回 TRUE。③ISTEXT(VALUE)，当 VALUE 为文本时返回 TRUE。

其他信息函数请参考帮助。

（3）多条件统计函数 SUMIFS、AVERAGEIFS、COUNTIFS。

对区域中满足多重条件的单元格求和，多重条件的所有单元格求平均值，将条件应用于跨多个区域的单元格，并计算符合所有条件的次数，分别要用到 SUMIFS、AVERAGEIFS、COUNTIFS 函数，具体用法请参考案例 9。

（4）课外练习

①打开 gzb.xlsx，在 Sheet1 中“编号”列右边插入一列，将“编号”列数据转换成文本类型数据（用 TEXT 函数），将转换后的数据粘贴到相应单元格中；在“出生年份”列计算员工的出生年份。

②打开工作簿文件 TJB.xlsx，并按指定要求完成如下操作：

- 在 I1 单元格计算出年龄不超过 45 岁（包括 45 岁）的人数；
- 在 I2 单元格中求出年龄不超过 45 岁（包括 45 岁）的人数占全体员工的百分比，并设置该单元格的数字格式为百分比，小数位数为 0；
- 在 I3 单元格中求出平均年龄并使用 ROUND 函数取整数；
- 在 I4 单元格中求出教授人数。

案例 3 成绩分析

辅导员张老师除了要完成上述案例 2 中任务外，还要对班级的各位的总分进行排名，计算各门课程的男女生的平均分，分析男女学生在学习各门课程的成绩差异。打开“成绩计算 2.xlsx”，根据要求完成以下任务：

（1）由于“两课”任课教师改卷时统计错误，每位同学少加 10，请给每位同学该课成绩加上 10 分，并交换姓名与学号两列数据的次序（即姓名设为第 1 列，学号设置为第 2 列）；

（2）统计每名学生本学期所取得的总学分；

（3）统计每名学生总分在全班同学总分所占名次（按降序方式计算）；

（4）在工作表的相应单元格中统计各门课程的男女的平均分。

1. 案例分析

案例中（1）涉及插入列、删除列、复制、复制移动操作。使用公式在原来分数的基础上，加上 10，然后用选择性粘贴（选择值）粘贴到“两课”列即可。(2) 在公式中用 SUMIF 函数进行计算，条件区域要用绝对引用，而实际求和的数据区域要用相对引用，计算好后再填充到相应单元格即可。(3) 使用 RANK 函数可用来计算排名问题，不过要注意正确使用相对引用和绝对引用。(4) 中用 AVERAGEIF 函数可以方便地求某单元格区域满足一定条件的平均值，注意正确使用相对引用与绝对引用，以便应用公式填充。

2. 相关知识点

（1）复制、移动单元格（区域）中的内容。

①选择单元格区域。

选择连续单元格区域：单击单元格区域的左上角单元格，按住 Shift 键，单击单元格区域的右下角单元格。

选择不连续单元格区域：选择第 1 个单元格区域，按住 Ctrl 键，单击选择下一个单元格区域。

选择工作表的行（列）区域：鼠标在行号（列号）间拖动即可。

选定整个工作表：单击行号和列号左上角的交叉处。

②选择性粘贴。

复制内容时，有时需要复制全部内容，有时仅需要复制单元格的格式、公式、值、有效性验证等，有时需要时将内容进行转置（原来行变成复制后的列，列变成复制后的行），这时就要用到选择性粘贴。在粘贴时，单击“开始→剪贴板”组“粘贴→选择性粘贴”命令，在“选择性粘贴”对话框中选择相关选项即可，如图 4-14 所示。

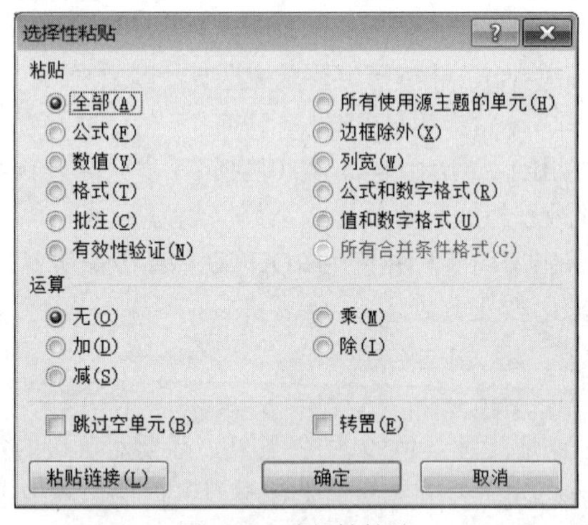

图 4-14　选择性粘贴

当然还可将剪贴板的内容粘贴为图片，粘贴为连接等。

（2）公式。公式是由“=”开头，后跟由运算符、函数、常量、单元格引用等构成有意义的表达式，公式必须以由等号“=”开头。如=SUM(A1:C5)/10+2^3，这里“^”表示乘方运算。

提示：

公式中除使用常用算术运算符外，还有文本运算符及关系运算符等。

- 文本运算符“&”（字符串连接符），如="abc"&"def"，结果为“abcdef”。
- 关系运算符<、<=、>、>=、<>（不等于），如“5<>6”，比较的结果为 TRUE。

（3）单元格的引用。公式中对单元格的引用分为绝对引用、相对引用和混和引用，在不同的应用中将视情况选择不同的单元格引用方式。

①单元格的绝对引用：是指对含有公式的单元格进行复制，不论复制到什么位置，公式中所引用的单元格地址都不发生变化。如任务中公式=SUM($E$2:$I$2)，就是单元格绝对引用实例。绝对引用单元格地址的列号和行号前都加“$”符号，如$E$2、$A$1 等。

②单元格的相对引用：是指将包含公式的单元格复制到其他单元格时，公式中所引用的单元格地址也随之发生变化。例如，在任务 2 的案例 1 中，将工作表中 J2 单元格中的计算公式 SUM(E2:I2)复制到 J10 单元格中就变成了 SUM(E10:I10)。

相对引用的公式被复制到其他单元时，公式所在单元格与引用单元格之间仍保持行列相对位置关系不变，相当于对单元格做平移操作。于是相对引用单元格地址变化有如下规律：

原行号+行地址偏移量→新行地址

原列号+列地址偏移量→新列地址

打个比方：某班早上出操，站成三个队列，老师说“所有队列向后移 3 步，再向右移动 6 步”，虽然同学们的绝对位置发生了变化，但同学们之间的相对位置仍保持不变。相对引用中公式所在单元格与引用单元格之间的位置关系类似于同学们的位置相对关系。

③单元格的混合引用：是指在公式引用的单元格地址中，既有绝对地址引用又有相对地址引用。如本例单元格 K2 中有公式“=SUM(N$3:R$3)”，当将公式复制到 L2 中时，公式将变为“=SUM(O$3:S$3)”，对单元格列的引用为相对引用，对行的引用为绝对引用。公式复制时，相当于向右平移一个单元格的位置，绝对引用的地址不变。

在编写公式时，若希望公式在复制时单元格行号不发生改变，则在公式引用的单元格地址行号前加一个美元符号（$）；若希望复制时单元格列号不发生改变，则在公式引用的单元格地址列号前加一个美元符号（$）；若希望公式复制时单元格行号列号都不发生改变，则在公式引用的单元格地址行号、列号前都加一个美元符号（$）；若希望公式复制时单元格行号、列号都发生改变，则在公式引用的单元格地址列号行号前都不加美元符号（$）。

3. 实现方法

扫码看视频

（1）在“两课”右边插入一空白列，在 G2 中输入公式“=F2+10”，然后双击 G2 单元格的填充柄，将公式填充到 G3:G22 区域中。选择单元格区域 G2:G22，单击“开始→剪切板”组“复制”命令，选择 F2 单元格，单击“开始→剪切板”组“粘贴→选择性粘贴”命令，在弹出图 4-14 所示“选择性粘贴”对话中单击“数值”选项，单击“确定”按钮。

选择“学号”列，将鼠标移到选定列的边缘，按下左键将该列数据移动到 G 列，将姓名列移动到 A 列，再将 G 列（学号）内容移到 B 列。删除 G 空白列。

（2）考虑到不及格的课程不能获得该课程学分，所以可以用 SUMIF 函数实现本小题要求。

在 K2 中插入 SUMIF 函数，在 Range 条件框中，圈选 d2:h2，在 Criteria 框中输入>=60，在 Sum_Range 框中输入$N$3:$R$3（或 N$3:R$3），最后形成公式“=SUMIF(D2:H2,">=60",$N$3:$R$3)”，拖动填充柄向下填充直到 K22 即可。注意这里单元格区域的相对引用和绝对引用。

（3）选择 J2 单元格，单击“公式→函数库”组“插入函数”按钮，弹出“插入函数”对话框，在“搜索函数”框输入 RANK，单击“转到”按钮，单击“确定”后弹出“函数参数”对话框，如图 4-15 所示。由于公式在填充时，总分随着学生而变，而每个分数都要与全体分数相比较，所以在 Number 中使用相对引用，Ref 中行号使用绝对引用，当然列号也可使用绝对引用。Order 框中输入 0 或省略按降序算，单击“确定”后将公式填充其他单元格即可。

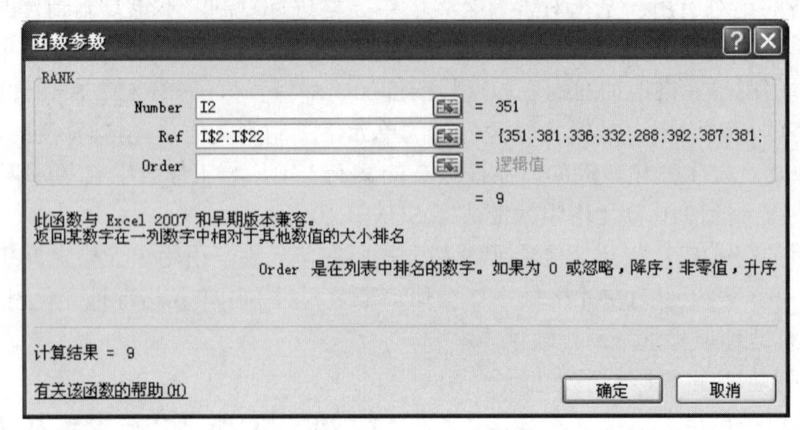

图 4-15 RANK 函数参数

（4）选择单元格 D24，插入函数 AVERAGEIF，在弹出“函数参考”对话框。为了能进行横向、纵向公式填充，所以在 Range 框中，必须输入$C$2:$C$22，即单元格地址必须使用绝对引用；同理，在 Criteria 框中输入$C6(注意选择“男”下方是“女”的单元格；在 Average_range 框输入 D$2:D$22（注意计算不同科目时，列要发生变化，同时向下填充时行号不能发生变化)，如图 4-16 所示。单击“确定”按钮后，再将单元格公式向右及向下填充即可。

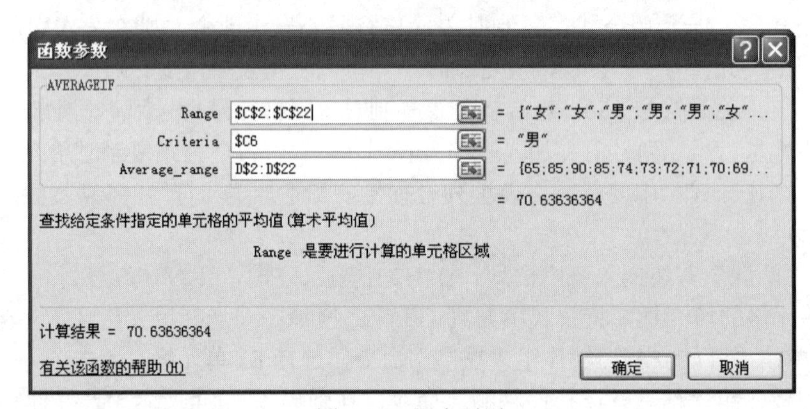

图 4-16 混合引用

4. 课堂实践

（1）打开“成绩计算 2.xlsx”文件，按本案例各项要求，完成各步计算。

（2）打开“客户评价表.xlsx”文件，按指定的要求完成有关操作。

- 在工作表 Sheet1 中的单元格区域 G3:G20 计算每位客户代表的最终得分，计算的规则：最终得分为五项评分中去掉一个最高评分和一个最低评分后的平均值，设置单元格格式为保留 2 位小数。(要求用 SUM、MAX、MIN 函数，否则不得分)；
- 在单元格区域 H3:H20 以水平业绩列数据使用 RANK 函数统计出名次，要求降序排列。

5. 评价与总结

- 第一组同学（2 位为一组）主动上台演示（1）～（2）操作，并找同学点评；

- 第二组同学上台演示（3）～（4）操作，同学或老师点评；
- 鼓励同学总结本案例主要知识要点，学生或老师补充。

6. 课外延伸

请打开工作簿文件 CFB.xlsx，用公式完成绘制九九乘法表。请在 B2:J10 区域制作，要求在 B2 单元格输入公式，然后复制到其他单元格。

案例 4 成绩表格式化

张老师已完成对成绩表的计算、统计等工作，还需对成绩表进行格式化，如设置单元格数据格式、字体、对齐方式、边框底纹等，还要将那些不及格的同学用红颜色标示出来以使补考同学行更醒目。打开“成绩表 3.xlsx”工作簿文件，按照张老师格式化工作表的要求完成如下设置：

（1）在表头的上方插入一行空行，在 A1 中输入“学生成绩统计表”作为表标题，标题设置为黑体、蓝色、字号大小 16，合并单元格区域 A1:K1，水平居中，单元格底纹为浅绿，图案样式为“细对角线条纹”，图案颜色为橙色，深色 25%；

（2）字段名区域格式设置：宋体、加粗、字号大小 12，对齐方式：水平、垂直居中。A2:K23 区域对齐方式设置为：水平、垂直居中。区域 B3:B23 水平对齐方式为“分散对齐”；

（3）单元格区域 E3:J23 中的数据保留一位小数，D3:D23 单元格区域数据按自定义日期格式“yyyy-m-d”显示；

（4）给区域 A2:K23 添加红色粗实线外边框，内部为蓝色细实线；

（5）将单元格区域 E2:I23 中小于 60 的数据用红色显示，将需要补考同学的姓名用红色显示，以方便浏览；

（6）将 2～23 行的行高设置为 22，D 列列宽设置为 14；

（7）将当前工作表的标签名重命名为“学生成绩统计表”，设置工作表标签颜色为红色，复制“学生成绩统计表”到“成绩计算 2.xlsx”中，放置在所有工作表之后。

1. 案例分析

本案例的前 4 个问题主要是单元格（区域）的格式化问题，在“设置单元格格式”对话框中可以完成；（5）中主要是条件格式问题；最后一个问题是对工作表复制、移动等操作。

2. 相关知识点

（1）单元格的格式化。单击“开始→单元格”组“格式→设置单元格格式”命令，弹出“设置单元格格式”对话框，如图 4-17 所示。在该对话框中，可以对单元格（区域）数据的数字显示方式、对齐方式、字体、边框、图案等进行设置。

数字格式：在“数字”选项卡中，可为单元格数据设置显示格式，如常规、数值、会计专用、日期、文本、特殊等模式，还可自定义显示格式，如图 4-17 所示。

对齐方式：在“对齐”选项卡中，可为单元格数据设置对齐方式，如水平对齐、垂直对齐、自动换行、合并单元格等。

（2）条件格式。根据本单元格或其他单元格中的数据是否满足一定条件来设置单元格的数据格式，如将单元格区域 E2:I23 中小于 60 的数据用红色显示，若单元格内数据值小于 60，则字体显示为红色，否则不变。

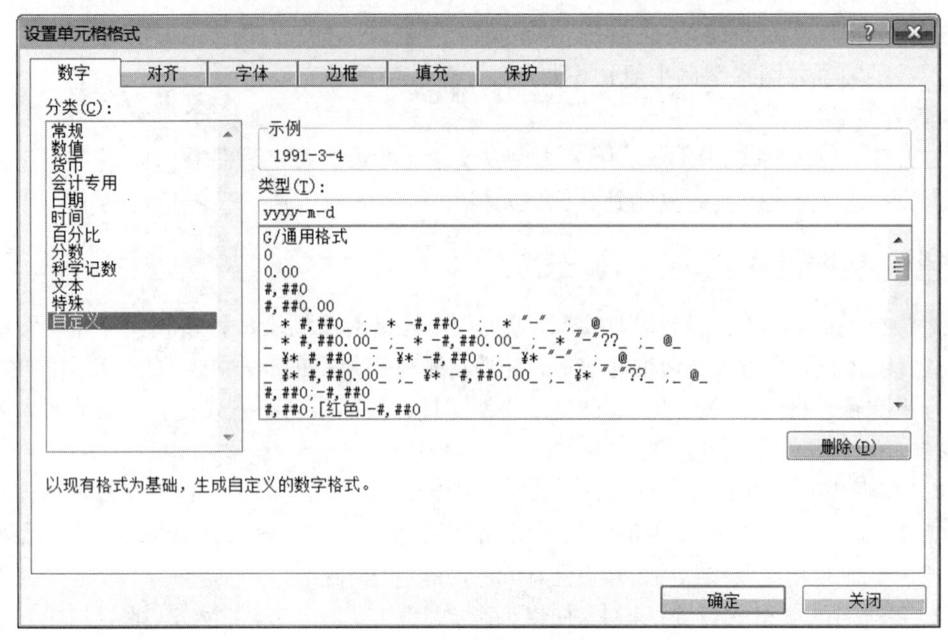

图 4-17 设置单元格格式

操作方法：选择设置的单元格（区域），单击“开始→样式”组“条件格式”按钮，弹出“条件格式”下拉菜单，如图 4-18 所示，根据要设置条件的类型单击某个命令，在弹出的对话框中进行条件格式设置。如单击“突出显示单元格规则”→“小于”命令，在“小于”对话框第一个文本框中输入 60，第二文本框“设置为”选择“红色文本”，这样确定后，小于 60 的单元格就会以红色文本显示。当然也可在菜单中选择“新建规则”命令来定义条件格式，详见下面的实现方法。单击“清除规则”命令，可以清除所选单元格的条件格式或整个工作表中的条件格式。

图 4-18 “条件格式”菜单

图 4-19　“小于”条件格式

3. 实现方法

（1）选择“成绩表”的 A1 单元格，单击“开始→单元格”组“插入→插入工作表行”命令，即可插入一行，然后在 A1 单元格中输入“学生成绩统计表”；选择单元格区域 A1:K1，单击“开始→对齐方式”组“合并后居中”按钮，即可实现单元格的合并后居中。当然在右击“设置单元格格式”后弹出“设置单元格格式”对话框，如图 4-17 所示，在“对齐”选项卡中也可实现合并居中功能。在“字体”选项卡中设字体为黑体、蓝色、16 号；在“填充”选项卡中，背景色选择“浅青绿”；图案样式：细对角线条纹；图案颜色：橙色，深色 25%，如图 4-20 所示，单击“确定”即可。

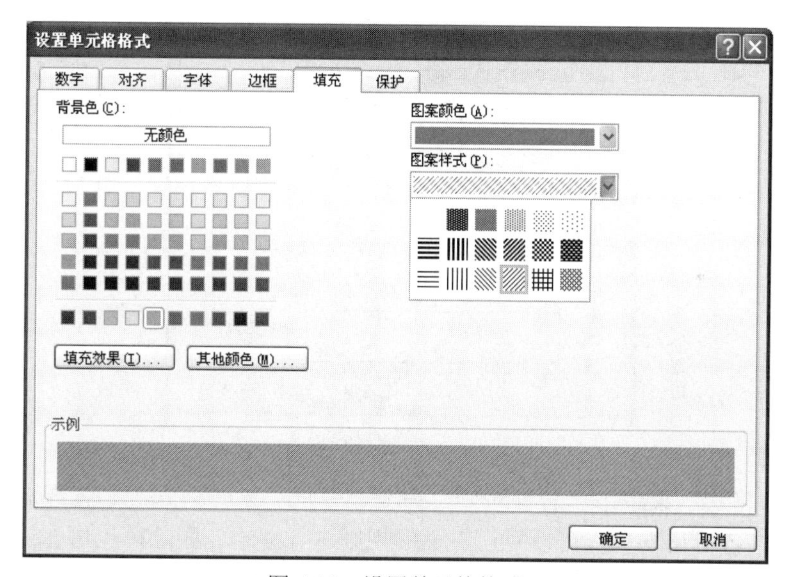

图 4-20　设置单元格格式

（2）选择字段名区域 A2:K2，右击，单击快捷菜单中的“设置单元格格式”命令，在“设置单元格格式”对话框的“字体”选项卡中设置字体：宋体、加粗、字号大小 12；在“对齐”选项卡中设置文本对齐方式：“水平对齐”居中、“垂直对齐”居中；选择单元格区域 B3:B23，同前面操作一样，在“对齐”选项卡中的“水平对齐”选项中，从下拉列表中选择“分散对齐”。

（3）选择单元格区域 E3:J23，单击“开始→单元格”组“格式→设置单元格格式“命令，在“设置单元格格式”对话框的“数字”选项卡的“分类”列表框中选择“数值”，在“小数位数”框中设置为 1。

选择单元格区域 D3:D23，同样在“设置单元格格式”对话框“数字”选项卡的“分类”列表中选择“自定义”，在右边“类型”框中输入“yyyy-m-d”，单击“确定”按钮。

（4）选择单元格区域 A2:K23，在如图 4-20 所示的“设置单元格格式”对话框中，选择“边框”选项卡，在“线条”框的“样式”中选粗实线，在“颜色”列表框中单击红色，单击“外边框”按钮，同样，选择蓝色细实线，单击“内部”按钮，单击“确定”按钮。

（5）选择单元格区域 E2:I23，单击“开始→样式”组“条件格式”按钮，弹出“条件格式”下拉菜单，单击下拉菜单中“突出显示单元格规则”→“小于”命令，在“小于”对话框第一个文本框中输入 60，第二文本框“设置为”选择“红色文本”单击“确定”按钮。

选择姓名数据区域 B3:B23，在如图 4-18 所示“条件格式”菜单中，单击“新建规则”命令，在弹出的“新建格式规则”对话框中，在“选择规则类型”框中选中“使用公式确定要设置格式的单元格”，在“符合此公式的值设置格式”文本框中输入“=OR(E3<60,F3<60,G3<60,H3<60,I3<60)”，单击“格式”按钮，在“设置单元格格式”对话框“字体”选项卡的“颜色”框中选择标准色：红色，如图 4-21 所示，单击“确定”按钮。当公式“=OR(E3<60,F3<60,G3<60,H3<60,I3<60)”结果为 TRUE 时（只要有一门不及格），某同学的名字即显示为红色。

图 4-21 新建格式规则

单击“条件格式”菜单中“管理规则”命令，弹出“条件格式规则管理器”对话框，如图 4-22 所示，在该对话框中，可以对已定义的规则进行编辑、删除，也可在原来规则基础上再添加新规则。

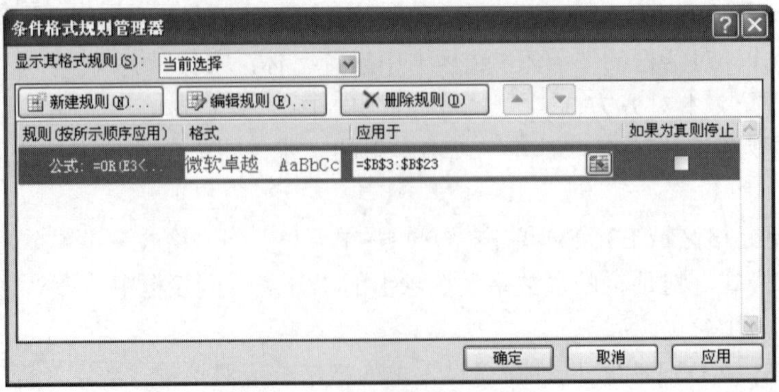

图 4-22 条件格式规则管理器

（6）选择行区域 2～23 行，单击“开始→单元格”组“格式→行高”命令，在“行高”对话框中输入“22”；同样，选择 D 列，单击“列宽”命令，在“列宽”对话框中输入“14”，单击“确定”。

（7）打开“成绩计算 2.xlsx”，右击成绩计算 3 的“成绩表”标签，单击“重命名”命令，输入“学生成绩统计表”，右击“学生成绩统计表”标签，单击快捷菜单“移动或复制工作表”命令，在“工作簿”下拉列表中选择“成绩计算 2.xlsx”，在“下列选定工作表之前”列表框中选择“(移至最后)”选项，选中“建立副本”选项，单击“确定”，如图 4-23 所示。

右击“学生成绩统计表”标签，单击“工作表标签颜色”命令，在“设置工作表标签颜色”对话框中选择标准色：红色，单击“确定”。

图 4-23　移动或复制工作表

4. 课堂实践

（1）实践案例（1）～（4）；

（2）实践案例（5）～（7）；

（3）电子工作簿文件 OKBS.xlsx 是某公司举行卡拉 OK 大奖赛评分数据清单，

- 打开工作簿文件 OKBS.xlsx，格式化要求：A2:K12 区域：字体——黑体，字号——16，粗体，水平对齐方式——居中；
- 按照比赛规则，去掉一个最高分，去掉一个最低分，剩余分数的平均分作为选手的最后得分，用函数计算，最后得分保留两位小数；
- 当评委的分值比 8 个评委的平均数高 10%以上，则该评委的分值以红色显示；当评委分值比 8 个评委的平均分低于 10%时，则该评委的分值以蓝色显示。

5. 评价与总结

- 第一组同学（2 位为一组）主动上台演示（1）～（4）操作中部分操作；
- 第二组同学上台演示（5）～（7）全部或部分操作，同学或老师点评；
- 鼓励同学总结本案例主要知识要点，学生或老师补充。

6. 课外延伸

（1）课外练习。

①打开电子工作簿文件 SJB.xlsx，按以下要求完成相关操作：

- 在单元 F3 格内计算年收入，在 80000 元及以下者扣税金 3%，年收入在 80001～100000 元者扣税金 6%，年收入在 100000 元及以上者扣税金 10%，然后复制到 F4:F17，“税金”的数值取小数点后 2 位。

- 单元格区域 A1:F1 跨行居中，字体设置：隶书、加粗、大小 16；
- 区域 A2:F17 添加红色双实线外边框，内部蓝色细实线，对齐方式：水平对齐、垂直对齐均为居中；
- 将年收入大于等于 10 万的姓名用红色显示，年收入小于 8 万的姓名用蓝色显示。

任务三　投资理财

Excel 中提供了功能齐全的财务函数，利用这些函数可轻松解决如存款与债款终值的计算问题、房屋贷款计算问题、年利率的计算问题，本利与折现问题等。

案例 5　投资理财与贷款计算

邻居小王是某公司的一名注册会计师，公司为了扩大业务规划新建一栋办公楼，需要向当地银行贷款，领导要他计算公司的月还款金额；平时员工进行一系列的投资理财产活动，大家总向他请教一些问题，问题归纳如下：

（1）按当前年利率 5%计算，且假定年利率保持不变，公司贷款 1000 万元，10 年还清，问平均每月还款多少万元？

（2）员工老张进行投资理财活动，按照银行零存整取的年利率为 4%，老张账户现有 50 万元，以后每月初存入 5000 元，问 5 年后连本带息能拿多少（扣除 20%的利息税）？

（3）员工老李进行投资炒房，银行贷款的年利率为 6%，老李以后每月能还款 6000 元，20 年还完，按这样的偿还能力，问老李现在能从银行贷款多少？

1. 案例分析

在本案例中，可应用 PMT()函数计算基于固定利率及等额分期付款方式，返回贷款的每期付款额来解决（1）中的问题。FV()函数可用于解决基于固定利率及等额分期付款方式，返回某项投资的未来值，可解决（2）中的问题。函数 PV()函数返回投资的现值。现值为一系列未来付款的当前值的累积和，可解决（3）中的问题。

2. 相关知识点

（1）PV（Rate,Nper,Pmt,Fv,Type）函数。返回投资的现值。现值为一系列未来付款的当前值的累积和。例如，借入方的借入款即为贷出方贷款的现值。

Rate 为各期利率。例如，如果按 10%的年利率借入一笔贷款来购买汽车，并按月偿还贷款，则月利率为 10%/12（即 0.83%）。

Nper 为总投资（或贷款）期，即该项投资（或贷款）的付款期总数。例如，对于一笔 4 年期按月偿还的汽车贷款，共有 4×12（即 48）个偿款期数。

Pmt 为各期所应支付的金额，其数值在整个年金期间保持不变，如每月向银行支付 5000 元，则 Pmt 值为-5000。PMT 的符号：支出为负，收入为正。

Fv 为未来值，或在最后一次支付后希望得到的现金余额，如果省略 FV，则假设其值为零（一笔贷款的未来值即为零）。例如，如果需要在 18 年后支付$50 000，则$50 000 就是未来值。

Type 数字 1 或 0，用以指定各期的付款时间是在期初还是期末。0 或省略表示期末支付，1 表示期初支付。

（2）PMT(Rate,Nper,Pv,Fv,Type)函数。基于固定利率及等额分期付款方式，返回贷款的每期付款额。

参数详细信息同 PV()函数。PV 从该项投资（贷款）开始计算时已入账的款项，或一系列未来付款当前值的累积和。

（3）FV(Rate,Nper,Pmt,Pv,Type)函数。基于固定利率及等额分期付款方式，返回某项投资的未来值。

参数详细见信息 PV()、FV()函数，PV 为现值，符号也是支出为负，收入为正。

3. 实现方法

（1）打开“投资理财.xlsx”电子工作簿文件，光标定位于 B8 单元格中，单击“公式→库函数”组“插入函数”按钮，弹出“插入函数”对话框，在“搜索函数”框中输入“PMT”单击“转到”按钮，单击“确定”。在弹出的“函数参考”对话框的 Rate 中输入 A4/12，在 Nper 框中输入 A5*12，在 PV 框中输入 1000 或 A6，如图 4-24 所示，单击“确定”按钮。

函数参数

PMT

Rate	A4/12	=	0.004166667
Nper	A5*12	=	120
Pv	A6	=	1000
Fv		=	数值
Type		=	数值
		=	-10.60655152

计算在固定利率下，贷款的等额分期偿还额

Type　逻辑值 0 或1，用以指定付款时间在期初还是在期末。如果为 1，付款在期初；如果为 0 或忽略，付款在期末

计算结果 = ￥-10.61

有关该函数的帮助(H)　确定　取消

图 4-24　PMT 函数

（2）光标定位于 B19 中，单击“公式→库函数”组“插入函数”按钮，弹出“插入函数”对话框，在“搜索函数”框中输入“FV”，单击“转到”按钮，单击“确定”。在弹出的“函数参数”对话框的 Rate 中输入 A14/12，在 Nper 框中输入 A15*12，在 PMT 框中输入-A17，在 Pv 框中输入-A16，在 Type 框中输入 1，如图 4-25 所示，单击“确定”按钮。在 B20 中，输入公式“=A16+5000*5*12+(B19-A16-5000*60)*0.8”（即成本+80%的利息），即可算出税后本息总数。

函数参数

FV

Rate	A14/12	=	0.003333333
Nper	A15*12	=	60
Pmt	-A17	=	-5000
Pv	-A16	=	-500000
Type	1	=	1
		=	943098.1709

基于固定利率和等额分期付款方式，返回某项投资的未来值

Type　数值 0 或 1，指定付款时间是期初还是期末。1 = 期初；0 或忽略 = 期末

计算结果 = ￥943,098.17

有关该函数的帮助(H)　确定　取消

图 4-25　FV 函数

（3）光标定位于B30中，单击“公式→库函数”组“插入函数”按钮，弹出“插入函数”对话框，在“搜索函数”框中输入“PV”，单击“转到”按钮，单击“确定”。在弹出的“函数参数”对话框的Rate中输入A26/12，在Nper框中输入A27*12，在Pmt框中输入-A28，如图4-26所示，单击“确定”按钮。

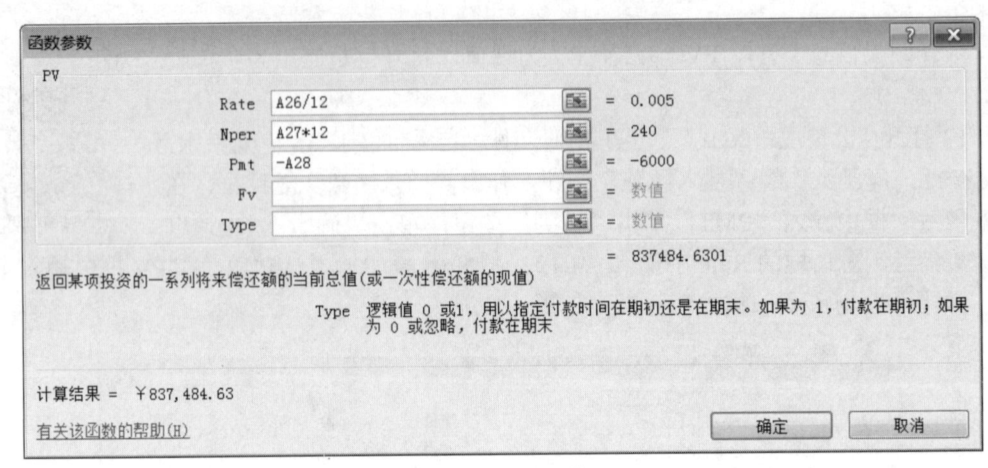

图4-26 PV函数

4. 课堂实践

（1）实践本案例。

（2）按当前年利率6%计算，且假定年利率保持不变，某储户计划在18年后最终得到18万元，问平均每月存款多少元？

5. 评价与总结

- 鼓励同学主动报告各小题的计算结果，若不正确找出错在什么地方。
- 鼓励同学总结本案例主要知识要点，学生或老师补充。

6. 课外延伸

（1）访问某企业财务室，咨询他们平时在实际财务工作还常用到哪些财务函数，试列举一个案例。

（2）研究IPMT()、ISPMT()及NPV()函数的用法及意义，试举例。

任务四　产品销售数据管理

Excel系统不仅具有丰富的计算功能，它还提供了方便快捷地数据管理功能，如对数据清单进行排序、筛选、分类汇总等。

案例6　产品销售数据管理

佳乐电器公司主要经营各种家用电器业务，销售业务遍及中国的东南西北各地区。公司总经理为了及时掌握各个业务员及各种电器的销售情况，不时地要求销售部管理人员进行数据统计汇总等数据管理、分析工作。

电子工作簿文件“电器销售表.xlsx”是公司四个季度的电器产品销售数据清单，打开此文件按下面要求完成各项任务：

（1）对销售表的数据清单进行排序，要求：主关键词为“地区”，地区按自定义排序次序排序（东部、南部、西部、北部），次关键词为“产品”，降序排序，第三关键词“季度”，升序排序，在 Sheet1 的复制表中完成；

（2）分别按“产品”和“销售员”对不同产品的订购量及不同销售员的订购量进行统计汇总，并将汇总数据复制到工作表的空白地方，在 Sheet1 的复制表中完成；

（3）用自动筛选筛选出订货时间在 2016-8-1 至 2016-10-25 时间段的电视机订货记录，在 Sheet1 的复制表中完成；

（4）用高级筛选筛选出订货时间在 2016-8-1 至 2016-10-25 时间段且地区为西部的订货记录，在 Sheet1 的复制表中完成，条件区域放在以 I1 为左上角的连续区域中；

（5）用高级筛选筛选出姓“李”的或姓“刘”销售员在 4 季度里的订货记录，要求：筛选条件放在以 I1 为左上角的单元格区域中，筛选记录放在以 I6 为左上角的连续单元格区域中，在 Sheet1 的复制表中完成；

（6）创建透视表以反映不同地区不同月份不同产品的订额量情况，要求：将地区添加到报表筛选域上，销售员、订货日期放在行标签上，产品字段放在列标签上，订货量放在数值汇总域上，汇总方式为“求和”，位置为新工作表，并对订货日期字段按月组合，透视表改名为“电器销售数据透视表”，透视表样式设置为：数据透视表中等深浅样式 10。对透视表的订货日期字段折叠后，以透视表中数据（不包括行、列总计）为依据创建相应的透视图；

（7）分别以“1～2 季度”“3～4 季度”数据表为依据，创建销售透视表，行标签上为“产品”，列标签上为“季度”，Σ汇总域上为订货量，汇总方式为求和，位置分别以 Sheet3 工作表的 A1 和 G1 为左上角的单元格区域。然后对两个汇总表应用合并计算功能，生成公司全年电器销售汇总表，起始位置为 Sheet3 的 A12 单元格；

（8）新建单元样式“我的标题”，标题样式：黑色字体，字体颜色：红色，强调文字颜色 2，深色 50%；对齐：水平、垂直均居中；填充：橄榄色，强调文字颜色 3，淡色 80%。将“我的标题”应用到 Sheet1 各列标题上。将“我的标题”应用到“成绩计算 3.xlsx”的列标题上。

（9）对 Sheet1 数据清单应用套用表格样式：表样式中等深浅 3；取消套用表格样式操作，然后重新操作一遍；拆分并冻结窗口，使上面窗口只包含列标题在内的前五行；

（10）页面设置与打印要求：自定义打印区域为 A1:H75，打印的每一页数据都要有列标题，缩放比例为 90，自定义页眉“第 3、4 季度电器销售表”，自定义页脚“第 X 页共 Y 页”，打印预览，观察设置效果。

1. 案例分析

本案例主要涉及数据清单的排序、自动筛选、高级筛选、分类汇总及透视表、透视图的相关功能。利用“数据”选项卡的“排序”“筛选”“高级筛选”“分类汇总”按钮可以实现数据的排序、筛选和分类汇总的功能；利用“插入”选项卡中“数据透视表和数据透视图”命令可以完成本案例中创始透视表和透视图的任务。

2. 相关知识点

（1）数据清单。Excel 数据清单是一个特殊的表格，是包含列标题的一组连续数据行的工作表。数据清单由两部组成，即表结构和纯数据。表结构就是数据清单中的第一行，即为列标题。数据清单的每一列称为一个字段，列标题称为字段名，从数据清单第二行开始的每一行都称为一条记录。如图 4-27 所示。后面的数据管理（排序、筛选、分类汇总）及数据库函数都是针对数据清单进行操作的。

字段　字段名　记录

	A	B	C	D	E
1	姓名	性别	学历	职称	篇数
2	郑含因	女	硕士	教授	46
3	李海儿	男	硕士	副教授	12
4	陈静	女	硕士	讲师	25
5	王克南	男	博士	讲师	8
6	钟尔慧	男	硕士	讲师	6

图 4-27　数据清单

（2）数据清单的排序。对数据进行排序是数据分析不可缺少的组成部分，有时要对数据清单进行排序。排序可以名称列表按字母顺序、笔划多少排列，可按数值大小排序，也可按颜色或图标进行排序，还可按自定义顺序排序，可按一个关键字排序，也可按多个关键字排序。若只按一个关键字排序，只需单击“排序和筛选”组中的“升序”或“降序”按钮即可。若按多个关键字进行排序，操作步骤如下：

单击数据清单的任一列标题，单击“数据→排序和筛选”组“排序”按钮，在弹出的“排序”对话框中，在“主要关键字”“排序依据”“次序”框中选择相应的项。单击“添加条件”按钮，可以添加多个“次要关键字”作为排序依据进行排序，如图 4-28 所示。在“选项”对话框中，可设置是否区分大小写，还可选择排序方法，如按“字母排序”还是“笔划排序”排序等。

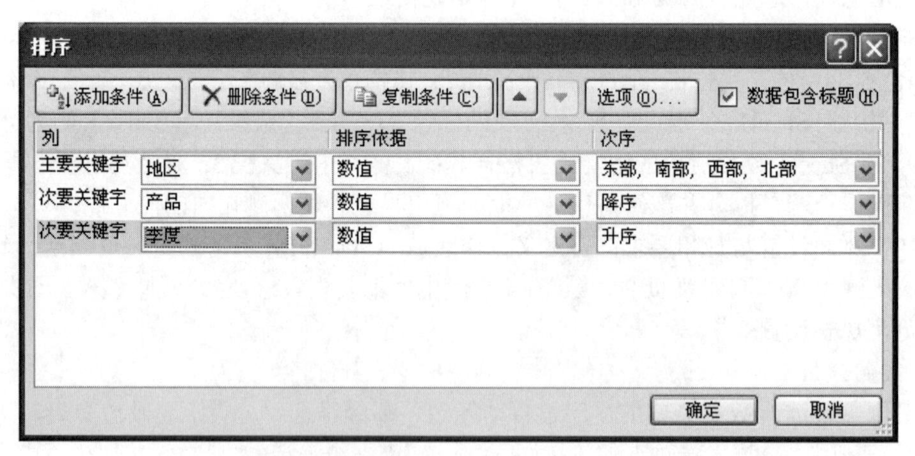

图 4-28　排序

（3）数据筛选。数据筛选就是将满足条件的记录行显示出来，不符合条件的记录隐藏起来。筛选分为自动筛选和高级筛选两种。

①自动筛选。自动筛选只能将筛选出的记录在原位置上显示，并且一次只能对一个字段设置筛选条件。若筛选涉及多个字段条件时，必须经过多次自动筛选才完成筛选任务。详细操作步骤见实现方法。

②高级筛选。高级筛选可一次完成筛选条件较为复杂的记录筛选。高级筛选首先要设置好筛选条件区域，筛选时如果要求多个条件同时满足，则称这些条件为“与”的关系；如果筛选只要求满足多个条件之一时，则称这些条件为“或”关系。多个字段的条件处于同一行上时，表示多个条件之间是“与”的关系，多个字段的条件处于不同行上时，表示多个条件是或的关系。条件区域设置如图 4-29 所示，左边条件区域中两个条件是与的关系，右边条件区域中的两个是或的关系。高级筛选详细操作步骤详见实现方法。

“与”关系

性别	职称
女	教授

“或”关系

性别	职称
女	
	教授

图 4-29　条件区域

（4）分类汇总。分类汇总就是先将记录按某个字段进行分类，然后在每一类中进行汇总（如计数、求和、求平均值等），如汇总不同职称教师在某年的发表论文数。分类汇总的操作步骤如下：

先按分类字段排序，光标定位于任一列标题上，单击“数据→分级显示”组“分类汇总”按钮，在弹出的“分类汇总”对话框中，选择分类字段、求和方式、选定汇总项等，详细操作过程参见实现方法。

（5）数据透视表和数据透视图。分类汇总只能解决按一个字段分类汇总问题，如要解决按多个字段分类汇总的问题，分类汇总已无能为力，这时可以用数据透视表功能轻松解决上述问题，如统计不同职称、不同学历、不同性别教师发表论文数。透视表制作步骤如下：

单击“插入→表格”组“数据透视表→数据透视表”命令，在“数据透视表字段列表”窗格中设置好行标签、列标签及汇总方式即可，如图 4-30 所示。详细操作步骤见实现方法。

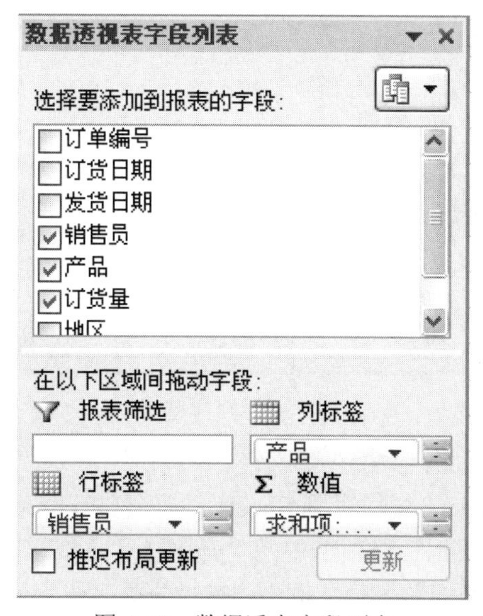

图 4-30　数据透表字段列表

数据透视图是将数据透视表中的数据以图形式显示出来，当创建好透视表后，单击“数据透视图”按钮，就很容易生成透视图了。当然，直接创建透视图也会同时创建透视表的。

（6）合并计算。在实际数据处理中，有时数据被存放到不同的工作表中，这些工作表可在同一个工作簿中，也可来源于不同的工作簿，它们格式基本相同，只是由于所表示的数据因为时间、部门、地点、使用者的不同而进行了分类；但到一定时间，还需要对这些数据表进行合并，将合并结果放到某一个主工作簿的主工作表中。如将销售表中第一、二季度和三、四季度分别进行汇总，然后再将两个汇总表进行合并计算，生成公司全年销售汇总表。详细操作步骤见实现方法。

3. 实现方法

扫码看视频

（1）排序操作步骤：

①单击“文件”→“Excel 选项”命令，在“Excel 选项”对话框中单击“高级”，在“常规”选项区中单击“编辑自定义列表”按钮，打开“自定义序列”对话框，在该对话框中输入自定义序列“东部”“南部”“西部”“北部”，单击“添加”，如图 4-31 所示，单击“确定”。

②选择数据清单的任一列标题，单击“数据→排序和筛选”组“排序”按钮，在弹出的“排序”对话框中，在“主要关键字”“排序依据”框中分别选择“地区”“数值”，在“次序”框中自定义序列“东部”“南部”“西部”“北部”。单击“添加条件”按钮，在“次要关键字”三个框中分别选择“产品”“数值”“降序”，再次单击“添加条件”按钮，在第二个“次要关键字”的三个框中分别选择“季度”“数值”“升序”，如图 4-28 所示，单击“确定”。

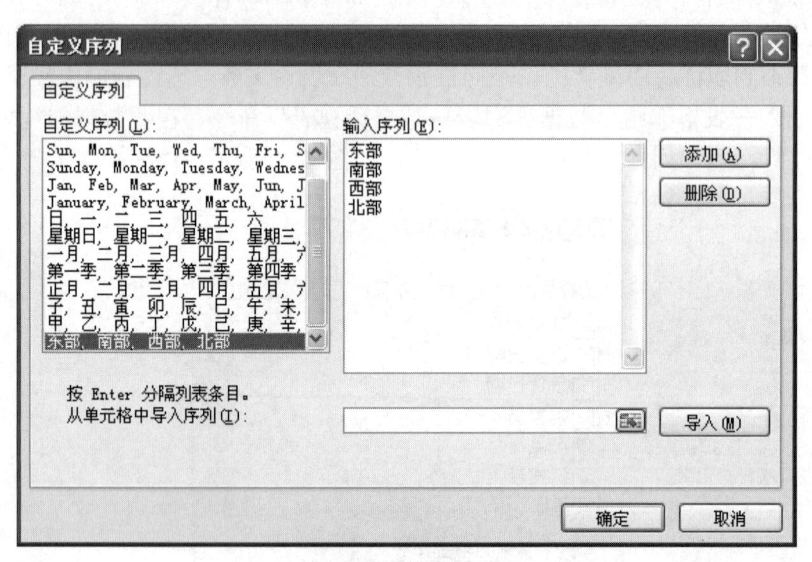

图 4-31 排序选项

（2）分类汇总的操作步骤：

①按住 Ctrl，并拖动 Sheet1 工作表到 Sheet1 后，复制工作表记为 Sheet1(2)，光标定位于“产品”字段名上，单击“数据”选项卡中的“升序排序”按钮，单击“数据→分级显示”组“分类汇总”命令，在“分类汇总”对话框中，在“分类字段”列表框中选择“产品”，在“汇总方式”中选择“求和”项，在“选定汇总项”中选中“订货量”，如图 4-32 所示，单击“确定”。单击分类汇总窗口中左上角的 1、2、3，可以显示不同级别的汇总数据，如图 4-33 所示。

单击图 4-32 中“全部删除”按钮可删除汇总数据行。

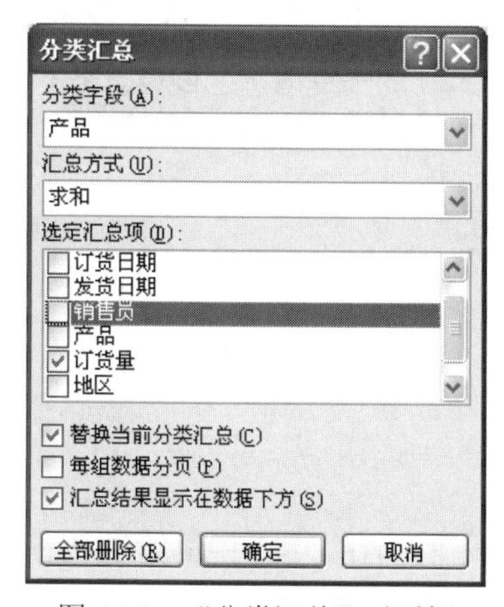

图 4-32　“分类汇总”对话框

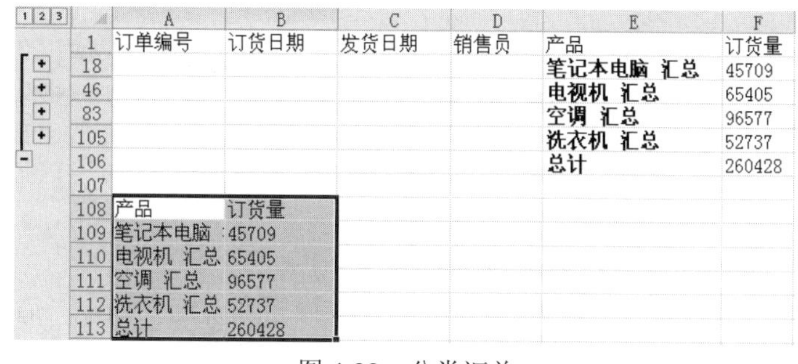

图 4-33　分类汇总

②单击分类汇总窗口左上角的“2”按钮，选择要复制的数据区域，如图 4-33 所示，单击“开始→编辑”组“查找与选择→定位条件”命令，在“定位条件”对话框中选中“可见单元格”选项，单击“复制”按钮，选择 A108 单元格，单击“粘贴”按钮。

③删除 Sheet1(2)中的汇总行，光标定位于“销售员”字段名上，单击“排序和筛选→升序”按钮对记录排序，以“销售员”进行分类对销售量进行汇总的操作步骤同①，这里省略。

（3）自动筛选的操作步骤：

①删除 Sheet1(2)工作表的汇总数据，光标定位于“产品”标题上，单击“数据→排序和筛选→筛选”按钮，单击“产品”右侧的下拉箭头按钮，在产品列表框中选择“电视机”，单击“确定”，如图 4-34 所示。

②单击“订货日期”右侧下拉箭头按钮，在下拉菜单中单击“日期筛选→自定义筛选”命令，弹出“自定义自动筛选方式”对话框，定义筛选条件“订货日期大于等于 2016-8-1 且小于等于 2016-10-25”，参数输入如图 4-35 所示，单击“确定”。

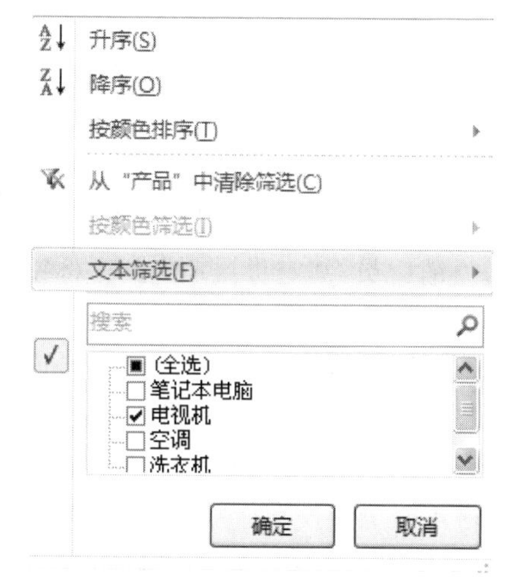

图 4-34　自动筛选

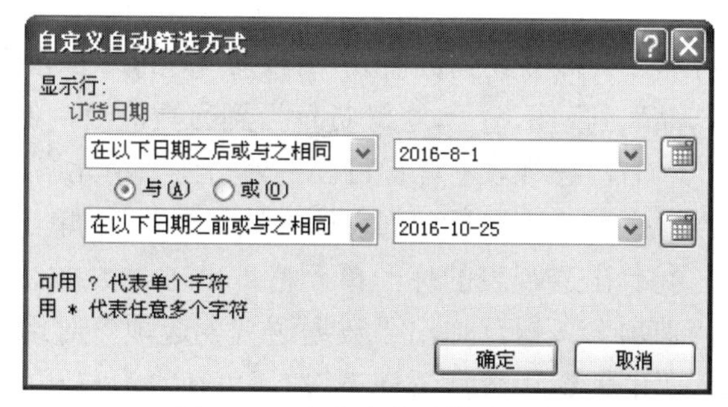

图 4-35　自定义自动筛选方式

（4）高级筛选操作步骤：

复制工作表 Sheet1 到 Sheet1(2)，在单元格区域 I1:K2 设置筛选条件如图 4-36 所示。单击“数据→排序和筛选”组“筛选”按钮，弹出“高级筛选”对话框，在对话框的“列表区域”框中圈选数据清单的区域如$A$1:$H$101，在“条件区域”框中圈选条件区域如$I$1:$K$2，单击“确定”。

I	J	K
订货日期	订货日期	地区
>=2016-8-1	<=2016-10-25	西部

图 4-36　筛选条件

（5）高级筛选操作步骤：

选择 Sheet1(2)工作表，单击“排序和筛选”组中“清除”按钮，清除（4）中的筛选状态，显示全部记录。在单元格区域 I1:J3 设置筛选条件如图 4-37 所示，单击“数据→高级筛选”命令，弹出“高级筛选”对话框，在对话框的“列表区域”框中圈选数据清单的区域如$A$1:$H$101，在“条件区域”框中圈选条件区域如$I$1:$J$3，在“方式”框选择“将筛选结果复制到其他位置”，在“复制到”框中输入 I6，如图 4-38 所示，单击“确定”。

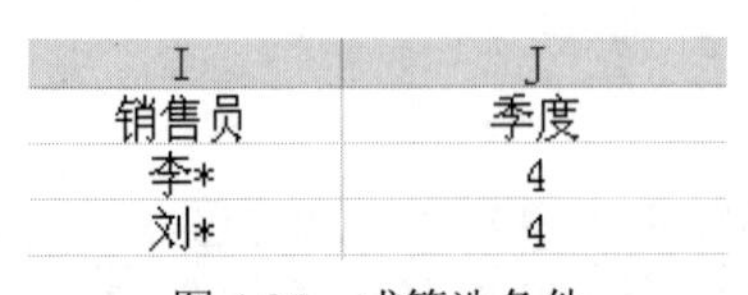

I	J
销售员	季度
李*	4
刘*	4

图 4-37　或筛选条件

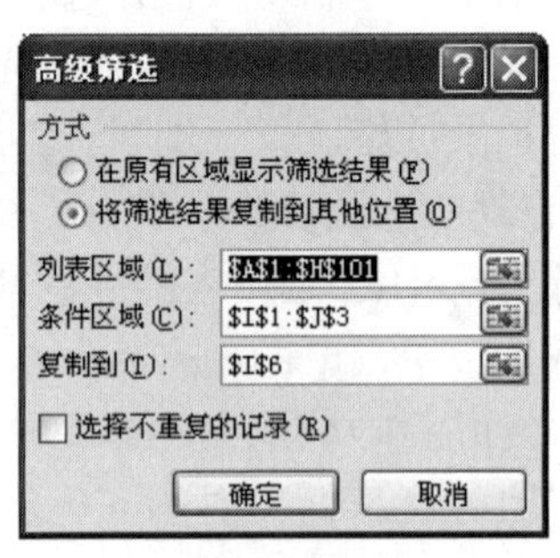

图 4-38　高级筛选

（6）透视表创建与编辑操作步骤：

①单击“插入→表格”组“数据透视表→数据透视表”命令，弹出“创建数据透视表”对话框，单击“选择一个表或区域”选项，并在“表/区域”框中圈选数据透视表的数据源区域，在“选择放置数据透视表的位置”选项组中选择位置（新工作表或现有工作表及位置），如图 4-39 所示。单击“确定”后打开“数据透视表字段列表”窗格，在“数据透视表字段列表”窗格中，勾选相关字段，并拖到相应的域上（或右击某字段，选择添加报表筛选，添加到行标签、列标签或到数值），如添加“地区”到报表筛选，“销售员”“定货日期”到行标签上，“产品”到列标签上，“订货量”到Σ数值上，如图 4-40 所示。

②右击透视表“订货日期”列的任一单元格，单击快捷菜单中的“创建组”命令，在“分组”对话框的“步长”列表框中选择“月”，单击“确定”，这样数据就按月分组了。

③单击透视表的任一单元格，单击“数据透视表工具”的“选项”选项卡中的“选项”组“选项”按钮，弹出“数据透视表选项”对话框，如图 4-41 所示。在“名称”文本框中，输入“电器销售数据透视表”，还可在“汇总和筛选”选项卡中，选中或取消“显示行总计”“显示列总计”等。

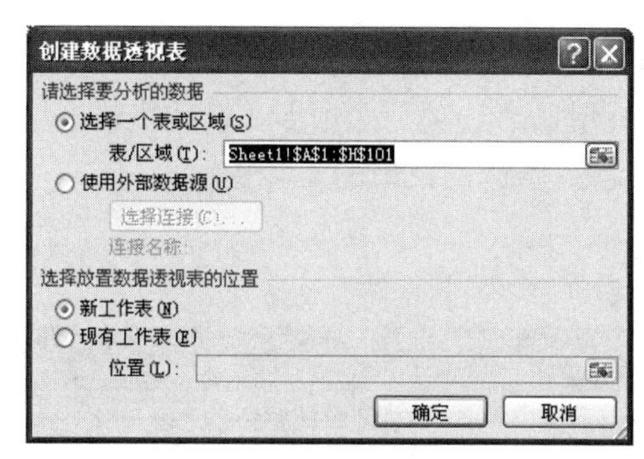

图 4-39 创建数据透视表

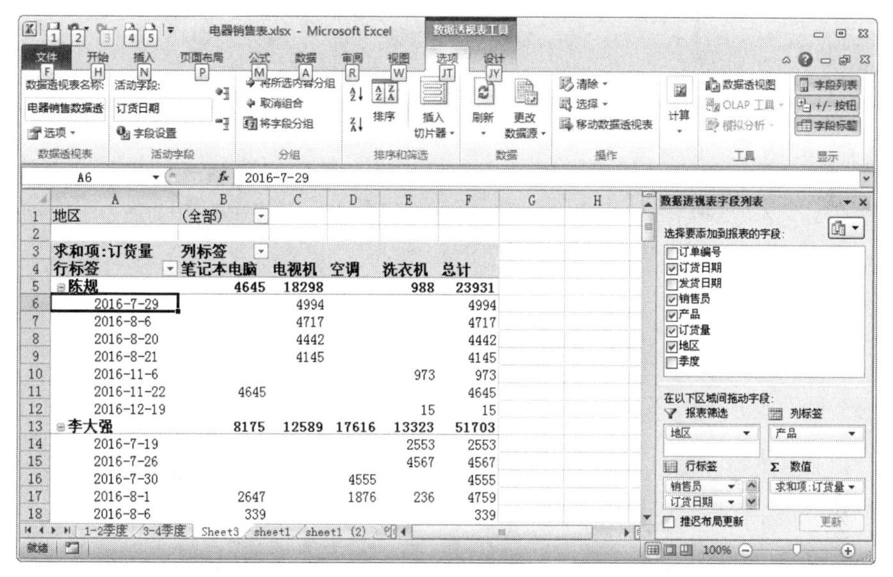

图 4-40 透视表

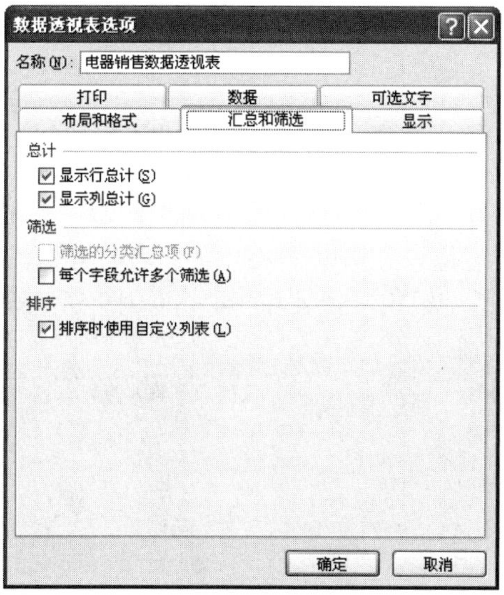

数据透视表选项

名称(N): 电器销售数据透视表

打印 | 数据 | 可选文字

布局和格式 | 汇总和筛选 | 显示

总计

☑ 显示行总计(S)

☑ 显示列总计(G)

筛选

☐ 筛选的分类汇总项(F)

☐ 每个字段允许多个筛选(A)

排序

☑ 排序时使用自定义列表(L)

确定 取消

图 4-41 数据透视表选项

④选择“设计”选项卡，展开“数据透视表样式”样式列表，在样式表中选择“数据透视表样式中等深浅样式 10”；单击“选项”选项卡“活动字段”组“折叠整个字段”按钮，即可将月份数据折叠起来，汇总数据透视表如图 4-42 所示。

	A	B	C	D	E	F
1	地区	(全部)				
2						
3	求和项:订货量	列标签				
4	行标签	笔记本电脑	电视机	空调	洗衣机	总计
5	陈规	4645	18298		988	23931
6	李大强	8175	12589	17616	13323	51703
7	李阳	9976		32821		42797
8	刘阳	9318	14458		14508	38284
9	王小玲		3568	16558		20126
10	王子玲		4538	9717		14255
11	张本一		7535	5442	19133	32110
12	张家一	13595	4419	14423	4785	37222
13	总计	45709	65405	96577	52737	260428

图 4-42　汇总透视表

⑤选择不包括行、列总计的数据透视表数据区域，单击“选项→工具”组“数据透视图”按钮，在“插入图表”对话框中选择图表类型如“簇状圆柱图”，单击“确定”，生成数据透视图如图 4-43 所示。

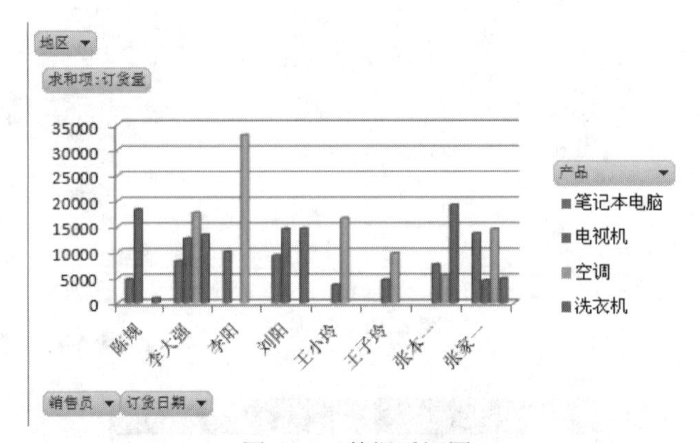

图 4-43　数据透视图

（7）创建透视表汇总表及两表合并计算的步骤如下：

①按照（6）中操作步骤，分别以“1-2 季度”“3-4 季度”数据表为依据，创建销售透视表，行标签上为“产品”，列标签上为“季度”，Σ汇总域上为“订货量”，汇总方式为求和，位置分别以 Sheet3 工作表的 A1 和 G1 为左上角的单元格区域，得到 1-2 季度销售透视表和 3-4 季度销售透视表，如图 4-44 所示。

	A	B	C	D
1	求和项:订货量	列标签		
2	行标签	1	2	总计
3	笔记本电脑	26882	21848	48730
4	电视机	35899	32893	68792
5	空调	48994	53076	102070
6	洗衣机	29109	26708	55817
7	总计	140884	134525	275409
8				
9	1-2季度销售透视表			

	G	H	I	J
1	求和项:订货量2	列标签		
2	行标签	3	4	总计
3	笔记本电脑	24594	21115	45709
4	电视机	34535	30870	65405
5	空调	46460	50117	96577
6	洗衣机	27417	25320	52737
7	总计	133006	127422	260428
8				
9	3-4季度销售透视表			

图 4-44　1-2 季度销售透视表和 3-4 季度销售透视表

②单击 Sheet3 的 A12 单元格，单击“数据→数据工具”组“合并计算”按钮，弹出“合并计算”对话框，设置如图 4-45 所示。在“函数”下拉列表中选择“求和”，在“引用位置”选项框中圈选“1-2 季度销售透视表”数据区域，单击“添加”按钮。再单击“引用位置”，圈选“3-4 季度销售透视表”数据区域，再次单击“添加”按钮，勾选“标签位置”中“首行”和“最左列”复选框，单击“确定”，合并计算后的数据如图 4-46 所示。

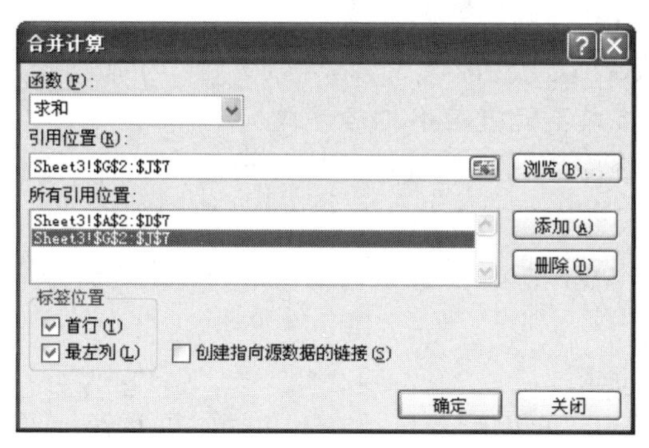

图 4-45　“合并计算”对话框

12		1	2	3	4	总计
13	笔记本电脑	26882	21848	24594	21115	94439
14	电视机	35899	32893	34535	30870	134197
15	空调	48994	53076	46460	50117	198647
16	洗衣机	29109	26708	27417	25320	108554
17	总计	140884	134525	133006	127422	535837

图 4-46　合并计算后销售汇总表

（8）新建单元格样式及合并样式的操作步骤如下：

单击“开始→样式”组“单元格样式→新建单元格样式”命令，弹出“样式”对话框，单击“格式”按钮，在“设置单元格格式”对话框中设置：黑体，字体颜色：红色，强调文字颜色 2，深色 50%；对齐：水平、垂直均居中；填充：橄榄色，强调文字颜色 2，淡色 80%；样式名：我的标题，如图 4-47 所示，单击“确定”。

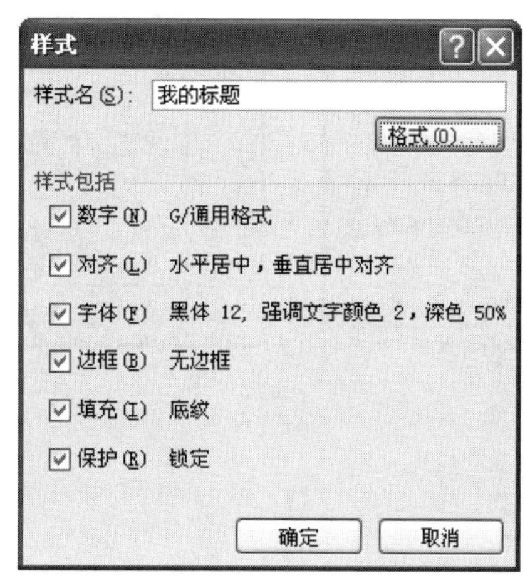

图 4-47　新建单元格样式

选择列标题，单击“开始→样式”组“单元格样式→我的标题”命令。

打开“成绩表3.xlsx”文件，选择工作表的列标题，单击“开始→样式”组“单元格样式→合并样式”命令，弹出“合并样式”对话框，选择“电器销售表”工作簿，如图4-48所示，单击“确定”，单击“样式”组“单元格样式→我的样式”命令。

（9）对Sheet1数据清单应用套用表格样式应用样式及窗口拆分、冻结的操作步骤：

选择工作表Sheet1包含列标题的数据区域，单击“开始→样式”组“套用表格格式”命令，在表格样式列表中，选择表样式中等深浅3。选择列标题，单击“单元格格式→常规”命令。

提示：表格套用表格格式不能覆盖单元格样式。

清除套用表样式：选择应用样式的数据区域，单击“设计→表格样式→其他→清除”命令，选择列标题，单击“设计→工具”组“转换为区域”按钮。

拆分冻结窗格：选择单元格A6，单击“视图→窗口”组“拆分”按钮，单击“冻结窗格→冻结拆分窗格”命令。

（10）页面设置操作步骤：

单击“页面布局”，单击“页面设置”组右下角的扩展按钮，弹出“页面设置”对话框，在“页面”选项卡中设置纸张方向、缩放比例如90%，在“页边距”选项卡中设置“上”“下”“左”“右”“页眉”“页脚”等边距，在“页眉/页脚”选项卡中，单击“自定义页眉”按钮，输入“第3、4季度电器销售表”，单击“自定义页脚”按钮，插入“第&[页码]页共&[总页数]页”，在“工作表”选项卡中，打印区域：圈选A1:H75，打印标题：单击标题行，勾选“网格线”，单击“确定”，如图4-49所示。单击对话框上“打印预览”按钮可预览设置效果，单击“打印”按钮可实现打印。

图4-48 合并样式

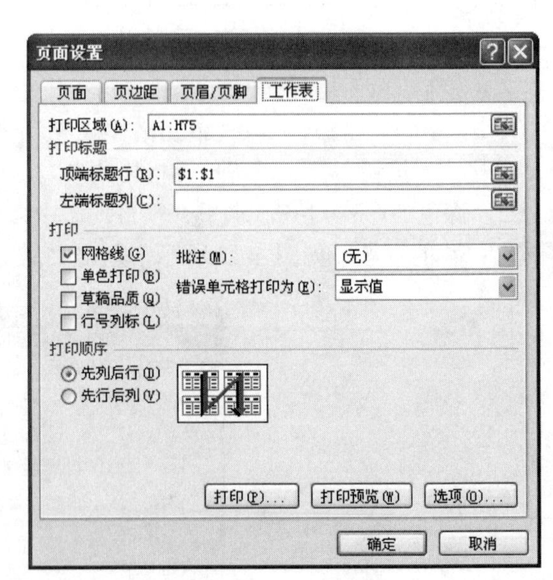

图4-49 页面设置

4. 课堂实践

（1）实践本案例（1）、（2）。

（2）实践本案例（3）、（4）、（5）。

（3）实践本案例（6）、（7）。

（4）实践本案例（8）、（9）、（10）。

（5）打开工作簿文件 Student.xlsx，完成下列操作：

①从工作表 Sheet1 的数据清单中筛选出所有 2008 级至上 2009 级中文专业学生的记录，并将筛选结果（包括标题行）复制到以 Sheet1！A155 为左上角的区域中。（高级筛选）

②使用分类汇总，统计不同专业的人数，将汇总结果复制到空白区域，在 Sheet2 中完成。

③创建透视表，统计不同专业、不同性别、不同年级的人数，年级放在页上，性别放在列上，专业放在行上，性别放在数据上，汇总方式为计数，横向求和（纵向不求和），透视表重命名为“学生统计表”。

5. 评价与总结

- 根据时间情况让同学主动上台演示课堂实践的部分或全部操作。
- 鼓励多位同学分别总结本案例其中某一部分主要知识要点，学生或老师补充。

6. 课外延伸

（1）根据本案例（6）中的透视表，年销售业绩最好（订货量最大）与销售业绩最差销售员所在行分别用的图案颜色设置为浅绿与浅黄色。订货量最大产品与订货量最少产品名称分别用红色和蓝色显示。

（2）用函数方法统计不同销售员不同产品的订货量。

任务五　数据信息管理及模拟分析

Excel 系统不仅提供了功能齐全的计算功能、数据管理功能，还提供了快捷灵活的图表功能。在实际学习、工作中，经常要进行各种各样数据统计，然后生成报表，数据密密麻麻看了让人生畏，而且产生的效果也不好。但如果将统计数据用图表展示出来，将给人们耳目一新的感觉。

案例 7　教工信息统计与分析

宏远职业技术学院是一所教师众多的高校，人力资源部门经常需要对教师队伍的学历、职称构成、科研论文等数据进行统计和分析，以便为领导引进人才、科学用人提供科学依据。教师人数众多，统计和管理大量数据工作是很辛苦的事情，但如果能熟练地应用 Excel 中的各种统计函数、数据透视表及图表功能，一定能起到事半功倍的效果。下面就以学院部分教师的科研数据为例，以窥探人力资源部门的部分日常管理工作。打开“teacher_inf.xlsx”文件，完成下列各项工作：

（1）统计博士或教授某年度发表论文之和，统计女副教授某年度发表论文的平均值。条件区域放在 Sheet1 的 G1:J3 的某空白处，在单元格区域 I7:I8 中统计。

（2）筛选女教师发表论文最多的记录到 Sheet1 的以 A33 为左上角的单元格区域中。

（3）查询夏雪老师发表多少篇论文。

（4）在 Sheet2 的 H2:J5 区域中统计不同职称、人数、比例和发表论文的平均值。

（5）以（4）中统计的数据为依据，以“职称”“人数”两列数为数据源，绘制三维饼图，并显示“值”和“百分比”，标题为“教师结构统计图”。标题的字号设置为 14，其他字号设置为 10，图例位于左侧。

（6）以（4）中统计的数据为依据，以“职称”“人数”“平均发表论文”“百分比”四列数据为数据源，绘制三维簇状柱形图，位置：新工作表，标题为“科研水平统计图”，标题字体大小为18；图例在底部，字体大小为14，并进行如下设置：

①图表区填充：橙色，强调文字颜色6，淡色80%，绘图区填充为“纹理：纸莎草纸”；

②数值轴格式设置：“刻度”最大值为48，主刻度单位为6，XY平面交于0；

③“平均发表论文”系列用“花束”填充，并显示数据标示的值；

④从图表中删除“百分比”系列，然后再添加“百分比”系列，体会添加、删除数据系列的方法。

（7）用Sheet3中的数据为数据源，以“人数”“平均发表论文”两个系列为依据绘制簇状柱形图，图表样式为“样式26”，以“百分比”系列为依据绘制带数据标记的折线图，从而形成组合图表，以避免百分比系列数据太小无法显示的情形发生。（选学）

（8）利用频度分析函数FREQUENCY(data_array,bins_array)，统计数据表Sheet4中发表论文数在0～9、10～19、20～39、40～59、60篇以上各区间里的教师人数。

（9）对工作簿的保护：要求对工作簿文件的保护，使得不知道保护密码无法打开该文件；保护工作簿的结构使用户不能插入、删除、移动、重命名工作表；对Sheet2中数据统计区G1:J5进行保护，使得统计表区数据不能编辑、不能删除并隐藏公式。

1．案例分析

本案例（1）、（2）等涉及数据库统计函数知识点，如统计博士或教授发表论文之和等；（3）中涉及数据查询函数VLOOKUP；（4）可以用前面学习过COUNTIF、SUMIF等进行统计，也可以用本案例学习的数据库函数进行统计；（5）～（7）主要涉及创建和编辑图表有关知识；（8）中的问题可以用频度分析函数来解决；最后一个问题涉及保护工作簿及工作表问题。

2．相关知识点

（1）数据库函数。数据库函数专门用于数据清单带有附加统计条件的一类统计函数，在实际统计工作中有着广泛的应用。常用的数据库函数有 DCOUNTA（DCOUNT）、DSUM、DMAX、DMIN、DAVERAGE等，这些函数的参数都是database、field、criteria，因此只要掌握其中一个函数的使用方法，也就掌握这类数据库函数的用法。

①DCOUNTA(database,field,criteria)

返回数据库或列表的列中满足指定条件的非空单元格个数。其中：

database构成列表或数据库的单元格区域，如A1:E31；

field指定函数所使用的数据列。field可以是文本，如“职称”，也可以是代表列表中数据列位置的数字：1表示第一列，2表示第二列，等等；

criteria为一组包含给定条件的单元格区域，如H1:H2。

具体使用方法请参见实现方法部分的相关内容。

②DSUM(database,field,criteria)

返回列表或数据库的列中满足指定条件的数字之和。参数说明同DCOUNTA。

③DMAX(database,field,criteria)，返回列表或数据库的列中满足指定条件的最大数值。

④DMIN(database,field,criteria)，返回列表或数据库的列中满足指定条件的最小数。

⑤DAVERAGE(database,field,criteria)，返回列表或数据库中满足指定条件列中数值的平均值。

（2）查找函数 VLOOKUP(lookup_value,table_array,col_index_num,range_lookup)

功能：返回第一列要查找值所在行与指定列处的单元格的值。

参数：

①lookup_value 为位于要查找数据区域第一列中查找的值。

②table_array 为需要在其中查找数据的数据表区域；

③col_index_num 为 table_array 中待返回匹配值的列序号。col_index_num 为 1 时，返回 table_array 第一列中的数值；col_index_num 为 2，返回 table_array 第二列中的数值，以此类推。

④range_lookup 为一逻辑值，指明函数 VLOOKUP 返回时是精确匹配还是近似匹配。如果为 TRUE 或省略，则返回近似匹配值，也就是说，如果找不到精确匹配值，则返回小于 lookup_value 的最大数值，这时要求 table_array 的第一列中的数值必须按升序排列；如果 range_value 为 FALSE，函数 VLOOKUP 将返回精确匹配值。如果找不到，则返回错误值#N/A，这时 table_array 不必按第一列进行排序。

在 teacher_inf 表中要查找“夏雪”的学位可用公式=VLOOKUP("夏雪",A1:E7,3,FALSE)；若要查找“夏雪”的发表论文数可用公式=VLOOKUP("夏雪",A1:E7,5,FALSE)。

提示：

- 如果函数 VLOOKUP 找不到 lookup_value，且 range_lookup 为 TRUE，则返回小于等于 lookup_value 的最大值。
- 如果 lookup_value 小于 table_array 第一列中的最小数值，函数 VLOOKUP 返回错误值#N/A。
- 如果函数 VLOOKUP 找不到 lookup_value 且 range_lookup 为 FALSE，函数 VLOOKUP 返回错误值#N/A。

（3）图表的创建与编辑。

①图表的创建。选择创建图表的数据源区域，单击“插入→图表”组右下角的“对话框启动器”按钮，弹出“插入图表”对话框，选择图表类型及子类型，单击“确定”。

②图表的编辑。图表的编辑包括改变图形的类型，添加图表标题、坐标轴标题，添加数据系列标签，设置图表样式及图表的各元素的格式等。

操作步骤：单击图表，窗口上方弹出“图表工具”的上下文选项卡，在“设计”选项卡中，可进行数据类型修改，改变数据源，改变图表布局方式、图表样式等操作；在“布局”选项卡中，可以设置图表标题、坐标轴标题及数据系列标签等；在“格式”选项卡中，可以对所选择的图表元素如图表区、标签、坐标轴进行格式设置。具体操作以详见后面图表实现部分。

（4）频率分析。在实际统计工作中，常需要分析一批数据在各个区间的分布情况，如老师分析考试成绩在各个分数段的里的人数，销售人员统计销售数据的分布情况等。这时需要用到 Excel 中的频度分析函数 FREQUENCY(data_array,bins_array)，该函数功能是计算一列垂直数组在给定各区间段内数据的分布频率。由于函数 FREQUENCY 返回一个数组，所以必须以数组公式的形式输入。其中：

data_array 为用于计算频率的数组或对一组数值的引用；

bins_array 为间隔的数组或对间隔的引用，也就是分隔区间的分段点，由每个数据区间的最大值数据构成。具体用法见后面实现方法。

3. 实现方法

（1）设置条件区域操作步骤：

设置条件区域如图 4-50 所示，光标定位于 I7 中，单击“公式→函数库”组“插入函数”按钮，在“插入函数”的“选择类别”框中选“数据库”，在“选择函数”列表框中选中“DSUM”，单击“确定”，在“函数参数”的 Database 框中圈选数据清单范围，在 Field 框中单击求和字段名单元格 E1 或直接输入该列序号 5，在 Criteria 圈选条件区域 G1:H3，如图 4-51 所示，单击“确定”。

G	H	I	J
学历	职称	职称	性别
博士		副教授	女
	教授		

图 4-50　数据库函数条件区域

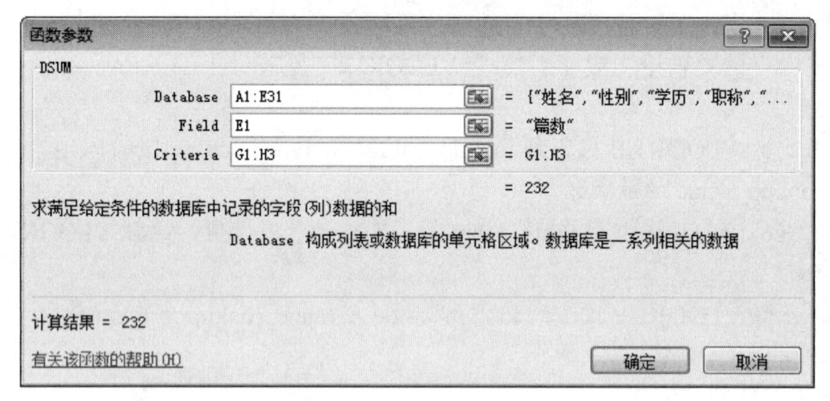

图 4-51　DSUM 函数参数

同样方法，在 I8 中输入公式“=DAVERAGE(A1:E31,E1,I1:J2)”，求女副教授发表论文的平均值。

（2）使用 DMAX 函数的操作步聚：

①单击 K2 单元格，用 DMAX 求出性别为“女”发表论文的最大值 64，如图 4-52 所示。

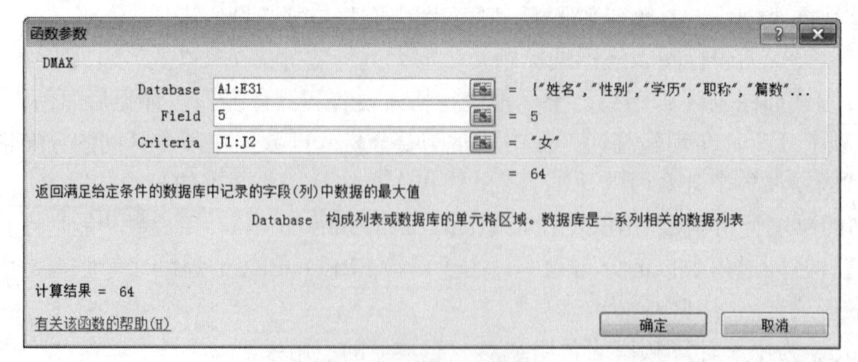

图 4-52　DMAX 函数

②以“性别”为女且发表论文“篇数”为 64 作为条件进行高级筛选，将筛选的结果复制到 A33 开始的单元格即可。

（3）用 VLOOKUP 函数查找“夏雪”发表论文篇数的操作步聚：

光标定位于 I9 中，单击“公式→函数库”组“插入函数 f_x”按钮，在“插入函数”的“搜索函数”框中输入“VLOOKUP”，单击“转到”按钮，“确定”，在“函数参考”的对话框中，在 Lookup_value 框中输入 A6（或直接输入“夏雪”），在 Table_array 框中，圈选查找数据区域如 A1:E31，在 Col_index_num 框中输入 5（待返回匹配值所在列的序号），在 Range_lookup 框中输入“FALSE”，如图 4-53 所示，单击“确定”。

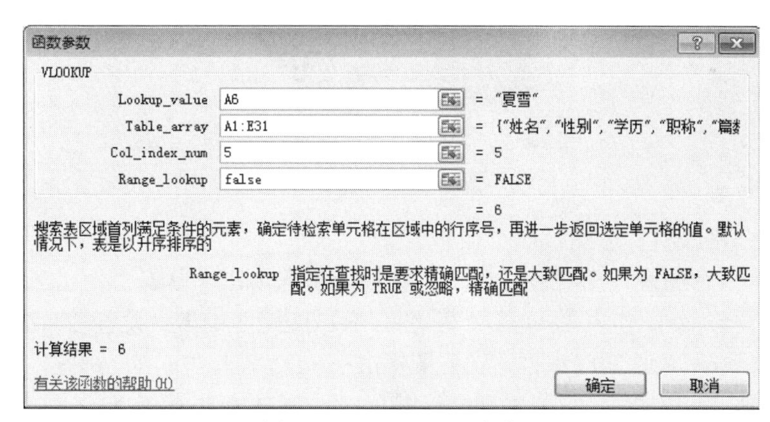

图 4-53　VLOOKUP 参数

（4）使用函数统计操作步骤：

①单击工作表标签 Sheet2，在 G9:J10 中设置条件（如职称：教授等），用 DCOUNTA 计算教授、副教授、讲师、助教人数，如 H2 中输入计算教授人数公式“=DCOUNT(A1:E31,E1,G9:G10)”。其实用 COUNTIF 函数计算一个后可以填充，更方便，如在 H2 中输入公式“=COUNTIF(D$2:D$31,G2)”，然后向下填充即可。

②计算不同职称发表论文平均值用 AVERAGE 函数即可。这里用函数 AVERAGEIF 计算教授发表论文的平均值：在单元格 J2 中输入公式“=AVERAGEIF(D$2:D$31,G2,E$2:E$31)”，然后将公式向下填充直到 J5 即可，保留 1 位小数点。

③计算不同职称人数所占百分比：在 I2 中输入公式“=H2/SUM(H$2:H$5)*100”，按回车键后将公式向下填充直到 I5 即可。如图 4-54 所示。

G	H	I	J
职称	人数	百分比%	平均发表论文
教授	4	13.3	39.5
副教授	9	30.0	29.0
讲师	14	46.7	14.2
助教	3	10.0	3.7

图 4-54　统计

（5）绘制三维饼图的操作步骤：

选择 Sheet2 数据源区域 G1:H5，单击“插入→图表”组“饼图→三维饼图”按钮，单击“设计→图表布局”组“其他”按钮，选择“布局 6”，右击饼图上“人数”系列，单击“设置数据标签格式”命令，在“标签选项”中，勾选“值、百分比”复选框，关闭对话框，单击图例，在“开始”选项卡中设置字体大小为

10，将图表的标题修改为“教师结构统计图”，字体设置为 14，如图 4-55 所示。

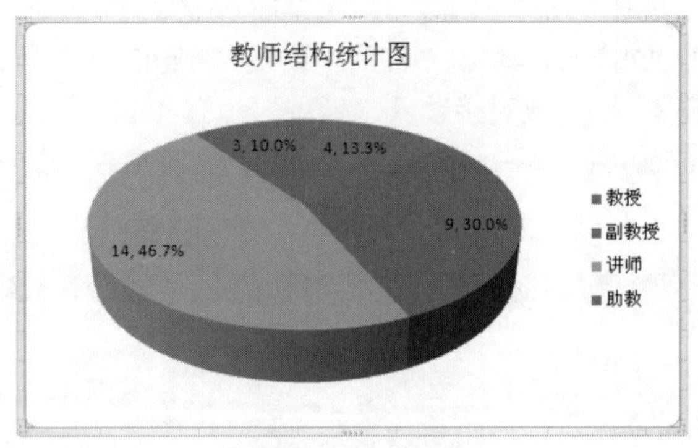

图 4-55　三维饼图

（6）绘制三维簇状柱形图及编辑操作步骤：

①单击“插入→图表”组“柱形图→三维柱形图”按钮，单击“设计→位置”组“移动图表”按钮，选择“新工作表”，单击“确定”。右击图例，单击“设置图例格式”，在“图例选项”中选择“底部”，关闭对话框，设置图体大小 14，单击“布局→标签”组“图表标题→图表上方”命令，标题改为“科研水平统计图”，并将体大小设置为 18。

②右击“图表区”，单击“设置图表区域格式”命令，在“填充”中选择“纯色填充”，填充颜色为“橙色，强调文字颜色 6，淡色 80%”。单击“布局”选项卡，在“当前所选内容”组“绘图区”单击“设置所选内容格式”按钮，在“填充”中选择“图片或纹理填充”，纹理为“纸莎草纸”。

③单击“布局→当前所选内容”组“垂直（值）轴”选项，单击“设置所选内容格式”按钮，在“坐标轴选项”中选“最小值”为固定 0.0；“最大值”为固定 48.0；“主要刻度单位”为固定 6.0，如图 4-56 所示。单击“平均发表论文”系列，单击“布局→标签”组“数据标签→打开所选内容的数据标签”命令，即可显示数据系列标签；右击“百分比”系列，单击“设置数据系列格式”命令，在“填充”中选择“图片或纹理填充”，纹理为“花束”，如图 4-57 所示。

图 4-56　坐标轴格式

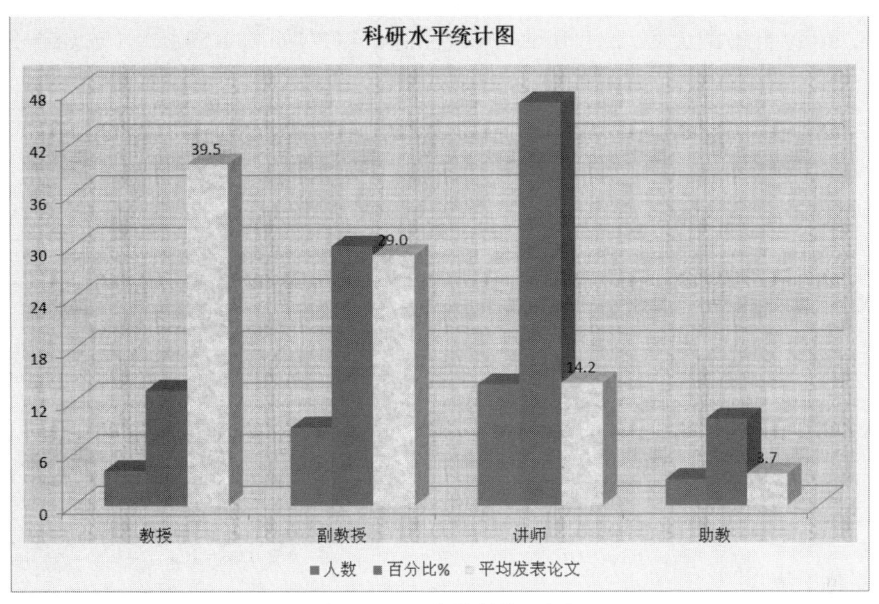

图 4-57　三维簇状柱形图

④单击“百分比”系列，按 Delete 键即可删除“百分比”系列。反之，复制数据表中“百分比”列的相应数据（包括字段名），单击“图表区”，按组合键 Ctrl+V 粘贴即可添加“百分比”系列。

（7）绘制组合图表的步骤：选择 Sheet3 数据区域 A1:D5，单击“插入→图表”组“柱状图→簇状柱形图”按钮，单击“图表工具”组“设计”按钮，单击“图表样式”组“其他”按钮，选择“样式 26”，单击“布局→当前所选内容”组“图表区”旁下拉箭头，单击“系列百分比”，单击“格式→当前所选内容”组“设置所选内容”按钮，在“设置数据系列格式”对话框中，单击系列选项中的“次坐标轴”按钮，单击“关闭”。单击“设计→类型”组“更改数据类型”按钮，在“折线图”的子类型中选择“带数据标记的折线图”，如图 4-58 所示。

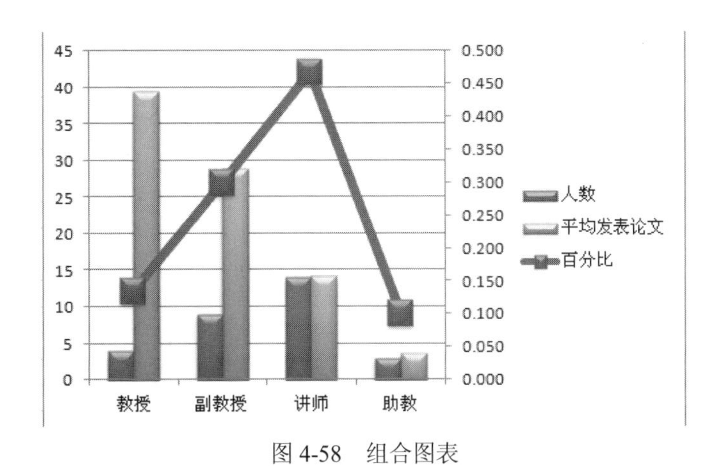

图 4-58　组合图表

（8）用 FREQUENCY 函数统计数据分布的步骤如下：

选择工作表 Sheet4，在“分段点”G4:G7 单元格区域中分别输入分段点即每个区间的上界（9，19、39、59），选择单元格区域 I4:I8，插入“FREQUENCY”函数，在“函数参数”对话框的 Data_array 框中圈选 E2:E31，Bins_array 圈选 G4:G7，如图 4-59 所示，按 Ctrl+Shift+Enter 组合键。

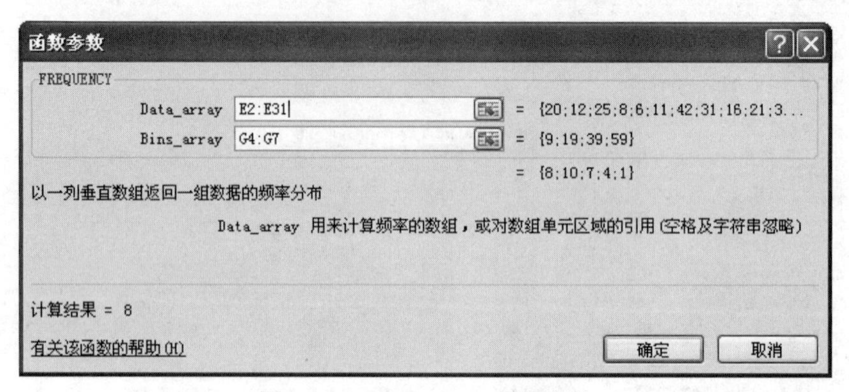

图 4-59 FREQUENCY 函数参数

（9）保护工作簿、工作表的操作步骤：

①单击“文件”→“信息”→“保护工作簿”命令，在弹出的下拉菜单中，单击“用密码进行加密”命令。在“加密文档”对话框中输入密码，在确认框中再次输入密码即可。

如何取消工作簿打开时所需的密码：打开加密的电子工作簿，单击“另存为”命令，在另存为对话框中，单击“工具”下拉列表中“常规选项”命令，在该对话框中的“打开权限密码”“修改权限密码”框中空着或输入密码可以实现解码和加密功能，如图 4-60 所示。

图 4-60 常规选项

②单击“文件”→“信息”→“保护工作簿”→“保护工作簿结构”命令，在“保护结构和窗口”对话框中勾选“结构”选项，在“密码（可选）”框中输入密码，并在“确定密码”对话框中重新输入密码，单击“确定”按钮。

③单击 Sheet2 的“全选”按钮，单击“开始→单元格”组“格式→设置单元格格式”命

令，在“设置单元格格式”的“保护”选项卡中取消“锁定”“隐藏”选项，单击“确定”按钮，选择要保护的区域 G1:J5，右击，单击“设置单元格格式”命令，在“设置单元格格式”的“保护”选项卡中勾选“锁定”“隐藏”选项，单击“审阅→更改”组“保护工作表”按钮，在“保护工作表”对话框中，勾选“保护工作表及锁定的单元格内容”“选定锁定单元格”“选定未锁定的单元格”选项，输入取消工作表保护时的密码，如图 4-61 所示，单击“确定”按钮。

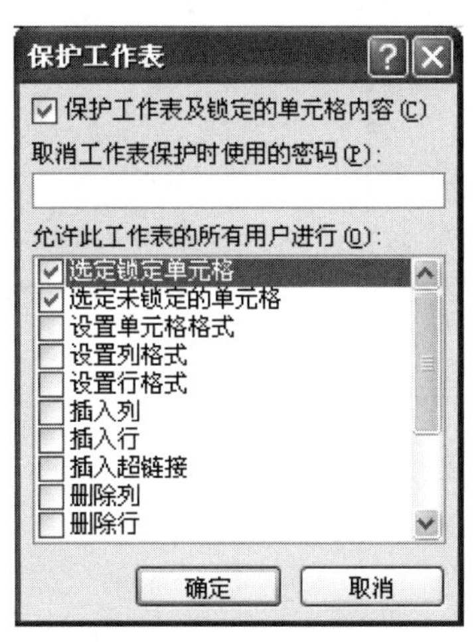

图 4-61　保护工作表

撤消工作表保护：右击被保护的工作表如 Sheet2，单击“撤消工作表保护”命令，在“撤消工作表保护”对话框中输入密码，确定后即可解除对工作表的保护。

4. 课堂实践

（1）实践本案例（1）、（2）；

（2）实践本案例（3）、（4）、（5）；

（3）实践本案例（6）、（7）、（8）；

（4）实践本案例（9）、（10）。

5. 评价与总结

- 根据时间情况让同学主动上台演示课堂实践的部分或全部操作。
- 鼓励多位同学分别总结本案例其中某一部分主要知识要点，学生或老师补充。

6. 课外延伸

（1）直方图分析工具。直方图分析工具不仅可以统计区域中单个数值的出现频率，而且还可以创建数据分布和直方图表。如统计数据表 Sheet4 中统计发表论文数在 0～9、10～19、20～39、40～59、60 篇以上各区间里的人数，并用直方图表显示统计结果。

操作步骤如下：

在“Excel 选项”对话框的“加载项”的右窗格中，单击“转到”按钮，在“加载宏”对话框中勾选“分析工具库”选项，如图 4-62 所示，单击“确定”按钮，单击“数据→分析”组“数据分析”按钮，在“数据分析”框中勾选“直方图”选项，单击“确定”按钮，在“直方图”对话框的“输入”框中圈选 E2:E31，在“接收区域”（即分段点区域）框中选择$G$3:$G$7，在“输出区域”框中输入 K3，如图 4-63 所示，单击“确定”。统计结果及直方图如图 4-64 所示。

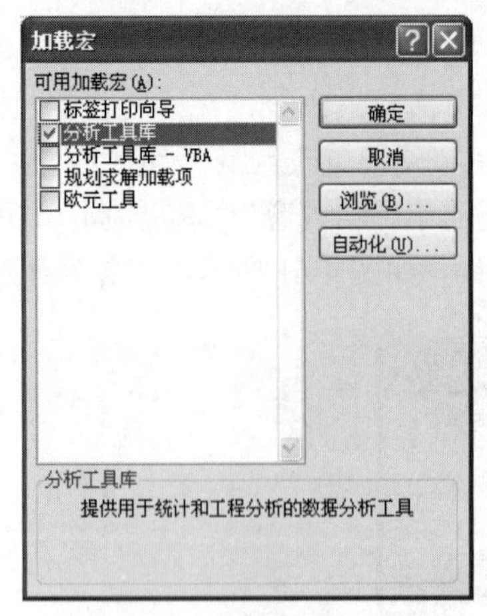

图 4-62　加载分析工具库

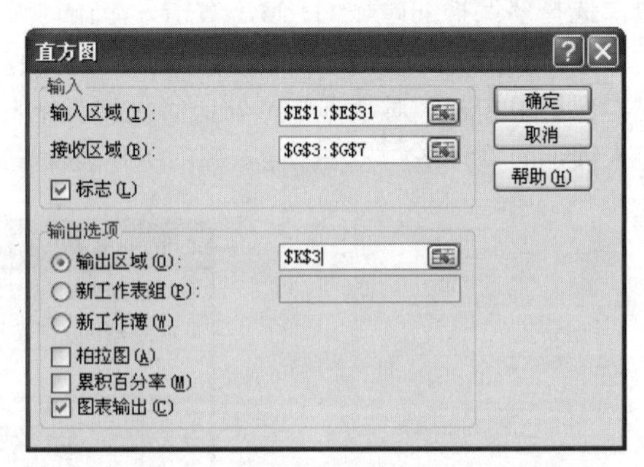

图 4-63　直方图

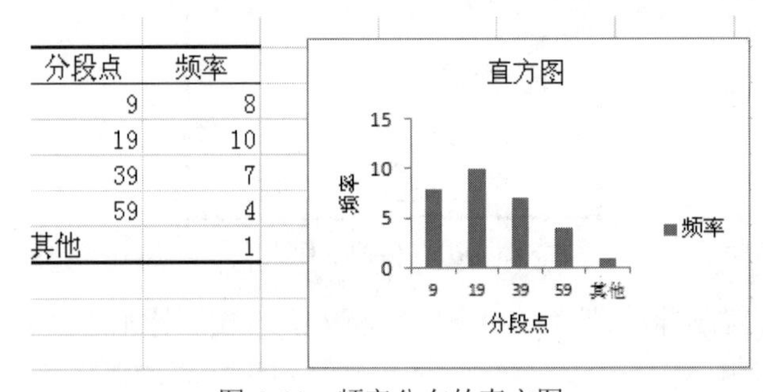

分段点	频率
9	8
19	10
39	7
59	4
其他	1

图 4-64　频率分布的直方图

（2）课外练习。

①用直方图数据分析工具统计“6.课外延伸”中频度分析问题。

②利用①的统计结果，以“论文区间”“统计人数”两列数据为数据源，创建“簇状柱形图”。

③用透视表的方法统计不同称职、不同学历发表论文的平均数，然后利用统计结果创建“簇状柱形图”。

④用 LOOKUP 函数统计发表论文最多是哪位老师。

Excel 功能很强大，还可以用它求解规划问题、方程求解，进行各种数据分析等。但由于种种原因，许多应用案例不能在此一一列举，读者在遇到这些问题时可查帮助或到互联网上查询相关帮助信息。

案例 8　Excel 模拟分析工具在投资理财方面的应用

模拟运算表是将表中的数据进行模拟运算，测试使用一个或两个变量对运算结果的影响。单变量数据表是基于一个变量测试对公式计算结果的影响。双变量数据表是基于两个变量测试对公式计算结果的影响。如在贷款总额不变的情况下，测试当年利率变化及贷款年限变化时，计算每月的还款额的问题就可应用双变量数据表方便解决。可以理解为 Z=f(x)或 z=f(x,y)函数，当 x、y 变化时，对函数值 z 的影响。

在使用 Excel 2010 处理数据时，经常是根据已知的数据建立公式来计算结果。但是，单变量求解却相反，它的运算过程是已知某个公式结果的情况下，反过来求解公式中某个变量的值。模拟运算表和单变量求解可以用下面的典型应用加以说明。

打开“模拟分析.xlsx”工作簿，完成下面各题的求解。

（1）张先生贷款额为 200 万，贷款年限为 20 年，年利率为 4.5%，问月还款是多少？如果贷款额和贷款年限都不变的情况下，用模拟运算表的方法计算年利率分别为 4.58%、4.66%、4.74%、4.82%、4.90%、4.98%时每月的还款额，在 Sheet1 中完成。

（2）已知：张先生贷款 100 万，利率为 5.04%，20 年还清，问每月还款额是多少？运用双变量模拟运算表，计算不同贷款额与不同还款期限下的每月还款额，在 Sheet2 中完成。

（3）已知贷款总额为 200 万，贷款期限为 20 年，在年利率为 5.04%的情况下，月还款为 13243.3 元。反过来，在利率和年取限都不变的情况下，希望月供 10000 元，那么按这种偿还能力现在能贷款多少？在 Sheet3 中用单变量求解方法完成。

1. 案例分析

已知还款年限和贷款额，在固定利率下计算每月的还款额可用 PMT 函数，案例（1）中年利率不断变化，如果再用 PMT 函数将需要多次计算才能实现，比较麻烦，但若用模拟运算表的方法只需要一次就求出多个结果。案例（2）中的问题应用双量模拟运算表求解更能体现变量模拟运算表的价值。案例（3）中的问题应用单变量求解很方便。

2. 相关知识点

（1）模拟运算表。模拟运算表是根据已知的公式计算出一个结果，然后让公式中一个或两个变量发生变化，测试对运算结果的影响。如在贷款总额不变的情况下，测试当年利率变化及贷款年限变化时，计算每月的还款额的问题就可应用双变量数据表方便解决。

模拟运算表步骤：首先按公式计算一个问题的结果，将要变化的排成一列（行），选择计算区域，单击“数据→数据工具”组“模拟分析→模拟运算表”命令，在“模拟运算表”对话框中输入引用行（列）的单元格，单击“确定”按钮。详细步骤请参见实现方法。

（2）单变量求解。单变量求解是根据一个公式求出一个结果值，然后让这个结果值改变为一个新值，倒求公式中变量的值应该是多少，才能得到这个新值。详细步骤请参见实现方法。

3. 实现方法

（1）选择“模拟分析.xlsx”的工作表 Sheet1，在单元格 E7 中用 PMT 计算出年利率为 4.50%时的月还款额，选择计算区域 D7:E13，单击“数据→数据工具”组“模拟分析→模拟运算表”命令，在“模拟运算表”对话框中输入引用列的单元格 D7，单击“确定”按钮，如图 4-65 所示。

扫码看视频

月还款额	月还款额
4.50%	(¥12,652.99)
4.58%	(¥12,739.52)
4.66%	(¥12,826.37)
4.74%	(¥12,913.55)
4.82%	(¥13,001.06)
4.90%	(¥13,088.88)
4.98%	(¥13,177.03)

模拟运算表

输入引用行的单元格(R)：

输入引用列的单元格(C)：$D$7

确定　取消

图 4-65　单变量模拟运算表

（2）本题的两个变量为贷款年限和贷款额。选择工作表 Sheet2，在 D8 中计算出贷款额为 100 万，年限为 20 年的月还款，选择区域 D8:H13，单击“数据→数据工具”组“模拟分析→模拟运算表”命令，在“模拟运算表”对话框中分别输入引用行、列的单元格 B8 及 C8，单击“确定”，如图 4-66 所示。

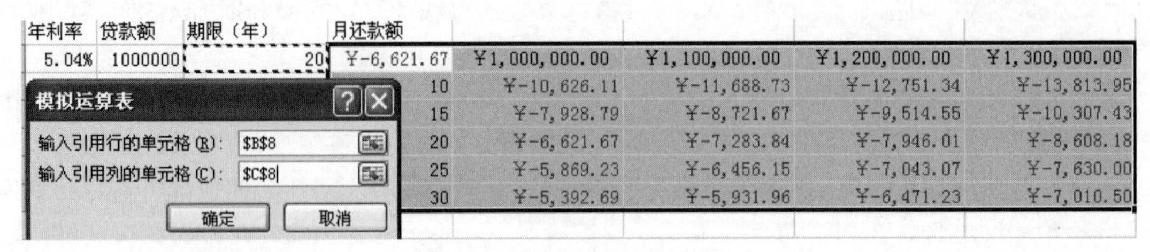

年利率	贷款额	期限（年）	月还款额				
5.04%	1000000	20	¥-6,621.67	¥1,000,000.00	¥1,100,000.00	¥1,200,000.00	¥1,300,000.00
		10		¥-10,626.11	¥-11,688.73	¥-12,751.34	¥-13,813.95
		15		¥-7,928.79	¥-8,721.67	¥-9,514.55	¥-10,307.43
		20		¥-6,621.67	¥-7,283.84	¥-7,946.01	¥-8,608.18
		25		¥-5,869.23	¥-6,456.15	¥-7,043.07	¥-7,630.00
		30		¥-5,392.69	¥-5,931.96	¥-6,471.23	¥-7,010.50

图 4-66 双变量模拟运算表

（3）选择工作表 Sheet3，在 D8 中用 PMT 函数计算出贷款年限为 20 年，贷款额为 200 万的月还款额约为-13243 元，选择 D8 单元格，单击“数据→数据工具”组“模拟分析→单变量求解”命令，弹出“单变量求解”对话框，设置目标单元格：D8，目标值-10000，可变单元格$B$8，如图 4-67 所示，单击“确定”。可贷款额为 1510192 万元，如图 4-68 所示。

图 4-67 单变量求解

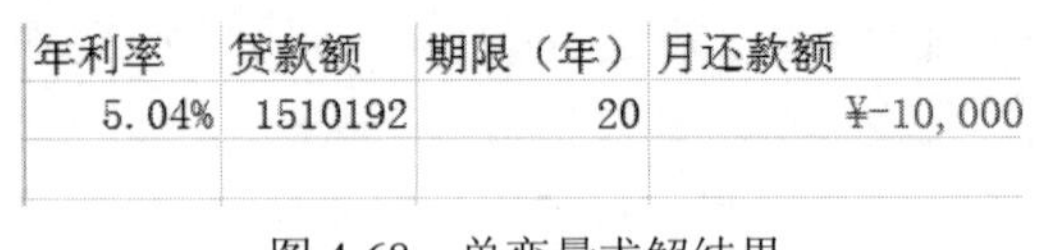

年利率	贷款额	期限（年）	月还款额
5.04%	1510192	20	¥-10,000

图 4-68 单变量求解结果

4. 课堂实践

（1）实践本案例（1）、（2）；

（2）实践案例（3）。

5. 评价与总结

- 老师鼓励同学（一般 2 位一起）主动上台演示部分或全部操作，增强学生学习的成就感。必要时老师点评。
- 鼓励同学总结本案例相关知识点，学生或老师补充。

6. 课外延伸

探索用 Excel 2010 的规划求解解决在生产实践中最优化的应用问题。

任务六 拓展：多条件下的数据统计计算（选学）

案例 9 多条件下数据统计与分析

宏远职业技术学院是一所教师众多的高校，人力资源部门经常需要对教师队伍的学历、职称构成、科研水平等数据进行统计和分析，以便为领导引进人才、科学用人提供科学依据。任课教师或班主任经常需要对某门课程各个分数段男女生人数、平均分等进行统计。虽然这些问题也可用数据库函数解决，但这些函数都需要设置条件区域，比较麻烦，与常规函数使用差别较大，不便于编程应用推广。老师们觉得还是直接用多条件统计函数进行统计比较直观。下面就通过下面几个小问题的计算体会 COUNTIFS、SUMIFS、AVERAGEIFS 等多条件函数使用技巧。打开“多条件函数.xlsx”文件，完成下列各项任务：

（1）统计博士且职称为教授的人数，统计博士且职称为教授某年度发表论文之和，并用数据库函数进行验证；（在 Sheet1 中完成）

（2）统计女副教授某年度发表论文的平均值，并用数据库函数进行验证；（在 Sheet1 中完成）

（3）统计博士或职称为教授的人数，统计博士或职称为教授某年度发表论文之和，并用数据库函数进行验证；（在 Sheet1 中完成）

（4）用 LOOKUP 函数查询陈静老师发表多少篇论文；（在 Sheet1 副本中完成）

（5）在 Sheet2 中统计男生高数 80 分以上，外语 80 分以上学生人数；

（6）在 Sheet2 中统计全班高数 80 分以上，外语 80～90 分之间符合条件的学生人数；

（7）在 Sheet2 中统计高数 80 分以上，外语、C 语言均在 75 分以上高数平均分；

（8）在 Sheet2 中统计全班各科在 80 分以上学生人数。

1．案例分析

本案例主要用到多个条件都要满足的统计函数 COUNTIFS、SUMIFS 和 AVERAGEIFS，这些函数最多允许 127 个区域/条件对，为多条件统计计算带来方便。对于问题（1），应用 COUNTIFS()和 SUMIFS()可以解决；问题（2）用 AVERAGEIFS 可以解决；（3）中的问题由于 Excel 没有直接提供对条件或的统计函数，需要利用一下集合知识：元素数目（A∪B）=元素数目（A）+元素数目（B）−元素数目（A∩B）来解决。如统计博士或教授发表论文之和等；（4）用 LOOKUP 函数查询就可以了；其他问题解决方法同（1）、（2）中的方法。

2．相关知识点

（1）多条件统计函数。多重条件统计函数专门用于数据清单带有多个附加统计条件的一类统计函数，在实际统计工作中有着广泛的应用。目前 Excel 系统提供的多重条件统计函数有 COUNTIFS、SUMIFS、AVERAGEIFS 三个，分别用于计算多个条件均满足时的次数、单元格数值之和、单元格数值的平均值，这几个函数的格式都是一样的，因此只要掌握一个函数的用法，其他函数也就会用了。下用介绍这几个函数的使用方法。

①COUNTIFS(criteria_range1,criteria1,[criteria_range2,criteria2]…)

返回 criteria_range1 中符合所有条件的次数。其中：

criteria_range1 必填。在其中计算关联条件的第一个区域。

criteria1 必填。条件的形式为数字、表达式、单元格引用或文本，可用来定义将对哪些单元格进行计数。例如，条件可以表示为 32、">32"、B4、"苹果"或"32"。

criteria_range2，criteria2，…可选。附加的区域及其关联条件。最多允许 127 个区域/条件对。

要点：每一个附加的区域都必须与参数 criteria_range1 具有相同的行数和列数。这些区域无需彼此相邻。

具体使用方法请参见实现方法。

②SUMIFS(sum_range,criteria_range1,criteria1,[criteria_range2,criteria2],...)

返回在 sum_range 区域中满足后面多个条件时对应单元格数字之和。其中：

sum_range 必填。对一个或多个单元格求和，包括数字或包含数字的名称、区域。忽略空白和文本值。

criteria_range1 必填。在其中计算关联条件的第一个区域。

criteria1 必填。条件的形式为数字、表达式、单元格引用或文本，可用来定义将对哪些单元格进行计数。例如，条件可以表示为 32、">32"、B4、"苹果"或"32"。

criteria_range2，criteria2，…可选。附加的区域及其关联条件。最多允许 127 个区域/条件对。

说明：

- 仅在 sum_range 参数中的单元格满足所有相应的指定条件时，才对该单元格求和。例如，假设一个公式中包含两个 criteria_range 参数。如果 criteria_range1 的第一个单元格满足 criteria1，而 criteria_range2 的第一个单元格满足 critera2，则 sum_range 的第一个单元格计入总和中。对于指定区域中的其余单元格，依此类推。
- sum_range 中包含 TRUE 的单元格计算为 1；sum_range 中包含 FALSE 的单元格计算为 0（零）。
- 与 SUMIF 函数中的区域和条件参数不同，SUMIFS 函数中每个 criteria_range 参数包含的行数和列数必须与 sum_range 参数相同。
- 可以在条件中使用通配符，即问号（?）和星号（*）。问号匹配任一单个字符，星号匹配任一字符序列。如果要查找实际的问号或星号，可在字符前键入波形符（~）。

③AVERAGEIFS(average_range,criteria_range1,criteria1,[criteria_range2,criteria2],...)

返回满足多重条件的所有单元格的平均值（算术平均值）。其中：

average_range 必填。要计算平均值的一个或多个单元格，其中包括数字或包含数字的名称、数组或引用。

criteria_range1，criteria_range2，…，criteria_range1 是必填的，随后的 criteria_range 是可选的。在其中计算关联条件的 1 至 127 个区域。

criteria1，criteria2，...，criteria1 是必填的，随后的 criteria 是可选的。数字、表达式、单元格引用或文本形式的 1 至 127 个条件，用于定义将对哪些单元格求平均值。例如，条件可以表示为 32、"32"、">32"、"苹果"或 B4。

说明：

- 如果 average_range 为空值或文本值，则 AVERAGEIFS 会返回#DIV0!错误值。
- 如果条件区域中的单元格为空，AVERAGEIFS 将其视为 0 值。
- 区域中包含 TRUE 的单元格计算为 1，区域中包含 FALSE 的单元格计算为 0（零）。
- 仅当 average_range 中的每个单元格满足为其指定的所有相应条件时，才对这些单元格进行平均值计算。
- 与 AVERAGEIF 函数中的区域和条件参数不同，AVERAGEIFS 中每个 criteria_range 的大小和形状必须与 sum_range 相同。
- 如果 average_range 中的单元格无法转换为数字，则 AVERAGEIFS 会返回错误值 #DIV0!。
- 如果没有满足所有条件的单元格，AVERAGEIFS 会返回#DIV/0!错误值。
- 可以在条件中使用通配符，即问号（?）和星号（*）。问号匹配任一单个字符，星号匹配任一字符序列。如果要查找实际的问号或星号，可在字符前键入波形符（~）。

（2）查找函数 LOOKUP(lookup_value,lookup_vector,[result_vector])

功能：在单行区域或单列区域（称为“向量”）中查找值，然后返回第二个单行区域或单列区域中相同位置的值。

参数：

lookup_value 为在第一个向量中搜索的值。lookup_value 可以是数字、文本、逻辑值、名称或对值的引用。

tlookup_vector 必填。只包含一行或一列的区域（不要求为第一列或第一列）。lookup_vector 中的值可以是文本、数字或逻辑值，并且必须是升序排列，否则得不到正确的结果。

result_vector 可选。只包含一行或一列的区域。result_vector 参数必须与 lookup_vector 大小相同。

提示：

- 如果 LOOKUP 函数找不到 lookup_value，则它与 lookup_vector 中小于或等于 lookup_value 的最大值匹配。
- 如果 lookup_value 小于 lookup_vector 中的最小值，则 LOOKUP 会返回#N/A 错误值。

3. 实现方法

（1）统计博士且职称为教授的人数，统计博士且职称为教授某年度发表论文之和，并用数据库函数进行验证。（在 Sheet1 中完成）

操作步骤：

光标定位于 I7 中，单击“公式→函数库”组“插入函数 fx”按钮，在“插入函数”的“搜索函数”框中输入“countifs”，单击“转到”，选择 COUNTIFS，单击“确定”。在“函数参数”对话框中，在 Criteria_range1 框中圈选 C2:C31，在 Criteria1 框中单击“博士”所在单元格如 C12（或直接输入“博士”），在 Criteria_range2 框中圈选 D2:D31，在 Criteria2 框中输入“教授”，如图 4-69 所示，单击“确定”。

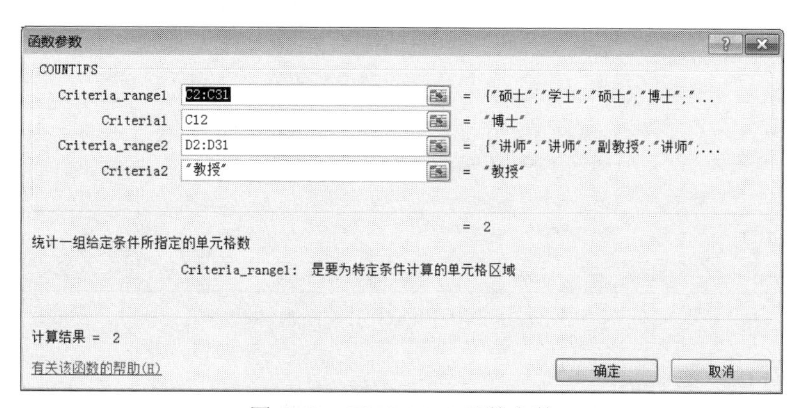

图 4-69 COUNTIFS 函数参数

光标定位于 I8 中，单击“公式→函数库”组“插入函数 fx”按钮，在“插入函数”的“搜索函数”框中输入“sumifs”，单击“转到”，选择 SUMIFS，单击“确定”，在“函数参数”对话框中，在 Sum_range 框中圈选 E2:E31，在 Criteria_range1 框中圈选 C2:C31，在 Criteria1 框中单击“博士”所在单元格如 C12（或直接输入“博士”），在 Criteria_range2 框中圈选 D2:D31，在 Criteria2 框中输入“教授”，如图 4-70 所示，单击“确定”。

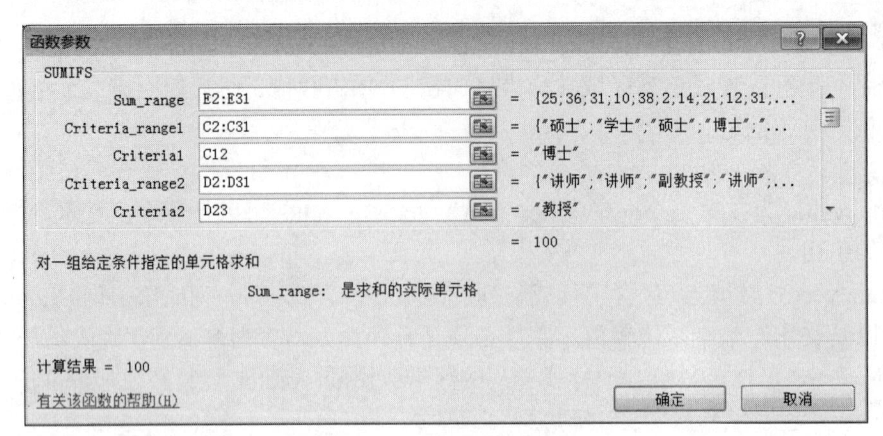

图 4-70 SUMIFS 函数参数

应用数据库函数验证过程（略）。

（2）统计女副教授某年度发表论文的平均值，并用数据库函数进行验证。（在 Sheet1 中完成）

操作步骤：

光标定位于 I9 中，单击“公式→函数库”组“插入函数 fx”按钮，在“插入函数”的“搜索函数”框中输入“averageifs”，单击“转到”，选择 AVERAGEIFS，单击“确定”，在“函数参数”对话框中，在 Average_range 框中圈选 E2:E31，在 Criteria_range1 框中圈选 D2:D31，在 Criteria1 框中输入“副教授”，在 Criteria_range2 框中圈选 B2:B31，在 Criteria2 框中输入“女”，如图 4-71 所示，单击“确定”。

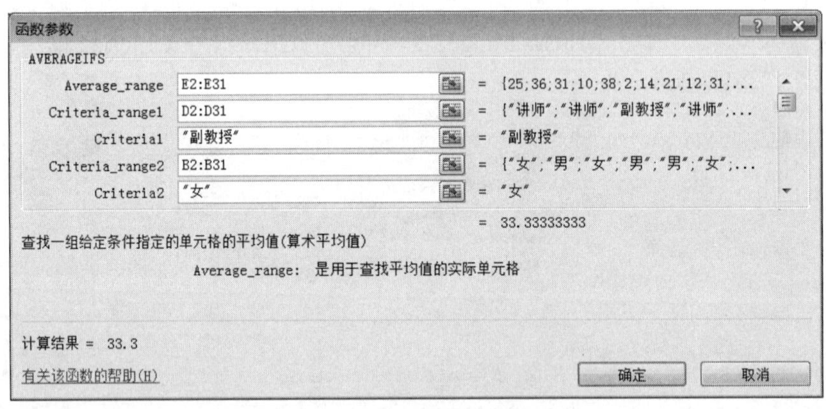

图 4-71 AVERAGEIFS 函数参数

应用数据库函数验证过程（略）。

（3）统计博士或职称为教授的人数，统计博士或职称为教授某年度发表论文之和。并用数据库函数进行验证。（在 Sheet1 中完成）

操作步骤：

统计博士或职称为教授的人数等于博士人数加上教授人数，减去既是博士又是教授人数，在单元格 I10 中，自行输入公式=COUNTIFS(D2:D31,D29) + COUNTIFS(C2:C31,C12)-COUNTIFS(C2:C31,C12,D2:D31,D12)，计算教授人数如图 4-72 所示，单击“确定”。

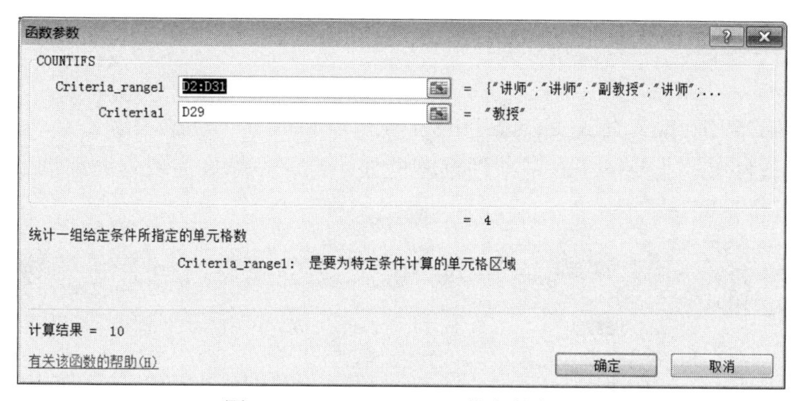

图 4-72　COUNTIFS 函数参数之二

统计博士或职称为教授某年度发表论文数，等于博士发表论文数加上教授发表论文数，再减去既是博士又是教授发表论文数。因此，在 I11 单元格中输入公式=SUMIFS(E2:E31,D2:D31,D12)+SUMIFS(E2:E31,C2:C31,C12)-SUMIFS(E2:E31,D2:D31,D12,C2:C31,C12)即可求出。

（4）用 LOOKUP 函数查询陈静老师发表多少篇论文。（在 Sheet1 副本中完成）

操作步骤：

对 sheet1(2)的数据清单按姓名升序排序，在单元格插入 LOOKUP 函数，如图 4-73 所示，在 Lookup_value 框中输入“陈静”，在查找向量中输入 A2:A31，在返回向量框中输入 E2:E31，确定即可。

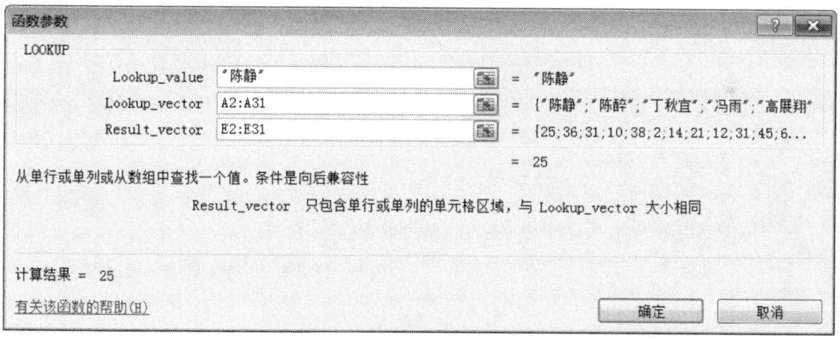

函数参数

LOOKUP

Lookup_value　"陈静"　= "陈静"

Lookup_vector　A2:A31　= {"陈静";"陈醉";"丁秋宜";"冯雨";"高展翔"

Result_vector　E2:E31　= {25;36;31;10;38;2;14;21;12;31;45;6...

= 25

从单行或单列或从数组中查找一个值。条件是向后兼容性

Result_vector　只包含单行或单列的单元格区域，与 Lookup_vector 大小相同

计算结果 = 25

有关该函数的帮助(H)　确定　取消

图 4-73　LOOKUP 函数参数

前面（1）～（4）用数据库函数计算结果与本案例用多重条件统计函数计算的结查是一致的，图所 4-74 所示。

A	B	C	D	E	F	G	H	I	J
姓名	性别	学历	职称	篇数					
陈静	女	硕士	讲师	25					
陈醉	男	学士	讲师	36					
丁秋宜	女	硕士	副教授	31					
冯雨	男	博士	讲师	10					
高展翔	男	学士	教授	38				用多条件函数计算	用数据库函数计算
古琴	女	硕士	助教	2		博士且教授的人数：		2	2
雷鸣	男	硕士	副教授	14		博士且是教授发表论文数据之和		100	100
李伯仁	男	博士	副教授	21		女副教授发表论文数平均值：		33.3	33.3
李海儿	男	硕士	副教授	12		博士或教授的人数：		10	10
李禄	男	硕士	副教授	31		博士或教授发表论文数之和		232	232
李书召	男	博士	教授	45		博士或教授发表论文数平均值		23.2	23.2
李文如	女	硕士	副教授	64		用lookup函数找出陈静发表论文数		25	

图 4-74　计算结果

（5）在 Sheet2 中统计男生高数 80 分以上，外语 80 分以上学生人数。

操作步骤：

在单元格 E25 中，插入公式 COUNTIFS，如图 4-75 所示，注意由于函数对话框大小有限，在输入最后的条件时，需要按 Tab 键条件框才能显示出来，如果需要返回前面的条件框，只需按 Shift+Tab 组合键即可。

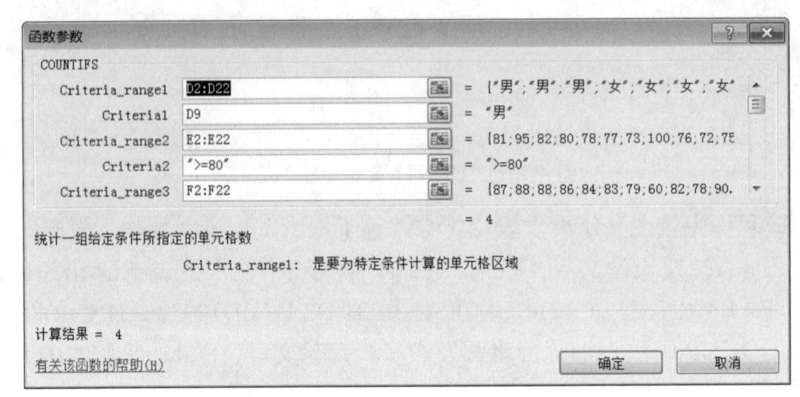

图 4-75　COUNTIFS 函数参数之三

（6）在 Sheet2 中统计全班高数 80 分以上，外语 80～90 分之间符合条件的学生人数。

操作步骤：

在单元格 E26 中，插入公式=COUNTIFS(E2:E22,">=80",F2:F22,">=80",F2:F22,"<=90")，各参数如图 4-76 所示。

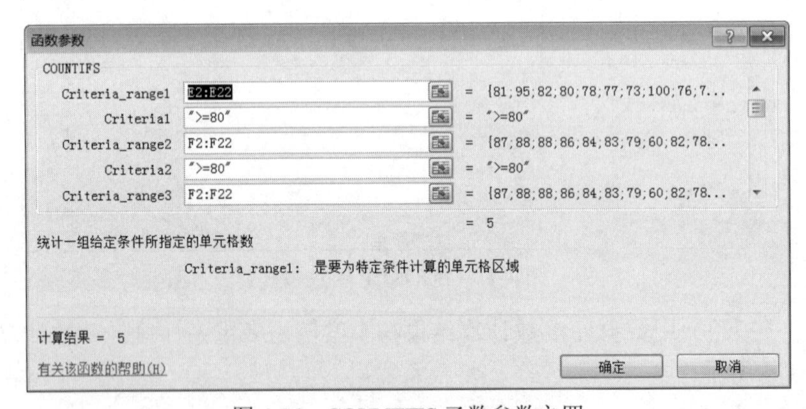

图 4-76　COUNTIFS 函数参数之四

（7）在 Sheet2 中统计高数 80 分以上，外语、C 语言均在 75 分以上高数平均分。

操作步骤：

在单元格 E27 中，插入公式=AVERAGEIFS(E2:E22,E2:E22,">=80",F2:F22,">=75",H2:H22,">=75")，各参数如图 4-77 所示。

（8）在 Sheet2 中统计全班各科在 80 分以上学生人数。

操作步骤：

在单元格 E28 中，插入公式=COUNTIFS(E2:E22,">=80",F2:F22,">=80",H2:H22,">=80",I2:I22,">=80")，即可求出各科均在 80 分以上的人数。

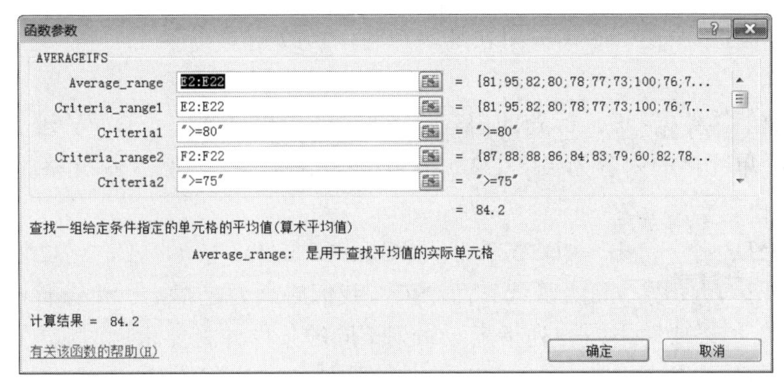

图 4-77　AVERAGEIFS 函数参数之二

4. 课堂实践

（1）实践案例（1）～（4）;

（2）实践案例（5）～（8）。

5. 评价与总结

- 老师鼓励同学（一般 2 位一起）主动上台演示部分或全部操作，增强学生学习的成就感。必要时老师点评。
- 鼓励同学总结本案例相关知识点，学生或老师补充。

6. 课外延伸

（1）探讨求博士或教授发表论文数平均值的计算问题。

（2）探讨某班各科成绩均在 75 分以上（包括 75 分）所有课程的平均值。

思考与练习

单选题

1．在 Excel 中，在选择了内嵌图的绘图区后，改变它大小的方法是（　　）。

A．用鼠标拖拉图表边框上的控制点　B．用鼠标拖拉图表边框

C．按↑键或↓键　D．按+键或-键

2．在 Excel 中，保存工作簿时屏幕若出现“另存为”对话框，则说明（　　）。

A．该文件作了修改　B．该文件不能保存

C．该文件未保存过　D．该文件已经保存过

3．为了区别“数字”与“数字字符串”数据，Excel 要求在输入项前添加（　　）符号来区别。

A．@　B．”（双引号）　C．#　D．’（英文单引号）

4．下列操作中，不能在 Excel 工作表的选定单元格中输入公式的是（　　）。

A．单击编辑栏左边的“插入函数”按钮

B．单击“公式”选项卡中的“插入函数”按钮

C．单击“插入”选项卡的“公式”按钮

D．直接在编辑栏中输入公式函数

5．作为数据的一种表示形式，图表是动态的，当改变了其中（　　）之后，Excel 会自动更新图表。

A．X 轴上的数据　B．标题的内容　C．所依赖的数据　D．Y 轴上的数据

6．已知 D2 单元格的内容为=B2*C2，当 D2 单元格被复制到 E3 单元格时，E3 单元格的内容为（　　）.

A．=C3*D3　B．=B3*C3　C．=C2*D2　D．=B2*C2

7．在 Excel 中，使用“高级筛选”命令前，我们必须为之指定一个条件区域，以便显示出符合条件的行。如果要对不同的列指定一系列不同的条件并且要求同时满足，则所有列的值应在条件区域的（　　）输入。

A．同一列中　B．同一行上　C．不同的行中　D．不同的列中

8．向 Excel 工作表的单元格里输入公式，运算符有优先顺序，下列（　　）说法是错误的。

A．字符串连接优先于关系运算　B．百分比优先于乘方

C．乘方优先于负号　D．乘和除优先于加和减

9．在 Excel 中，下列（　　）是输入正确的公式形式。

A．=8^2　B．>=b2*d3+1　C．==sum(d1:d2)　D．='c7+c1

10．在数据清单设置条件时，当一列数据的条件格式根据另一列数据来设置时，在“新建格式规则”对话框的“选择规则类型”框中选择（　　）来创建规则。

A．基于各单元格值设置所有单元格的格式

B．使用公式确定要设置格式的单元格

C．只为包含以下内容的单元格设置格式

D．仅对唯一值或重复值设定格式

11．在 Excel 工作表中已输入的数据如下所示

	A	B	C	D	E
1	10		10%	=$A$1*C1	
2	20		20%		

如将 D1 单元格中的公式复制到 D2 单元格中，则 D2 单元格的值为（　　）。

A．####　B．2　C．4　D．1

12．当向 Excel 工作表单元格输入公式时，使用单元格地址 D$2 引用 D 列 2 行单元格，该单元格的引用称为（　　）。

A．交叉地址引用　B．混合地址引用　C．相对地址引用　D．绝对地址引用

13．在 Excel 中，在排序列中有空白单元格的行，在排序后的数据清单中将看到该空白行（　　）。

A．被置于数据清单的最后行　B．被置于数据清单的第一行

C．不显示　D．被置于数据清单的原位置

14．Excel 中，在单元格 D5 中有公式“=$B$1+C4”，删除 A 列后，C5 单元格中的公式变为（　　）。

A．$A1+B4　B.=$A$1+B4　C．=$A$1+C4　D.=$B$1+C4

15．公式“=OR(10>8^2,20>40,TRUE>FALSE)”的值为（　　）。

A．TRUE　B．FALSE

第5单元　演示文稿制作与播放技巧

学习目标

- 掌握幻灯片的制作、编辑及幻灯片的应用
- 掌握幻灯片外观的设置与修饰
- 掌握在幻灯片中添加动画及多媒体元素
- 能够使用不同的播放技巧播放演示文稿
- 掌握演示文稿的不同打印方式
- 掌握演示文稿与Word文档间的相互转换

任务一　演示文稿制作

PowerPoint是美国微软公司推出的制作和演示幻灯片的办公软件。使用PowerPoint能够制作出精美的演示文稿，演示文稿中能包含文字、图形、图像、声音、动画及视频剪辑等多媒体元素，可以图文并茂地展示设计者所要表达的信息。因此，PowerPoint广泛地应用于人们的工作、学习生活中。

案例1　制作《新时代中国特色社会主义思想》

某单位为了宣扬十九大的新时代中国特色社会主义思想，需要制作一份演示文稿，要求演示文稿能展现新时代中国特色社会主义思想的核心内容，能够在演示设备上自动循环播放。

本案例文字内容选自习近平主席在中国共产党第十九次全国代表大会上的报告。

1. 案例分析

本案例主要涉及幻灯片基本知识、幻灯片编辑、幻灯片版式与设计模板、幻灯片动画设置及幻灯片放映设置。通过“开始”选项卡的“版式”组、“设计”选项卡的“主题”组及“切换”选项卡、“动画”选项卡、“幻灯片放映”选项卡中的按钮可以完成案例。

2. 相关知识点

（1）演示文稿。使用PowerPoint 2010创建的文件称为演示文稿，通常一个演示文稿由若干张幻灯片组成。PowerPoint提供了大量方便制作演示文稿的模板、幻灯片版式、配色方案等工具，使用者能够快速地生成具有一定水平的演示文稿。PowerPoint提供了多种创建演示文稿的方式，详细操作步骤参见实现方法。

（2）PowerPoint视图方式。PowerPoint 2010提供4种视图方式，分别是普通视图、幻灯片浏览视图、阅读视图和备注页视图。不同的视图方式提供了查看文档的不同方法，每种视图

有自己特定的显示方式，在一种视图中对演示文稿进行的操作会自动反映到该演示文稿的其他视图中。

在普通视图中，一次只能操作一张幻灯片，可对幻灯片进行详细设计和编辑。如图 5-1 所示。

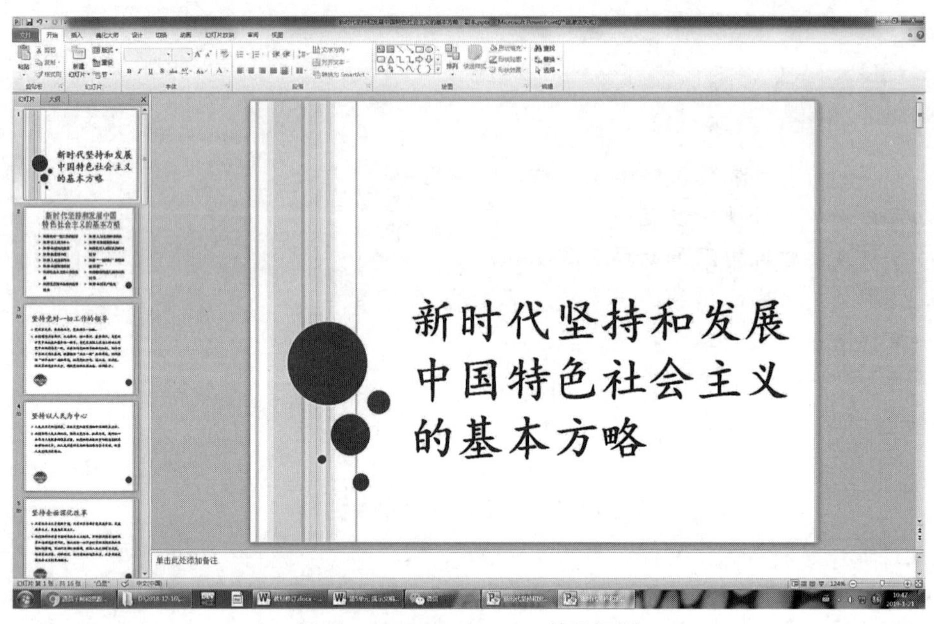

图 5-1　PowerPoint 2010 普通视图

在幻灯片浏览视图中，可在一屏中同时显示多张幻灯片的缩略图，能方便地调整幻灯片的顺序及对幻灯片进行插入、复制、删除、移动等操作。如图 5-2 所示。

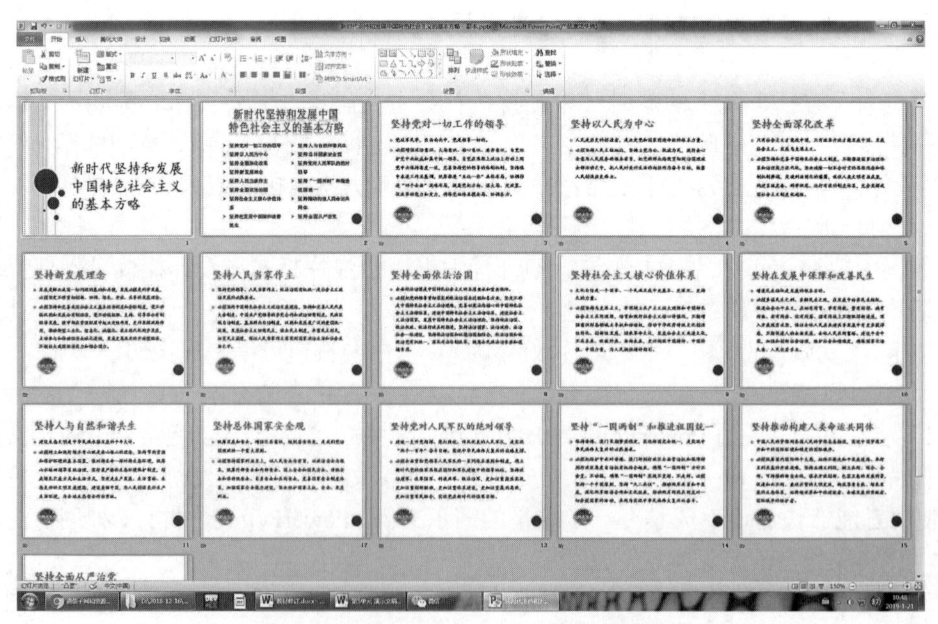

图 5-2　PowerPoint 2010 幻灯片浏览视图

备注页视图下，可以对每一张幻灯片的备注进行编辑，一屏只显示一张幻灯片缩略图和对应的备注。如图 5-3 所示。

图 5-3　PowerPoint 2010 备注页视图

阅读视图模式的效果类似于幻灯片放映效果，方便使用者查看放映效果。

用户可以根据需要在各种视图之间进行切换。切换方法是：单击“视图”选项卡中“演示文稿视图”组中的按钮或单击屏幕右下角的各个视图切换按钮。

（3）幻灯片版式与设计模板。幻灯片版式指的是幻灯片中文本、图形、表格、图表、剪贴画等对象的布局形式。PowerPoint 2010 中预设了许多幻灯片版式，可以在新建幻灯片时应用，也可以在创建幻灯片后再做修改。演示文稿中的任何一个幻灯片都具有一定的版式，根据需要可在“开始”选项卡“幻灯片”组的“版式”按钮 版式 ▾ 中选择一种版式。

设计模板指的是已经设计好的幻灯片的结构方案，包括幻灯片的背景图像、文字结构、色彩搭配等。PowerPoint 2010 提供了大量的设计模板，用户可以将已设计好的模板应用到自己的幻灯片中。使用设计模板所创建的演示文稿具有一致的外观，能节约用户的时间。

（4）幻灯片动画。为了使幻灯片中的各个元素“动起来”，从而提高演示文稿的趣味性，吸引观众的注意力，就需要为幻灯片中的元素设置合适的动画，使幻灯片中的对象在放映时能以不同的动作出现在屏幕上。PowerPoint 2010 中有以下四种不同类型的动画效果：

1）“进入”效果：可使对象逐渐淡入焦点、从边缘飞入幻灯片或者跳入视图中。

2）“退出”效果：与“进入”效果正好相反，使对象飞出幻灯片、从视图中消失或者从幻灯片旋出。

3）“强调”效果：对于已在视图中的对象，使其缩小或放大、更改颜色或沿其中心旋转。

4）动作路径：使对象上下移动、左右移动或者沿着星形或圆形图案移动，也可自己绘制动作路径。

可单独使用以上任何一种动画，也可以将多种效果组合在一起。例如，可以对一张图片应用“强调”进入效果及“陀螺旋”强调效果，使它旋转起来。

（5）幻灯片的切换。幻灯片的切换使得静态的幻灯片在放映时充满动态，是由一张幻灯片过渡到另一张幻灯片时所产生的变化情况。这种动画方式比较简单，设计时主要考虑幻灯片的自然过渡，能够更好地吸引观赏者的注意力。

3．实现方法

（1）新建演示文稿。打开 PowerPoint 2010，系统自动建立一个新的演示文稿，可以直接在该文稿上添加内容，也可以根据自己的需要创建不同版式的演示文稿。

首先，我们来认识下 PowerPoint 2010 的工作窗口界面。与 Word 2010 类似，PowerPoint 2010 的工作窗口由标题栏、功能区、快速访问工具栏和状态栏组成。功能区与状态栏之间分成了三个窗格：大纲与幻灯片浏览窗格、幻灯片编辑窗格和备注窗格，如图 5-4 所示。

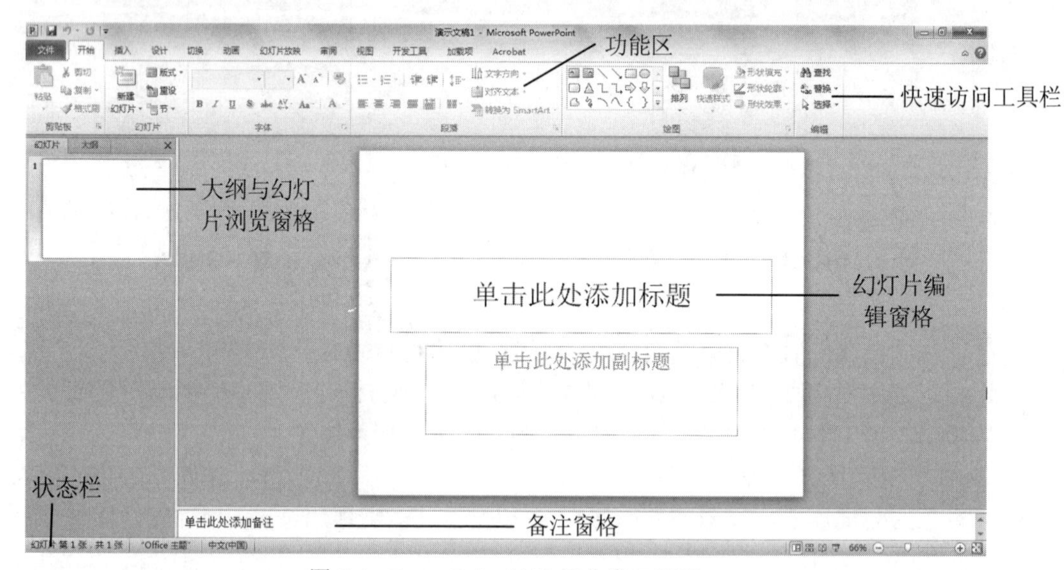

图 5-4　PowerPoint 2010 工作窗口界面

- 大纲与幻灯片浏览窗格：有“大纲”和“幻灯片”两个选项卡，用于选择在窗格中显示幻灯片文本的大纲或幻灯片缩略图。
- 幻灯片编辑窗格：用于显示当前幻灯片的内容，在该窗格中可对幻灯片进行各种操作，如输入文字，插入图片、图表、表格和艺术字，设置配色方案等。
- 备注窗格：用于编辑当前幻灯片的注释信息，作为演讲备忘录。在播放演示文稿时，备注窗格的内容不会显示，但可打印。

PowerPoint 2010 提供了多种创建演示文稿的方法，用户可以根据需要选择不同的制作方式，方便快捷地制作演示文稿。启动 PowerPoint 2010 后，在 PowerPoint 2010 窗口中，单击“文件”→“新建”命令，打开如图 5-5 所示的“新建”面板，提供“空白演示文稿”“最近打开的模板”“样本模板”和“主题”等多种方法来新建演示文稿。下面介绍 4 种创建演示文稿的方法。

1）使用“空白演示文稿”创建新演示文稿。

通常情况，打开 PowerPoint 2010 时，系统会自动创建一个新的演示文稿，用户可以直接在该文稿上进行设计。如果用户需要重新创建一个新的演示文稿，操作步骤如下：

单击“文件”→“新建”命令，在中间的窗格中选择“空白演示文稿”，然后单击“创建”

按钮，如图 5-5 所示，即可创建如图 5-4 所示的空白演示文稿。

图 5-5　“新建演示文稿”窗口

2）使用“样本模板”创建新演示文稿。

操作步骤：选择图 5-5 中的“样本模板”，如图 5-6 所示，选择其中一个模板，单击“创建”按钮。

图 5-6　使用“样本模板”创建新演示文稿

图 5-7 为选择“现代型相册”模板后的效果图。

3）使用“主题”创建新演示文稿。

操作步骤：选择图 5-5 中的“主题”，如图 5-8 所示，选择其中一个主题，单击“创建”按钮，即生成对应主题的新演示文稿，如图 5-9 所示为使用“波形”主题创建的演示文稿。

图 5-7　使用“现代型相册”模板创建新演示文稿

图 5-8　使用“主题”创建新演示文稿

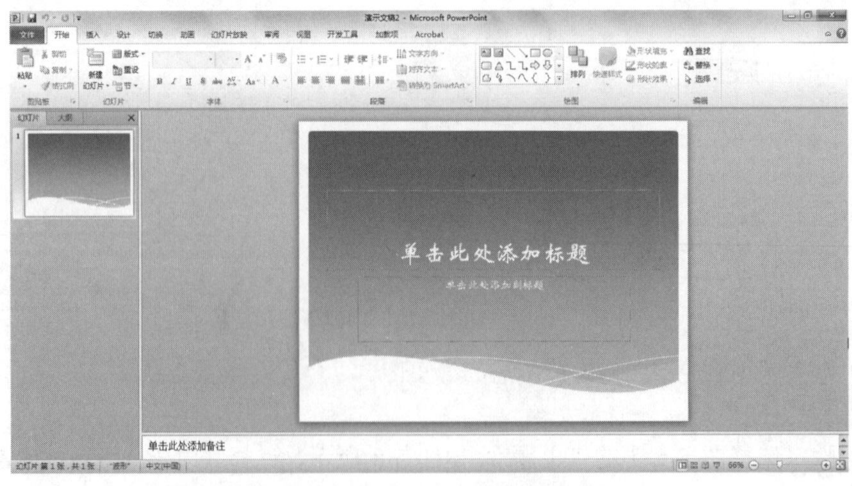

图 5-9　使用“波形”主题创建的新演示文稿

4）“根据现有内容”创建新演示文稿。

操作步骤：选择图 5-5 中的“根据现有内容新建”，则弹出“根据现有演示文稿新建”对话框，如图 5-10 所示。选择一个已有的演示文稿，然后单击“打开”按钮，系统将自动创建一个与所选演示文稿一样的演示文稿。

图 5-10　“根据现有演示文稿新建”对话框

本案例使用“空白演示文稿”创建新演示文稿，默认为“标题幻灯片”版式。单击“设计→主题”组“凸显”设计模板，并选择主题颜色中的“新闻纸”，如图 5-11 所示。

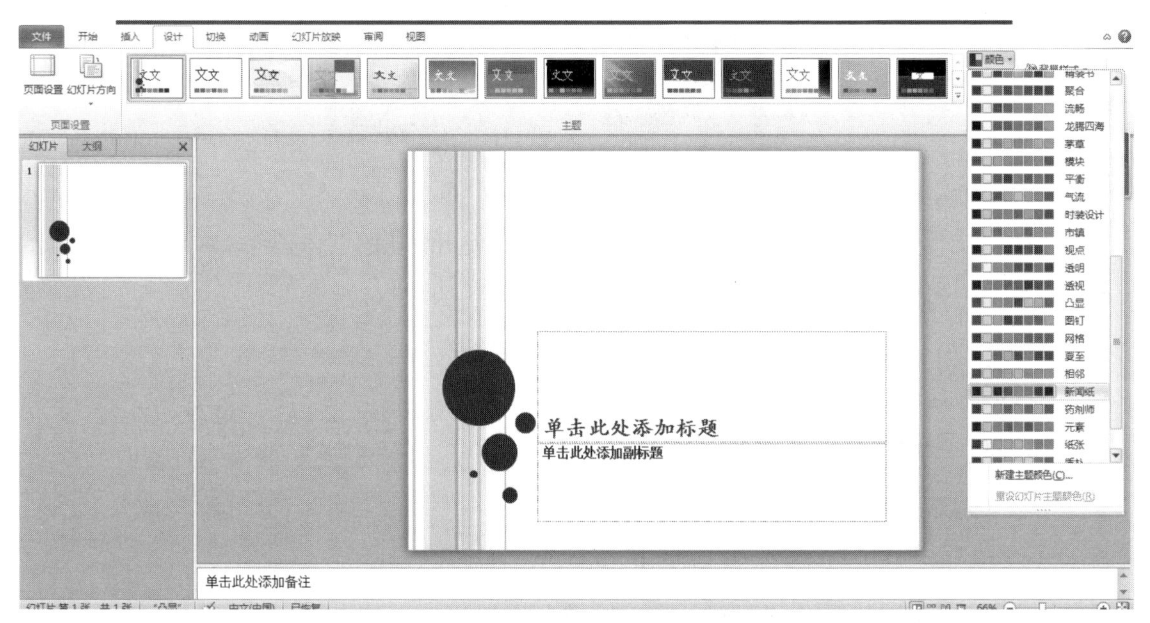

图 5-11　本案例所创建的新演示文稿

（2）封面制作。如图 5-11 所示，幻灯片编辑窗格中所显示的虚线框称为“占位符”。占位符能容纳标题、正文以及图片、表格等对象。在 PowerPoint 2010 中，有多种为幻灯片添加文字内容的方法，使用文本占位符是最常用、最直接的方法。一些占位符中有提示性文字，单击占位符中的提示，提示将自动消失，同时占位符的虚线框变成粗边线的矩形框，这时可输入文字；另一些占位符里有图标，单击图标（或者双击图标，根据提示操作即可），可以在占位符区域内插入图形、图表、多媒体等对象。

在幻灯片中设置文本格式的方法与在 Word 中的设置方法基本相同，可以设置文本的字体、字号、字形、颜色，也可以设置段落的对齐方式、行间距，还可以添加或改变项目符号或编号等。

操作步骤：

①在“单击此处添加标题”虚线框中，输入文字“新时代坚持和发展中国特色社会主义的基本方略”。

②选中“新时代坚持和发展中国特色社会主义的基本方略”，右击，选择快捷菜单中“字体”命令，弹出如图 5-12 所示的“字体”对话框，可以设置字形、字号和颜色等。

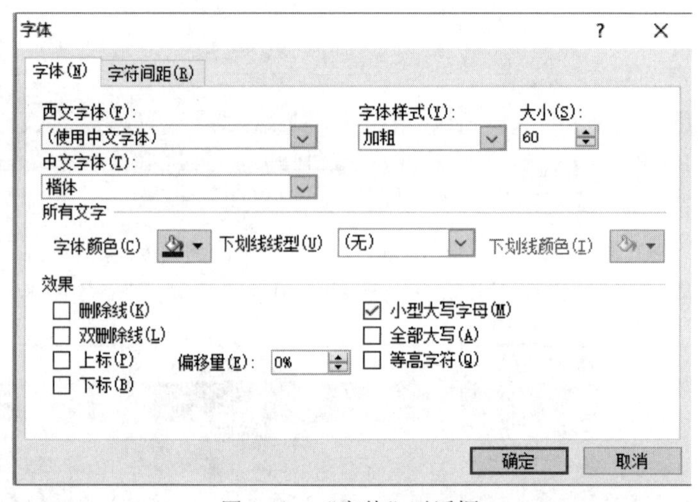

图 5-12 “字体”对话框

③设置字体为“楷体”、字形“加粗”、字号 60，使用默认的字体颜色。或者单击“开始”选项卡，使用功能区命令按钮设置文字格式，如图 5-13 所示。

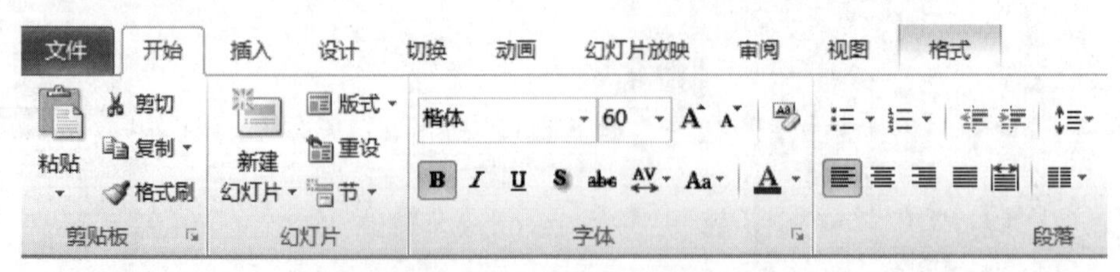

图 5-13 “开始”选项卡

选中“单击此处添加副标题”虚线框中，按 Delete 键，将其删除。

单击“插入”选项卡下的“图片”，在右上角插入“党徽”图片，如图 5-14 所示。

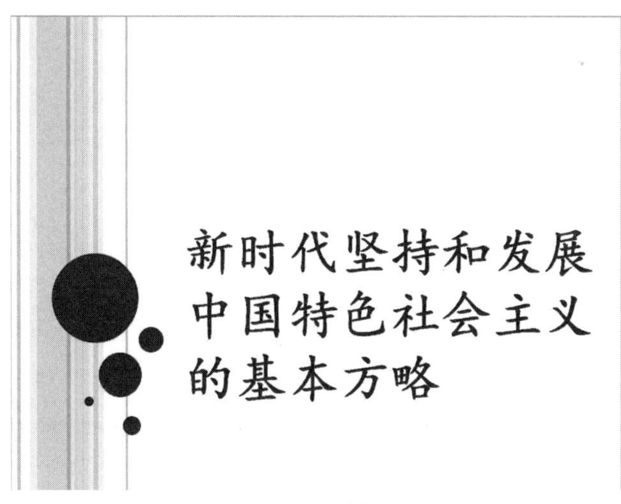

图 5-14　首页制作效果图

（3）第二张幻灯片制作。在第二张幻灯片中，添加“新时代坚持和发展中国特色社会主义的基本方略”艺术字，使幻灯片具有一定的视觉效果。

操作步骤：

①单击“开始→幻灯片”组“新建幻灯片”按钮，如图 5-15 所示。

②在“版式”下拉列表中选择“空白”版式，如图 5-16 所示。

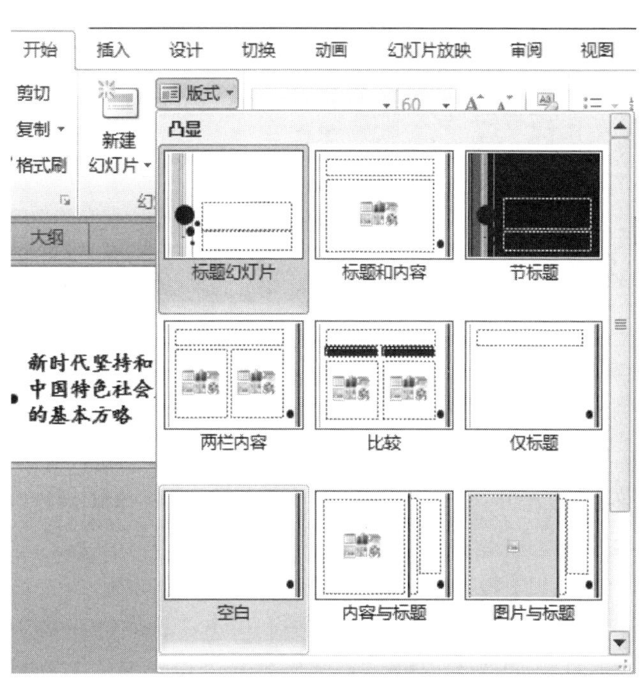

图 5-15　插入新幻灯片

图 5-16　版式选择

③在幻灯片中添加图形、图片、剪贴画和艺术字等，可以使演示文稿更加丰富多彩，具体操作方法与 Word 类似。单击“插入”选项卡，如图 5-17 所示，选择相应的按钮，继续完成相关操作。插入图形（图片）或艺术字后，可以进行移动位置、改变大小等操作。

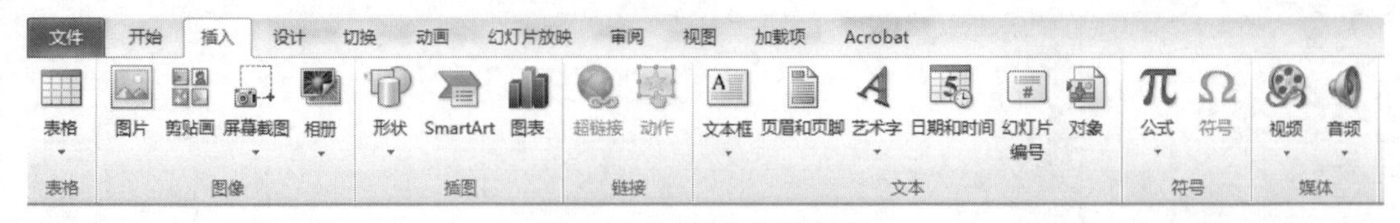

图 5-17　“插入”选项卡

④单击“插入→艺术字”按钮，打开“艺术字库”下拉列表，选择“填充-深红，强调文字颜色 1，塑料棱台，映像”样式，输入“新时代坚持和发展中国特色社会主义的基本方略”，则在当前幻灯片中添加了一个“新时代坚持和发展中国特色社会主义的基本方略”的艺术字，如图 5-18 所示。

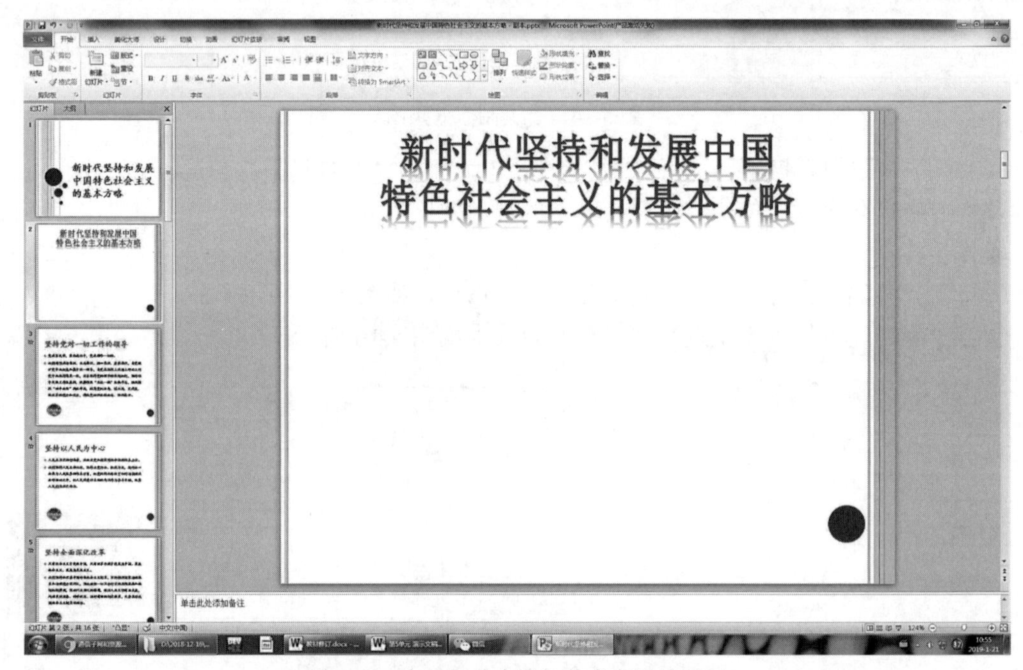

图 5-18　在幻灯片中添加艺术字后效果图

要对艺术字进行修改编辑，操作方法与 Word 类似，本案例中不再介绍。

⑤若要在空白版式的幻灯片上添加文本，应进行如下操作：

单击“插入→文本框→横排文本框”按钮，按住鼠标左键在幻灯片上由左上方向右下方拖动，即可在幻灯片上添加一个文本框。在刚创建的文本框中添加相应的文字内容，如图 5-19 所示。

⑥文字输入后，需要对文字段落进行设置：

选中文本框中所有的文字，单击“开始→段落”组“行距”按钮，在弹出的下拉列表中选择 1.5。也可以单击“段落”组右下角的对话框启动器按钮，打开“段落”对话框进行设置，如图 5-20 所示。

⑦添加项目符号。单击“开始→段落”组“项目符号”按钮，给文本添加合适的项目符号；单击“开始→段落”组“分栏”按钮，选择“两列”，并调整两列的间距为 1 厘米。

第二张幻灯片效果如图 5-21 所示。

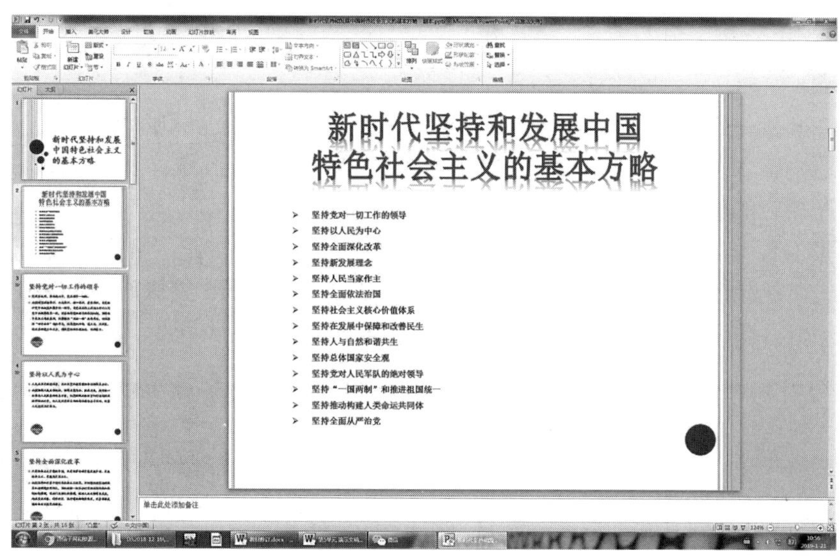

图 5-19　在幻灯片中添加文本框

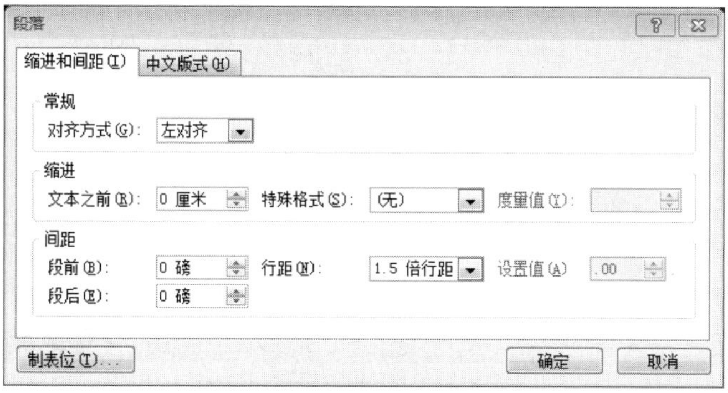

段落

缩进和间距(I)　中文版式(H)

常规

对齐方式(G)：左对齐

缩进

文本之前(R)：0 厘米　特殊格式(S)：(无)　度量值(Y)：

间距

段前(B)：0 磅　行距(N)：1.5 倍行距　设置值(A)：.00

段后(E)：0 磅

制表位(T)...　确定　取消

图 5-20　“段落”对话框

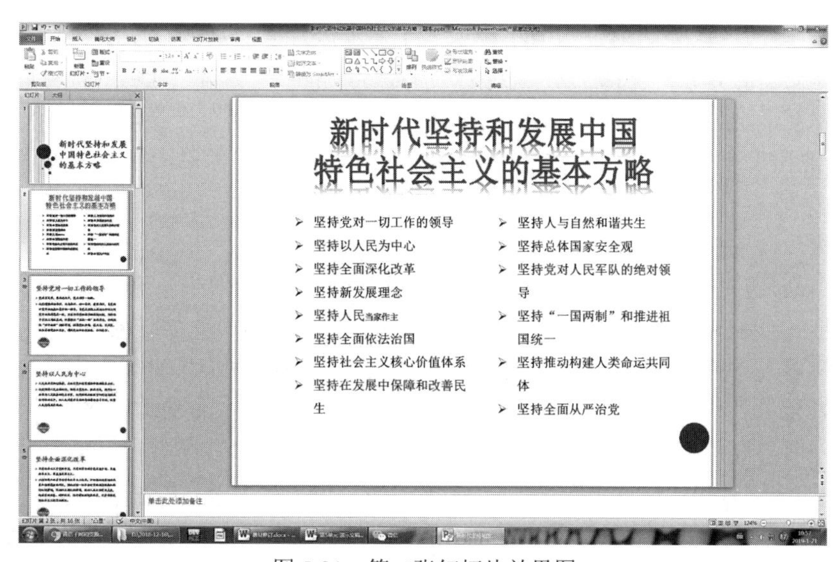

图 5-21　第二张幻灯片效果图

（4）第三张幻灯片制作。

操作步骤：

①单击“开始→幻灯片”组“新建幻灯片”按钮，选择“标题和内容”版式。

②在标题中输入“坚持党对一切工作的领导”，设置字体为楷体、字号 44、红色、加粗；文本框中输入相应的解释词，设置字体为楷体、字号 20、加粗。

③在本张幻灯片的左下方插入图片，单击“插入→图片”按钮，插入“十九大”图片，调整图片样式，选择图片样式：柔化边缘椭圆。操作方法与 Word 类似，本案例中不再介绍。

第三张幻灯片效果如图 5-22 所示。

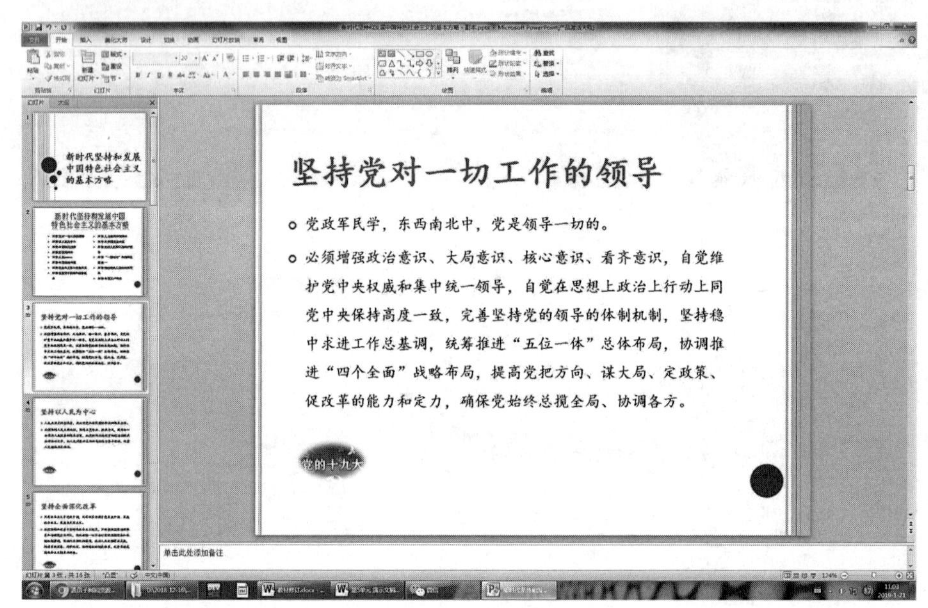

图 5-22　第三张幻灯片效果图

（5）第三张幻灯片动画设计。PowerPoint 2010 中的动画分为四类：“进入”“强调”“退出”和“动作路径”。这些动画可以为单个或多个对象添加多重动画，实现复杂的动画效果。选择需要设置动画的对象，包括文本、图片、声音等，单击“动画”选项卡，可以对此对象进行四种动画设置，如图 5-23 所示。“进入”是指对象“从无到有”，“强调”是指对象直接显示后再出现，“退出”是指对象“从有到无”，“动作路径”是指对象沿着已有的或者自己绘制的路径运动。

操作步骤：

①选择本幻灯片中的标题，选择“飞入”效果，修改动画效果，在“开始”下拉列表中选择“单击时”，“方向”为“自右侧”，如图 5-24 所示；调整“持续时间”，可控制动画的速度；调整“延迟”，可让动画在“延迟时间”设置的时间到达后才开始。单击“动画窗格”按钮，可在右边显示“动画窗格”任务窗格，方便查看此幻灯片中的动画顺序。

②选择当前幻灯片中的图片，设置动画效果：“进入”为“淡出”，“开始”为“上一动画之后”，并添加强调效果“陀螺旋”，“效果选项”为“较大”。

选择当前幻灯片中的内容文本框，设置动画效果：“进入”为“切入”，“效果选项”为“自底部”，“开始”为“上一动画之后”。

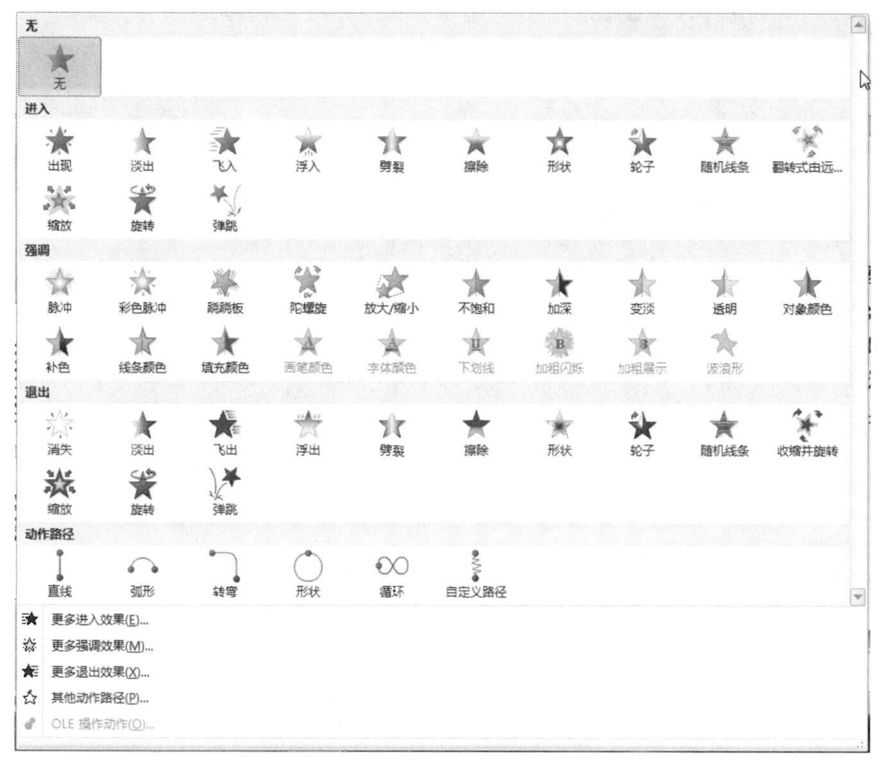

图 5-23　动画设置的四种形式

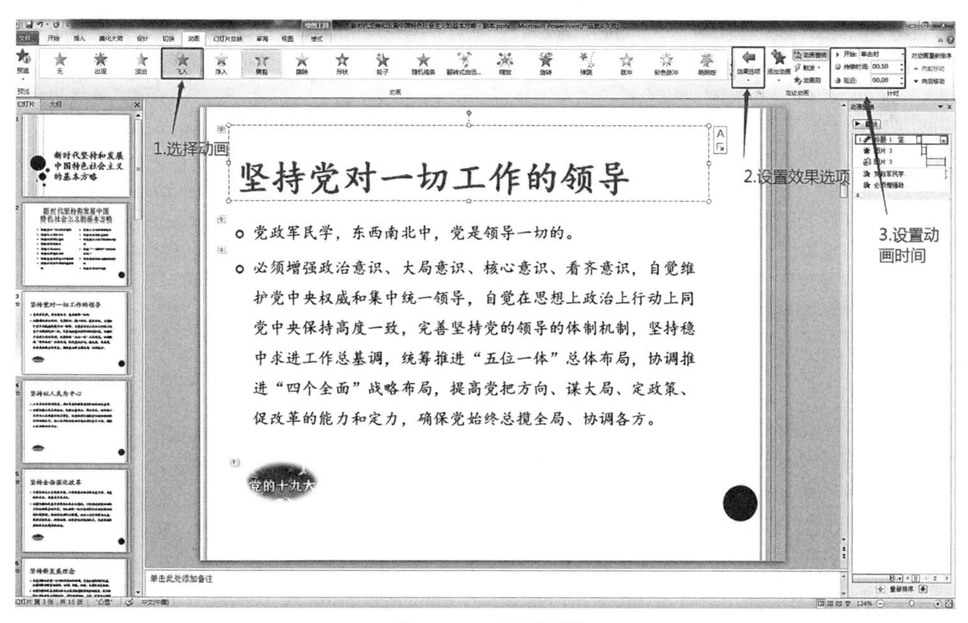

图 5-24　动画设置

添加动画效果后的示意图，如图 5-25 所示。在“动画窗格”任务窗格中，单击“重新排序”可对各个动画对象的顺序进行更改。如需修改对象的动画效果，可在“动画窗格”中选中此对象后，单击右侧的下拉箭头，如图 5-26 所示。

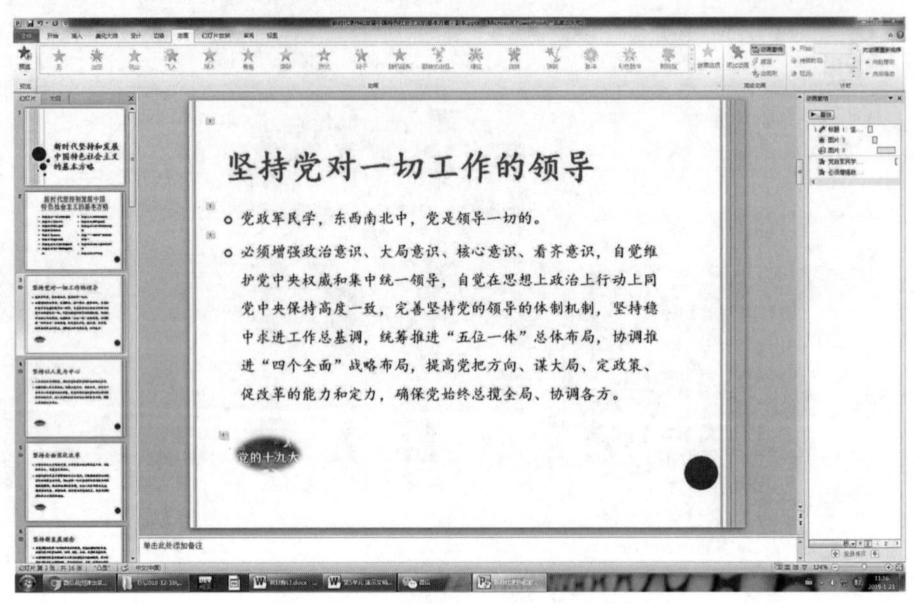

图 5-25　第三张幻灯片的最终效果图

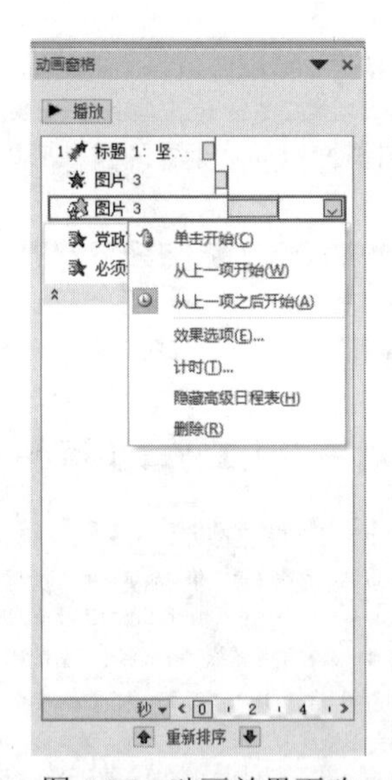

图 5-26　动画效果更改

单击“预览”或“播放”按钮可查看此张幻灯片的动画效果。

（6）第三张幻灯片切换效果设计。

操作步骤：

① 单击“切换”选项卡，如图 5-27 所示，设置切换效果为：擦除、自右侧。

图 5-27　“切换”选项卡

②“持续时间”的设置用来控制幻灯片切换播放的速度，在“声音”下拉列表中可选择切换时伴随的声音。

③若在“换片方式”框勾选“单击鼠标时”复选框，则在放映演示文稿时，单击则切换到下一张幻灯片；若勾选“设置自动换片时间”复选框并在后面的编辑框中输入间隔时间，如“00：03”，则每隔 3 秒就自动切换到下一张幻灯片。两个复选框都选，则单击或间隔时间到都将切换到下一张幻灯片。

④单击“全部应用”按钮，则可使演示文稿中的所有幻灯片都按照这种方式切换，否则，只有选中的幻灯片使用这种切换方式。

（7）第 4～16 页幻灯片设计。具体操作步骤参考实现方法（4）～（6）。

PowerPoint 2010 中新增了一个“动画刷”，与 Word 里面的“格式刷”类似，可将一个对象的格式复制到其他对象上。它的作用是将 PowerPoint 2010 中原对象的动画照搬到目标对象上面。动画刷的使用非常简单，选择一个带有动画效果的 PPT 幻灯片元素，单击“动画”→高级动画”组“动画刷”按钮，或直接使用动画刷的快捷键 Alt+Shift+C，这时，鼠标指针会变成带小刷子的样式，与格式刷的指针样式类似。找到需要复制动画效果的幻灯片，在其中的元素上单击，则动画效果就复制下来了。与“格式刷”一样，如需多次复制同一动画效果，双击“动画刷”即可。

在左侧幻灯片窗格中选择第三张幻灯片，右击，选择“复制”，再右击，选择“粘贴”，即可复制出一张一模一样的新幻灯片，也就是第四张幻灯片。选择第四张幻灯片，修改原有的文字，即可制作出与第三张幻灯片风格一致的效果。

操作技巧：在幻灯片浏览视图下，按住 Ctrl 键，拖动选定的幻灯片到指定位置，即可快速实现幻灯片的复制。

（8）保存演示文稿。演示文稿制作完成后，要及时存盘，将制作成果保存下来，以免意外丢失。

操作步骤：单击“文件”→“保存”命令，将演示文稿命名为“新时代坚持和发展中国特色社会主义的基本方略”后保存。

（9）播放演示文稿。辛辛苦苦完成了幻灯片的制作，接下来就要欣赏、展示自己的劳动成果了。放映幻灯片有以下方法：

- 单击“幻灯片放映→开始放映幻灯片”组“从头开始”或“从当前幻灯片开始”按钮；
- 直接按 F5 键，从第一张幻灯片开始放映。

启动幻灯片放映后，可利用 PageUp 键和 PageDown 键，或者单击实现各幻灯片之间的切换。

在幻灯片的放映过程中，每张幻灯片的左下角都有一行半透明的工具栏，如图 5-28 所示。单击其中按钮可控制幻灯片放映顺序。在播放的过程中若要结束放映，可直接按下 Esc 键，或者在放映的幻灯片上任意位置右击，在弹出的快捷菜单中单击“结束放映”命令即可。

图 5-28　放映幻灯片时系统工具栏

幻灯片的放映方式有两种设置方式：利用“设置放映方式”对话框设置放映方式，使用

“自定义幻灯片放映”设置放映方式。

操作步骤：单击“幻灯片放映→设置”组“设置幻灯片放映”按钮，弹出如图 5-29 所示的“设置放映方式”对话框。

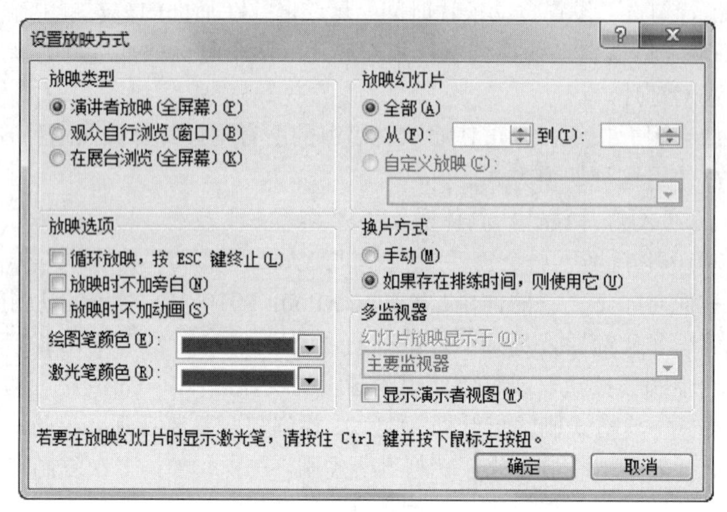

图 5-29 “设置放映方式”对话框

下面介绍此对话框中的有关选项的含义：

①“放映类型”栏：如果演示文稿是由演讲者自己来操作放映，则选择“演讲者放映（全屏幕）”单选按钮，这是常用的放映方式。在放映过程中，由放映者根据需要控制演示文稿的放映。

在公共场所放映时，若允许观众自由操作，则选择“观众自行浏览（窗口）”单选按钮。这时观众可以在窗口中观看，窗口中会显示某些必要的命令。

若在无人看管的展台上放映，则选择“在展台浏览（屏幕）”单选按钮。此时只需要显示屏，无需其他操作设备，可避免观众的干扰。演示文稿按“排练计时”自动循环的方式播放，按 Esc 键可结束放映。

②“放映选项”栏：选中“循环放映，按 Esc 键终止”复选框，则在播放完最后一张幻灯片之后不结束，而是回到第一张继续放映；若在制作演示文稿时录制有旁白，则可根据需要选中“放映时不加旁白”复选框；若选中“放映时不加动画”复选框，则给幻灯片中各元素所设置的动画在幻灯片放映时均“失效”；“绘图笔颜色”则可根据需要进行选择。

③“放映幻灯片”栏：若要放映全部幻灯片，则选择“全部”单选按钮；若要有选择地放映一部分幻灯片，则可选择第二项，输入起止幻灯片编号；若曾定义过自定义放映方式，则可在“自定义放映”下拉列表中选择一种自定义放映方式。

④“换片方式”栏：换片方式有两种。若选择“手动”单选按钮，则由放映者本人来控制放映演示文稿，不管是否有排练计时；若曾在“排练计时”中进行过排练计时放映，则可选择第二项“如果存在排练时间，则使用它”，按排练时间播放演示文稿。

自定义放映就是从已有的演示文稿中选择一部分幻灯片放映，并可重新定义其播放顺序。

设置自定义放映方式，单击“幻灯片放映→开始放映幻灯片”组“自定义幻灯片放映”按钮，弹出如图 5-30 所示的“自定义放映”对话框。在“自定义放映”对话框中可对“自定义放映”区中已经定义的自定义放映进行“编辑”“删除”“复制”“放映”等操作，也可新建自定义放映。

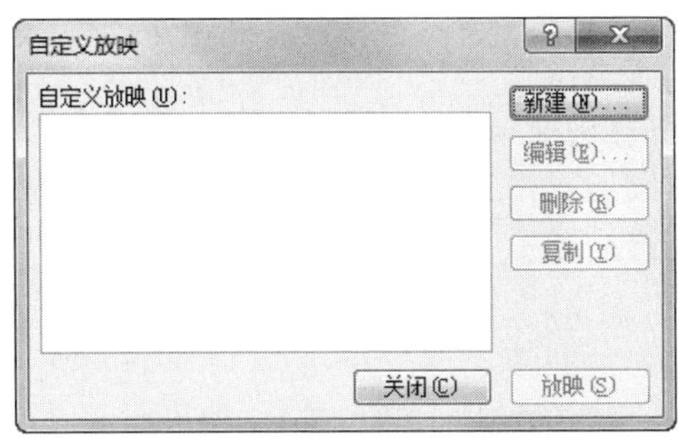

图 5-30　“自定义放映”对话框

要新建自定义放映，单击“新建”按钮，弹出如图 5-31 所示的“定义自定义放映”对话框。在“幻灯片放映名称”文本框中输入自定义放映的名称；“在演示文稿中的幻灯片”中列出了所有的幻灯片，可根据需要选择幻灯片，单击“添加”按钮加入到“在自定义放映中的幻灯片”中，反之单击“删除”按钮则可移去“在自定义放映中的幻灯片”中选中的幻灯片；最右侧的“向上移动”按钮和“向下移动”按钮可对“在自定义放映中的幻灯片”进行播放顺序的调整。

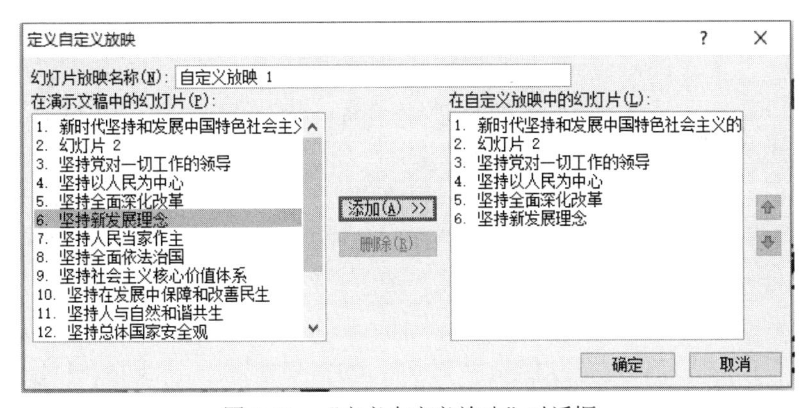

图 5-31　“定义自定义放映”对话框

4. 课堂实践

（1）实践本案例实现方法（1）～（4）。

（2）实践本案例实现方法（5）～（9）。

5. 评价与总结

- 老师鼓励同学主动上台演示部分或全部操作，增强学生学习的成就感。
- 尽量多给学生时间自己练习操作。

6. 课外延伸

①对本案例中的第四张幻灯片至第十三张幻灯片设置与第三张幻灯片不同的动画效果及切换效果。

②制作“我的成长故事”演示文稿，内容、放映方式及动画请自行设定。

任务二　宣传与交流

使用 PowerPoint 能够制作出非常精美的演示文稿，能将人们所要表达的信息组织成一组图文并茂的画面进行展示，例如包含插入表格、图表、图像、声音等对象。因此，PowerPoint 被广泛地运用于公司介绍、产品展示、学术报告等领域。

案例 2　公司简介

本案例制作了一个关于公司简介的演示文稿，案例设计有以下几个特点：

（1）幻灯片使用了统一的模板，具有风格的一致性。

（2）自选图形绘制、图形的编辑与组合。

（3）幻灯片间的交互性。

（4）有效的动画效果。

1. 案例分析

要实现幻灯片风格一致性的效果，可以通过幻灯片母版进行制作；实现幻灯片间的交互，则可使用超链接或动作按钮实现。

2. 相关知识点

（1）母版。母版是 PowerPoint 中具有特殊用途的幻灯片，在其中可以定义幻灯片的格式，如图片、背景和文本等，以控制演示文稿的整体外观。母版控制了某些文本特征，如字体、字号和颜色等，还可控制背景色和一些特殊效果等。

在 PowerPoint 2010 中有三种母版，分别为幻灯片母版、讲义母版和备注母版，分别用于控制演示文稿中的幻灯片、讲义页和备注页的格式。

对幻灯片母版的修改直接影响应用该模板的所有幻灯片，比如要在每张幻灯片的同一位置插入相同的标志符号，只需在幻灯片母版上插入即可，而不需要在每张幻灯片上一一插入。

对讲义和备注母版的设置分别影响讲义和备注的外观形式。讲义指在打印时，一页纸上安排多张幻灯片。备注页主要为讲演者提供备注的空间。讲义母版和备注母版可以设置页眉、页脚等内容，可以在幻灯片之外的空白区域添加文字或图形，使打印出的讲义或备注每页的形式都相同。讲义母版和备注母版所设置的内容，只能通过打印讲义或备注显示出来，不影响幻灯片中的内容，也不会在放映幻灯片时显示出来。

（2）主题颜色。主题颜色是指应用到幻灯片上的多种颜色的组合，包括背景、文本和线条、阴影、标题文本、填充、强调、强调文字和超链接、强调文字和已访问的超链接八个要素。主题颜色的搭配直接影响到演示文稿的视觉效果。每个设计模板都有八套左右定义好了的配色方案供用户选择，用户也可以改变配色方案中的某些颜色，以达到最佳的视觉效果。PowerPoint 2010 允许用户对演示文稿的某一张幻灯片或整个演示文稿指定一种新的主题颜色。

（3）动作按钮。动作按钮是 PowerPoint 2010 提供的一些已经制作好的动作，用户对其进行简单的设置就可实现动作按钮的功能。通过动作按钮，可以人工灵活地控制播放幻灯片。

3. 实现方法

（1）新建演示文稿。操作步骤：单击“文件”→“新建”命令，选择“空白演示文稿”。

（2）创建幻灯片母版。单击“视图→幻灯片母版”按钮，进入幻灯片母版视图，如图 5-32 所示。在母版视图状态下，从左侧的缩略图中可以看出，PowerPoint 2010 提供了 12 张默认幻灯片母版页面。其中第一张为基础页，对它进行的编辑，会自动在其余的幻灯片母版页面上显示。

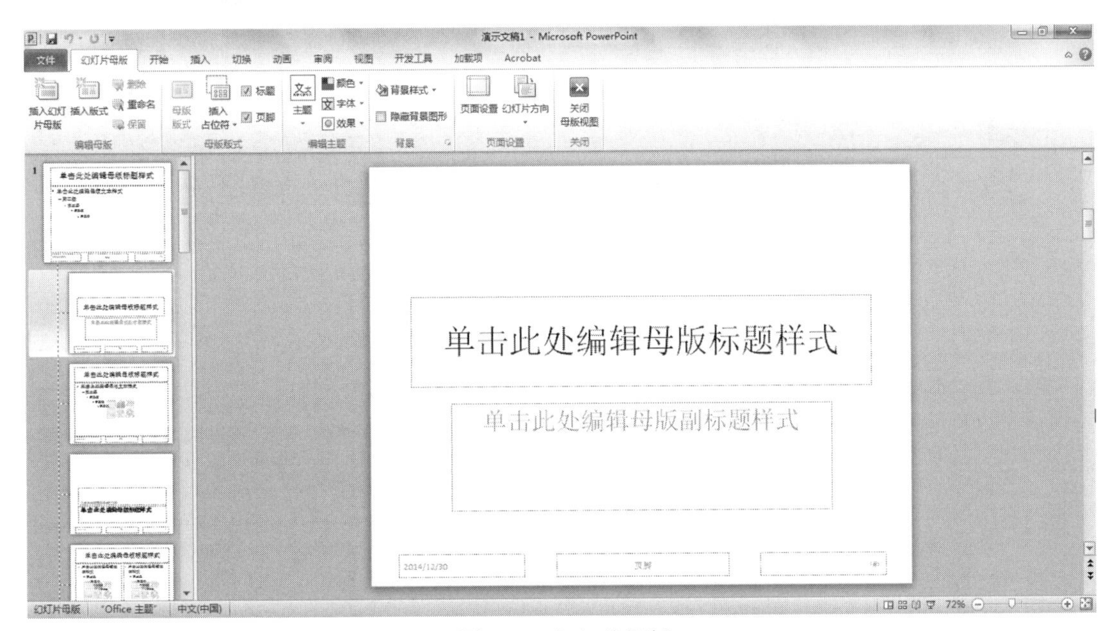

图 5-32　幻灯片母版

母版幻灯片显示在编辑区中，可以像编辑一般幻灯片那样编辑、修改母版。在幻灯片母版上所做的修改会影响所有基于母版的幻灯片。若只想使个别幻灯片的外观与母版不同，则应直接修改幻灯片而不是修改母版。通过幻灯片母版插入的对象必须在幻灯片母版视图下修改。

关闭幻灯片母版的方法是单击“幻灯片母版”选项卡中的“关闭母版视图”按钮。

操作步骤：

①单击“插入→图像”组“图片”按钮，插入母版背景图片 1；调整图片大小及位置，并将其置于底层；如图 5-33 所示，在第一张基础母版幻灯片上插入了背景图片后，其他母版幻灯片均做了相同的修改。

②单击“插入→插图”组“形状”按钮，在幻灯片中绘制一个等腰三角形。

选择等腰三角形，右击，单击快捷菜单中的“设置形状格式”命令，打开“设置形状格式”对话框。“填充”选项中选择“渐变填充”单选按钮，如图 5-34 所示设置渐变效果；“线条颜色”选项中选择“无线条”。

复制此三角形若干个；使用“旋转或翻转”“组合”等命令，调整三角形的位置及大小，最后生成一背景标志，将其移动到幻灯片母版的左上角，如图 5-35 所示。

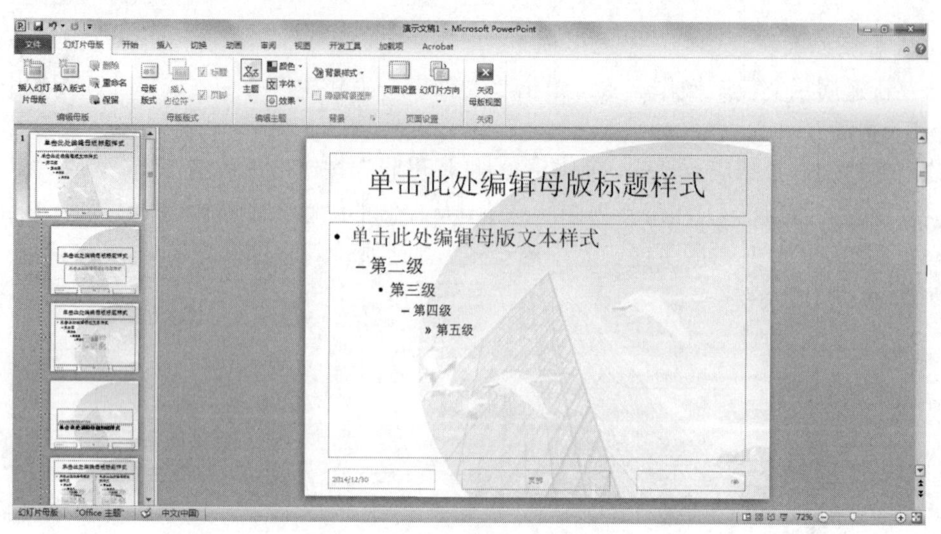

图 5-33　插入背景图片后的效果

图 5-34　填充效果设置

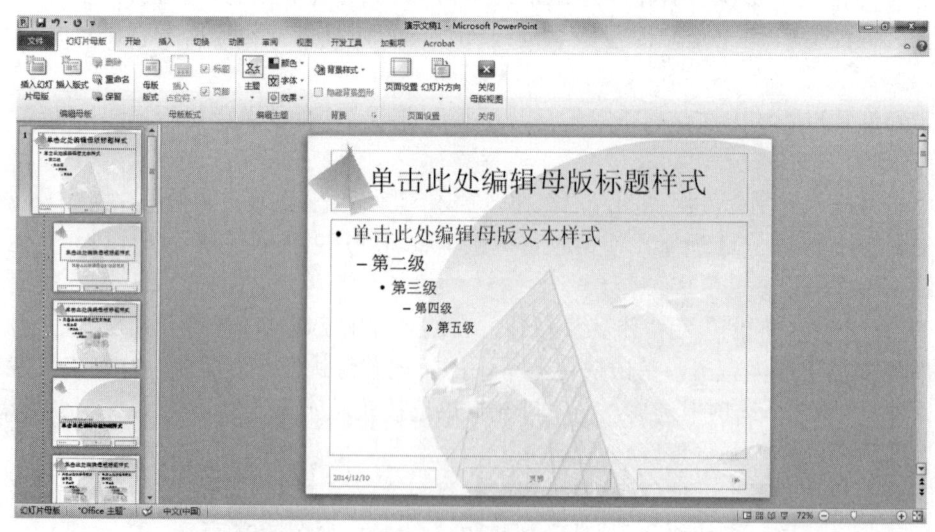

图 5-35　背景标志

③在母版幻灯片的上、下各绘制一条直线。

④调整“标题区”大小及位置，使其位于直线的上方，并设置母版标题样式为：宋体、40 号、加粗、阴影效果、左对齐。

⑤在“母版文本样式区”中，设置母版文本各级样式，如图 5-36 所示。

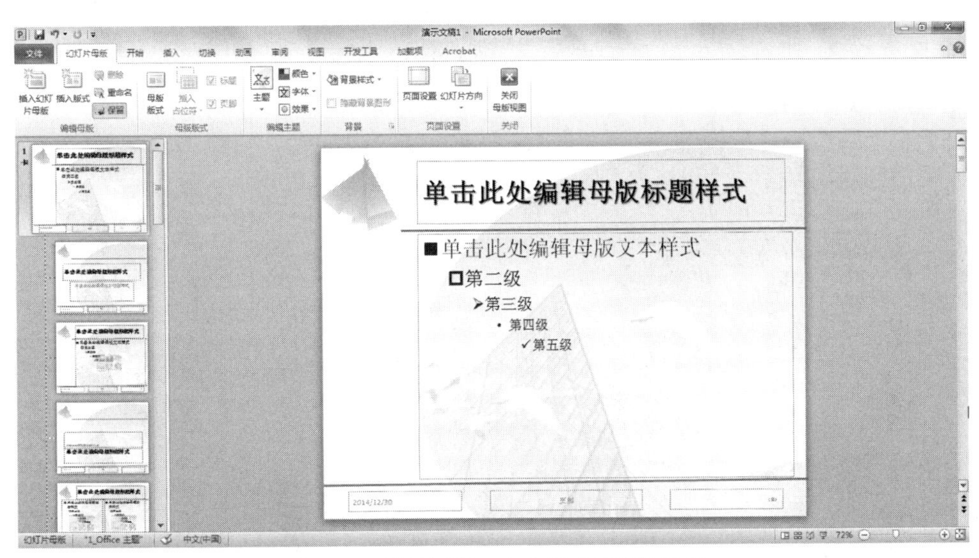

图 5-36　母版标题、文本样式设置效果图

⑥在左侧缩略图中选择第二张母版幻灯片“标题幻灯片”，对标题母版进行设置。在 PowerPoint 2010 的母版设置中，第一张母版所做的背景设置，在其他 11 张母版幻灯片中无法修改。因此，其他母版幻灯片若想要改变的话，只能用新的图片覆盖第一张幻灯片母版所做的设计。

在标题母版中插入另一张背景图片 2，将第一张幻灯片母版所做的设计完全覆盖，如图 5-37 所示。

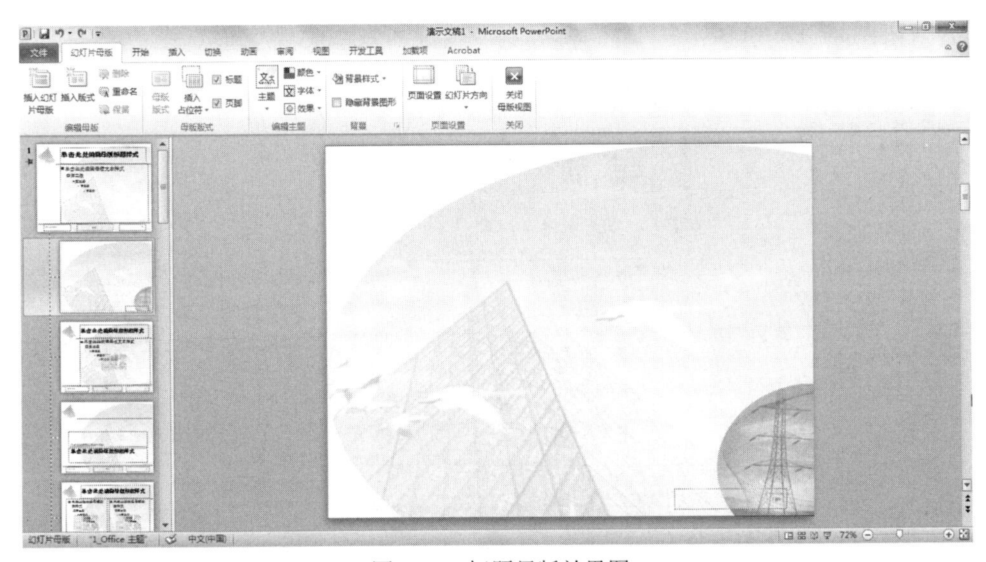

图 5-37　标题母版效果图

⑦单击“幻灯片母版”选项卡中的“关闭母版视图”按钮，返回幻灯片编辑状态。

（3）首页幻灯片制作。

操作步骤：

①删除标题占位符。

②插入艺术字“走在前面 服务领先”，并调整其大小及位置。

③输入副标题“广东雅氏集团有限公司 2014 年 12 月”。

制作效果图如图 5-38 所示。

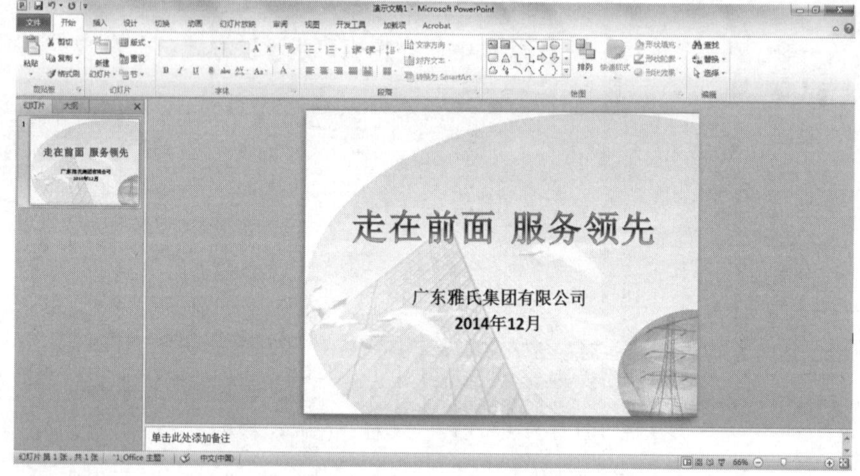

图 5-38 首页幻灯片效果图

（4）第二张幻灯片制作。

操作步骤：

①单击“开始→新建幻灯片”按钮，选择“标题和内容”版式。

②添加文本。

③设置文本框的动画为“飞入”。

制作效果图如图 5-39 所示。

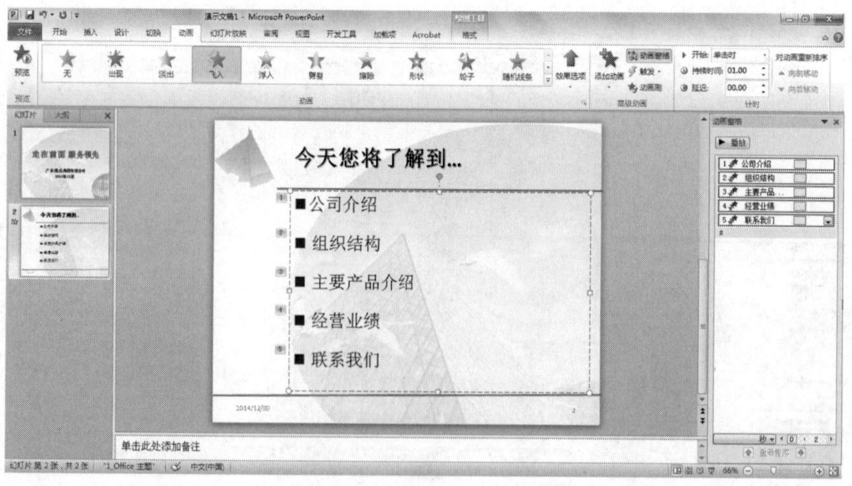

图 5-39 第二张幻灯片效果图

（5）幻灯片页脚设置。

操作步骤：在幻灯片母版中已经设置好页脚格式，但在前两张幻灯片中并未显示出来。需要在“页眉和页脚”对话框中进行相关设置。单击“插入→文本”组“幻灯片编号”按钮，打开“页眉和页脚”对话框，如图 5-40 所示，勾选“日期和时间”复选框，选择“自动更新”单选按钮；勾选“幻灯片编号”复选框；若标题幻灯片中不需要显示页脚信息，则勾选“标题幻灯片中不显示”复选框。单击“应用”按钮则在当前幻灯片上显示幻灯片编号，单击“全部应用”按钮则在所有幻灯片上显示幻灯片编号。

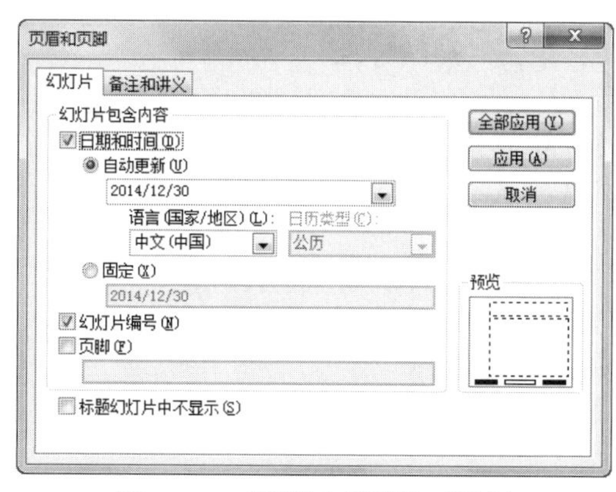

图 5-40　“页眉和页脚”对话框

（6）第三张幻灯片制作。

操作步骤：

①单击“开始→幻灯片”组“新建幻灯片”按钮，选择“标题和内容”版式。

②添加文本，使用菜单“开始→段落”组“行距”按钮设置文本间的距离。

③插入图片。

④设置图片的自定义动画效果为“渐变”。

制作效果图如图 5-41 所示。

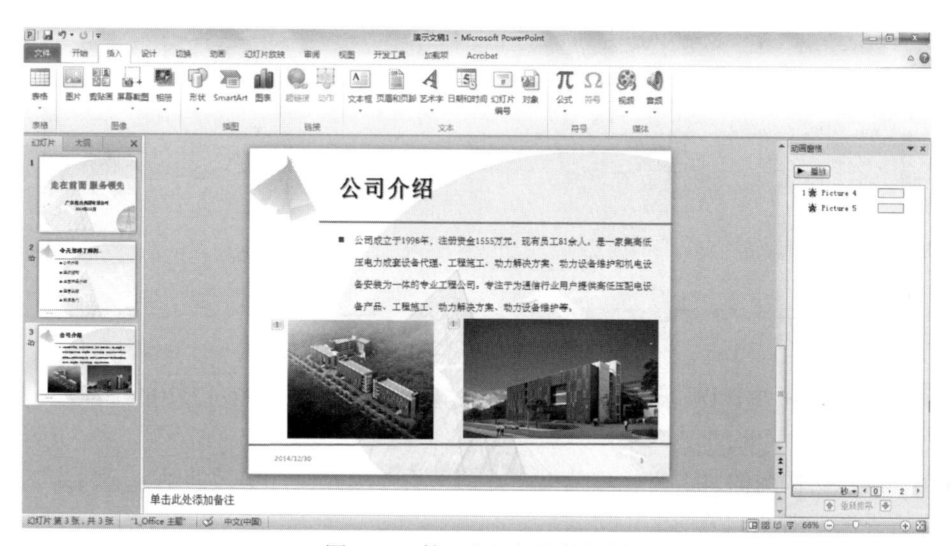

图 5-41　第三张幻灯片效果图

（7）制作第四张幻灯片。

操作步骤：

①单击“开始→幻灯片”组“新建幻灯片”按钮，选择“标题和内容”版式。

②添加标题“组织结构图”。

③在文本区中选择“插入→插图”组“SmartArt 图形”按钮，如图 5-42 所示；在“选择 SmartArt 图形”对话框中选择层次结构，如图 5-43 所示。

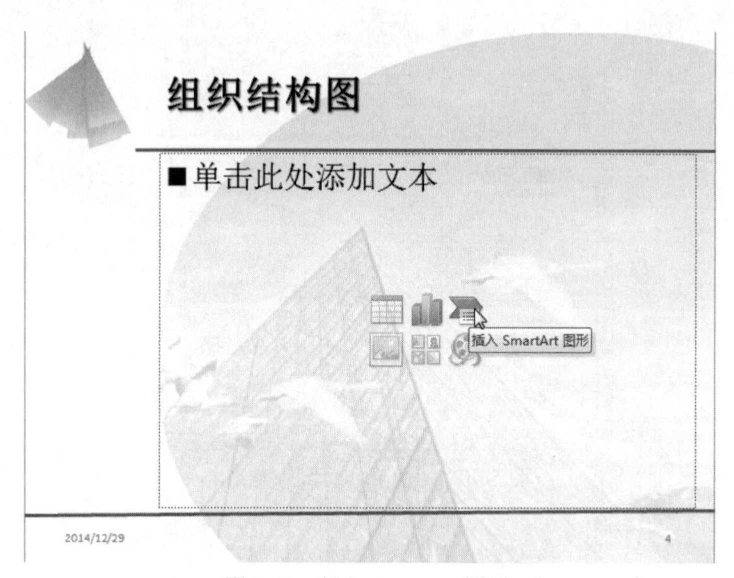

图 5-42　插入 SmartArt 图形

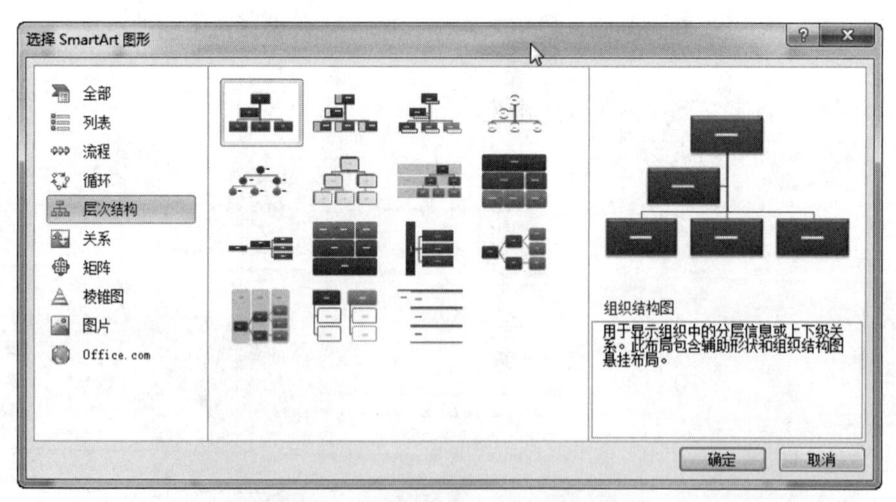

图 5-43　“选择 SmartArt 图形”对话框

④利用 SmartArt 工具栏设置该图，并添加文本，操作方法与 Word 中的组织结构图相似，不再一一介绍。

⑤设置组织结构图的自定义动画效果：强调→更改填充色，更改的填充颜色为橘黄。

制作效果图如图 5-44 所示。

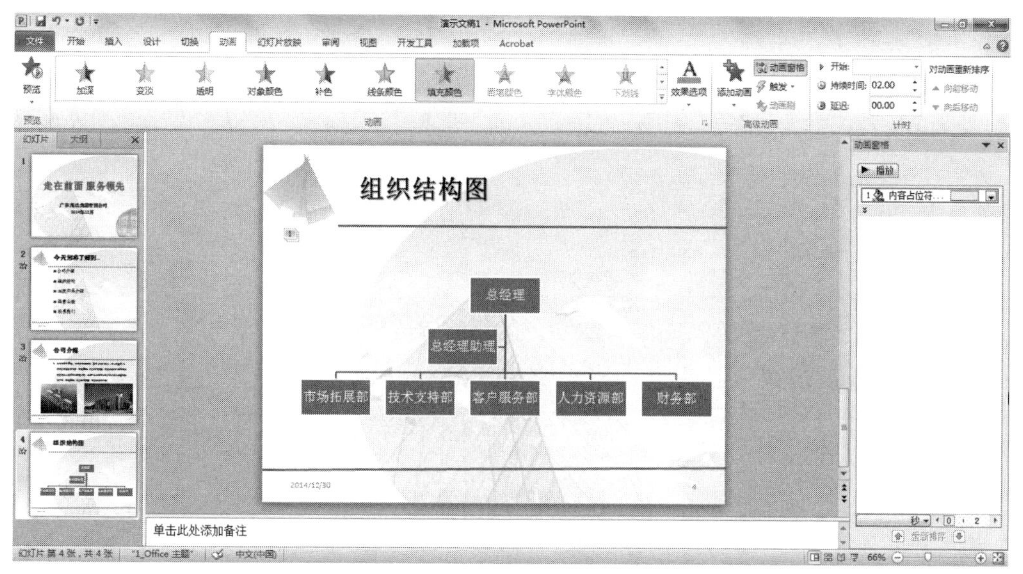

图 5-44　“组织结构图”效果图

（8）制作第五张幻灯片。

操作步骤：

①单击“开始→幻灯片”组“新建幻灯片”按钮，选择“标题和内容”版式。

②添加标题“主要产品介绍”。

③添加文本和图片。

制作效果图如图 5-45 所示。

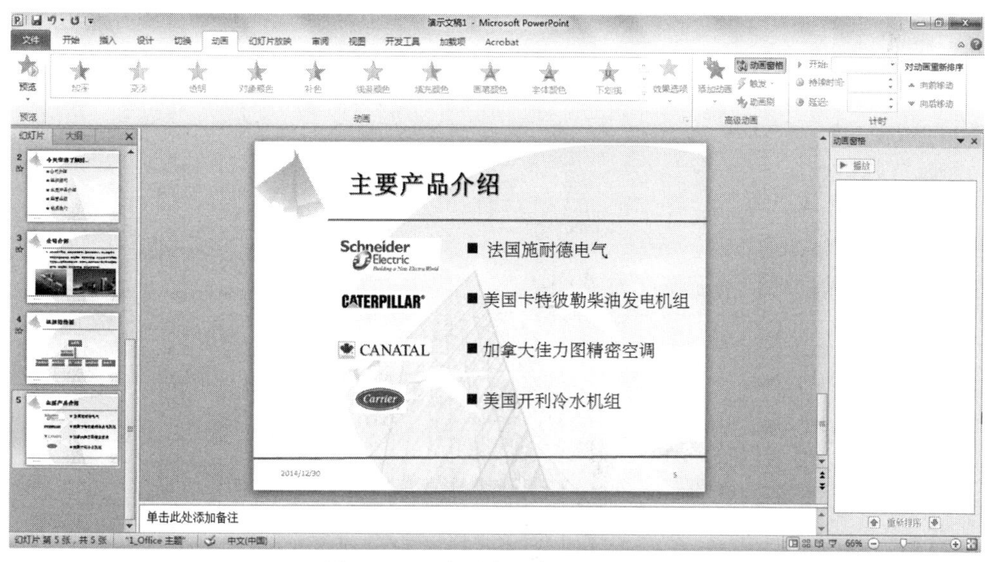

图 5-45　“主要产品介绍”效果图

（9）制作第六张幻灯片。

操作步骤：

①单击“开始→幻灯片”组“新建幻灯片”按钮，选择“标题和内容”版式。

②添加标题“经营业绩”。

③单击“插入→插图”组“图表”按钮修改相应的数据表中的数值，右击图表区空白区域，单击快捷菜单中相关命令可对图表进行编辑和修饰，设置方法与 Excel 图表相似，如图 5-46 所示。

图 5-46　图表数据的修改

④选择数据系列 2010 年，右击，将填充色改为红色。用相同方法，设置数据系列 2011、2012、2013。

⑤设置动画效果为“强调→闪烁”。

制作效果图如图 5-47 所示。

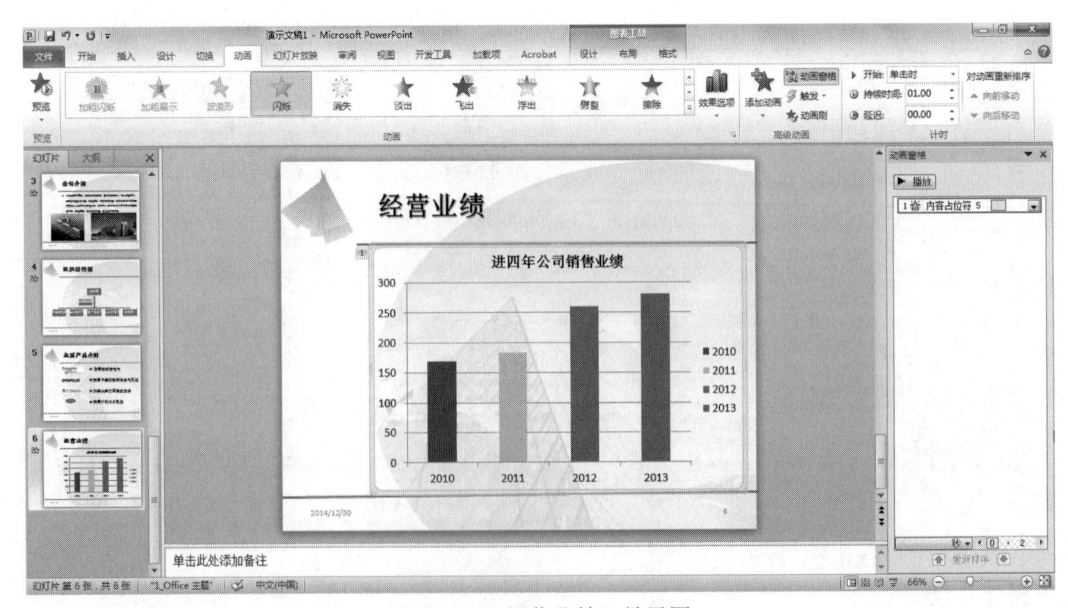

图 5-47　“经营业绩”效果图

（10）制作第七张幻灯片。

操作步骤：

①单击“开始→幻灯片”组“新建幻灯片”按钮，选择“标题和内容”版式。

②添加标题“联系我们”及其他文本。

③插入艺术字“感谢您的关注”。

④单击“设计→主题”组“颜色”按钮，打开幻灯片内置主题颜色栏，如图 5-48 所示。可在此选择系统已经定义好的主题颜色于本幻灯片中或所有幻灯片中；也可单击下方的“新建主题颜色”命令，自定义各种元素的颜色，如图 5-49 所示。

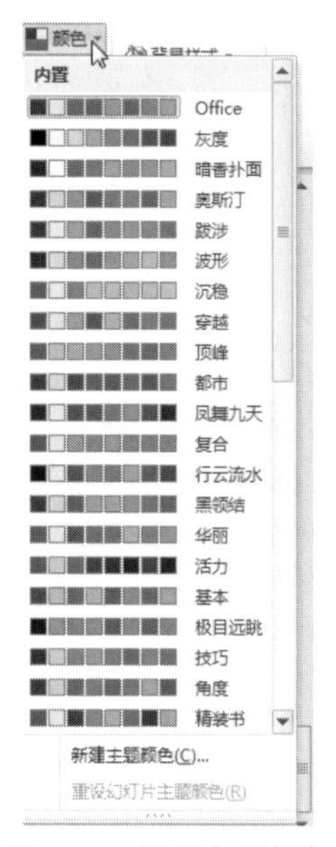

图 5-48　设置主题颜色

图 5-49　新建主题颜色

制作效果图如图 5-50 所示。

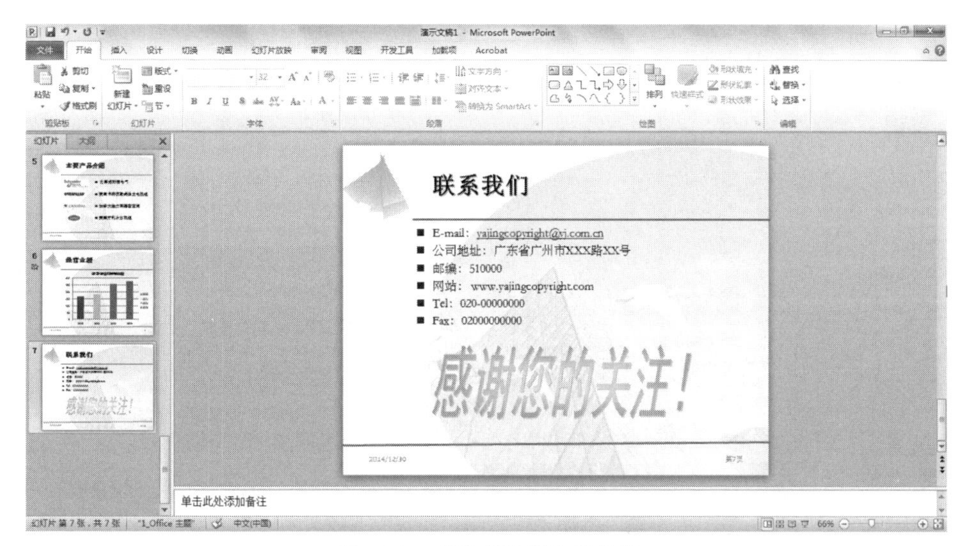

图 5-50　“联系我们”效果图

（11）超链接及动作按钮设置。本案例中的超链接主要包括两个交互的部分：

- 幻灯片 2 中的目录，用于跳转到其后的所有幻灯片；
- 幻灯片 3～7 右下角的后退按钮，用于返回目录（幻灯片 2）。

超链接的设置方式与 Word 相似，在此不再赘述。下面介绍动作按钮的设置。

操作步骤：

①在左侧的“大纲与幻灯片浏览”窗格中，单击第二张幻灯片，选中文字“公司介绍”，选择“插入→链接”组“动作”按钮，在“动作设置”对话框中做如图 5-51 所示的设置，将其链接到第三张“公司介绍”幻灯片。

图 5-51 “动作设置”对话框

②用①中相同方法设置文字“组织结构”链接到第四张幻灯片，文字“主要产品介绍”链接到第五张幻灯片，文字“经营业绩”链接到第六张幻灯片，文字“联系我们”链接到第七张幻灯片。

③在左侧的“大纲与幻灯片浏览”窗格中，单击第三张幻灯片，单击“插入→插图”组“形状→动作按钮”，在幻灯片的页脚绘制向左的箭头，弹出“动作设置”对话框，在“动作设置”对话框中，将其链接到第二张幻灯片。

④采用与③同样的方法，在第 4～7 张幻灯片上添加动作按钮，将其均链接到第二张幻灯片。

制作效果图如图 5-52 所示。

图 5-52 添加动作按钮后的第三张幻灯片

（12）保存演示文稿。

操作步骤：单击“文件”→“保存”命令或单击快速访问工具栏上的“保存”按钮，将演示文稿命名为“公司介绍”后保存。

（13）打印演示文稿

操作步骤：单击“文件”→“打印”命令，可对打印项进行设置，如图 5-53 所示。

图 5-53　打印演示文稿

在打印演示文稿之前，要先进行页面设置。单击“设计→页面设置”组“页面设置”按钮，打开如图 5-54 所示的“页面设置”对话框；在该对话框中，可以对幻灯片大小、幻灯片编号起始值和幻灯片的方向进行设置。

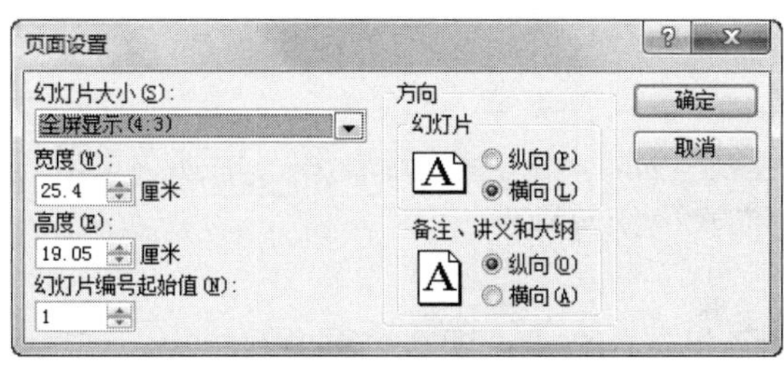

图 5-54　“页面设置”对话框

在“幻灯片大小”下拉列表中提供了多种可供选择的页面大小设置方式。单击“幻灯片大小”下拉按钮，根据需要选择其中一项。

- 全屏显示：适于屏幕演示，播放时幻灯片充满整个屏幕。
- 信纸：打印信纸样式的幻灯片。
- A3（A4、B4、B5）纸张：适用于把幻灯片打印到 A3（A4、B4、B5）型的纸张上。
- 35 毫米幻灯片：适用于制作幻灯机播放的实际幻灯片，现已基本不用。
- 投影机幻灯片：适用于制作投影机上使用的实际幻灯片。

- 横幅：适用于制作横幅式的幻灯片。
- 自定义：自己定义纸张大小，适用于打印到非标准的纸张上。选择“自定义”选项，通过“宽度”和“高度”编辑框调整纸张的大小。

（14）转换成视频文档。

操作步骤：

①单击“文件”→“保存并发送”命令，打开如图 5-55 所示的界面。

图 5-55　“保存并发送”面板

②选择“创建视频”命令。

③单击“创建视频”按钮，系统将自动生成视频文档。

4. 课堂实践

实践案例 2。

5. 评价与总结

- 老师鼓励同学主动上台演示部分或全部操作，增强学生学习的成就感。
- 尽量多给学生时间自己练习操作。

6. 课外延伸

设计制作一份市场调查报告。要求：调查主题内容自定，使用排练计时功能设置每张幻灯片播放时间。

任务三　动画下载与播放

在演示文稿的制作过程中，通常希望能够加入一些动态元素，如动画、声音等多媒体元素。

案例 3　动画下载与播放技巧

机电系的张老师正在制作“机械原理”精品课程的电子课件，他想用动画来说明课程中某些系统的工作原理，这样直观形象，教学效果更好。可是他不知道该如何在 PPT 中播放动画，也不知道如何下载一个动画。张老师的问题归纳如下：

（1）下载网站上的 Flash 动画。

（2）如何在 PPT 中插入一个动画。

（3）如何在 PPT 中插入视频资料。

1. 案例分析

本案例涉及从网站下载嵌入到网页中的 Flash 影片，在 PPT 中播放 Flash 影片和添加演示文稿背景音乐，以及在 PPT 中添加视频资料并播放。

2. 相关知识点

相关知识点嵌入到实现方法里讲解，这里不再赘述。

3. 实现方法

扫码看视频

（1）下载网站上的 Flash 动画。下载网站上的 Flash 动画，可使用常用的下载软件——网际快车 FlashGet 下载。

操作步骤：

①打开网际快车 FlashGet 软件，选择菜单“工具”→“快车资源探测器”命令，打开“快车资源探测器”窗口。

②在“快车资源探测器”窗口中输入包含 Flash 动画的网页地址，例如本例中的www.163.com。

③在“快车资源探测器”窗口右侧将默认的探测文件扩展名改为.swf，如图 5-56 所示。单击“探测”按钮后，该网页上包含的所有 Flash 动画便出现在下面的列表框中。

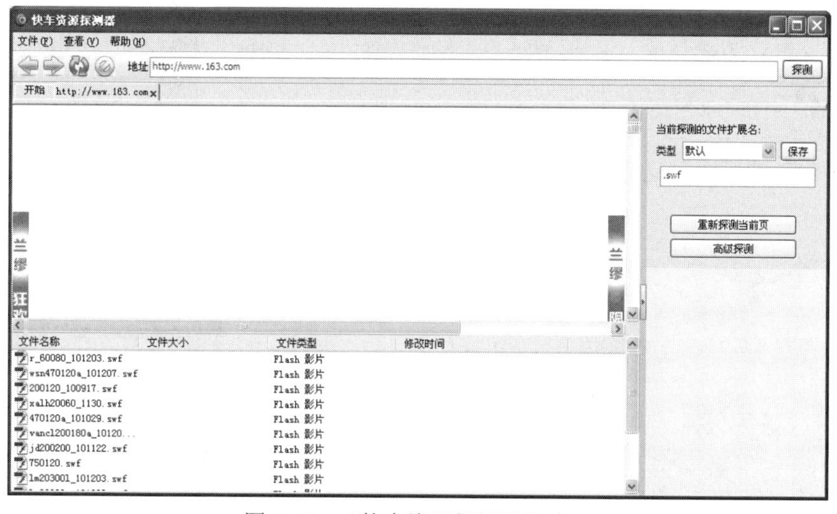

图 5-56　“快车资源探测器”窗口

④在想要下载的文件上右击，选择快捷菜单中的“使用快车下载”命令，进入 FlashGet 下载画面，选择要存放到的磁盘或文件夹，单击“确定”按钮后即可下载。

例如：本案例使用网际快车 FlashGet 3.7 版本，下载 www.163.com 网站上的“200120_100917.swf”文件。

（2）制作首页动画。在播放下载的 Flash 动画之前，制作一个“5-4-3-2-1-play”倒计时的简单动画效果。

操作步骤：

①新建一空白演示文稿，删除第一张幻灯片中的占位符。

②在第一张幻灯片中添加 6 个艺术字，分别是 5、4、3、2、1、play。

③设置艺术字“5”的动画效果：选中“5”，单击“动画”选项卡，设置成“缩放”的进入动画，“开始”为“上一动画之后”，持续时间为“01:00”，刚好是一秒的时间。

再次选中艺术字“5”，单击“动画→高级动画”组“添加动画”按钮，设置成“消失”的退出动画，“开始”为“上一动画之后”，设完之后如图 5-57 所示。

④给其他的艺术字都设置与“5”一样的动画。

提示：可使用动画刷！“play”这个艺术字只设置进入效果，不需要设置退出效果。

在“动画窗格”任务窗格中，如图 5-58 所示，在下拉菜单中选择“效果选项”命令，打开“效果选项”对话框，设置此动画元素在播放时使用“单击”声音效果，如图 5-59 所示。

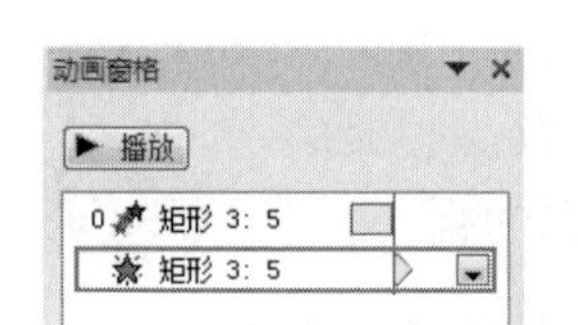

图 5-57　艺术字“5”动画设置

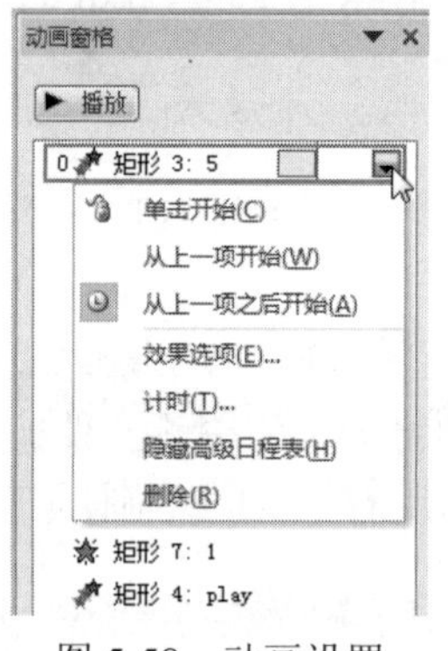

图 5-58　动画设置

图 5-59　“缩放”对话框

⑤将设置好动画效果的 6 个艺术字按顺序叠放在一起，效果如图 5-60 所示。

图 5-60　倒计时动画效果图

提示：若觉得一个个地设置艺术字动画效果太麻烦，可以选中全部艺术字，一起设置自定义动画，之后再调整次序，更改开始时间。

（3）插入 Flash 动画。将第一步中下载的 Flash 动画嵌入到 PPT 中播放有两种方法，一是使用视频插入按钮，二是使用“开发工具”中的控件。

方法一：

①插入第二张幻灯片，为空白幻灯片。

②单击“插入→媒体”组“视频→文件中的视频”按钮，选择 Flash 动画文件后，单击“插入”按钮。PPT 上出现黑色矩形区域，该区域即是播放动画的区域，适当调整区域位置及大小。

③选中 Flash 动画，在“视频工具→播放→视频选项”组“开始”的下拉列表中选择“自动（A）”。单击“视频工具→播放→预览”组“播放”按钮测试播放效果。

如果单击“播放”按钮弹出“安全警报”的提示，如图 5-61 所示，则需要在操作系统中进行如下设置：单击“开始”→“运行”，在对话框里输入“gpedit.msc”后按 Enter 键，打开“本地组策略编辑器”窗口，单击“本地计算机策略”→“用户配置”→“管理模板”→“Windows 组件”→“Internet Explorer”→“安全功能”→“本地计算机区域锁定安全”，如图 5-62 所示，双击右面的“设置”里面的“所有进程”，在弹出的“所有进程”对话框中选择“已禁用”，单击“确定”按钮。完成设置后注销计算机，重新进入 PPT，单击“视频工具→播放→预览”组“播放”按钮，即可让 Flash 动画正常播放。

图 5-61　安全警报提示信息

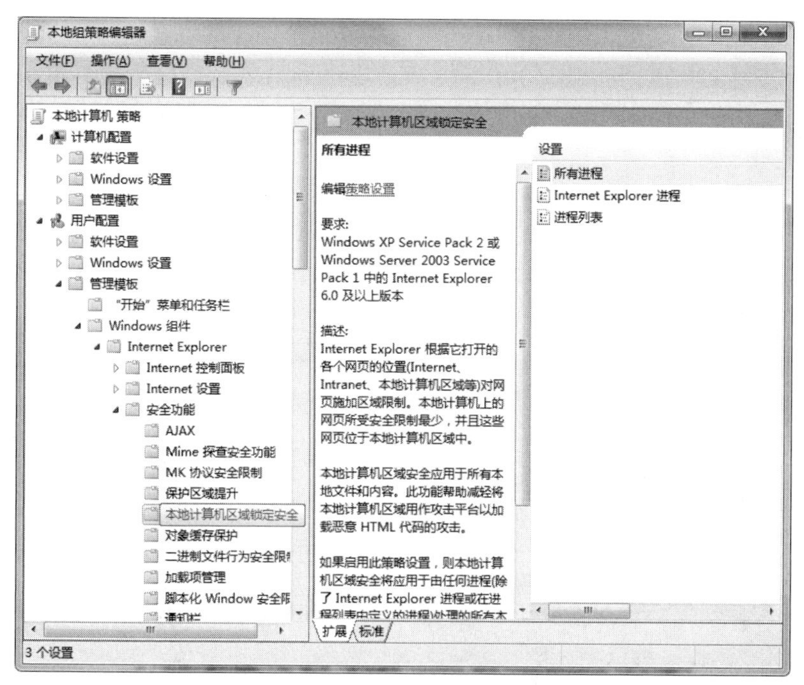

图 5-62　本地组策略编辑器界面

方法二：

①插入第二张幻灯片，为空白幻灯片。

②单击菜单“文件”→“选项”命令，调出“PowerPoint 选项”对话框，选择“自定义功

能区”标签；如图 5-63 所示，在右面的“自定义功能区”下拉列表中先选择“主选项卡”，再勾选下面的“开发工具”复选框，单击“确定”按钮返回。

图 5-63　自定义工作区

这样在 PowerPoint 的主界面上就会出现“开发工具”选项卡。

③在“开发工具”选项卡下的“控件”组，选择“其他控件”，打开“其他控件”对话框；单击“Shockwave Flash Object”选项，出现十字光标，将该光标移动到第二张幻灯片编辑区域中，画出适合大小的矩形区域也就是播放动画的区域，出现一个带有×的框，如图 5-64 所示。

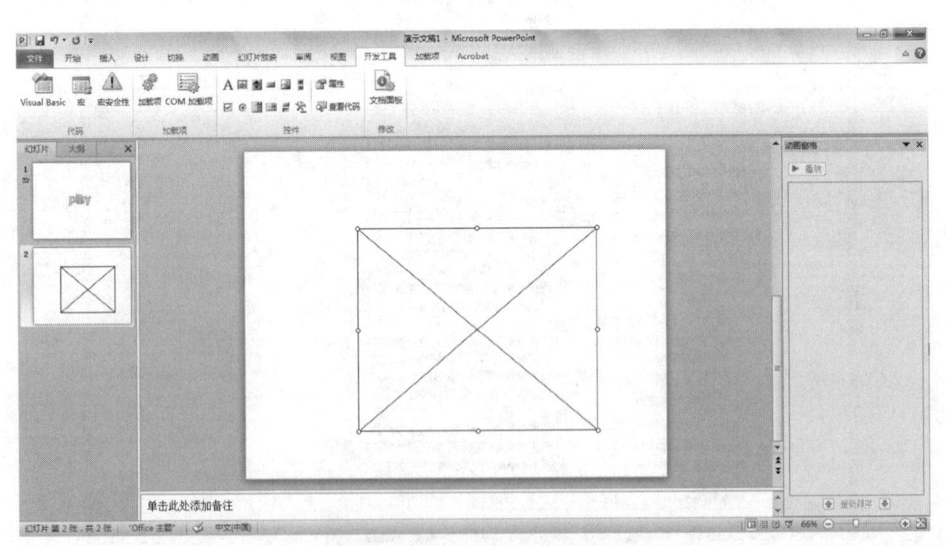

图 5-64　插入 Flash 的界面

注意：矩形区域所在的位置及大小就是观看 Flash 动画的窗口位置及大小。

④在矩形区域上右击，选择“属性”，打开“属性”设置框，如图 5-65 所示。

在 Movie 项后输入 Flash 影片所在的完整地址，将 Flash 影片与 PPT 放在同一文件夹下，只需填入完整的 Flash 文件名即可。

在 Playing 项后选择“True”，以便 Flash 影片能自动播放；在 EmbedMovie 项后选择“True”，方便 Flash 文件能跟随 PPT 文件一起移动。

（4）添加演示文稿背景音乐。

操作步骤：

① 单击第一张幻灯片，单击“插入→媒体”组“音频→文件中的音频”按钮，弹出“插入音频”对话框；在对话框中选择所需音乐后，弹出如图 5-66 所示的喇叭图标。

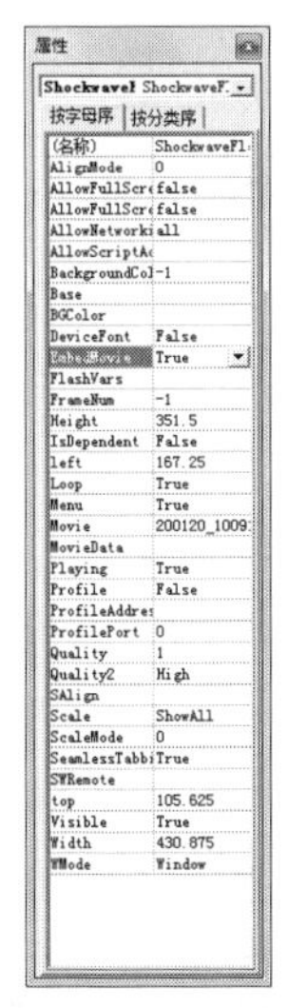

图 5-65　控件属性框

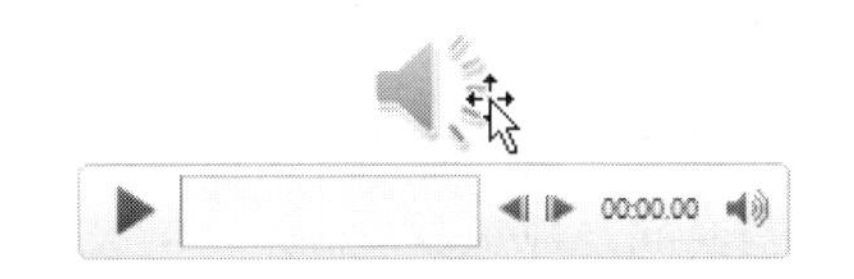

图 5-66　添加声音提示框

② 单击喇叭图标，在 PPT 的上方会出现“音频工具”选项卡，单击“播放”可对声音进行设置，如图 5-67 所示。

图 5-67　音频设置

选中喇叭图标，单击“动画→高级动画”组“动画窗格”命令；在“动画窗格”中“声音”下拉列表中选择“效果选项”，打开“播放音频”对话框，如图 5-68 所示。

“效果”选项卡中设置：“开始播放”为“从头开始”，“停止播放”为“在第 2 张幻灯片之后”；

“计时”选项卡中设置：“重复”为“直到幻灯片末尾”；

“音频设置”选项卡中勾选“幻灯片放映时隐藏声音图标”。

由此背景音乐就可在整个演示文稿放映过程中播放。

（5）插入视频资料。需插入的视频资料建议使用 PowerPoint 直接支持的视频格式（有.avi、.mpg、.wmv、.asf）。

图 5-68 “播放音频”对话框

操作步骤：

①插入第三张幻灯片，为空白幻灯片。

②单击“插入→媒体”组“视频→文件中的视频”按钮，在弹出的“插入视频文件”对话框中选择视频路径，选择视频文件，单击“插入”按钮。

③视频插入后，选中插入的视频，在“视频工具→播放→视频选项”组“开始”的下拉列表中选择“自动（A）”后即可自动播放视频。

④根据需要调整视频的位置和大小，将鼠标移动到视频窗口的下方，可以看到视频操作按钮，左侧为播放按钮，单击可以实现视频的播放暂停功能，中部为视频进度滑块，调节滑块可以调整视频播放的进度；右部分别为“快进”按钮、“快退”按钮，播放时间及视频音量按钮，可以分别对视频的播放速度和播放音量进行调节。

⑤选择实际需要播放的视频片段。单击“视频工具→播放→编辑”组“剪裁视频”按钮，在“剪裁视频”对话框中设置视频的开始时间和结束时间，也可以用鼠标拖动左侧绿色滑块来设置视频播放开始位置，拖动红色滑块设置视频播放结束位置，设置完成后单击“确定”按钮即可完成视频剪裁，如图 5-69 所示。

图 5-69 “剪裁视频”对话框

（6）保存演示文稿。

4. 课堂实践

（1）实践本案例。

（2）学生使用自定义动画自主设计倒计时的动画效果。

5. 评价与总结

- 老师讲解部分操作要点，鼓励学生自己查找实现方法。
- 尽量多给学生时间自己练习操作。

6. 课外延伸

（1）要求同学上网查找在 PPT 中播放 Flash 影片的其他方法，并实现。

（2）制作精美并带有动画效果的电子贺卡。

思考与练习

单选题

1．PowerPoint 2010 演示文稿的扩展名是（　　）。

A．.doc　　B．.pwt　　C．.ppt　　D．.pptx

2．下列操作中，不是退出 PowerPoint 的操作的是（　　）。

A．选择“文件”→“关闭”命令　　B．选择“文件”→“退出”命令

C．按组合键 Alt+F4　　D．双击 PowerPoint 窗口中的“控制菜单”图标

3．在 PowerPoint 中，“开始”选项卡中的（　　）按钮可以用来改变某一幻灯片的布局。

A．背景　　B．版式　　C．幻灯片配色方案　D．字体

4．对于演示文稿中不准备放映的幻灯片可以用（　　）选项卡中的“隐藏幻灯片”按钮隐藏。

A．工具　　B．幻灯片放映　　C．视图　　D．编辑

5．PowerPoint 中，在浏览视图下，按住 Ctrl 键并拖动某幻灯片，可以完成（　　）操作。

A．删除幻灯片　　B．复制幻灯片　　C．选定幻灯片　　D．移动幻灯片

6．在 PowerPoint 中，不能对个别幻灯片内容进行编辑修改的视图方式是（　　）。

A．普通视图　　B．大纲视图　　C．幻灯片浏览视图　D．以上三项均不能

7．在 PowerPoint 中，不能完成对个别幻灯片内容进行设计或修饰的对话框是（　　）。

A．幻灯片版式　　B．背景　　C．应用设计模板　　D．幻灯片配色方案

8．演示文稿的基本组成单元是（　　）。

A．幻灯片　　B．超链接　　C．图形　　D．文本

9．在（　　）中，可以看到以缩略图方式显示的多张幻灯片。

A．普通视图　　B．幻灯片浏览视图

C．幻灯片视图　　D．大纲视图

10．在 PowerPoint 中，下列有关发送演示文稿的说法中正确的是（　　）。

A．在发送信息之前，必须设置好 Outlook 要用到的配置文件

B．如果以附件形式发送时，发送的是当前幻灯片的内容

C．准备好要发送的演示文稿后，选择“文件”菜单中“保存并发送”，再选择“使用电子邮件发送”命令

D．如果以邮件正文形式发送时，则发送的是整个演示文稿文件，还可以在邮件正文添加说明

第 6 单元　计算机网络基础

学习目标

- 理解计算机网络的基本概念、网络的组成与分类
- 能对网络连接进行相应设置并连接上网
- 会使用搜索工具对所需的信息进行有效搜索、保存
- 会上传、下载文件
- 会对家庭网络进行配置和管理

任务一　认识计算机网络

（一）计算机网络概念及主要功能

1. 网络基本概念

计算机网络是指将地理位置不同的具有独立功能的多台计算机及其外部设备，通过通信线路连接起来，在网络操作系统、网络管理软件及网络通信协议的管理和协调下，实现资源共享和信息传递的计算机系统。

2. 计算机网络的主要功能

- 数据交换

这是计算机网络最基本的功能，主要完成计算机网络中各个结点之间的系统通信。用户可以在网上传送电子邮件，发布新闻消息，进行电子购物、电子贸易、远程电子教育等。

- 资源共享

所谓的资源是指构成系统的所有要素，包括软、硬件资源，如计算处理能力、大容量磁盘、高速打印机、绘图仪、通信线路、数据库、文件和其他计算机上的有关信息。由于受经济和其他因素的制约，这些资源并非（也不可能）所有用户都能独立拥有，所以网络上的计算机不仅可以使用自身的资源，也可以共享网络上的资源，因而增强了网络上计算机的处理能力，提高了计算机软硬件的利用率。

- 分布式处理

一项复杂的任务可以划分成许多部分，由网络内各计算机分别协作并行完成有关部分，使整个系统的性能大为增强。

（二）计算机网络系统的组成及网络分类

1. 计算机网络系统的组成

计算机网络在逻辑上可分为承担信息处理任务的资源子网和负责信息传递的通信子网两大部分。

通信子网是由通信控制处理机（CCP）及通信线路组成的传输网络，位于网络的内层，负责网络数据传输、转发等通信处理任务。

资源子网位于网络的外围，提供各种网络资源和网络服务。资源子网主要由主计算机（Host）、终端（Terminal）等硬件和网络数据库、应用程序等软件所构成。

现代网络中，这两种资源的界线已不是那么清晰了，现代网络结构如图 6-1 所示。

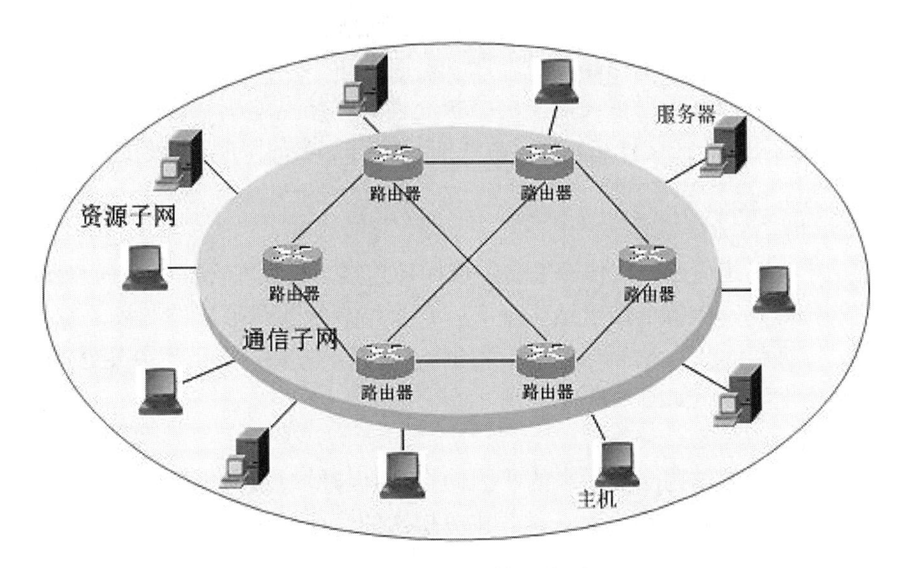

图 6-1　现代网络结构示意图

2. 计算机网络的分类

计算机网络可以从不同的角度进行分类。根据网络覆盖的地理范围来分，计算机网络分为局域网、城域网、广域网；按传输介质又可分为有线网络及无线网络。

- 局域网（Local Area Network，LAN），是指覆盖范围在几百米到几千米内建立的计算机网络。例如把一个实验室、一座楼、一个大院、一个单位或部门的多台计算机连接成一个计算机网络。局域网通常采用专用电缆连接，有较高的传输速率，较低误码率。
- 城域网（Metropolitan Area Network，MAN），它指在一个城市范围内建立起来的计算机通信网络，它将位于同一个城市的主机、各种服务器及局域网等互联起来。
- 广域网（Wide Area Network，WAN），又称远程网，将位于不同城市的 LAN 或 MAN 网络互联组成的网络，地理范围通常在几十千米到几千千米不等。如 ChinaNET 就是典型的广域网。由于距离相对较远，所以数据传输率较低，转输误码率也较高。

（三）计算机网络的拓扑结构

计算机网络的拓扑结构是指网络中各个结点相互连接的形式，在局域网中确切地讲就是服务器、工作站和电缆等的连接形式。

网络的拓扑结构有多种，常见的有星型、总线型、环型、树型、网状型等，如图 6-2 所示。

1. 星型结构

星形结构以中央结点为中心，网络中其他任何一个结点都只与中央结点直接相连。任何两个端点之间的通信都通过中央结点控制。中央结点的可靠性、吞吐能力直接影响到全网的运行，是全网的通信瓶颈。星型网络扩展方便，访问控制方便，故障容易检测和定位，单个结点的故障只影响一个设备，而不会影响到整个网络。如图 6-2（A）所示。

2. 总线型结构

在总线型结构中，采用单一的信道作为传输介质，所有的站点通过专门的连接器连到这个公共的信道（总线）上。信息在总线上传输并能被任何一个结点所接收。总线成了所有结点的公共通道。如图 6-2（B）图所示。

总线型的优点是：结构简单灵活，网络扩充性好，结点增删、位置变更方便。其缺点是诊断网络故障较为困难。在这种结构中，总线的长度有一定的限制，一条线上也只能连接一定数量的结点。

3. 环型结构

环型结构中，系统通过公共传输线路组成闭环连接，信息在环路中单向传送。

环型网的优点是网上每个结点地位平等，每个结点能获得平行控制权，容易实现高速及长距离传送。其缺点是由于通信线路的自我闭合，扩充不方便，一旦环中某处出了故障，就会导致整个网络不能工作，如图 6-2（C）所示。

4. 树型结构

树型结构是从星型结构演变而来的，因此它具有与星型结构相似的特点。这种结构管理比较简单，管理软件也易于实现，是一种集中分层次的管理形式，但各结点之间信息难以流通，资源共享能力差。如图 6-2（D）所示。

5. 网状型结构

网状型结构网络中每一个结点都有多条路径与网络相连，即使一条线路出现故障，网络仍能正常工作，但必须进行路由选择。这种结构可靠性高，但网络控制和路由选择较为复杂，一般用于广域网，如图 6-2（E）所示。

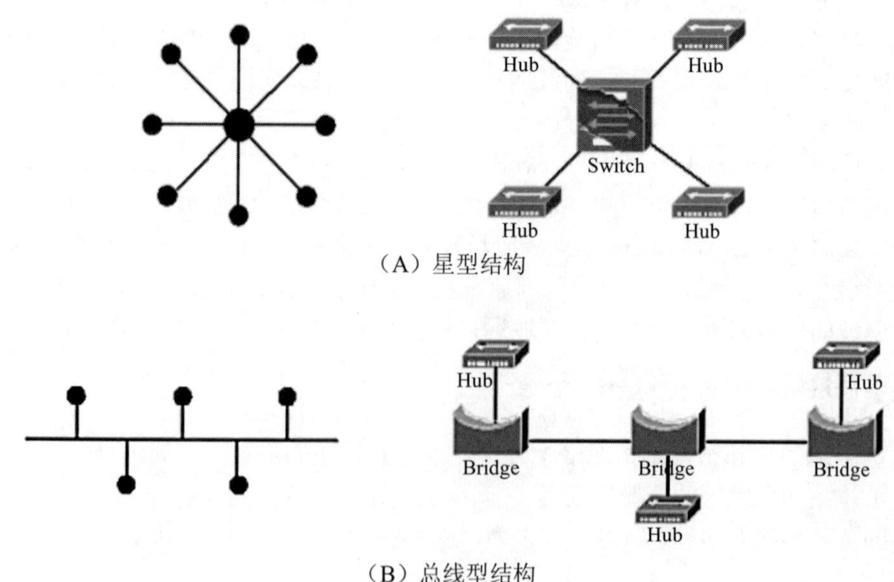

图 6-2　拓扑结构

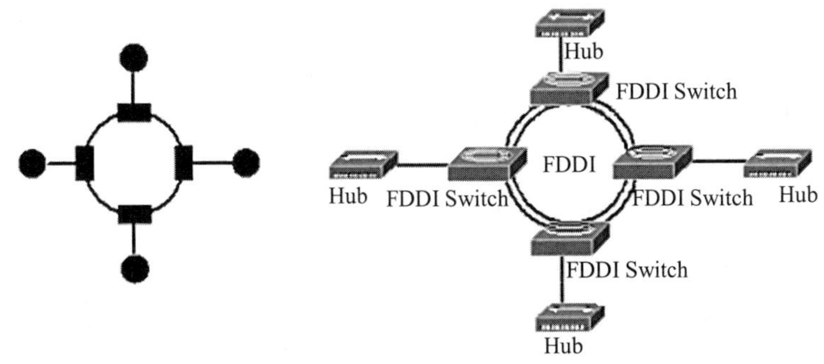

（C）环型结构

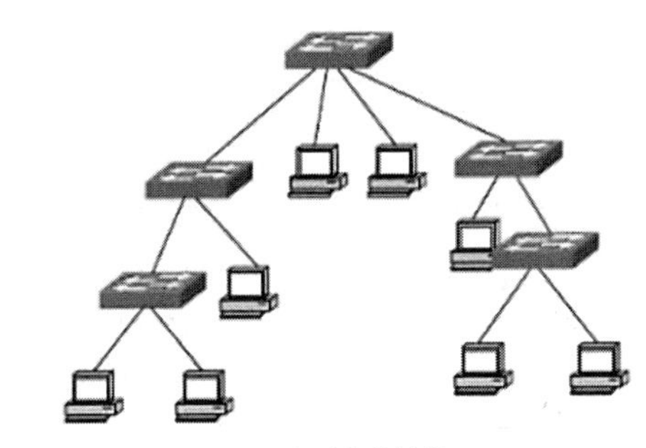

（D）树型结构

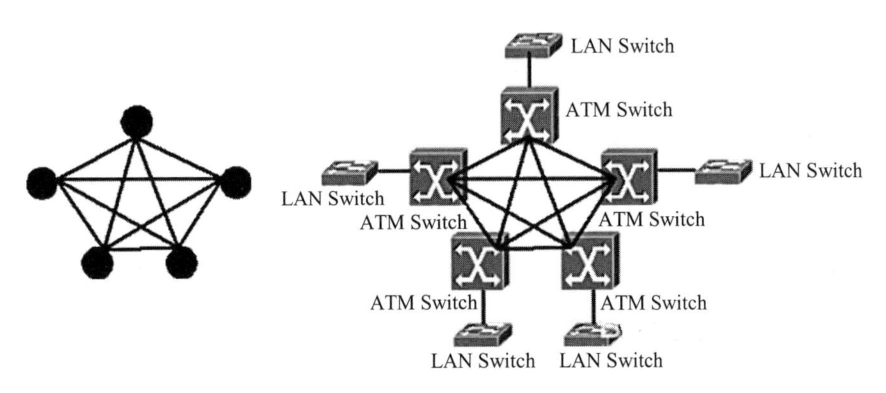

（E）网状结构

图 6-2　拓扑结构（续图）

在实际使用中，局域网的拓扑结构不一定是某单一的形式，往往是几种结构的组合（称为混合型拓扑结构），如总线与星型的混合连接，总线与环型的混合连接等。总线型、星型、环型在局域网中应用较多，树型与网状型结构在广域网中应用较多。

（四）Internet 概述

1. Internet 起源及我国 Internet 发展现状

Internet 起源于美国的 ARPAnet(阿帕网)。1969 年，美国国防部高级研究计划局(Advanced Research Project Agency，ARPA）决定建立 ARPAnet，把美国重要军事基地及研究中心的计算机用通信线路连接起来。首批连网的主机只有 4 台。其后 ARPAnet 不断发展和完善，特别是开发研制了互连的TCP/IP通信协议，实现了与多种其他网络及主机互连，形成了网际网。即由网络互连形成的网络——Internetwork，简称Internet。

Internet在中国起步较晚。1994年中国Internet只有一个国际出口，300多个入网用户。然而到2018年8月20日，中国互联网络信息中心（CNNIC）在京发布第42次《中国互联网络发展状况统计报告》。截至2018年6月30日，我国网民规模达8.02亿，互联网普及率为57.7%。我国手机网民规模达7.88亿，网民通过手机接入互联网的比例高达98.3%。我国互联网基础设施建设不断优化升级，互联网服务呈现智慧化和精细化特点，互联网在中国的发展速度是惊人的。目前互联网已成为人们生活、工作、学习不可或缺的工具，正对社会生活的方方面面产生深刻影响。

2. Internet提供的主要服务

Internet主要提供了以下几方面的服务。

（1）远程登录服务（Telnet）。远程登录是Internet提供的基本信息服务之一，是提供远程连接服务的终端仿真协议。它可以使你的计算机登录到Internet上的另一台计算机上。你的计算机就成为你所登录计算机的一个终端，可以使用那台计算机上的资源，例如打印机和磁盘设备等。Telnet提供了大量的命令，这些命令可用于建立终端与远程主机的交互式对话，可使本地用户执行远程主机的命令。

（2）文件传送服务（FTP）。FTP允许用户在计算机之间传送文件，并且文件的类型不限，可以是文本文件也可以是二进制可执行文件、声音文件、图像文件、数据压缩文件等等。FTP是一种实时的联机服务，在进行工作前必须首先登录到对方的计算机上，登录后才能进行文件的搜索和文件传送的有关操作。普通的FTP服务需要在登录时提供相应的用户名和口令，当用户不知道对方计算机的用户名和口令时就无法使用FTP服务。为此，一些信息服务机构为了方便Internet的用户通过网络使用他们公开发布的信息，提供了一种“匿名FTP服务”。

（3）电子邮件服务（Electronic Mail，E-mail）。电子邮件好比是邮局的信件一样，不过它的不同之处在于，电子邮件是通过Internet与其他用户进行联系的快速、简洁、高效、价廉的现代化通信手段，而且它有很多的优点，如E-mail比通过传统的邮局邮寄信件要快得多，同时在不出现黑客蓄意破坏的情况下，信件的丢失率和损坏率也非常小。

（4）电子公告板系统（BBS）。BBS，全称“电子公告板系统”（Bulletin Board System），它是Internet上著名的信息服务系统之一，发展非常迅速，几乎遍及整个Internet，因为它提供的信息服务涉及的主题相当广泛，如科学研究、时事评论等各个方面，世界各地的人们可以开展讨论，交流思想，寻求帮助。BBS站为用户开辟一块展示“公告”信息的公用存储空间作为“公告板”，这就像实际生活中的公告板一样，用户在这里可以围绕某一主题开展持续不断的讨论，可以把自己参加讨论的文字“张贴”在公告板上，或者从中读取其他人“张贴”的信息。电子公告板的好处是可以由用户来“订阅”，每条信息也能像电子邮件一样被复制和转发。

（5）万维网。WWW（World Wide Web）的中文译名为万维网或环球网。WWW的创建是为了解决Internet上的信息传递问题，在WWW创建之前，几乎所有的信息发布都是通过E-mail、FTP和Telnet等，但由于Internet上的信息散乱地分布在各处，因此除非知道所需信息的位置，否则无法对信息进行搜索。它采用超文本和多媒体技术，将不同文件通过关键字建立链接，提供一种交叉式查询方式。在一个超文本的文件中，一个关键字链接着另一个关键字有关的文件，该文件可以在同一台主机上，也可以在 Internet 的另一台主机上，同样该文件也可以是另一个超文本文件。

此外 Internet 还提供电子商务、网上银行、网络聊天、信息服务、索引等服务。

（五）网络通信协议与 IP 地址

分布在世界各地的计算机的体系结构、操作系统和系统性能千差万别，它们怎么能进行通信呢？事实上，计算机通信双方在通信息时都遵守一定的约定和规则。这种为网络中的数据交换（通信）而建立的规则、标准或约定称为网络协议。网络通信协议为连接不同操作系统和不同硬件体系结构的互联网络提供通信支持，是一种网络通用语言。

例如，网络中一个微机用户和一个大型主机的操作员进行通信，由于这两个数据终端所用字符集不同，因此操作员所输入的命令彼此不认识。为了能进行通信，规定每个终端都要将各自字符集中的字符先变换为标准字符集的字符后，才进入网络传送，到达目的终端之后，再变换为该终端字符集的字符。因此，网络通信协议也可以理解为网络上各台计算机之间进行交流的一种语言。

网络通信协议由三个要素组成。

语义：解释控制信息每个部分的意义。它规定了需要发出何种控制信息，以及完成的动作与做出什么样的响应。

语法：用户数据与控制信息的结构与格式，以及数据出现的顺序。

时序：对事件发生顺序的详细说明。

可以形象地把这三个要素描述为：语义表示要做什么，语法表示要怎么做，时序表示做的顺序。

常见的网络通信协议有 TCP/IP 协议、IPX/SPX 协议、NetBEUI 协议等。

（1）TCP/IP 协议。TCP/IP（Transmission Control Protocol/Internet Protocol，传输控制协议/网际协议）协议具有很强的灵活性，支持任意规模的网络，几乎可连接所有服务器和工作站。在使用 TCP/IP 协议时需要进行复杂的设置，每个结点至少需要一个“IP 地址”、一个“子网掩码”、一个“默认网关”、一个“主机名”。

（2）IPX/SPX 及其兼容协议。IPX/SPX（Internetwork Packet Exchange/Sequences Packet Exchange，网际包交换/顺序包交换）是 Novell 公司的通信协议集。IPX/SPX 具有强大的路由功能，适合于大型网络使用。当用户端接入 NetWare 服务器时，IPX/SPX 及其兼容协议是最好的选择。但在非 Novell 网络环境中，IPX/SPX 一般不使用。

（3）NetBEUI 协议。NetBEUI（NetBIOS Enhanced User Interface，NetBIOS 增强用户接口）协议是一种短小精悍、通信效率高的广播型协议，安装后不需要进行设置，特别适合于在“网络邻居”传送数据。

如果要让两台实现互联的计算机间进行对话，它们使用的通信协议必须相同。否则，中间需要一个“翻译”进行不同协议的转换，不仅影响了网络通信速率，同时也不利于网络的安全、稳定运行。我们来熟悉下应用最广泛的 TCP/IP。

1. TCP/IP 协议

TCP/IP（Transmission Control Protocol/Internet Protocol）是一种网际互联的通信协议，它

是一组协议的总称，包括 TCP 和 IP 两个核心协议。

IP 称为网际互连协议，负责把数据包从一个地方传送到另一个地方，但不能确保消息是否被对方接收。

TCP 协议称为传输控制协议，它通过三次握手建立连接，通信完成时要拆除连接。它负责提供可靠的通信服务，并对数据流量和传输拥塞等进行控制。

从名字上看 TCP/IP 好像只包括了两个协议，实际上它是一组协议，除了包括 TCP 和 IP 协议外，还包括多种功能的协议，如远程登录（Telnet）、文件传输协议（FTP）、简单邮件传输协议（SMTP）、域名服务（DNS）协议等。TCP/IP 协议提供点对点的链接机制，将数据应该如何封装、定址、传输、路由以及在目的地如何接收，都加以标准化。

在这个 Internet 全球网络的海洋中，如何才能找到要与之通信的远程计算机呢？这就是下面要讲的计算机网络的 IP 地址问题。

2. IP 地址

像在世界范围内有唯一的电话号码一样，在 Internet 上的计算机必须拥有一个唯一的 IP 地址，以解决计算机相互通信的寻址问题。IP 地址是指互联网协议地址，是 IP Address 的缩写。IP 地址是 IP 协议提供的一种统一的地址格式，它为互联网上的每一个网络和每一台主机分配一个逻辑地址，以此来屏蔽物理地址的差异。目前还有些 IP 代理软件，但大部分都收费。

IP 地址是一个 32 位的二进制数，通常被分割为 4 个“8 位二进制数”（也就是 4 个字节）。IP 地址通常用“点分十进制”表示成（a.b.c.d）的形式，其中，a、b、c、d 都是 0～255 之间的十进制整数。例：点分十进制 IP 地址（100.4.5.6），实际上是 32 位二进制数（01100100.00000100.00000101.00000110）。IP 地址采用两级结构，通常分为网络 ID 和主机 ID 两部分。网络 ID 可以标识一台主机所在的某一特定网络，而通过主机 ID 可以标识某一网络中的特定主机。这两部分有机结合，就可以准确识别出连接到 Internet 上的任何一台计算机了。

那么 IP 地址是如何分配的呢？TCP/IP 协议需要针对不同的网络进行不同的设置，且每个结点一般需要一个“IP 地址”、一个“子网掩码”、一个“默认网关”。不过，可以通过动态主机配置协议（DHCP），给客户端自动分配一个 IP 地址，避免了出错，也简化了 TCP/IP 协议的设置。

那么，互域网怎么分配 IP 地址呢？互联网上的 IP 地址统一由一个叫 ICANN（Internet Corporation for Assigned Names and Numbers，互联网赋名和编号公司）的组织来管理。

InterNIC：负责美国及其他地区；负责北美 B 类 IP 地址分配。

ENIC：负责欧洲地区；负责 A 类 IP 地址分配。

APNIC（Asia Pacific Network Information Center）：负责亚太 B 类 IP 地址分配；我国用户可向 APNIC 申请（要缴费）。

3. IP 地址分类

考虑到不同规模网络的需要，为充分利用 IP 地址空间，IP 协议定义了 5 类地址，即 A 类到 E 类，其中 D 为组播地址，E 类为保留地址。IP 地址最常用的是 A 类、B 类和 C 类地址。IP 地址采用高位字节（最左边字节）的高位来标识地址类别。IP 地址编码方案如表 6-1 所示，A、B、C 类地址格式如表 6-2 所示。

表 6-1　IP 地址编码方案

地址类别	高位字节	最高字节范围	可支持的网络数目	每个网站支持的主机数
A	0………	1～126	126	16777214
B	10………	128～191	16384	65534
C	110………	192～223	2097152	254

表 6-2　A、B、C 类地址格式

A 类地址格式	高 1 位	7 位	24 位
	0	网络 ID	主机 ID
B 类地址格式	高 2 位	14 位	16 位
	10	网络 ID	主机 ID
C 类地址格式	高 3 位	21 位	8 位
	110	网络 ID	主机 ID

在 A 类地址中，其 IP 地址的四段号码中，第一段号码为网络号码，剩下的三段号码为本地计算机的号码。如果用二进制表示 IP 地址的话，A 类 IP 地址就由 1 字节的网络地址和 3 字节主机地址组成，网络地址的最高位必须是“0”。A 类 IP 地址中网络的标识长度为 8 位，主机标识的长度为 24 位，A 类网络地址数量较少，有 126 个网络，每个网络可以容纳主机数达 1600 多万台。A 类 IP 地址的子网掩码为 255.0.0.0。

在 B 类地址中，其 IP 地址的四段号码中，前两段号码为网络号码。如果用二进制表示 IP 地址的话，B 类 IP 地址就由 2 字节的网络地址和 2 字节主机地址组成，网络地址的最高位必须是“10”。B 类 IP 地址中网络的标识长度为 16 位，主机标识的长度为 16 位，B 类网络地址适用于中等规模的网络，有 16384 个网络，每个网络所能容纳的计算机数为 6 万多台。B 类 IP 地址的子网掩码为 255.255.0.0。

在 C 类地址中，其 IP 地址的四段号码中，前三段号码为网络号码，剩下的一段号码为本地计算机的号码。如果用二进制表示 IP 地址的话，C 类 IP 地址就由 3 字节的网络地址和 1 字节主机地址组成，网络地址的最高位必须是“110”。C 类 IP 地址中网络的标识长度为 24 位，主机标识的长度为 8 位，C 类网络地址数量较多，有 209 万余个网络。适用于小规模的局域网络，每个网络最多只能包含 254 台计算机。C 类 IP 地址的子网掩码为 255.255.255.0。

有的读者已经发现，A、B、C 三类网络地址中最多可连接的主机数目不正确，就拿 C 类地址来说吧，最后一个字节所能表示的范围是 0～255，所以主机数目应该是 256，怎么说是 254 呢？其实这个数目在理论上是没错的。在实际应用的时候，当主机 ID 的二进制位全为 0 时，表示一个网络地址而不是一个主机地址；当主机地址的二进制全为 1 时，这个 IP 地址用于直接广播。以上两个特殊的 IP 地址是不能分配给一个特定的主机，否则会导致软件功能失常。所以在计算 A、B、C 类所能连接最多主机数目的时候都要在理论数目的基础上减 2。

32 位 IP 地址尽管在理论上有 40 多亿种取值组合，但这些地址资源并没有被充分的利用。Internet 的设计者们当初把网络用户划分为 A、B、C 类。每一类用户可分配一组地址。目前的问题是一些机构拥有富余 IP 地址，而另一些机构 IP 地址却不够用。例如美国的一些大学被划分为 A 类网络，它拥有超过 1600 万个可用 IP 地址，而大部分欧洲的 Internet 网络被划分为 C 类网络，显然当前的 IP 地址系统有缺陷。为了解决这一问题，目前正在推广的新一代的 IP（IP next generation，IPng）或称第 6 版 IP（IPv6）。IPv4 采用 32 位地址长度，只有大约 43 亿个地址，而 IPv6 采用 128 位地址长度，几乎可以不受限制地提供地址。按保守方法估算，IPv6 实际可分配的地址为整个地球的每平方米面积上可分配 1000 多个地址。在 IPv6 的设计过程中除解决了地址短缺问题以外，还考虑了在 IPv4 中解决不好的其他一些问题，主要有端到端 IP 连接、服务质量（QoS）、安全性、多播、移动性、即插即用等。

课堂实践：

（1）思考下列的数字串是否是合法的 IP 地址，如果是合法的 IP 地址，它们分别是哪一类的地址。

A．172.266.10.10　　B．110.16.12.254

C．128.192.18. 5　　D．205.10.10,105

（2）试计算 C 类 IP 地址所能支持最大的计算机的台数是多少。

（六）域名与域名解析

1．域名

IP 地址是一个数字串，不便于记忆，于是提出了采用域名来表示网址的方法。域名（Domain Name），是由一串用点分隔的名字组成的 Internet 上某一台计算机或计算机组的名称，用于在数据传输时标识计算机的电子方位（有时也指地理位置）。域名是 IP 地址的一个人性化的别名，它便于理解、记忆和交流。它是由具有一定意义的英文单词的缩写构成，如 www.pku.edu.cn，就是北京大学主机的域名。这比记一串数字 IP 地址容易多了。

Internet 上一台主机的域名是由它所属的各级域的域名和分配给该主机的名字共同构成的。书写的时候，顶级域名放在最右面，各级域名之间用“.”隔开，如www.pku.edu.cn 顶级域名为 cn 表示中国，二级域名为 edu 表示组织的属性是教育，三级域名为 pku 表示北京大学，www 表示主机别名。

域名是有层次的。Internet 主机域名的一般格式为：主机名.四级域名.三级域名.二级域名.顶级域名（并不一定分四级），如 www.pku.com.cn。北京大学还可根据学校的部门需要再添加四级域名。在三级域名 pku 的左边添加四级域名，如教务处（jwc），假设教务处的主机名或别名为 www，该台主机域名为：www.jwc.pku.edu.cn。

顶级域名划分采用了两种模式：地理模式和组织模式，如表 6-4 和表 6-5 所示。在地理模式中，顶级域名表示国家或地区。如网址www.edu.cn就是一个地理模式网址示例。在组织模式中，顶级域名表示该网络的属性，如网址www.google.com就是采用组织模式的网址。

表 6-3　地理模式

顶级域名	所表示的国家或地区	顶级域名	所表示的国家或地区	顶级域名	所表示的国家或地区
au	澳大利亚	ca	加拿大	ch	瑞士
cn	中国	cu	古巴	de	德国

续表

顶级域名	所表示的国家或地区	顶级域名	所表示的国家或地区	顶级域名	所表示的国家或地区
dk	丹麦	es	西班牙	fr	法国
it	意大利	in	印度		
jp	日本	se	瑞典		
sg	新加坡	us	美国		

表 6-4　组织模式

顶级域名	服务类型	顶级域名	服务类型
com	盈利的商业机构	mil	军事机构或组织
edu	教育机构	net	网络资源或组织
gov	政府部门	org	非盈利性组织机构
int	国际性组织		

2. 域名解析

域名虽然便于理解、记忆和交流，但在 Internet 上是以 IP 地址而不是通过域名来识别某台计算机的。因此，要利用域名系统（Domain Name System，DNS）服务器来完成从域名到 IP 地址的转换工作，这个过程称为域名解析。在 DNS 服务器中实际上建立了域名到 IP 地址的对应表，当用户输入某个域名时，接收查询的域名服务器从对应表搜索该域名，然后给出与之对应的 IP 地址，这样该域名便被解析了。当该台域名服务器解析不了这个域名时，还可通过其他域名服务器来帮助解析。

尽管在 Internet 上的用户通常都是采用域名访问某一站点，但直接给出它的 IP 地址要比使用域名更快些。事实上，一台接入 Internet 上的计算机可以没有域名，但不能没有 IP 地址。例如，当通过拨号方式上网时，用户计算机被动态分配一个 IP 地址，此时该主机就没有域名。此外，当一台主机既作为 DNS 服务器使用，又作为 FTP 服务器使用，那么这台主机可以拥有多个域名。

课堂实践：

（1）广东轻工职业技术学院的主页的网址为 http://www.gdqy.edu.cn，它对应的 IP 地址是多少？（提示：ping www.gdqy.edu.cn）。

（2）你正在使用计算机的 DNS 是多少？怎么查看？

（七）URL 地址

网络信息分布在各个不同的站点上，要找到所需信息就必须有一种描述信息资源位置和访问的方法。统一资源定位器（Uniform Resource Locator，URL）就是通过提供资源位置的抽象标识符来对资源进行定位的。一个完整的 URL 包括访问协议、域名（IP 地址）、路径和文件名。URL 也称“网址”。

URL 的一般格式为：

访问协议://<域名>[:端口号][/路径/文件名]

或 访问协议://< IP 地址>[:端口号][/路径/文件名]

访问协议是指获取信息的通信协议。浏览器可以访问多种资源，每一种资源都有自己的协议。例如 HTTP 表示超级文本传输协议，它告诉要访问 WWW 服务器的资源。此外，每一种访问协议都有一个默认的网络端口，例如 HTTP 协议一般使用的端口号 80，在 URL 中通常省略；FTP 协议默认的网络端口号是 21。

“域名”部分表示提供某种资源服务器。如 www.pku.edu.cn，开头的 www 提示该主机可提供 WWW 服务（www 也是主机的别名）。类似地可以用 ftp 等表示主机的服务类型，如北京大学 FTP 服务器是 ftp.pku.edu.cn，这里 ftp 也是 FTP 服务器的别称。

Internet 上许多 URL 都不包含目录路径或文件名，只用“/”来代替，因为访问的是默认的主页，所以可以省去路径和文件名。

例如，http://www.pku.edu.cn/index.html 是一个标准的 URL，其含义是链接到 www.pku.edu.cn 这台主机，并利用 HTTP 协议浏览 index.html 网页文件。在 IE 的地址栏中输入 http://www.pku.edu.cn:80/就可以访问北京大学 Web 主页了，这里就省去了路径及默认主页文件名，由于 HTTP 使用默认的端口 80，所以:80 也可以省去，于是网址就变成了 http://www.pku.edu.cn/。

提示：HTTP 超级文本传输协议用于访问 Web 网页；而 FTP 文件传输协议用于文件传输，当文件上传或下载时用该协议。

课堂实践：

（1）用 Serv-U 创建一个 FTP 服务器，让学生体会 URL 的使用方法及端口号的用法。

（2）应用“http://<域名>[:端口号][/路径/文件名]”及“http://< IP 地址>[:端口号][/路径/文件名]”两种方法访问北京大学 Web 网站的主页。

（八）网络道德和网络爱国

计算机网络正在改变着人们的行为方式、思维方式乃至社会结构，它对于信息资源的共享起到了无与伦比的巨大作用，并且蕴藏着无尽的潜能，但是网络的作用不是单一的，在它广泛的积极作用背后，也有使人堕落的陷阱，这些陷阱产生着巨大的反作用。其主要表现在：网络文化的误导，传播暴力、色情内容；网络诱发不道德和犯罪行为。因此网友一定要增强法律意识，平时自觉养成良好网络道德规范。否则，一不小心，可以就会触犯国家法律，重者要受到法律的严厉制裁。

1. 网络道德行为

（1）尊重知识产权。1991 年 6 月，颁布了《计算机软件保护条例》，规定计算机软件是个人或者团体的智力产品，同专利、著作一样受法律的保护，任何未经授权的使用、复制都是非法的，按规定要受到法律的制裁。

- 应该使用正版软件，坚决抵制盗版，尊重软件作者的知识产权。
- 不对软件进行非法复制。
- 不要为了保护自己的软件资源而制造病毒保护程序。

- 不要擅自篡改他人计算机内的系统信息资源。

（2）尊重别人，尊重别人的隐私，保守秘密。

- 不应该利用计算机去干扰、伤害别人。
- 不能私自阅读他人的通信文件（如电子邮件）。
- 不应该到他人的计算机里去窥探，不得蓄意破译别人口令。
- 不要蓄意破坏和损伤他人的计算机系统设备及资源。

（3）遵守国家法律，养成良好网络行为规范。

上网时应自觉遵守国家的有关法律、法规，养成良好网络行为规范。下面的网络行为都是违法的行为：

- 制造、传播各种计算机病毒；
- 捏造或者歪曲事实，散布谣言，扰乱社会秩序；
- 宣言封建迷信、淫秽、色情、赌博、暴力、凶杀、恐怖，教唆犯罪；
- 煽动抗拒、破坏宪法和法律、行政法规实施；
- 煽动分裂国家、破坏国家统一；
- 公然侮辱他人或者捏造事实诽谤他人；
- 损害国家机关信誉；
- 窃取别人账号、密码、财产、重大商业、军事及其他秘密信息；
- 其他违反宪法和法律、行政法规。

网络信息时代，既要遵守网络道德，也要尽量遵从网络爱国行为。

2. 网络“爱国”

网络上，人们对“爱国”的内涵有了更深入、更丰富的理解，使网络爱国主义产生了新特点。网络信息时代的爱国主义主体具有一定的虚拟性，其展现的方式也呈现出信息化、数字化等特点，让爱国主义的影响无处不在，与传统的爱国主义表现形式有所不同。其次，借助网络的力量，爱国主义教育在传播力度上也有明显增强，彰显了思想道德教育的开放性，任何个体都可以借助网络表达自己的爱国情感，这与传统的依赖书本传播爱国主义思想的方式有明显不同。再次，网络时代的爱国主义能够超越时空界限，教育的方式也更加多样化，各类新媒体社交平台通过文字、图片、音视频等方式诠释了新的、能够被网络受众广泛接受的爱国主义内涵，使人们对“爱国”的内涵有了更深入、更丰富的理解。

案例 1　网络爱国事件

2018 年，人民网、新华网等多家网络媒体围绕庆祝改革开放四十周年主题展开的系列宣传活动受到了网络广泛响应与好评。爱国主义题材电影《红海行动》继 2017 年《战狼 2》之后，在网上受到广泛好评。《中华人民共和国英雄烈士保护法》得到全国人大常委会全票表决通过，受到网民的广泛支持。与上述支持态度形成鲜明对比的是，不法分子穿军国主义服装在抗战纪念馆拍照、辱华言论事件遭到网民一致声讨，明星逃税事件、高铁霸座事件和网约车乘客安全事故受到网民一致谴责。这一系列事件中呈现出来的网络民意，突显了网民强烈的国家民族意识和爱憎分明的道德自觉，表明了网络爱国和社会基本道德领域中的共识程度不断加深。网络爱国空间的社会共识显著增强。

构建线上线下同心圆，更好凝聚社会共识，巩固全党全国人民团结奋斗的共同思想基础，是网络爱国意识形态建设的重要内容。做好网络综合治理工作，是重中之重的事情。网络空间天朗气清、生态良好，符合人民利益；网络空间乌烟瘴气、生态恶化，不符合人民利益。要提高网络综合治理能力，形成党委领导、政府管理、企业履责、社会监督、网民自律等多主体参与，经济、法律、技术等多种手段相结合的综合治网格局，从而使网络空间清朗起来。网络综合治理工作既要求全面加强管理，又要求重点突破薄弱环节。2017 年以来，通过法律法规建设进一步规范网络新闻舆论活动的进程加快。《互联网新闻信息服务管理规定》《互联网用户公众帐号信息服务管理规定》，对具有媒体属性和可对公众发布信息的账号及平台作了明确规定。这些准入管理制度的出台，为网络舆论的有序健康发展提供了政策依据。《网络安全法》《英烈保护法》和新修订的《民法总则》为网络舆论的向上向善和爱国方面发展提供了法律保障。

各方面各层次的网络综合治理工作，不仅为国内的网络道德和网络爱国行为提供了有力的保障，另外，在国际网络环境方面，我国积极参与国际网络空间综合治理体系的建设方面。连续五届主办世界互联网大会，倡议世界各国共同构建网络空间命运共同体，积极打造互联互通、共享共治的国际网络生态环境，为做好网络意识形态工作营造良好的国际舆论环境。

课堂实践：

（1）上网查找最近网络不道德的案例，并相互分享案例中的事件，引以为戒。

（2）查找 2 个典型的网络爱国案例，并分组讨论案例中的理性爱国和非理性爱国行为。

任务二　信息检索与下载

因特网中分布着大量的数据和共享信息，如何高效地检索到这些信息并快速下载到本机还是有很大技巧的。

案例 2　信息检索、下载技巧

王老师的邻居小张是某单位办公室秘书，因常写稿件，所以不时到网上搜索各种资料。但由于方法不当，常常搜索不到想要的东西，要么搜索出来的东西与主题差得太远，要么搜索出的列表太多，使人无法适从，效率太低。一天小王因为在网上搜不到自己所要的东西而发愁，于是向王老师求助，请王老师教他一些网络方面的使用技巧。王老师让他把使用网络过程中遇到的问题归纳一下，主要问题体现在以下几方面：

（1）如何保存网址，如何浏览历史网页；

（2）网上搜索效率太低，有什么技巧能提高信息准确率；

（3）如何搜索某一类型的文件；

（4）有时下载一个稍大一点的文件费时太长，能否找一个下载的软件加速下载；

（5）如何下载一个动画。

1．案例分析

小张在使用网络时遇到的问题也是许多人上网遇到的问题，主要是对网络搜索工具使用不够熟练，实际上只要熟练掌握主要的搜索工具如谷歌、百度等的使用方法，掌握文件快速下载的技巧，将给我们的学习和工作带来极大的方便。案例中前 3 个问题是网址收藏与信息搜索技巧问题，案例后两个问题实际上利用网络下载工具进行下载问题。

2. 相关知识点

（1）网上信息浏览。

①网页浏览。双击桌面“Internet Explorer”或其他浏览器图标打开浏览器主页窗口。在该窗口地址栏中输入要浏览网站的网址，就可以访问指定站点的网页，如登录“中国教育和科研计算机网”，输入网址http://www.edu.cn，如图 6-4 所示。

②浏览历史 Web 页面。在脱机状态下，允许我们浏览最近访问过的网页。单击浏览器工具栏上的“收藏夹、源和历史记录”按钮，在浏览窗口右边弹出一个“历史记录”子窗格，在“历史记录”子窗格内，双击某文件夹内的网址，就可访问最近访问过的网页了，如图 6-4 所示。

图 6-4　IE 浏览器窗口

在浏览网页的过程中，应熟练地使用工具栏上的各种工具，可以尽情在网上冲浪。这些导航按钮有“前进”“后退”“主页”“收藏夹、源和历史记录”等。

③保存 Web 页面。在浏览页面时，如果遇到非常好的网页，读者一定想将该页面保存起来，以备以后参考。单击“文件”→“另存为”按钮，在弹出的“另存为”对话框中，选择存放位置及网页名称，单击“确定”按钮即可。

如果只想保存网页的某张图片，右击图片，在弹出的快捷菜单中，单击“图片另存为”命令，在“保存图片”对话框中，单击“保存”按钮即可。

④IE 浏览器的设置。

- 设置 IE 浏览器的默认主页。

当启动 Internet Explorer 时，将打开一个默认的主页。用户可以将经常访问的站点设置成默认的主页。操作步骤如下：

右击桌面上“Internet Explorer”图标，单击快捷菜单中“属性”命令，打开“Internet 属性”对话框，如图 6-5 所示，在“常规”选项卡中的“主页”框的“地址”栏中输入默认站点，单击“确定”按钮即可。

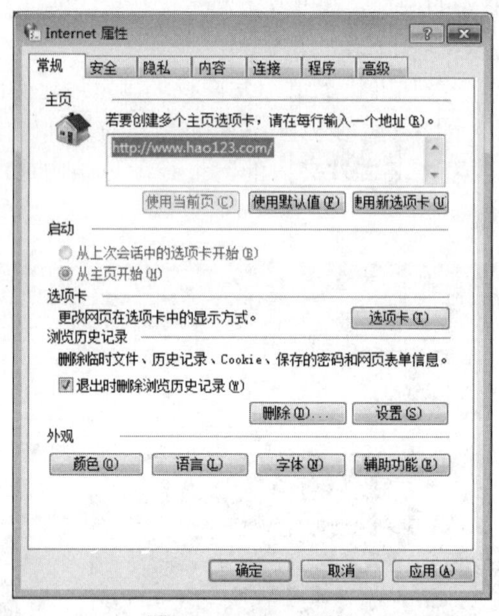

图 6-5　Internet 属性

在“浏览历史记录”选项组中，单击“删除”按钮可以清除历史记录网页及临时文件（夹）等。

单击“设置”按钮，在弹出的“网站数据设置”对话框中，可设置 Internet 临时文件存放的文件夹及历史记录保存的天数等。

⑤使用收藏夹。

- 收藏网址

在网上冲浪，会遇到一些有价值的自己喜欢的网页，可将这些网页的网址收藏起来，以便空闲或需要时浏览或脱机浏览。操作步骤如下：

单击“收藏夹”→“添加到收藏夹”菜单命令，打开“添加收藏”对话框，如图 6-6 所示。在“创建位置”下拉列表中选择添加的文件夹，当然也可新建文件夹，在“名称”框中输入网址新名称或使用默认的名称，单击“确定”按钮。这样以后再浏览该网页只需单击相应的文件夹网页链接就可快速打开该网页了。

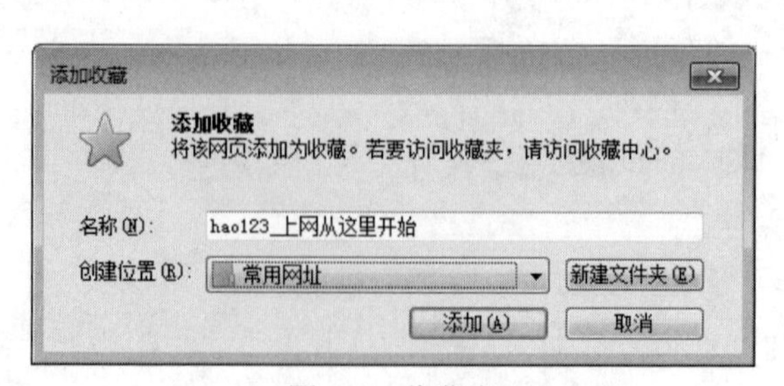

图 6-6　收藏夹

- 整理收藏夹

时间长了，收藏夹的内容有一点乱，甚至有些网址已过时，这时就需要整理收藏夹了。

操作步骤：

单击“收藏夹”→“整理收藏夹”命令，弹出“整理收藏夹”对话框，如图 6-7 所示，在该对话框中，可以创建文件夹，重命名、删除文件夹或网址，也可以将网址从一个文件夹移动到另一个文件夹内，经过整理后，收藏夹里的内容就变得井然有序了。

图 6-7　整理收藏夹

（2）信息检索。

Internet 是一个信息的海洋，其信息分布在全球范围内各个主机上。要快速搜索到所需要的信息，除了要掌握正确的方法外，还必须借助于信息检索工具帮助查询。

①明确检索方向，进行初步检索。分析要检索的问题，明确检索方向，到相关的网站进行搜索。如在百度页面中，单击“网站导航”链接，进入“百度网址大全”（http://site.baudu.com）页面，在这里根据自己的实际需要，单击不同的栏目或链接，如图 6-8 所示。如要配置一台电脑，单击网页内“电脑网络”→“硬件”链接，单击“硬件数码：太平洋电脑网”链接，进入太平洋电脑网广州站，在该网页里，可选择“CPU/内存/硬盘”“主板”“显卡”等链接搜索相关信息，也可在本网站的“快搜”检索框内输入想要查询的关键字如“华硕主板”，单击“搜索”按钮可搜索到各类型华硕主板的相关信息。如图 6-9 所示。

②高级搜索。关于它们的高级搜索技巧参见实现方法。

（3）文件下载。

①HTTP 下载。在搜索到要下载文件的下载地址后，右击下载地址，单击“另存为”命令即可下载文件到本地。这种下载不需要用户 ID 和密码。

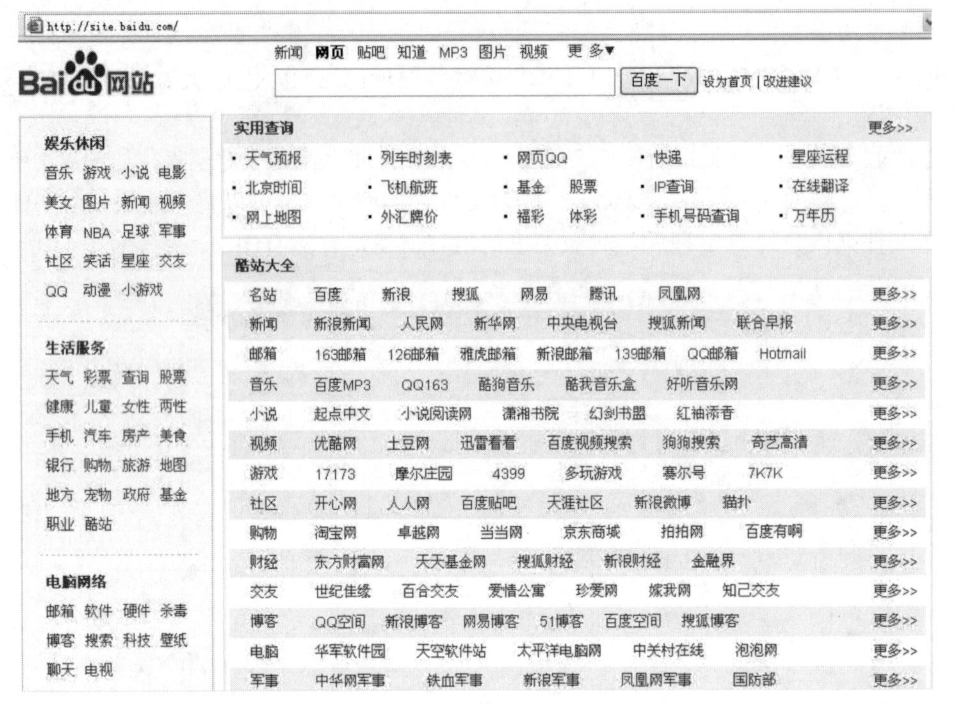

图 6-8　百度导航

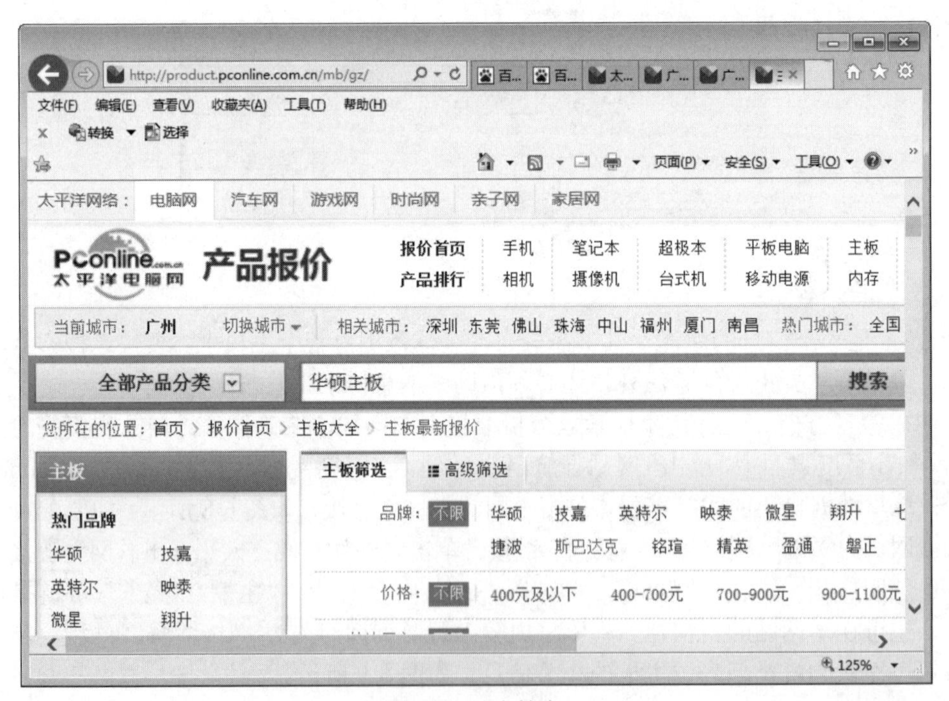

图 6-9　站内搜索

②FTP 下载。使用 FTP 协议从 FTP 站点下载文件。这种下载方式首先要登录 FTP 站点（可能需要输入用户 ID 和密码才能登录），然后直接将需要下载的文件从 FTP 站点拖到本机上即可；若是匿名登录，在登录时则不需要用户输入用户名和密码就可直接进入 FTP 站点进行浏

览及下载操作。

③P2P 下载。P2P（Point to point）即点对点下载，是在下载同时，自己的电脑还要继续做主机上传。使用迅雷、BT、电驴 eMule 下载都属于这种下载方式。

3. 实现方法

（1）保存网址与浏览历史网页操作步骤：

①保存网址操作详见“相关知识点”部分。

②浏览历史网页操作详见“相关知识点”部分。

（2）信息的搜索技巧（以百度搜索为例）。

①使用意义相对准确的词或短语作为关键字。如想了解与 Office 2003 相比，Office 2010 有些优点，如果用“Office 2010 的优点”（注意：不含中文双引号）作为关键字进行搜索，搜索结果有 16 万多条信息；用“"Office2010" 较 "Office2003"的优点”作为关键字进行搜索，只搜到 156 条记录。

若将关键字加上英文双引号再进行搜索如用"Office2010 的优点"（包括引号），百度只能搜索到十几条记录。可见，将关键字用英文双引号引起来，再进行搜索，搜索的结果将更加准确，搜索的效率将大幅度提高。

②使用多个关键词搜索，关键词中间用“+”、空格、“-”连接。为了更准确地匹配，可以使用多个关键词进行搜索，关键词之间使用“+”、空格、“-”连接；关键词中加入“+”或空格告诉搜索引擎这些关键词同时出现在搜索结果的网页中，“-”则告诉搜索引擎这个关键词不要出现在搜索结果的网页中。例如，若以关键词“操作系统+Windows+UNIX”就表示搜索到的网页中必须同时有“操作系统”“Windows”“UNIX”这三个关键词；若输入“操作系统+Windows -UNIX”则表示搜索到的网页中不能出现 UNIX 这个词。注意“-”前一定要有空格。

③搜索结果至少包含多个关键字中的任意一个。用大写的 OR 表示逻辑“或”操作。搜索“A OR B”，表示搜索的网页中，要么有 A，要么有 B，要么同时有 A 和 B。如搜索含有“电子政务”或“电子商务”网页，只需在 Google 中以“电子政务 OR 电子商务”作为关键词进行搜索即可。

④通过“site”把搜索限制在某网站内进行。“site”表示搜索结果局限于某个具体网站或者网站频道，如“sina.com.cn”“edu.sina.com.cn”“tech.sina.com.cn”等。

例如，在广东轻工职业技术学院（gdqy.edu.cn）网站上搜索关于刘境奇教授的页面，只需在百度的搜索关键字文本框中输入“刘境奇 site:gdqy.edu.cn”进行搜索即可。

注意：关键字后要有空格，site 后的冒号为英文字符，而且，冒号后不能有空格，否则，“site:”将被作为一个搜索的关键字。

（3）搜索某一类型的文档信息。“filetype”是 Baidu 提供的非常强大实用的一个搜索功能。能检索微软的 Office 文档如.xls、.ppt、.doc，Adobe 的.pdf 文档等。

例如，搜索几类资产负债表的 Office 文档。

关键字：资产负债表 filetype:doc

关键字：资产负债表 filetype:xls

关键字：资产负债表 filetype:ppt

又如，文档中含有“路由器的设置技巧”的 pdf 文档。

关键字：路由器的设置技巧 filetype:pdf

（4）使用迅雷下载文件。迅雷使用的多资源超线程技术基于网络原理，能够将网络上存在的服务器和计算机资源进行有效的整合，构成独特的迅雷网络，通过迅雷网络各种数据文件能够以最快速度进行传递。

迅雷软件安装完成后能自动监测用户计算机所有下载行为，当用户单击下载地址时，迅雷便自动启动，并弹出一个下载任务对话框。

如用户搜索到“Flash 下载工具 Flash Capture V3.01”下载地址后，单击下载地址时（或选择用迅雷下载），自动弹出下载任务对话框，如图 6-10 所示。在该对话框中，可选择存储分类、存储目录、另存名称，单击“确定”按钮即可。

图 6-10　下载任务

在创建下载任务后，迅雷将打开主界面开始下载任务，如图 6-11 所示，下载任务完成后，下载文件自动存于“已下载”目录中。为了日后的查找方便，可以对下载文件进行分类管理，即将下载的文件根据其类型分别拖放到左边的相应文件夹中。

图 6-11　下载文件管理

（5）动画下载。下载精美的 Flash 动画，一般人都使用 Flash 下载工具（如 Flash Capture）或者 IE 的 Flash 保存插件，不过如果你手上什么工具都没有，也可通过查看脱机浏览文件方法下载 Flash 动画。操作步骤如下：

首先清空 Internet 历史文件夹（..\ Temporary Internet Files），用 IE 访问要下载的 Flash 动画网页，单击"工具"→"Internet 选项"命令，单击"Internet 选项"对话框"常规"选项卡中的"设置"按钮，单击"设置"对话框中的"查看文件"按钮，打开 Internet 临时文件夹，文件按"类型"排列（也可在搜索框输入*.swf，进行搜索），找到类型为 Shockware Flash Object 的文件，复制到其他地方即可。

使用 Flash 下载工具下载 Flash 动画的详细操作请参考第五单元任务 3 相关部分。

提示：如果你想将创建某个网站的完整镜像以便日后学习和参考，可以借助于 Teleport Ultra 软件来实现，详细搜索该软件的使用方法。

4. 课堂实践

（1）搜索迅雷软件，下载并安装。

（2）Adobe Acrobat Reader 是一款阅读 PDF 文件和转换 PDF 文件的工具。能够将当前页面转换成图片，支持的格式有.bmp、.jpg、.png、.tif、.gif、.pcx。能够将页面转换成文本文件，支持目录功能。请搜索 PDF 阅读器软件，使用迅雷下载并安装。

（3）利用搜索工具，搜索有关"路由器设置"方面的.pdf 文档，并用 Adobe Acrobat Reader 浏览。

（4）下载 http://www.163.com/网页上的动画。

5. 评价与总结

- 总结百度的高级搜索技巧。
- 总结文件下载的最常用方法。
- 根据学生完成实践情况，适当加以点评、总结。

6. 课外延伸

（1）搜索、下载、安装 BitTorrent（简称 BT，俗称 BT 下载）网络下载工具。

（2）搜索 BT 下载软件的使用方法，并用 BT 下载电驴 eMule 网络下载软件。

任务三　Web 网站、FTP 站点创建与访问

在日常学习和工作中，有时需要把信息以网页发布出来供大家浏览，有时需要把数据文件发布出来供人们下载，有时为一个特定的人群提供一个空间供人们上传数据文件。这里涉及网页的发布及 FTP 站点创建与管理问题。

案例 3　FTP 站点与 Web 网站创建、配置

张宏伟是某班的学习委员，在老师和同学们之间起着信息沟通、传输桥梁的作用。经常需要将系里的通知、信息、老师要求传达给大家；有时需要将老师的各种教学资料共享出来，供同学们下载，有时需要为同学提供一个网上空间供同学们上传作业。小张打算在系里的计算机服务器上申请一个空间来实现他的想法。小张的想法如下：

（1）将各种通知信息做成网页，发布出来供大家浏览，这样就方便了；

（2）创建一个 FTP 站点，供同学们下载各种教学资料及同学上传作业之用。

根据学习委员的要求，请帮助实现他的想法。

1. 案例分析

案例（1）主要涉及网页制作及网页发布问题，网页制作可以用专门工具如网页三剑客 Dreamweaver、Flash、Photoshop，也可以用 FrontPage 等工具制作，其实用 Word 也可以做简单的网页，存盘时选择“网页”类型即可。发布网页可以用 Windows 自带的组件 IIS 创建一个网站然后连接上去即可。

案例中（2）涉及 FTP 站点创建与配置问题，可以用组件 IIS 实现，也可以用 Sever_U 软件实现。

2. 相关知识点

Internet Information Services（简称 IIS）是 Windows 操作系统自带的组件，可以用来创建一个 Web 网站来发布网页，也可以用来创建一个 FTP 站点，用于上传下载。在默认的情况下，Windows 7 是没有安装 IIS 组件的，必须先安装 IIS 组件。

3. 实现方法

（1）网页的制作、Web 网站的创建与配置的操作步骤：

①用网页制作软件或 Office 2010 制作所需要的网页；

②安装 Internet Information Services。

在控制面板中，单击“程序和服务”按钮，在打开的窗口中单击“打开或关闭 Windows 功能”链接，打开 Windows 功能窗口，勾选 Internet 信息服务下的 FTP 服务器、Web 管理工具、万维网服务以及 Microsoft NET Framework 3.5.1 下全部选项，如图 6-12 所示，单击“确定”。

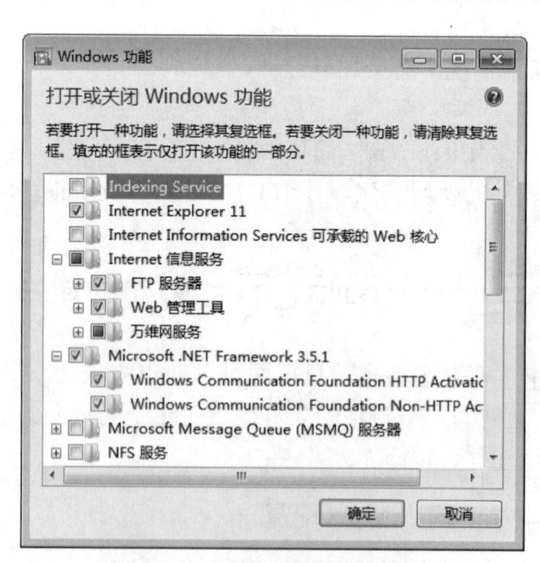

图 6-12　打开 Internet 信息服务

③将制作好要发布的网页保存于如 Myweb 文件夹中，单击控制面板中“管理工具”里的“Internet 信息服务”图标，打开“Internet 信息服务（IIS）管理器”应用程序窗口，如图 6-13 所示。

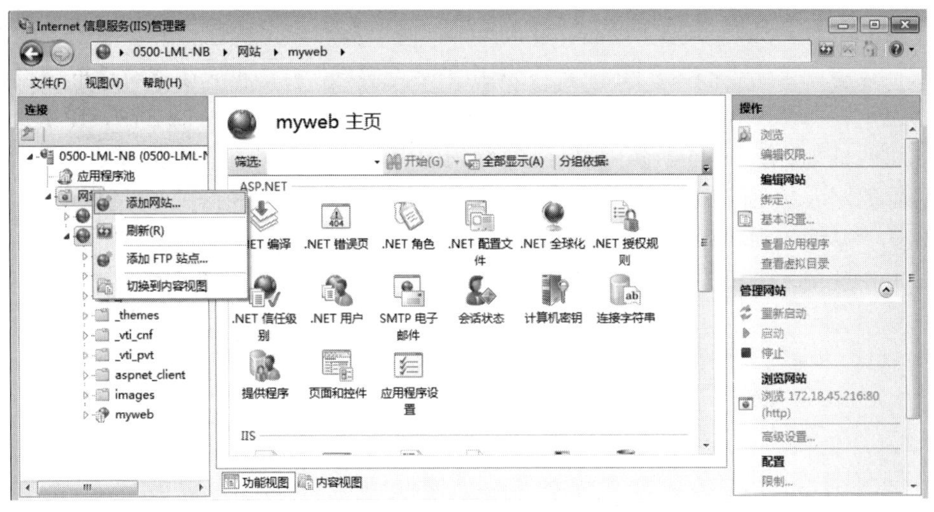

图 6-13　“Internet 信息服务（IIS）管理器”窗口

④在如图 6-13 所示的窗口中，右击“网站”，在弹出的快捷菜单中单击“添加网站”，弹出“添加网站”对话框，如图 6-14 所示。在“添加网站”对话框中设置如下：网站名称：如 myweb；物理路径：选择存放网页的文件夹如 myweb；IP 地址：存放网页的本机网址如 172.18.45.216；端口：改为 8080（其他也行），勾选“立即启动网站”选项，单击“确定”按钮。

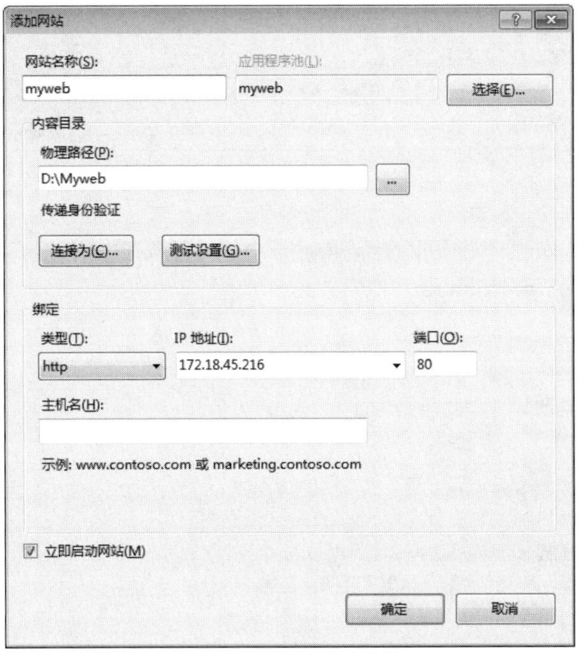

图 6-14　添加网站设置

默认的 Web 网站设置好后，从局域网中的任一台计算机上通过 IE 浏览器都可浏览 Web 服务器上的网页，如地址栏中输入http://172.18.45.216:8080，就可浏览刚创建网站上的网页了。

（2）FTP 站点创建与配置。

①FTP 站点创建与配置的操作步骤。在系计算机服务器上创建名为 ftp 的文件夹作为 FTP

站点的主目录，打开如图 6-13 所示的“Internet 信息服务”应用程序窗口，右击“网站”，在弹出的快捷菜单中单击“添加 FTP 站点”，弹出“站点信息”对话框，在该对话框中设置如下：FTP 站点名称：如 Myftp，物理路径：选择存放共享资源的文件夹如 D:\FTP，IP 地址：存放资源的本机网址如 172.18.45.216，端口：改为 2121，勾选“立即启动 FTP 站点”选项，SSL：允许，设置如图 6-15 所示。单击“下一步”，在“身份验证和授权信息”对话框中设置：身份验证：勾选“基本”和“匿名”两项，授权：选择允许访问站点的用户，如所有用户，权限：勾选“读取”选项，还可勾选“写入”选项，如图 6-16 所示，单击“完成”按钮。

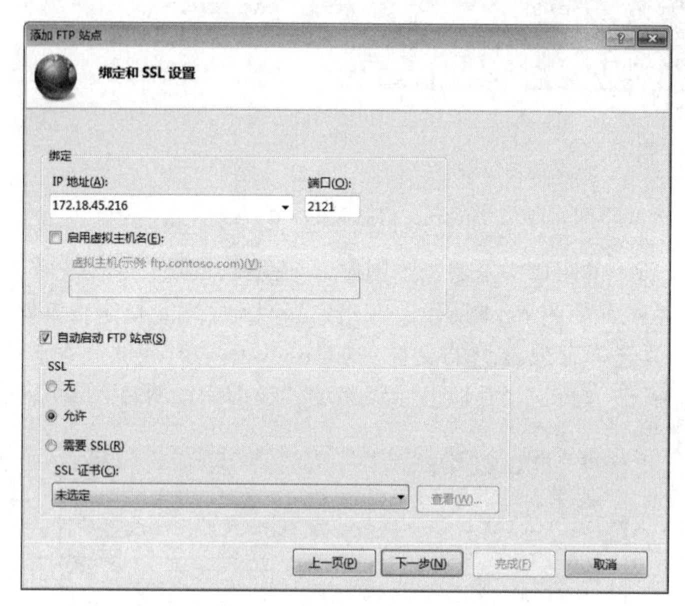

图 6-15　绑定和 SSL 设置

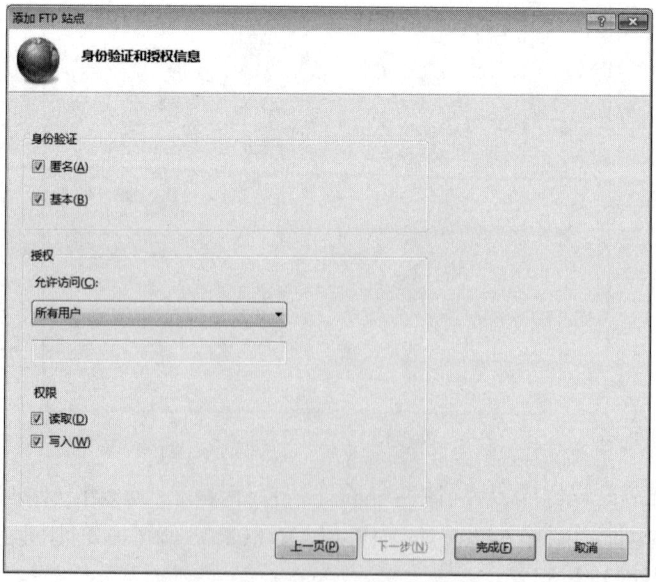

图 6-16　身份验证和授权信息

②文件的上传与下载。FTP 站点配置完毕后，在 IE 浏览器的地址栏中输入 FTP 服务器的 IP 地址，如FTP://172.18.45.216:2121/就可登录到 FTP 文件服务器了。若不允许匿名登录，则在弹出“登录身份”对话框中，输入用户名及密码，即可登录 FTP 站点。若要将本地机上的文件上传到 FTP 站点，只需要将本地文件复制后，在 FTP 服务器窗口相应文件夹中进行粘贴即可。若需要从 FTP 服务器上下载文件，只需将选定的文件（文件夹）从 FTP 服务器复制到本地机上即可。

提示：如果机器上未安装 IIS 组件，用 Sever-U 软件创建 FTP 站点替换本部分的内容。

4. 课堂实践

（1）打开本单元配套资料文件夹中的“Myweb”网站文件夹，利用 IIS 组件将网站发布到局域网络上，并在局域网的任一台计算机上浏览。

（2）利用 IIS 组件在本地机上创建一个 FTP 站点，将需要共享的文件或资料上传到其中供同学下载。

5. 评价与总结

- 找一组同学到台上演示“课堂实践（2）”的操作。
- 根据同学的操作情况，同学或老师加以点评和总结。

6. 课外延伸

（1）到广域网中申请一个免费空间，供发布网站之用或用于创建 FTP 站点。

（2）下载 Sever-U 软件，利用该软件创建一个 FTP 站点，并设置相应的权限，供同学们上传和下载之用。

任务四　远程访问与网上交流

案例 4　远程桌面连接与资源共享

小张是某公司的销售员，经常与各种客户通过电子邮件进行交流，传送各种产品信息等。而许多数据、信息文件都保存在家里电脑中。一天小张出车在外，突然需要访问家里电脑上的客户信息和销售资料，可他远在千里之外怎么才能访问家里的电脑呢，没办法只好向电脑高手王老师求助。另外他还向王老师请教了在办公室里怎样实现局部的资料、打印机共享，而又不需要做复杂的操作。向王老师请教的问题如下：

（1）经常出车在外，能否远程访问家里电脑上的数据、资料？

（2）怎样在办公室内实现打印机共享、资料的共享？

（3）平时上网必须遵守哪些规则？哪些事情不可做？

1. 案例分析

Windows XP、Windows Server 2003 等微软 Windows 系列操作系统自带远程桌面连接功能，通过这个功能可实现远程访问某台主机。通过 Outlook Express 客户端软件可以实现在桌面收发多个邮箱的邮件并可进行管理。

2. 相关知识点

①申请电子邮箱账号。

有很多网站提供免费邮箱申请服务，如网易、21cn 网站（www.21cn.com）、新浪网站（http://mail.sina.com.cn/）等网站。

②接收邮件服务器和发送邮件服务器。

POP3 邮件服务器则是遵循 POP3 协议的接收邮件服务器，用来接收电子邮件的。POP3 协议是 TCP/IP 协议族中的一员。

SMTP 邮件服务器则是遵循 SMTP 协议的发送邮件服务器，用来发送或中转发出的电子邮件。SMTP 协议属于 TCP/IP 协议族中的一员。

3. 实现方法

（1）通过远程桌面连接程序访问远程主机。

①主机远程设置。要实现远程桌面连接，要求主机（如自己的计算机、办公室计算机等）不能关机，并且允许用户远程连接到此计算机，并给客户远程登录的权限。

操作步骤：

右击“计算机”图标，打开系统窗口，如图 6-17 所示，单击“远程设置”链接，选择“仅允许运行使用网络级别身份验证的远程桌面的计算机连接”选项，如图 6-18 所示。单击“选择用户”按钮，弹出“远程桌面用户”对话框，在该对话框里，添加允许远程连接的用户。

图 6-17 系统属性

②实现从客户机上远程登录主机。通过“远程桌面连接”客户端连接程序实现从某台计算机连接到远程开着的主机上。

操作步骤：

单击“开始”→“所有程序”→“附件”→“远程桌面连接”命令，弹出如图 6-19 所示的对话框，单击“连接”按钮，然后输入用户名及密码后就可登录到远程计算机上去了，界面和运行环境与直接登录一模一样，如图 6-20 所示，这样就可以任意操作远程的主机了。

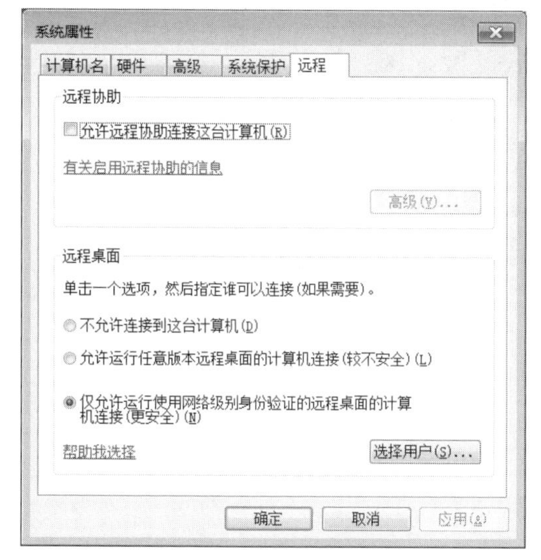

图 6-18　远程设置

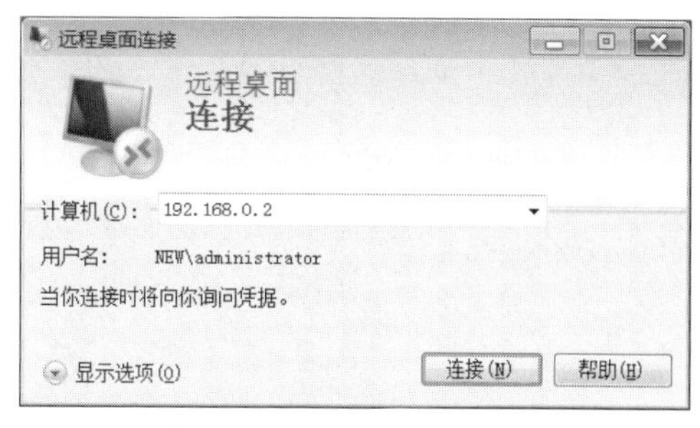

图 6-19　远程桌面对话框

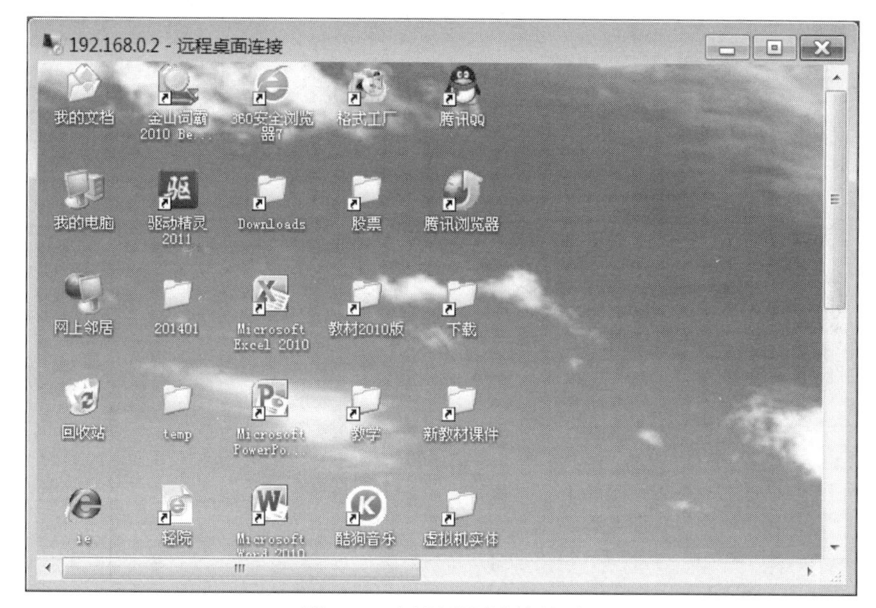

图 6-20　远程桌面连接界面

（2）安装网络打印机，文件资料共享实现方法。

①安装网络打印的步骤：

共享打印机：单击“开始”→“设备和打印机”命令，打开“设备和打印机”窗口，右击要共享的打印机，弹出打印机属性窗口，如图 6-21 所示。单击“共享”选项卡，勾选“共享这台打印机”选项，并在共享名框中输入共享打印机名称，单击“确定”。

安装网络打印机：单击“添加打印机”按钮，在“添加打印机”对话框中，单击“添加网络、无线或 Bluetooth 打印机（w）”按钮，在“打印机名称”框中选择已共享的打印机，单击“下一步”，在打印机名称框中输入名称（可以默认），单击“下一步”，完成，如图 6-22 所示。这样就可以用网络打印机打印资料了。

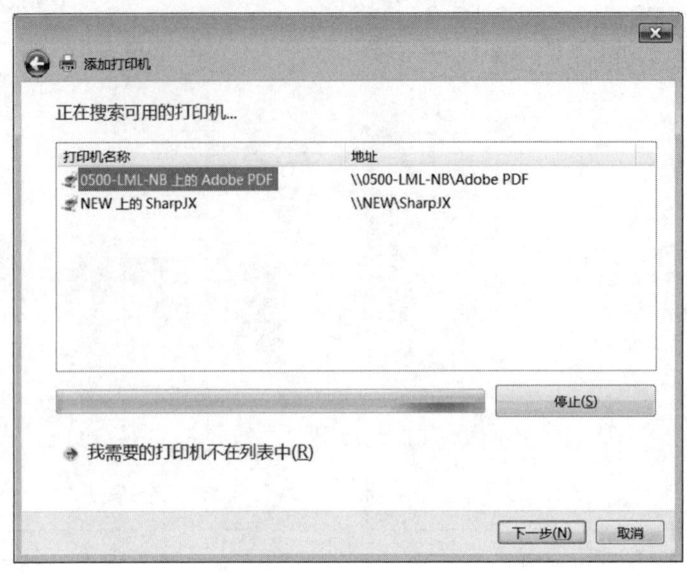

图 6-21　选择共享打印机

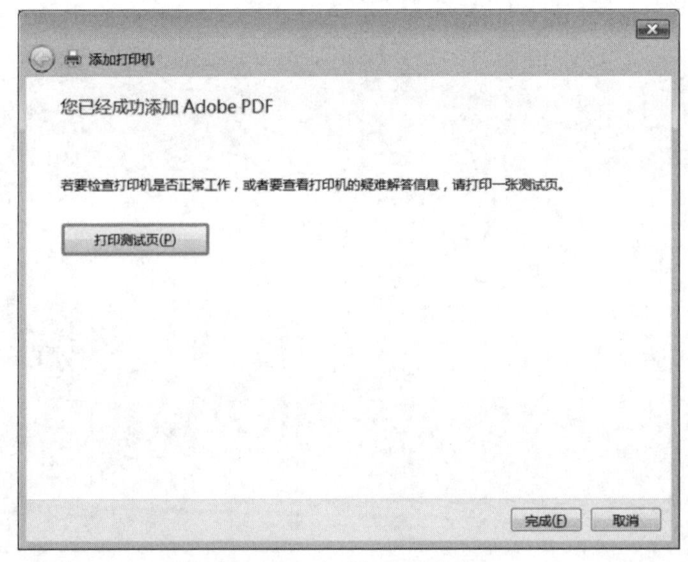

图 6-22　完成打印机共享

如果想查看共享打印机，可以在网络的共享资源中看到，假定本地计算机为 new，只需输入网址\\new即可看到共享打印机。

②资料共享。首选建立一个文件夹，然后将打算共享的资料复制到该文件夹中，然后将该文件夹设置为共享即可。

访问共享资源：如果想查看或访问共享资源，假定共享资料的计算机为 new，只需输入网址\\new，即可访问共享资料了。

4. 课堂实践

（1）让同桌同学安装一台打印机，并且共享，然后在本地计算机上安装共享打印机。

（2）相邻同学合作，利用远程桌面连接访问同桌的计算机。

5．评价与总结

根据同学们完成课堂实践情况，对某些实践内容进行点评或强调。

6．课外延伸

怎么利用移动设备如手机收发多个电子邮箱里的邮件？

任务五　小型局域网的组建与配置

案例 5　宿舍局域网的组建与配置

管理系大一某宿舍的几位同学准备将他们的几台计算机连接起来，组成宿舍范围内的一个小型局域网，以便资源共享，相互交流和协作。可是他们对组网技术了解几乎是一片空白，只是在大学计算机基础课程学习了一点网络知识，这时只好向他们的计算机老师求助，老师让同学们将自己对要组建的局域网功能概括一下，要求如下：

- 在某宿舍范围内，能直接相互访问；
- 设备和组网成本应尽可能低；
- 大家都能通过有线或无线 Wifi 上网；
- 资源共享。

请根据同学们的要求，规划、组建一个小型局域网络。

1．案例分析

根据同学们的组网要求，可以将宿舍内几台计算机组成一个小型的星型局域网。以微型无线（有线）宽带路由器（如 D-LinK、TP-Link 等）作为中心点，通过直通线将各个结点连接起来（无线通过 Wifi 连接），将从外面接入的网线插入到路由器的 WAN 口上，宿舍的各台主机通过网线接入到路由器的 LAN 口上，然后对路由器及每台主机的连接进行适当的配置，这样就可以上网了。

2．相关知识点

①组建局域网络的条件。要组成一个小型局域网，需要为每一台计算机购买一块网卡，购买用于网络连接的直通（或其他类型的网线）网线，购买一台作为公共连接点的交换机或路由器等。

② DHCP 服务器。每台上网的主机都要有一个 IP 地址，IP 地址可以由网络管理员人工分配，但这种方法容易造成 IP 地址冲突，且工作量大。IP 地址也可以由一台称为 DHCP 服务器的主机来进行动态自动分配，这样每次自动分配给每一台用户主机的 IP 地址可能是不一样的。

③双绞线的制作方法。双绞线连接 RJ-45 连接器时，线对排列有两种方法，标准分别是 568B 和 568A，直通线常用 568B 方式，排列如 6-23 图所示。

实际上在 10M、100M 网络中，仅仅使用 12、36 这四根线，1000M 网络要用所有的。两边使用同样标准的线称为直通线（也称正接线，常用于两端不同类型设备的连接），如用于 PC 到 Hub 普通口，Hub 普通口到 Hub 级连口之间的连接。两边使用不同样标准的线称为反接线（交叉线，常用于两端相同类型设备的连接），用于 PC 到 PC，Hub 普通口到 Hub 普通口之间的连接。

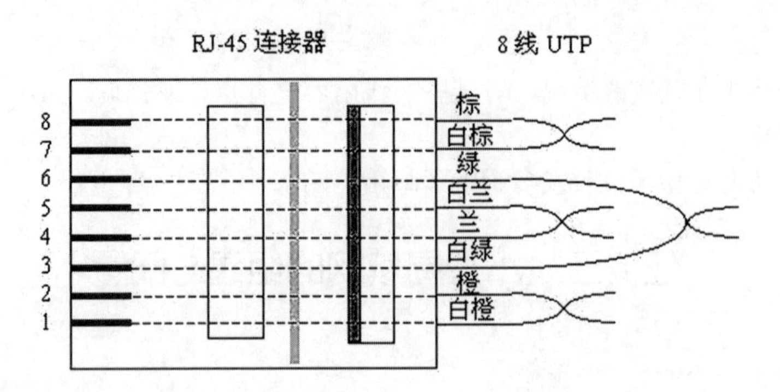

RJ-45 连接器的 TLA/EIA 568B 标准

图 6-23　双绞线 568B 标准

遵循 EIA/TIA 568B 标准来制作接头。根据图 6-23 所示，线对是按一定的颜色顺序排列的（1-白橙，2-橙，3-白绿，4-蓝，5-白蓝，6-绿，7-白棕，8-棕）。需要特别注意的是，绿色条线必须跨越蓝色对线。对好线后，把线整齐，将裸露出的双绞线用专用钳剪下，只剩约 15mm 的长度，并铰齐线头，将双绞线的每一根线依序放入 RJ-45 接头的引脚内，第一只引脚内应该放白橙色的线，其余类推。确定双绞线的每根线已经放置正确之后，就可以用 RJ-45 压线钳压接 RJ-45 接头。因为网卡与集线器之间是直接对接，所以另一端 RJ-45 接头的引脚接法完全一样。完成后的连接线两端的 RJ-45 接头要完全一致。最后用测试仪测试一下。这样 RJ-45 头就制作完成了。

遵循 EIA/TIA 568A 标准来制作接头，线对的排列顺序是：1-白绿，2-绿，3-白橙，4-蓝，5-白蓝，6-橙，7-白棕，8-棕。

直通线：两端均按照 568B 连接 RJ-45 连接器；交叉线：一端按照 568B，另一端按照 568A 连接 RJ-45 连接器。

3．*实现方法*

①主机与路由器的连接。将从校园网接入到宿舍的网线直接插入到路由器的 WAN 端口，用直通线将电脑与路由器的 LAN 端口相连接，接通路由器的电源及启动各台主机，若 WAN 口的指示灯及各 LAN 端口对应的指示灯亮，说明连接正确，否则连接可能有问题。

若家庭通过 ADSL/Cable Modem 上网，将直通线的一端插入 D-LINK DI-504 后面板上的 WAN 端口，另一端插入 ADSL/Cable Modem 的端口上，用直通线将电脑与路由器的 LAN 端口相连接。局域网连接如图 6-24 所示。

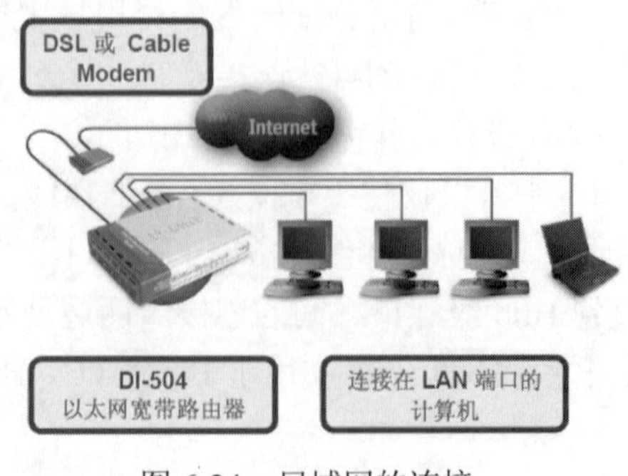

图 6-24　局域网的连接

②路由器设置。下面以 TOTOLINK N300RU 无线路由器的配置为例说明路由器的设置方法，其他微型宽带路由器的配置大同小异，按照说明书进行设置即可。操作步骤如下：

- 在打开 IE 浏览器，在地址栏中键入“http://192.168.0.1”，弹出登录窗口，在用户名框中输入“admin”，密码为 admin（其他路由器看说明书），如图 6-25 所示，单击“登录”按钮，进入 TOTOLINK 路由器一键设置页面，如图 6-26 所示。

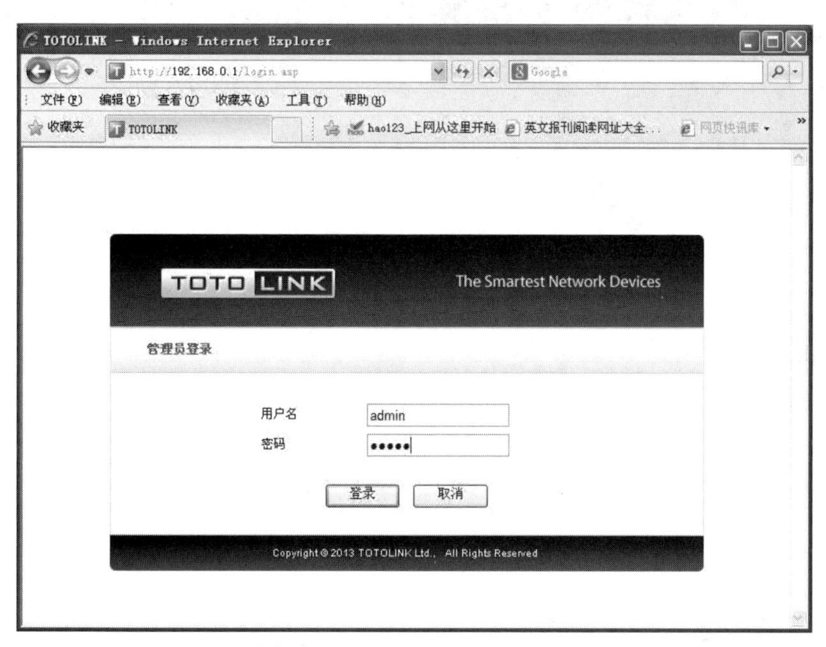

图 6-25　TOTOLINK 登录界面

图 6-26　TOTOLINK 广域网设置

- 广域网设置：单击“一键设置”，单击“应用”按钮。单击“网络设置”→“广域网设置”，“WAN 连接方式”选择 DHCP，DNS 模式选择“自动获取 DNS”，如果指定 DNS，则“选择手动设置 DNS”并输入首选 DNS 和备选 DNS 网址，如图 6-26 所示。
- 局域网设置：局域网设置如图 6-27 所示，“DHCP 服务器”选择“启用”。

图 6-27　TOTOLINK 局域网设置

- 无线设置：基础设置：无线开关，启用；网络标识符：给你的无线网络指定一个名称，如 TOTOLINK_LI；加密方式：即无线上网是否需要密码，选择一种加密方式，如 WPA2-PSK，密钥（密码）自定，单击“应用”按钮，如图 6-28 所示。

无线设置	
无线状态	○ 禁用 ⊙ 启用
网络标识符(SSID)	TOTOLINK_li
加密方式	WPA2-PSK
密钥	12345678
安全加密推荐	WPA-PSK

应用

图 6-28　无线设置

经过一番设置，小型局域网的无线路由器就配置完成。

③主机的设置。

- 右击“网络”→“属性”命令，打开“网络和共享中心”窗口，如图 6-29 所示。单击“更改适配器设置”链接，在“网络连接”窗口中，右击“无线网络连接”图标，单击快捷菜单中“属性”命令，打开“无线网络连接属性”对话框，如图 6-30 所示，双击“Internet 协议版本 4（TCP/IPv4）属性”，在弹出的“Internet 协议 4（TCP/IPv4）属性”对话框中，选择“自动获取 IP 地址”和“自动获得 DNS 服务器地址”选项，如图 6-31 所示，单击“确定”→“确定”。

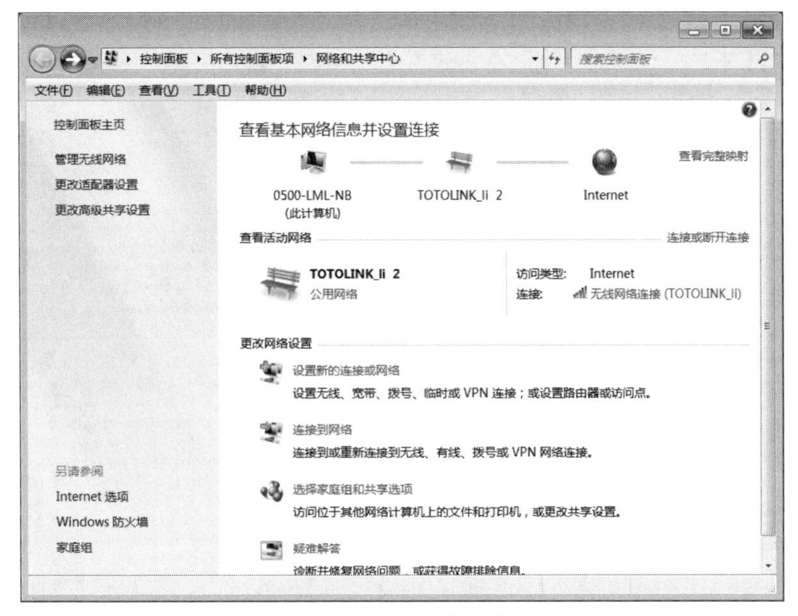

图 6-29　网络和共享中心

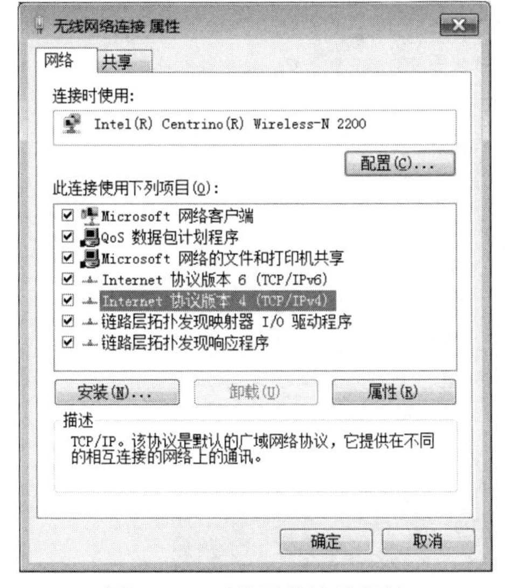

图 6-30　无线网络连接属性

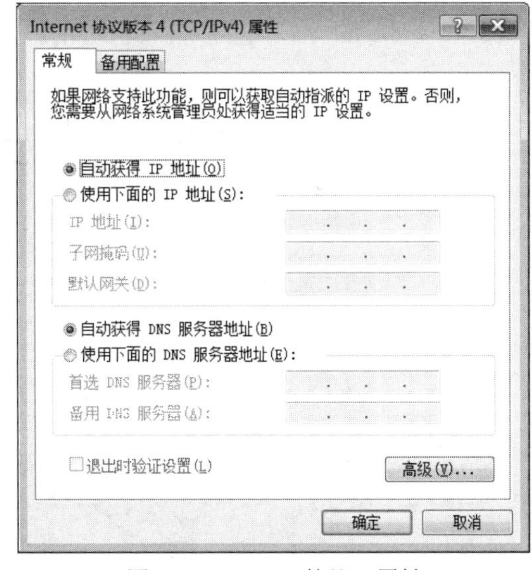

图 6-31　Internet 协议 4 属性

- 在如图 6-29 所示的窗口中，单击“连接到网络”链接，弹出所有可用的无线连接，如图 6-32 所示。选择某个无线连接，单击“连接”按钮，在弹出键入网络安全密钥对话框中输入上网密码，单击“确定”按钮即可。

对于有线本地连接的设置类似于无线网络连接的配置方法，这里从略。

提示：子网掩码是 32 位二进制数值，用于区分 IP 地址哪一部分是网络 ID，哪一部分是主机 ID 部分。通常，子网掩码的典型格式为 255.x.x.x。A 类地址默认的子网掩码为 255.0.0.0，B 类地址默认的子网掩码是 255.255.0.0；C 类地址默认的子网掩码为 255.255.255.0（但非标准的 IP 地址或内部网址的子网掩码并不遵守此规则）。

图 6-32　可用网络连接

④网络配置信息的查看工具——ipconfig（DOS 下）。ipconfig 命令用于查看 IP 协议的具体配置信息，显示网卡的物理地址、主机 IP 地址、默认网关、DNS 服务器网址、主机名等。

在“运行”对话框中，输入“cmd”命令，按 Enter 键后即可进入 DOS 方式下。

命令：ipconfig /？可显示帮助信息；

命令：ipconfig /all 执行后显示各种信息，如图 6-33 所示。

```
C:\WINDOWS\system32\cmd.exe
C:\Documents and Settings\lijz>ipconfig/all

Windows IP Configuration

        Host Name . . . . . . . . . . . . : ibm
        Primary Dns Suffix  . . . . . . . :
        Node Type . . . . . . . . . . . . : Unknown
        IP Routing Enabled. . . . . . . . : No
        WINS Proxy Enabled. . . . . . . . : No

Ethernet adapter 本地连接:

        Connection-specific DNS Suffix  . :
        Description . . . . . . . . . . . : Intel(R) PRO/1000 MT Mobile Connecti
on
        Physical Address. . . . . . . . . : 00-0D-60-2C-41-12
        Dhcp Enabled. . . . . . . . . . . : Yes
        Autoconfiguration Enabled . . . . : Yes
        IP Address. . . . . . . . . . . . : 192.168.0.3
        Subnet Mask . . . . . . . . . . . : 255.255.255.0
        Default Gateway . . . . . . . . . : 192.168.0.1
        DHCP Server . . . . . . . . . . . : 192.168.0.1
        DNS Servers . . . . . . . . . . . : 192.168.0.1
        Lease Obtained. . . . . . . . . . : 2010年12月8日 8:03:45
        Lease Expires . . . . . . . . . . : 2010年12月15日 8:03:45
```

图 6-33　ipconfig 命令

⑤网络连通测试工具——ping 命令。

格式：ping IP 地址 或 域名

ping 命令是网络上利用“回响”功能测试对方主机是否能应答的测试工具。

ping www.edu.cn 执行结果如图 6-34 所示，可以看出与网站连接是通的。

⑥信息共享。可以建立 FTP 站点实现文件资源共享，具体方法参见本单元任务三中有关内容。还可通过设置共享属性的方法共享文件夹及硬件设置，具体操作详见任务四中案例 4 相关部分。

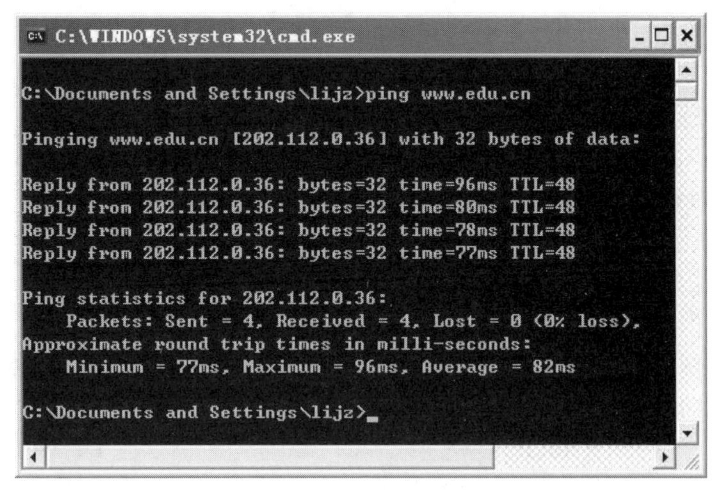

图 6-34　ping 命令

4. 课堂实践

（1）查看本地计算机的 IP 地址、网关、网卡物理地址等信息。

（2）测试一下本机与网关及相邻计算机的连接情况。

5. 评价与总结

根据学生课堂实践的情况进行点评、总结。

6. 课外延伸

（1）双绞线制作实践。

（2）有条件的学校可进行局域网组网练习。

思考与练习

单选题

1. 网络根据（　　）可分为广域网、城域网和局域网。
   A. 连接计算机的多少　　B. 网络覆盖地理范围的大小
   C. 连接的位置　　D. 连接结构
2. 计算机网络的目的是实现（　　）。
   A. 网上计算机之间的通信
   B. 计算机之间的通信和资源共享
   C. 广域网（WAN）与局域网（LAN）互联
   D. 计算机之间互通信息并连接上 Internet
3. 将普通微机连入局域网络中，至少要在微机内增加一块（　　）。
   A. 网卡　　B. 显卡　　C. 声卡　　D. 内置调制解调器
4. 下列四项中，合法的 IP 地址是（　　）。
   A. 192.320.0.1　　B. 192.192.0.1　　C. 13.15.12　　D. 192.168.1.1

5．下列的四个 IP 地址中，是 B 类地址是（　　）。

A．127.12.10.1　　B．193.128.1.1　　C．191.0.1.1　　D．224.10.0.1

6．利用 IE 浏览器浏览 WWW 时，下面说法正确的是（　　）。

A．要进入新的站点页面时，必须在地址栏中输入新的站点的 IP 地址

B．只能看到页面中的文字及图片，不能播放音乐、动画和电影

C．只能看到.htm 或.html 的文件

D．若使用脱机方式, 就不能浏览到 Internet 网站最新发布的信息

7．在局域网中，为网络提供资源并对资源进行管理的计算机是网络的（　　）。

A．工作站　　B．用户终端　　C．通信设备　　D．服务器

8．网络主机的 IP 地址由（　　）位二进制数字组成。

A．8　　B．16　　C．32　　D．64

9．要上传一个文件到站点 ftp.cnd.org，首先在 IE 的地址栏要输入命令（　　）。

A．http://ftp.cnd.org　　B．ftp://ftp.cnd.org

C．http:\\ftp.cnd.org　　D．ftp:\\ftp.cnd.org

10．Internet 实现了分布在世界各地的各类网站的互联，其最基础和核心的协议是（　　）。

A．TCP/IP　　B. HTML　　C．FTP　　D. HTTP

11．局域网的软件部分主要包括（　　）。

A．网络数据库管理系统和工作软件

B．网络传输协议和网络应用软件

C．服务操作系统软件和网络应用软件

D．网络操作系统和网络应用软件

12．Modem 的主要作用是（　　）。

A．发送数字信号

B．接收数字信号

C．实现数字信号与模拟信号之间的相互转换

D．放大电信号

13．在 Internet 浏览器上，某个主页地址名为 http:// www.htxy.edu.cn，则对应的主机域名为（　　）。

A．www.htxy.edu.cn　　B．htxy.edu.cn

C．edu.cn　　D．http://www.htxy.edu.cn

14．在 Internet 中主要采用 TCP/IP 协议，该叙述是（　　）的。

A．正确　　B．错误

15．HTML 指的是（　　）。

A．超文本文件　　B．超媒体文件

C．超文本传输协议　　D．超文本标记语言

16．根据域名代码规定，域名为 gzschool.com 表示的网站类别应是（　　）。

A．国际组织　　B．商业组织　　C．教育机构　　D．军事部门

17．电子邮件地址的一般格式为（　　）。

A．用户名@域名　　B．域名@用户名

C．IP 地址@域名　　　　D．域名@IP 地址

18．（　　）IP 地址的前 24 位表示的是网络号，后 8 位表示的是主机号。

A．A 类　　B．B 类　　C．C 类　　D．D 类

19．通常一台计算机要接入互联网，应该安装的设备是（　　）。

A．浏览器　　　　B．网络操作系统

C．网络查询工具　　　　D．调制解调器或网卡

20．使用匿名 FTP 服务，用户登录时常常使用（　　）作为用户名。

A．主机的 IP 地址　　　　B．结点的 IP 地址

C．anonymous　　　　D．自己的 E-mail 地址

第 7 单元　综合应用特色案例篇

学习目标

- 掌握经贸活动中商业文档、报表、报告等长文档的排版技巧
- 会利用电子表格能对经贸领域中大量数据进行统计、汇总、分析及管理
- 能够根据企业的要求如产品展示、产品推荐等任务进行演示文稿的设计与制作

任务一　特殊符号的设计制作与输入

案例 1　造字及特殊符号的输入

【场景描述】

在日常的办公事务中，经常会遇到一些生僻地名、人名，这些汉字不能通过常用输入法进行输入。因为《信息交换用汉字编码字符集－基本集》中根本就没有收入这些生僻的字符，但又不能不录入，急得人们团团转。这就需要把打不出的字造出来。又如数字序号也是人们常用的，但通过常规输入法只能输入①到⑩，那么更大带圆圈的顺号如⑳怎么输入呢？还有一些特殊的字符如👓、☎、🕮、✈、🏟，别看它们仅仅是一个个字符，但它们分别表示眼镜、电话、图书、飞机、体育馆图形符号，灵活地使用它们，将使文档增色不少。上面的任务可以归纳如下：

（1）生僻文字、符号的制作、保存与输入；

（2）图形符号的输入；

（3）大于 10 的数字序号的输入。

1. 案例分析

对于打不出来的汉字、自己设计的图形符号，可以利用 Windows 自带的专用字符编辑程序（TrueType 专用字符编辑程序），利用若干相近的字、图形、符号，分别取每个字符所需部分，把需要的字、符号造出来。如“浉河”是一条河的名字，但浉字打不出来，这时可在专用字符编辑程序中分别用“湘”与“狮”两个字的偏旁部首将浉字拼出来

对于字符👓、☎、🕮、✈、🏟及⑳将在下面直接给出输入方法。

2. 成果展示

造字的实例如图 7-1 所示。

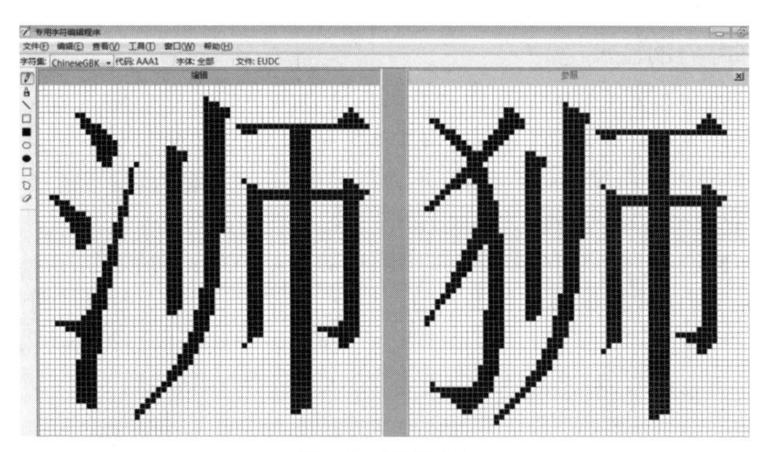

图 7-1　造字展示

3. 实现方法

（1）造字（以“泖”为例说明）操作步骤：

①在 Windows 7 的搜索程序和文件框中输入“专用字符编辑程序”，找到并打开专用字符编辑程序，弹出“选择代码”对话框，单击任意方格，即可为所造的字选择一个编码（如 AAB3）以便录入，单击“确定”。

②在如图 7-2 所示的窗口中，单击“窗口”→“参照”菜单命令，弹出“参照”对话框，在“形状”文本框中，输入“湘”，单击“确定”按钮，参照窗口如图 7-2 所示。

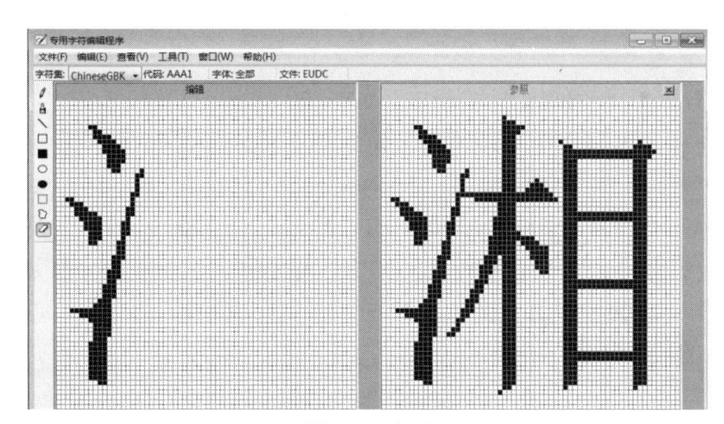

图 7-2　参照

③使用窗口左端的工具栏上“矩形选项”选取“湘”的“氵”并拖到左边“编辑”窗口中。按同样方法，从“参照”窗口中，分别选取“狮”的右边部分移到左边“编辑”窗口内，并进行一定的修饰（包括移动、擦除和修补等），便造出了“泖”字，如图 7-1 所示。按 Ctrl+S 组合键保存字符，这样在区位码（内码）下，输入 aab3，“泖”字就可打出来了。

④ 在造字的计算机上输入“泖”字到了别的计算机上可能就不出显示了。为了防止这样情况出现，可将“泖”复制到“画图”程序窗中保存为图片，然后再插入到文档中就不会消失了。或直接将录入文档转化为 PDF 文档在任何机器上都可使用了。

提示：当然也可以直接在造字的编辑窗口中，把要造的字、图形符号画出来，这样要花较长时间且不光滑。

（2）特殊的字符的输入。

①用软键盘输入符号。Windows 中的软键盘提供了希腊字母、俄文字母、标点符号、数字序号、数学符号、单位符号、特殊符号等十二类。利用软键盘可快速输入这些符号。

选择中文输入法，右击输入法状态栏（如智能 ABC 输入法 标准 ）中的软键盘按钮，弹出选择菜单，单击相应的菜单命令如数学符号，即可弹出相应的软键盘，单击要输入的字符即可输入相应符号如≌。数学符号软键盘如图 7-3 所示。再次单击软键盘按钮可关闭软键盘。

②插入特殊符号的操作步骤。单击“插入”→“符号”命令，打开“符号”对话框，如图 7-4 所示，选择“符号”选项卡，在“字体”下拉列表中选择所需符号类型（如 Webdings、Wingdings、Wingdings 2），双击符号表中所要字符即可输入相应字符如“☎”。

图 7-3　数学符号软键盘

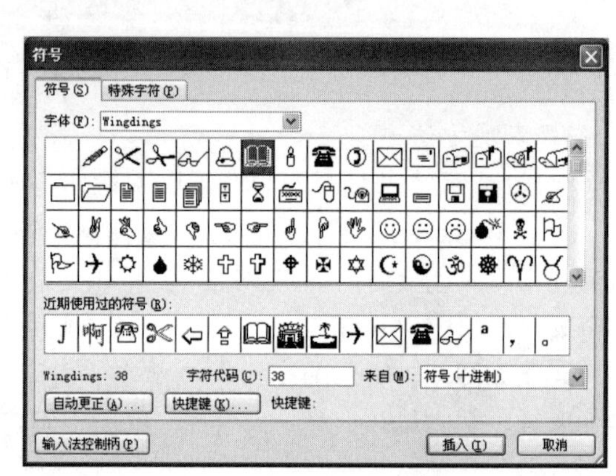

图 7-4　“符号”对话框

（3）带圆圈的数字序号的输入（如⓪、⑳、㉚）。

对于输入①到⑩的序号直接用软键盘就可实现，但对于⑪至⑳这 10 个序号的输入步骤如下：

单击“插入”→“符号”命令，在弹出的“符号”对话框中，在“字符代码”后的文本框中输入 246a，按组合键 Alt+X 在字符代码框中即显示⑪，然后将该字符复制到文档中即可。同理在文本框中输入 246b，按组合键 Alt+X 在字符代码框中即显示带圆卷的⑫序号，其他依此类推。11 至 20 的代码如表 7-1 所示。

表 7-1　序号代码

11	12	13	14	15	16	17	18	19	20
246a	246b	246c	246d	246e	246f	2470	2471	2472	2473

这种方法，对于大于 20 的数就无能为力了。这时只好用“带圆圈字”了。如输入 30，将该数字 30 字体设置小些如小五或六号，单击工具栏上“带圆卷字”（选增大圆卷）即可。你看带圆圈的⓪及㉚不就造出来了吗？不过不及直接输入的序号如⑳那么自然。可能有更好的输入方法，希望同学们去发现！

4. 课堂实践

（1）造字：把“浉”“峑”造出来，在区位方式下输出。将这两个字以图画文件的形式保存。

（2）定制如图 7-5 所示的三级项目符号（符号分别是书、电话及电脑）。

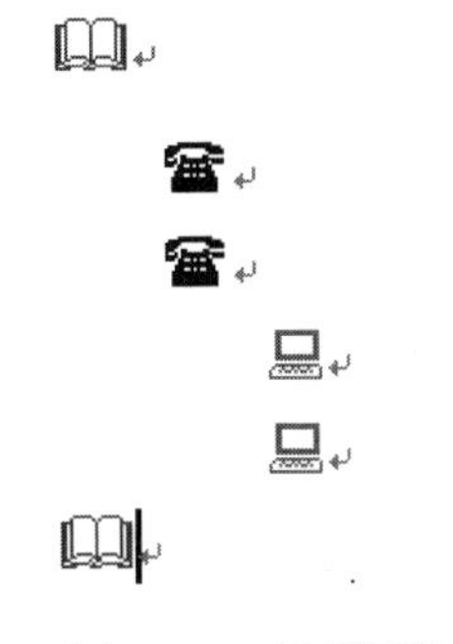

图 7-5　3 级项目符号

（3）输入带圆圈的数字序号⑩、⑳及㉚。

5. 评价与总结

鼓励同学总结本案例相关知识点，学生或老师补充。

6. 课外延伸

（1）将你日常打不出的同学名字及地名构造出来。

（2）用特殊字符定制 4 级项目符号。

任务二　合同、协议等文书协同修订

在日常经贸活动中，涉及大量的合同文书问题，签订合同的双方从各自的立场来反复修订合同，经过多次沟通，最后达成一个双方均能接受的合同、协议。下面以某出版公司为例说明合同文书反复修订的过程。

案例 2　多方协同修订合同文书

【场景描述】

长江图书出版（以下称乙方）准备与某作者签订教材写作与出版协议，开始由图书出版社先草拟了一个初稿发给作者（以下称甲方），作者在充分研究了乙方的合同后，根据实际情况及当前行规对乙方合同进行了修订，然后再发给乙方。经过双方网上多次修订、讨论、沟通，最后达成一个双方均能接受的合同文书。要求如下：

（1）你扮演作者（甲方）对“编著合同.docx”中合同内容进行修订，参照“编著合同-修订.docx”修订样式进行如下修订：

①在第五条款的“一部分”后插入（含本作品内容一半以上），同时删除“，或将其内容稍加修改后”。

②按照“编著合同-修订.docx”的修订样式，修订第七条：删除“若乙方终止本合同，甲方应按乙方实际投入的费用，向乙方支付赔偿金。”。

③十一条的“图书实际销售数”修改为“图书印刷数量”并在其后插入一条脚注，内容

为“按出版界行规版税应乘以图书印刷数量”。

④参照“编著合同-修订.docx”修订，对第十五条、第十七条进行修订。

⑤在“审阅”选项卡中，分别单击“修订”组中“原始状态”“最终状态”，观察修订处显示方式的变化。

（2）你扮演乙方（出版公司）对合同进行如下修订：

①同意甲方对合同进行的所有修改，并删除所有批注。

②对十五条进行修订：在“至少要保证甲方用书”后，添加“，但重印量不得少于 1000 册”，并将这部分内容突出显示为黄色。

（3）利用合并文档功能比较“编著合同”与“编著合同-修订”这两个文档，合并生成两方都认可的最后合同版本。

（4）对于合同最后甲乙双方落款部分删除分栏符，读者试用分栏及文本框两种工具实现排版要求。

1. 案例分析

多方协同的图书销售合同的文书处理过程中，主要涉及样式查看与应用、修订、批注、脚注、跟踪修订内容、比较或合并文档、文件保护等知识。

2. 成果展示

修订结果如图 7-6 所示。

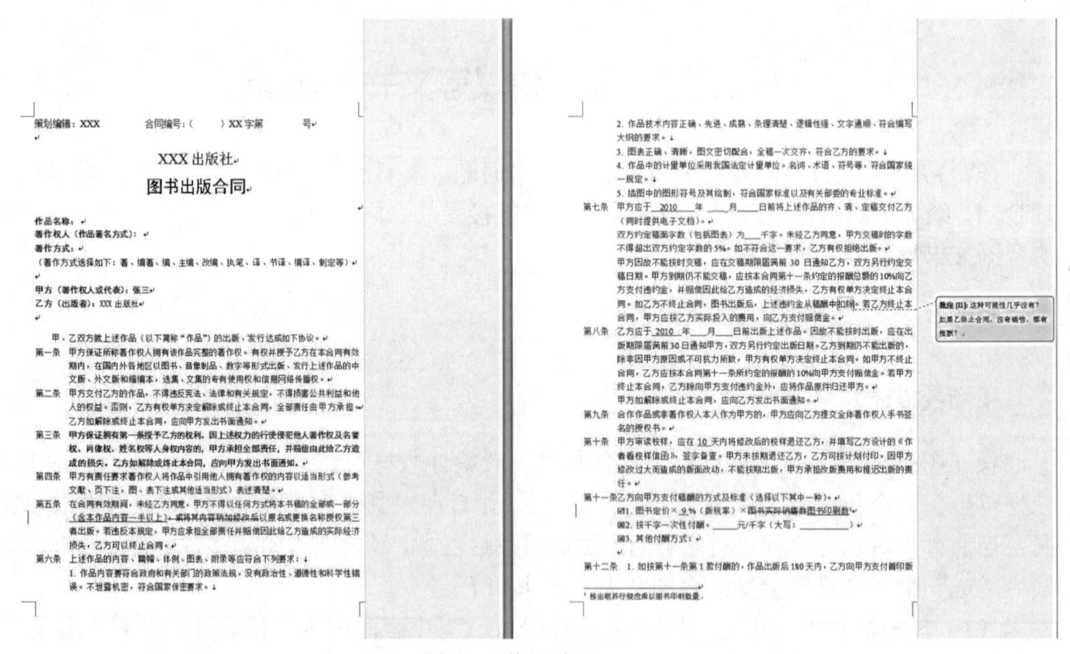

策划编辑：XXX　　合同编号：（　　）XX 字第　　号

XXX 出版社

图书出版合同

作品名称：

著作权人（作品署名方式）：

著作方式：

（著作方式选择如下：著、编著、编、主编、改编、执笔、译、节译、编译、制定等）

甲方（著作权人或代表）：张三

乙方（出版者）：XXX 出版社

甲、乙双方就上述作品（以下简称“作品”）的出版、发行达成如下协议。

第一条　甲方保证所称著作权人拥有该作品完整的著作权。有权并授予乙方在本合同有效期内，在国内外各地区以图书、音像制品、数字等形式出版、发行上述作品的中文版、外文版和缩编本，选集、文集的专有使用权和信息网络传播权。

第二条　甲方交付乙方的作品，不得违反宪法、法律和有关规定，不得损害公共利益和他人的权益。否则，乙方有权单方决定解除或终止本合同，全部责任由甲方承担。乙方如解除或终止本合同，应向甲方发出书面通知。

第三条　**甲方保证拥有第一条授予乙方的权利。因上述权力的行使侵犯他人著作权及名誉权、肖像权、姓名权等人身权内容的，甲方承担全部责任，并赔偿由此给乙方造成的损失。乙方如解除或终止本合同，应向甲方发出书面通知。**

第四条　甲方有责任要求著作权人将作品中引用他人拥有著作权的内容以适当形式（参考文献、页下注，图、表下注或其他适当形式）表述清楚。

第五条　在合同有效期间，未经乙方同意，甲方不得以任何方式将本书稿的全部或一部分（含本作品内容一半以上）~~，或将其内容稍加修改后~~以原名或更换名称授权第三者出版。若违反本规定，甲方应承担全部责任并赔偿因此给乙方造成的实际经济损失，乙方可以终止合同。

第六条　上述作品的内容、篇幅、体例、图表、附录等应符合下列要求：

1. 作品内容要符合政府和有关部门的政策法规，没有政治性、道德性和科学性错误。不泄露机密，符合国家保密要求。

2. 作品技术内容正确、先进、成熟、条理清楚、逻辑性强、文字通顺、符合编写大纲的要求。

3. 图表正确、清晰，图文密切配合，全稿一次交齐，符合乙方的要求。

4. 作品中的计量单位采用我国法定计量单位。名词、术语、符号等，符合国家统一规定。

5. 插图中的图形符号及其绘制，符合国家标准以及有关部委的专业标准。

第七条　甲方应于 2010 年____月____日前将上述作品的齐、清、定稿交付乙方（同时提供电子文档）。

双方约定稿面字数（包括图表）为____千字。未经乙方同意，甲方交稿时的字数不得超出双方约定字数的 5%。如不符合这一要求，乙方有权拒绝出版。

甲方因故不能按时交稿，应在交稿期限届满前 30 日通知乙方，双方另行约定交稿日期。甲方到期仍不能交稿，应按本合同第十一条约定的报酬总额的 10%向乙方支付违约金，并赔偿因此给乙方造成的经济损失，乙方有权单方决定终止本合同。如乙方不终止合同，图书出版后，上述违约金从稿酬中扣除。若乙方终止本合同，甲方应按乙方实际投入的费用，向乙方支付赔偿金。

批注 [l1]：这种可能性几乎没有？如果乙终止合同，没有销售，哪有报酬？

第八条　乙方应于 2010 年____月____日前出版上述作品。因故不能按时出版，应在出版期限届满前 30 日通知甲方，双方另行约定出版日期。乙方到期仍不能出版的，除非因甲方原因或不可抗力所致，甲方有权单方决定终止本合同。如甲方不终止合同，乙方应按本合同第十一条所约定的报酬的 10%向甲方支付赔偿金。若甲方终止本合同，乙方除向甲方支付违约金外，应将作品原件归还甲方。

甲方如解除或终止本合同，应向乙方发出书面通知。

第九条　合作作品或非著作权人本人作为甲方的，甲方应向乙方提交全体著作权人手书签名的授权书。

第十条　甲方审读校样，应在 10 天内将修改后的校样退还乙方，并填写乙方设计的《作者看校样信函》，签字备查。甲方未按期退还乙方，乙方可按计划付印。因甲方修改过大而造成的版面改动，不能按期出版，甲方承担改版费用和推迟出版的责任。

第十一条乙方向甲方支付稿酬的方式及标准（选择以下其中一种）。

☑1. 图书定价× 9 %（版税率）× ~~图书实际销售数~~图书印刷数[1]

☐2. 按千字一次性付酬。______元/千字（大写：__________）

☐3. 其他付酬方式：

第十二条　1. 如按第十一条第 1 款付酬的，作品出版后 180 天内，乙方向甲方支付首印版

[1] 按出版界行规应乘以图书印刷数量。

图 7-6　修订结果

3. 实现方法

本案例主要应用了“审阅”选项卡中修订等功能，可以快速查找修订或批注，可以接受或拒绝修订。

“审阅”选项卡如图 7-7 所示。

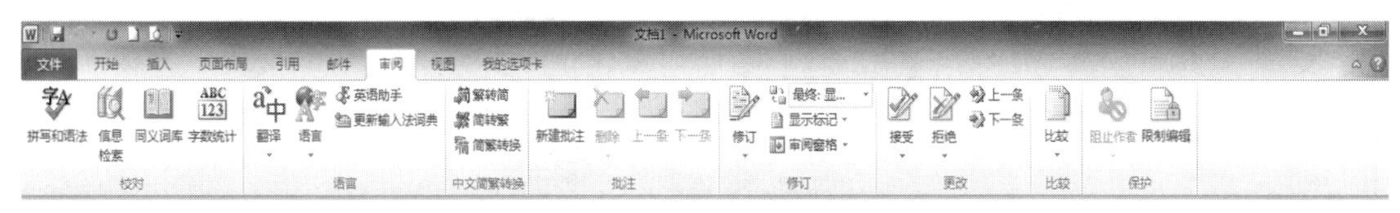

图 7-7　“审阅“选项卡

案例要求（1）的操作步骤如下：

①打开“编著合同”文档，单击“审阅→修订”组“修订”按钮，进入“修订”状态。光标定位于第五条款的“一部分”后，直接输入“（含本作品内容一半以上）”，选择“，或将其内容稍加修改后”按键盘上 Delete 键即可。

②、④的操作步骤同①，请参照“编著合同-修订”文档中修订样式进行修订操作。

③在修订状态下，光标定位于十一条处，选择“图书实际销售数”后删除，同时插入“图书印刷数量”，单击“引用→脚注”组“插入脚注”按钮，在页脚处输入“按出版界行规版税应乘以图书印刷数量”即可。

⑤在“审阅”选项卡中，分别单击“修订”组中“原始状态”“最终状态”，观察修订处显示方式的变化。

案例要求（2）的操作步骤：

①单击“审阅”选项卡的“更改”组“接受”按钮，单击下拉菜单中“接受对文档的所有修订”命令，即可接受对文档的全部修订。当然可单击每一处，分别接受修订。单击“拒绝”按钮，单击下拉菜单中“拒绝对文档的所有修订”命令，即可拒绝全部修订；单击“批注”组“删除→删除文档中的所有批注”命令，即可删除文档中的所有批注。

②按上面的修订方法，对十五条进行修订：在“至少要保证甲方用书”后，添加“，但重印量不得少于 1000 册”，选择文本“但重印量不得少于 1000 册”，单击“开始→字体”组上的“突出显示”按钮，在颜色模板中选择黄色即可。

案例要求（3）的操作步骤：

打开“编著合同.docx”文档，单击“审阅→比较”组“比较→合并”命令，弹出“合并文档”对话框，原文档选择“编著合同.docx”，修订的文档选择“编著合同-修订.docx”，如图 7-8 所示，单击“确定”按钮，生成一个新的 Word 文档，文档不同之处以修订形式出现，如图 7-9 所示，对每一处修订可选择按受或拒绝，最后保存新的合同版本即可。

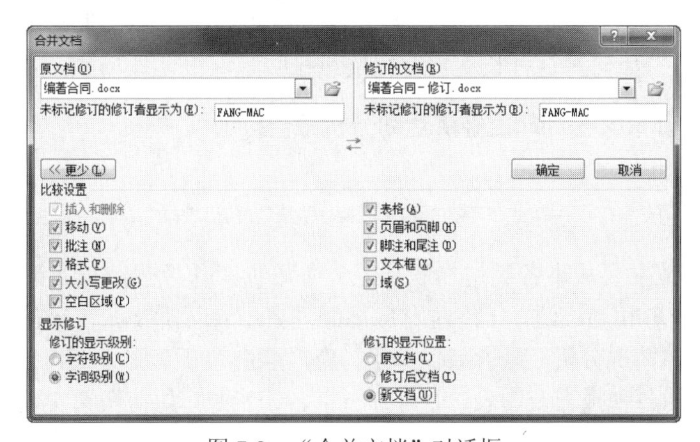

图 7-8　“合并文档”对话框

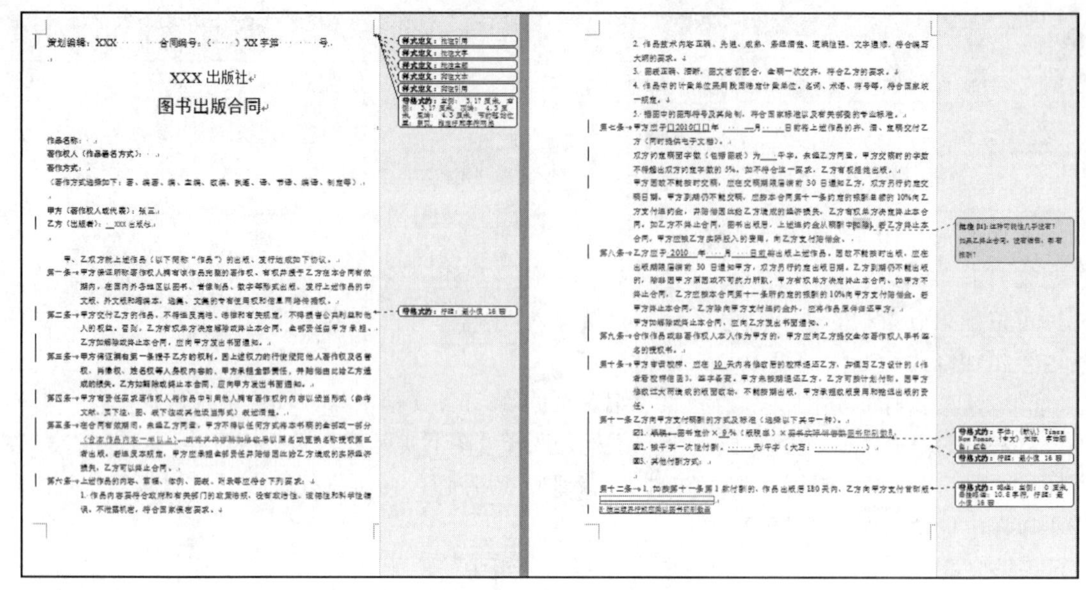

图 7-9　比较合并文档

案例要求（4）的操作步骤略。

4. 课堂实践

按照本案例中的要求，并扮演不同的角色对合同进行修订，最后完成合同的确认版本。

5. 评价与总结

- 根据学生的实践情况，进行点评或强调。
- 鼓励同学总结本案例相关知识点，学生或老师补充。

6. 课外延伸

两位同学为一组，一位同学扮演房东（甲方），一位同学扮演房屋租客（乙方），在网上搜索房屋租赁合同，然后甲乙双方从各自的立场出发，对合同进行协同修订，最后双方答成一个双方均能按受的房屋租赁合同。

任务三　长文档排版

在财务和经贸等管理活动中，经常要写各种分析报告，这些报告不仅较长，而且涉及大量数据统计表及图表，如何对这种长文档进行快速排版是有很多技巧的。下面看一个实际案例。

案例 3　2014 年××公司年度经济活动分析报告排版

【场景描述】

某生产培训基地主要从事各类型在职员工业务培训工作及生产性实训，基地在职员工在500人左右，培训业务相当广泛。年终时财务部经理要求会计师小张写一份年度经济活动分析报告，包括经营总体情况分析、经营效益分析、资产状况分析、资金运作分析等，在这个分析报告里，涉及大量的各种报表及图表，而且分析报告相当长，如何快速实现分析报告的排版是摆在小张面前的一个不小难题，小张所面临文档处理及排版任务要求如下：

（1）用样式与格式命令创建、修改各级标题，显示文档结构以便快速定位。

（2）设计一个年度财务分析报告封面。

（3）将电子表格及图表嵌入到分析报告中，并且能选择性显示数据清单或图表。

（4）页面设置：首页没有页眉、页脚，从第二页开始添加页码；将每一章及其内容作为一节；每节的页眉为相应的二级标题内容。

（5）在分析报告中需要说明的地方加入脚注；给表、图加入题注，如表 7-1、图表 7-1 等。

在本报告中插入的任何表格、图表、表格及电子表格都要求自动添加题注，删除某个表格、图表或电子表格对象，观察题注是否自动发生变化，怎么做才能让题注自动更新？

（6）在大标题后，生成标题目录（到 3 级）。

详细操作要求见“经济活动分析报告排版要求.docx”

1. 案例分析

本案例可以通过以下的功能实现上述的要求：

- 通过“开始→样式”组“对话框启动器”按钮，在“样式”窗格中新建、修改、设置各级标题。
- 利用艺术字、文本框等工具创建并设置财务分析报告封面。
- 利用“插入→表格”组“表格→Excel 电子表格”等功能可以实现（3）中的要求。
- 通过页面设置与分节技术可实现（4）中的要求。
- 利用“引用”选项卡中的各命令实现（5）中的要求。
- 利用“引用→目录”命令自动生成目录。

2. 成果展示

（1）封面与目录如图 7-10 所示。

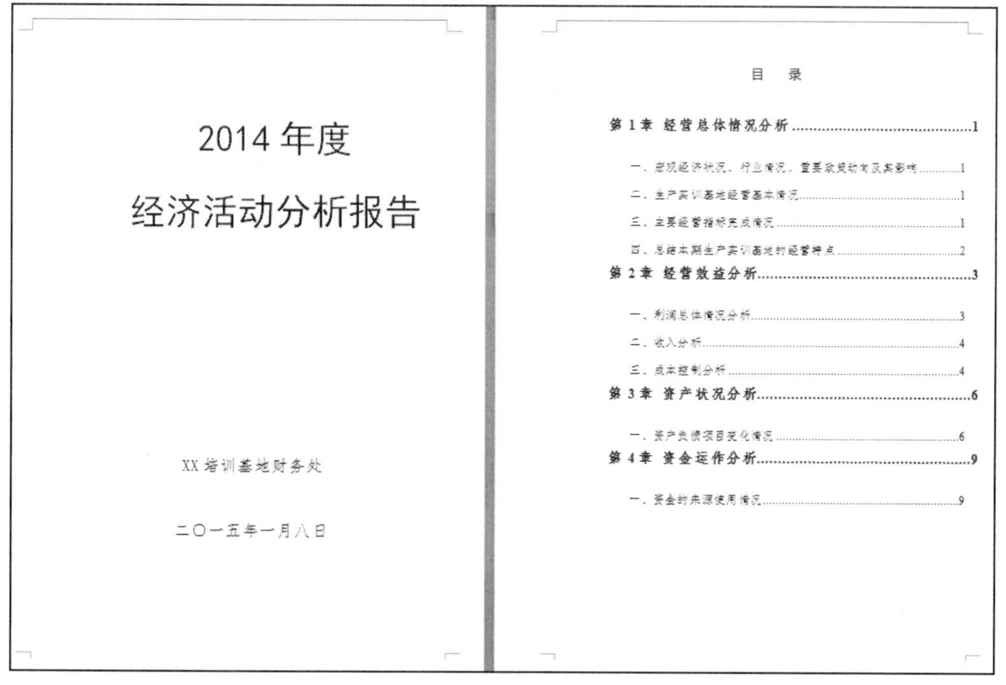
2014 年度

经济活动分析报告

XX 培训基地财务处

二〇一五年一月八日

目　录

图 7-10　封面与目录

（2）电子表格、图表及文本混排如图 7-11 所示。

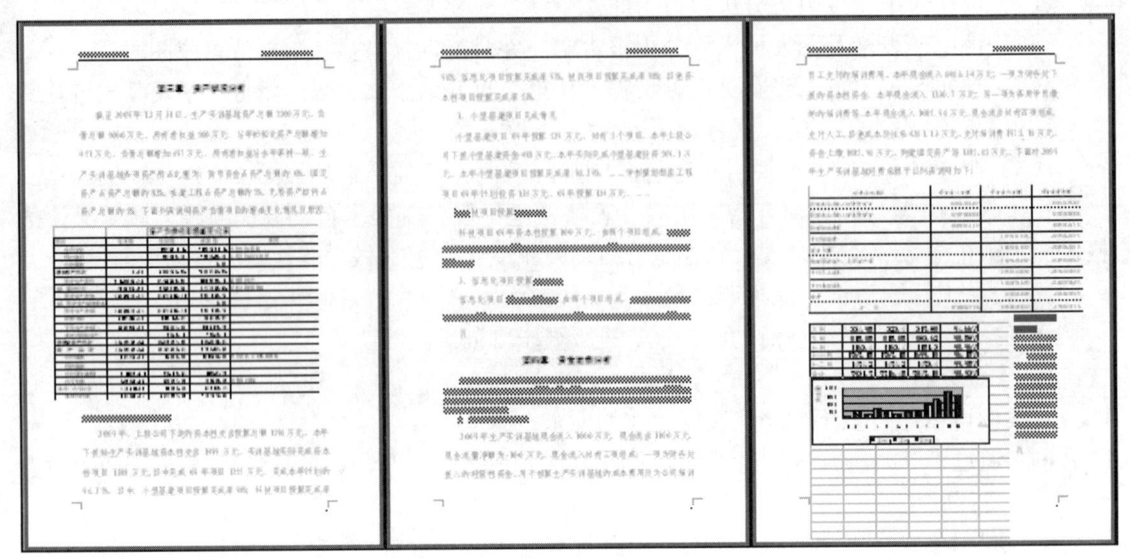

图 7-11　电子表格、图表及文本混排

其他详见实现方法。

3. 实现方法

打开“经济活动分析报告排版要求.docx”文档，根据排版要求，操作步骤如下：

（1）单击“开始→样式”组“对话框启动器”命令，在“样式”窗格中选择标题 2，单击“修改”命令，按要求设置字体、段落等格式，选择相应各章标题，单击“样式”窗格中标题 2。

标题 3 设置操作步骤同标题 2。

（2）封面设置“2014 年度经济活动分析报告”分 2 行，字体黑体 60，下面落款仿宋小二即可。大小适当就好，图 7-10 所示。

（3）将电子表格文档插入到报告中。将光标定位于插入处，单击“插入→文本”组“对象”命令，在“对象”对话框中选择“由文件创建”选项卡，选择电子表格文件（如“效益分析表.xls”），单击“确定”按钮，双击电子表对象可对电子表格对象进行编辑，调整窗口大小，以全部显示为宜（还可选择 Sheet1 或 Sheet2……）。

（4）在第一章、第二章、第三章、第四章前插入分节符。单击“插入→页眉和页脚”组“页眉→编辑页眉”命令，进入页眉编辑状态，在“页眉和页脚工具|设计→选项”组中，勾选“首页不同”，单击“转至页脚”按钮，切换到页脚，单击“下一节”按钮，切换到第一节页脚设置，单击“页码”按钮，单击“设置页码格式”命令，在“页码格式”对话框中设置起始页码为 0（首页不显示页脚），单击“转至页眉”按钮，切换到页眉设置，首页页眉设置为空，第一节的页眉设置为第一章的标题内容，单击“下一节”按钮，设置第二节页眉，单击“链接到前一条页眉”按钮（取消与前节相同），输入第二章标题到第二节页眉框内即可，同理设置其他节页眉。如图 7-12 所示。

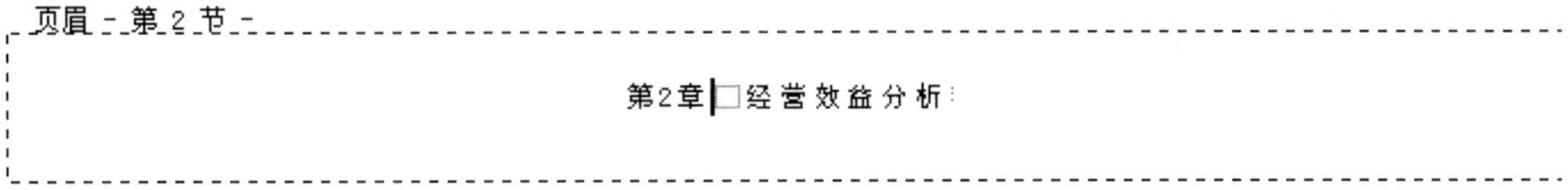

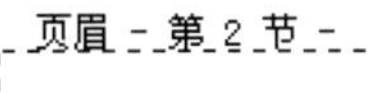

第2章 经营效益分析

图 7-12　第二节页眉

（5）在第三章的第三段结尾处“其他资本性项目预算完成率 53%”插入脚注，脚注内容为“因项目负责人借调上级主管部门致使项目延误”。

①单击“引用→脚注”组“插入脚注”按钮，输入内容“因项目负责人借调上级主管部门致使项目延误”。

②将光标定位于章标题上（2 级），单击“开始→段落”组“多级列表→定义新的多级列表”命令，编号格式为“第 1 章”，将级别链接到样式“标题 2”，如图 7-13 所示，单击“确定”按钮。

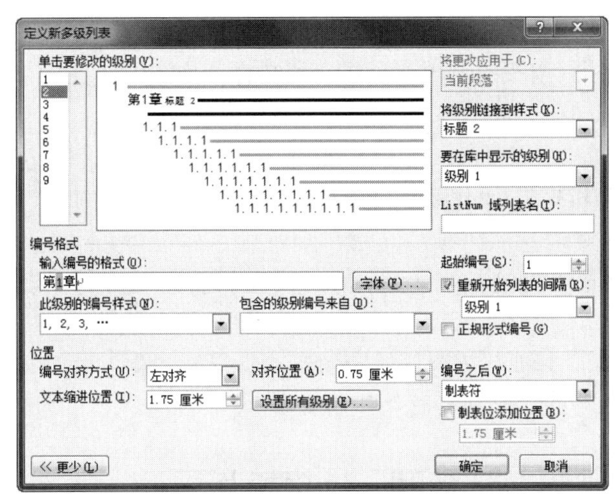

图 7-13　多级列表

③单击“引用→题注”组“插入题注”按钮，弹出“题注”对话框，如图 7-14 所示。单击“自动插入题注”按钮，勾选“Microsoft Word 表格”“Microsoft Excel 图表”等选项，并选择题注“位置”，如图 7-15 所示，对每一个对象的题注一一进行定义，如选择“使用标签”下拉表列中“表”标签进行设置（单击“新建标签”可重新命名），单击“编号”按钮，在“题注编号”对话框中勾选“包含章节号”选项，如图 7-16 所示；同理定义图表等标签。最后单击“确定”按钮。

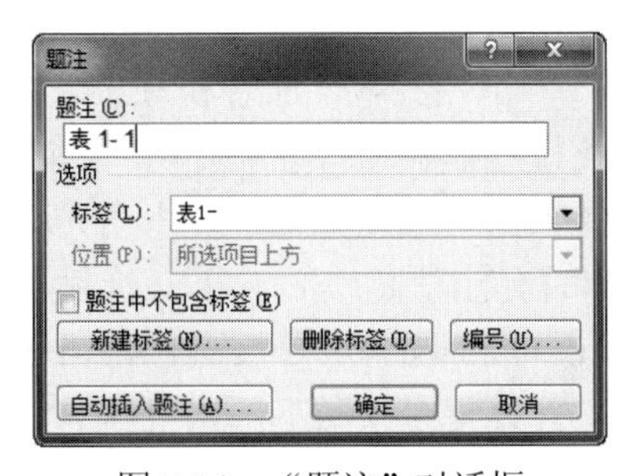

图 7-14　“题注”对话框

图 7-15　自动插入题注

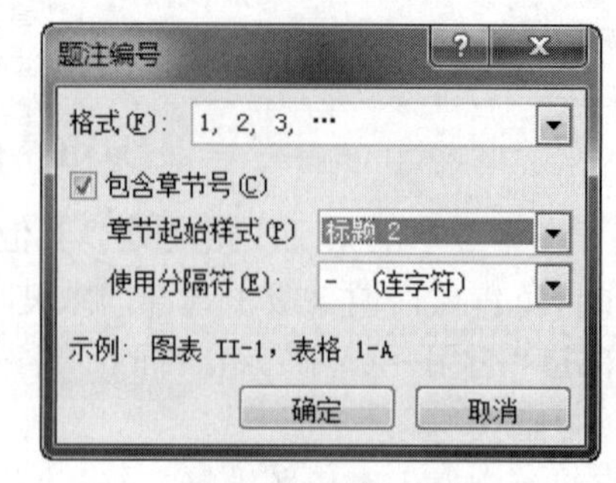

图 7-16　题注编号

（6）光标定位于生成目录处，单击“引用→目录”组“目录→插入目录”命令，打开“目录”选项卡，调整显示级别：3 级，单击“确定”。

提示：若出现“图表 错误！文档中没有指定样式的文字。-1”，右击，选择“编辑域”命令，选择如“标题 1”或“标题 2”样式即可。按 Ctrl+A 组合键，右击，单击“更新域”即可更新全部题注。

4. 课堂实践

打开“经济活动分析报告-操作要求.docx”，按要求完成本案例。

5. 总结与评价

本案例综合应用了长文档的各种排版技巧，多加练习，一定能掌握其中的技巧，举一反三。

6. 课外延伸

调研一家销售企业，弄清楚该企业的销售策略、激励机制。找一份年终销售报告进行排版（按本文档排版类似要求，完成长文档排版）。

任务四　计算模板设计

案例 4　印花税申报计算模板设计

【场景描述】

长江出版公司与其他公司合作开展横向合作及服务，不同的服务或项目所交的印花税税率是不同的。由于各种印率种类繁多，填表时很容易出错。为了方便对项目印花税的计算，提高数据填报质量，财务处领导要求会计师小张设计一个印花税的申报模板，一旦输入不同税目名称及合同金额时，自动计算税率、应纳税额、应补税额等，但未输入数据时，不显示任何信息（包括错误信息），打开“印花税登记表.xlsx”，具体要求如下：

（1）对“合同金额”列设置数据有效性验证，要求当光标定位于该列的相关单元格时，显示提示信息：标题“合同金额”，提示信息“大于 0”。当输入的数据当小于 0 或非法的字符型数据时，弹出错误对话框，错误对话框的标题“错误”，错误信息“金额要大于 0”。

（2）对“税目”列数据有效性设置要求如下：当鼠标选定相关单元格时，显示下拉列表供选择，列表项分别是“购销合同”“建筑安装工程承包合同”“技术合同”“加工承揽合同”

“建筑工程勘察设计合同”“财产租赁合同”“财产保险合同”“培训合同”，当输入非法数据时，弹出错误提示。

（3）当税目为“购销合同”“建筑安装工程承包合同”“技术合同”，税率是 0.003；税目为“加工承揽合同”“建筑工程勘察设计合同”，税率是 0.005；当税目为“培训合同”税率是 0；其他项目的税率是 0.001。一旦输入不同税目名称及合同金额时，自动计算税率、应纳税额、应补税额等，但未输入数据时，不显示任何信息（包括错误信息）。利用 IF、ISBLANK、ISERROR 等信息函数对各种错误进行判断修正。

（4）对税率、应交税额、应补税额三列设置保护，不允许输入、修改任何数据，不显示公式，不显示零值，最后保存为“印花税登记表模板.xlt”文件。

1. 案例分析

本案例可以通过以下的功能实现上述的要求：

- 通过数据有效性命令可以实现（1）、（2）中的要求；
- 通过逻辑函数 IF、OR，系统函数 ISBLANK 计算不同项目的税金，实现（3）中的要求；
- 利用 IF、ISBLANK、ISERROR 等函数进行各种错误修正；
- 利用工作表保护可实现（4）中数据保护的要求。“Excel 选项”对话框的“高级”中“在具有零值的单元格中显示零”选项，可决定是否显示零值。

2. 成果展示

部分中间结果如图 7-17 所示。

税目	税率	应纳税额
		#VALUE!
		#VALUE!
		#VALUE!
		#VALUE!

图 7-17　模板空白时错误信息

3. 实现方法

（1）选择“合同金额”相关单元格区域，单击“数据”选项卡“数据工具”命令组中的“数据有效性按钮→数据有效性”命令，弹出“数据有效性”对话框，选择“设置”选项卡，在有效性条件的“允许”框中选择“自定义”选项，在“公式”框中输入=and(g5>0,isnumber(g5))，如图 7-18 所示。在“输入信息”选项卡设置：标题“合同金额”，输入信息“金额大于 0”。在“出错警告”选项卡中设置：标题“错误”，错误信息“数据不能为非数字字符，并且金额要大于 0”。

（2）选择“税目”相关单元格区域，单击“数据→数据工具”组“数据有效性→数据有效性”命令，弹出“数据有效性”对话框，选择“设置”选项卡，在有效性条件的“允许”框中选择“序列”选项，在“来源”框中输入“购销合同,建筑安装工程承包合同,技术合同,加工承揽合同,建筑工程勘察设计合同,财产租赁合同,财产保险合同,培训合同”，单击“确定”。

（3）光标定位于 I5 中，并输入公式=IF(ISBLANK(H5),"",IF(OR(H5="购销合同",H5="建筑安装工程承包合同",H5="技术合同"),0.003,IF(OR(H5="加工承揽合同",H5="建筑工程勘察设计合同"),0.005,IF(H5="培训合同",0,0.001))))，然后将公式向下填充即可。

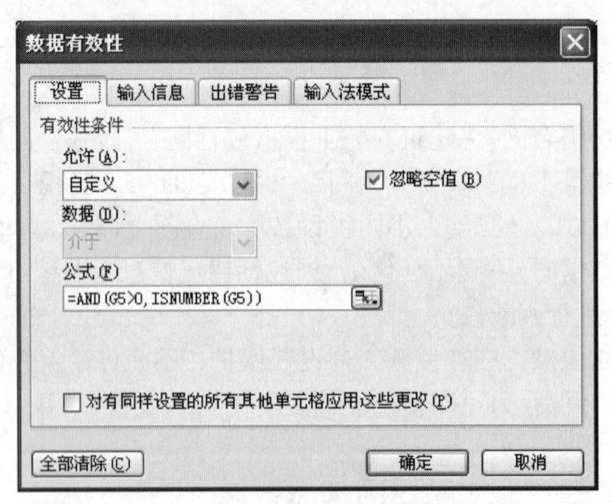

图 7-18　自定义数据的有效性

应纳税额的计算：光标定位于 J5 单元格中，并在该单元格中输入公式=IF(ISERROR(G5*I5),"",G5*I5)，如图 7-19 所示。如果 G5 或 I5 是空白，导致公式=G5*I5 运算出错而在相应单元格中显示#VALUE，则用 ISERROR(G5*I5)将错误信息屏蔽掉（因为作为模板 G5、I5 单元格本身就是空白的）。应用 ISBLANK(I5)也是基于同样的考虑。

税率	应纳税额	已纳税额	应补税额
=IF(ISBLANK(H5),"",IF(OR(H5=	=IF(ISERROR(G5*I5),"",G5*I5	144	=IF(ISERROR(J5-K5),"",J5-K5)
=IF(ISBLANK(H6),"",IF(OR(H6=	=IF(ISERROR(G6*I6),"",G6*I6	100	=IF(ISERROR(J6-K6),"",J6-K6)
=IF(ISBLANK(H7),"",IF(OR(H7=	=IF(ISERROR(G7*I7),"",G7*I7	140	=IF(ISERROR(J7-K7),"",J7-K7)
=IF(ISBLANK(H8),"",IF(OR(H8=	=IF(ISERROR(G8*I8),"",G8*I8	68.5	=IF(ISERROR(J8-K8),"",J8-K8)
=IF(ISBLANK(H9),"",IF(OR(H9=	=IF(ISERROR(G9*I9),"",G9*I9	37.5	=IF(ISERROR(J9-K9),"",J9-K9)
=IF(ISBLANK(H10),"",IF(OR(H1	=IF(ISERROR(G10*I10),"",G10	140.4	=IF(ISERROR(J10-K10),"",J10-K10)
=IF(ISBLANK(H11),"",IF(OR(H1	=IF(ISERROR(G11*I11),"",G11	205.4	=IF(ISERROR(J11-K11),"",J11-K11)
=IF(ISBLANK(H12),"",IF(OR(H1	=IF(ISERROR(G12*I12),"",G12	94.4	=IF(ISERROR(J12-K12),"",J12-K12)
=IF(ISBLANK(H13),"",IF(OR(H1	=IF(ISERROR(G13*I13),"",G13	67.7	=IF(ISERROR(J13-K13),"",J13-K13)
=IF(ISBLANK(H14),"",IF(OR(H1	=IF(ISERROR(G14*I14),"",G14	90.73719	=IF(ISERROR(J14-K14),"",J14-K14)
=IF(ISBLANK(H15),"",IF(OR(H1	=IF(ISERROR(G15*I15),"",G15	536	=IF(ISERROR(J15-K15),"",J15-K15)

图 7-19　模板中的错误修正

同理，在 L5 中输入公式“=IF(ISERROR(J5-K5),"",J5-K5)”，然后将公式向下填充即可。

（4）选择非保护的单元格区域，单击“开始→单元格”组“格式→设置单元格格式”命令，在“设置单元格格式”的“保护”选项卡中取消选中“锁定”“隐藏”选项，单击“确定”。选择“税率”“应交税额”“应补税额”三列要保护的单元格区域，右击，单击“设置单元格格式”命令，在“设置单元格格式”的“保护”选项卡中勾选“锁定”“隐藏”选项。单击“审阅→更改”组“保护工作表”按钮，在“保护工作表”对话框中，勾选“保护工作表及锁定的单元格内容”“选定锁定单元格”“选定未锁定的单元格”选项，输入取消工作表保护时的密码，单击“确定”。设置好后，将工作簿保存为模板文件（*.xltx）即可。

提示：在“Excel 选项”对话框中的“此工作表的显示选项”中取消“在单元格中显示公式而非计算结果”和“在具有零值的单元格中显示零”两个选项可以实现仅显示公式并且 0 值不显示的功能；若仅要显示公式直接单击“公式→公式审核”组“显示公式”按钮更方便。

4. 课堂实践

按照本案例的要求，完整地创建印花税计算模板。双击印花税申报模板，创建一个新的印花税表，并打开“印花税登记表-实践数据.xlsx”工作表，复制相应列的数据到新表中去进行验证，看看设计的模板是否满足要求。

5. 评价与总结

- 根据学生对案例的完成情况适当点评与强调。
- 本案例综合利用了数据有效性设置、逻辑函数、系统函数及公式、单元格保护等知识，是一个综合的财会应用案例。有时在设置模板时，为了在尚未输入数据之前某些单元格的0数据不显示，可以在“Excel选项”对话框中进行设置，使0不显示出来。

6. 课外延伸

调查一家企业或公司，弄清楚该企业职工的酬金是如何发放的，请给该单位人事或财务部门设计一个酬金计算模板，要求在未输入实际数据的情况下，不显示任何数据，并对单元格的有效性进行验证。

任务五　产品销售数据分析与管理

案例5　长江图书出版公司图书销售数据统计、分析与管理

【场景描述】

长江出版公司总经理为了及时掌握各种图书的销售情况，了解图书市场的需求与变化，要求销售部管理人员统计各种图书的销售情况，用图表及透视表形式显示，并用不同的颜色显示最畅销及最滞销的图书。打开“图书销售表.xlsx”，具体设计要求如下：

（1）对“图书销售”表进行统计，统计不同地区图书的销售量及销售金额之和，并将汇总数据复制到该表的以A336为左上角的连续空白区域中。

（2）在Sheet2中操作，筛选销售途径为“送货上门”且订单金额大于3000，或销售途径为“网络销售”且订单金额大于2999的记录，将筛选数据复制到以A350为左上角的区域中。

（3）将图书订单金额汇总值最大的地区与图书订单金额汇总值最小地区所在的行的图案颜色分别设置为浅绿与橙色。

（4）创建透视表以反映图书销售情况，要求：将地区添加到报表筛选域上，图书类别放在行标签上，订单日期放在列标签上，销售量放在数值汇总域上，汇总方式为“求和”，位置为新工作表，并按年度分组组合。

（5）根据透视表中的年度与图书类别的销售量为数据作族状柱形图。

（6）在（4）的基础上，筛选出3年销售最好及最差的记录。

1. 案例分析

要求（1）可用分类汇总方法来实现；（2）、（6）中的要求可用高级筛选来完成；（3）的问题是条件格式的应用问题；（4）是相对复杂些的透视表问题；（5）是图表问题。

2. 成果展示

（1）、（3）的操作结果如图7-20所示。

	A	B	C	D	E	F
1	地区	图书类别	销售途径	销售人员	销售量	订单金额
45	华北 汇总				2,504.00	62,563.66
144	华东 汇总				5,740.00	138,461.38
170	华南 汇总				2,366.00	51,599.06
269	华中 汇总				5,036.00	120,623.47
284	西北 汇总				849.00	21,211.51
330	西南 汇总				2,342.00	58,458.14
331	总计				18,837.00	452,917.22
332						
333						
336	地区	销售量	订单金额			
337	华北 汇总	2,504.00	62,563.66			
338	华东 汇总	5,740.00	138,461.38			
339	华南 汇总	2,366.00	51,599.06			
340	华中 汇总	5,036.00	120,623.47			
341	西北 汇总	849.00	21,211.51			

图 7-20　成果展示

要求（4）的透视表如图 7-21 所示，（6）中要求筛选结果如图 7-21 下方部分所示。

2	地区	(全部)						
3								
4	求和项:销售量	订单日期						
5	图书类别	2008年	2009年	2010年	总计		总计	总计
6	财会	444	1323	772	2539		2539	
7	程序设计	1344	647	486	2477			1515
8	地理	565	920	732	2217			
9	电子	712	755	952	2419			
10	机械	581	664	425	1670			
11	计算机网络	776	497	782	2055			
12	历史	850	765	727	2342			
13	数据库应用	662	448	493	1603			
14	网页设计	695	361	459	1515			
15	总计	6629	6380	5828	18837			
16								
17								
18	图书类别	2008年	2009年	2010年	总计			
19	财会	444	1323	772	2539			
27	网页设计	695	361	459	1515			

图 7-21　透视表

其他部分操作结果详见实现方法。

3. 实现方法

（1）先按“地区”字段排序，然后再以“地区”为分类字段进行分类汇总，汇总方式为求和。单击左窗格的“2”按钮，选择地区、销售量、订单金额列的相关汇总数据区域，单击“开始→编辑”组“查找与选择→定位条件”命令，在“定位条件”对话框中选中“可见单元格”选项，单击“复制”按钮，光标定位于 A336 中，单击“粘贴”按钮即可，如图 7-20 所示。

（2）创建筛选条件区域如图 7-22 所示，然后再进行高级筛选，并选择将筛选结果复制到以 A350 为左上角的区域中即可。

I	J	K
销售途径	销售途径	订单金额
送货上门		>3000
	网络销售	>2999

图 7-22　筛选条件

（3）选择数据区域 A337:C342，单击“开始→格式”组“条件格式→新建规则”命令，弹出的“新建格式规则”对话框，在“选择规则类型”框中选中“使用公式确定要设置格式的单元格”，在“为符合此公式的值设置格式”中输入“=$C337=MAX($C$337:$C$342)”，如图 7-23 所示。单击“格式”按钮，在“设置单元格格式”对话框“填充”选项卡的“背景色”框中选择浅绿色，单击“确定”。

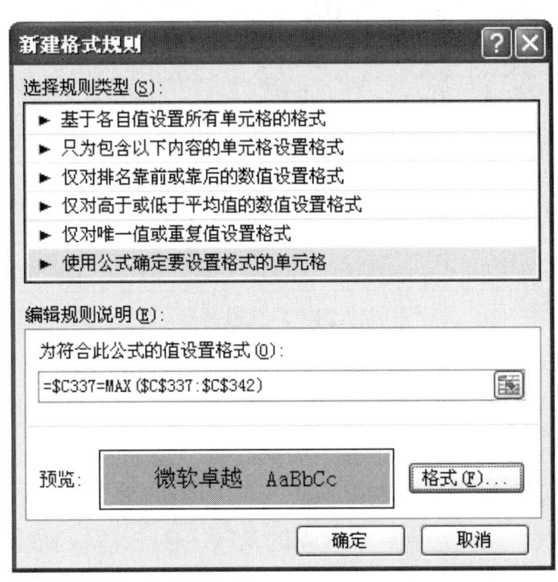

图 7-23　条件格式设置

同理，选择数据区域 A337:C342，单击“新建规则”命令，在弹出的“新建格式规则”对话框中，在“选择规则类型”框中选中“使用公式确定要设置设置格式的单元格”，在“为符合此公式的值设置格式”中输入“=$C337=MIN($C$337:$C$342)”，单击“格式”按钮，在“设置单元格格式”对话框“填充”选项卡的“背景色”框中选择橙色，确定后效果如图 7-20 所示。

（4）定制透视表。

①光标定位于字段名上，单击“插入→表格”组“数据透视表→数据透视表”命令，弹出“创建数据透视表”对话框，单击“选择一个表或区域”选项，并在“表/区域”框中圈选数据透视表的数据源区域$A$1:$H$324，在“选择放置数据透视表位置”选项组中选择位置：现有工作表及位置，单击“确定”后打开“数据透视表数据列表”窗格，在“数据透视表数据列表”窗格中，勾选相关字段，并拖到相应的域上，如添加“地区”到报表筛选，“图书类别”到行标签上，“订单日期”到列标签上，“销售量”到Σ数值上。

②右击透视表“订单日期”单元格，单击快捷菜单中的“创建组”命令，在“分组”对话框的“步长”列表框中选择“年”，单击“确定”，这样数据就按年分组了，如图 7-21 所示。

（5）创建透视图。单击透视表的任一单元格，单击“选项”选项卡中的“工具”组“数据透视图”按钮，单击柱形图：族状柱形图，单击“确定”。在“布局”选项卡中选择图例类型位置，添加透视图标题等，创建族状柱形图如图 7-24 所示。

（6）复制（4）中透视表 5～15 行透视表数据清单到空白处，利用函数 MIN、MAX 分别求出总计的最小值及最大值作为高级筛选条件，筛选条件及筛选结果如图 7-21 所示。

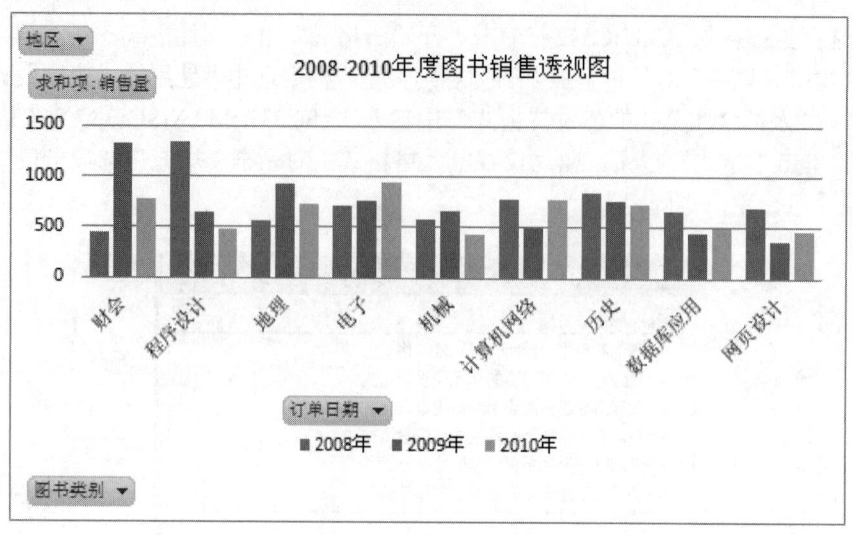

图 7-24　族状柱形图

4. 课堂实践

根据本案例的要求，完成各项操作。

5. 评价与总结

- 根据学生案例完成的实际情况进行适当点评或强调。
- 本案例主要涉及分类汇总、汇总数据的复制，通过计算构造筛选条件的高级筛选，数据透视表的巧用（数据分组及组合）及用透视表数据生成数据图表等知识。

6. 课外延伸

（1）以本案例的销售表为例，统计不同销售员不同年份不同类别的订单金额。（两种不同布局）

（2）根据透视表生成统计图表。

（3）用不同图案突出显示最畅销和最滞销（以销售量为依据）两种图书所在行的数据。

任务六　销售业务的绩效考核

案例 6　长江图书出版公司图书销售业绩管理

【场景描述】

长江出版公司为了调动销售业务经理图书销售的积极性，每季度和年终都对各地区业务销售经理的销售业绩进行考核，并兑现年初提出销售提成方案。具体操作要求如下（在“图书销售-业绩表.xlsx”中操作）：

（1）统计各业务经理及不同的年度销售业绩，并按年度统计销售提成额（提成额=订单金额汇总*提成比例 20%，显示为整数）。

（2）创建各业务经理在不同地区的订单金额的透视表（地区在列、销售人员在行、订单金额在数值上），要求取消列总计，并以透视表为数据源创建三维簇状条形透视图。

（3）用 LOOKUP 函数找出在华北地区销售业绩最好与最差分别是谁。

（4）将销售最差的记录用红色加粗倾斜显示，销售最好的记录用蓝色加粗显示。

1. 案例分析

（1）中主要涉及透视表及在透视表中创建计算字段问题；（2）是透视表及图表问题；（3）是 LOOKUP 及 VLOOKUP 函数应用问题；（4）是条件格式问题。

2. 成果展示

（1）中完成结果如图 7-25 所示。

		数据	
销售经理	订单日期	订单金额汇总	提成金额
⊟高大伟	2008年	13839.49	2768
	2009年	16369.88	3274
	2010年	17562.3	3512
高大伟 汇总		47771.67	9554
⊟何大庆	2008年	23737.95	4748
	2009年	30209.32	6042
	2010年	44664.82	8933
何大庆 汇总		98612.09	19722
⊟林茂森	2008年	26521.51	5304
	2009年	55342.76	11069
	2010年	28018.36	5604
林茂森 汇总		109882.63	21977
⊟苏珊珊	2008年	15782.55	3157
	2009年	13744.8	2749
	2010年	13446.97	2689
苏珊珊 汇总		42974.32	8595
⊟杨春艳	2008年	28055.92	5611
	2009年	2748.35	550
	2010年	14478.82	2896
杨春艳 汇总		45283.09	9057
⊟杨光明	2008年	34950.87	6990
	2009年	19252.96	3851
	2010年	19346.9	3869
杨光明 汇总		73550.73	14710
⊟张林波	2008年	15272.34	3054
	2009年	16449.81	3290
	2010年	3420.6	684
张林波 汇总		35142.75	7029
总计		453217.28	90643

图 7-25　计算提成额

其他小题最终结果见实现方法。

3. 实现方法

（1）创建透视表：光标定位于字段名上，单击“插入→表格”组“数据透视表→数据透视表”命令，打开“数据透视表数据列表”窗格，在“数据透视表数据列表”窗格中，勾选相关字段，将“销售经理”拖放到行上，“订单日期”拖放到行上，“订单金额”拖放在数值上，并将“订单日期”字段按“年”组合，透视表如图 7-26 所示。

创建计算字段：光标定位于透视表的字段名上，单击“选项”选项卡，单击“计算”组“域、项目和集→计算字段”命令，如图 7-27 所示，弹出“插入计算字段”对话框，修改“字段名”为“提成”，“公式”为“=订单金额*0.2”，如图 7-28 所示，单击“确定”。

计算字段移动到列：右击“数据”，单击“将值移动到”→“移至列”命令，如图 7-29 所示，修改“求和项：订单金额”为“订单金额汇总”，“求和项：提成”改为“提成额”即可，汇总结果如图 7-25 所示。

3	求和项:订单金额		
4	销售经理	订单日期	汇总
5	高大伟	2008年	17667.2
6		2009年	30926.16
7		2010年	14963.09
8	高大伟 汇总		63556.45
9	何大庆	2008年	28118.47
10		2009年	80557.19
11		2010年	65137.24
12	何大庆 汇总		173812.9
13	林茂森	2008年	49945.11
14		2009年	104095.48
15		2010年	34725.29
16	林茂森 汇总		188765.88
17	苏珊珊	2008年	14519.68
18		2009年	31139.92
19		2010年	14595.13

图 7-26　透视表

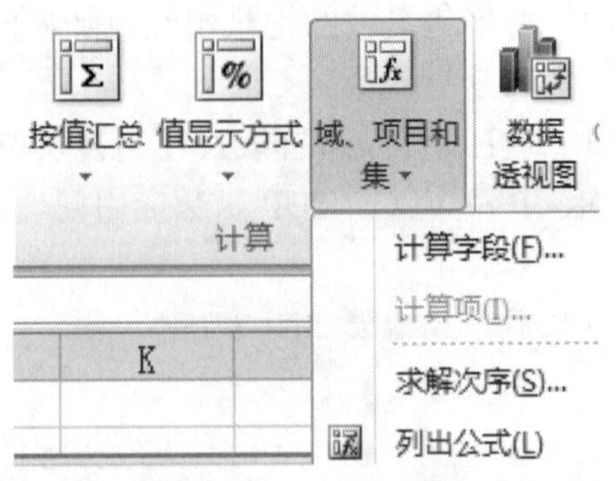

图 7-27　计算字段

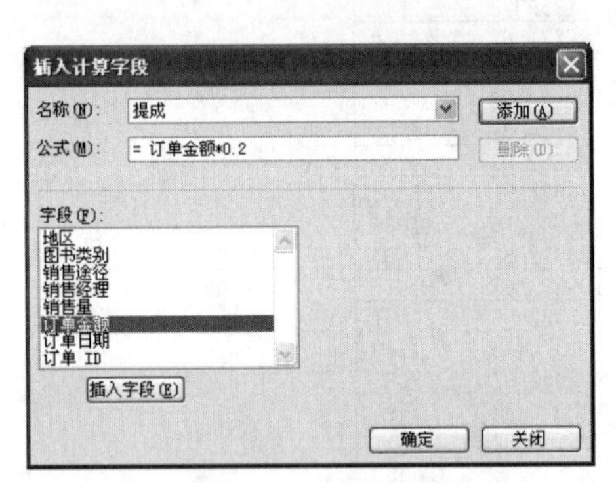

图 7-28　插入计算字段

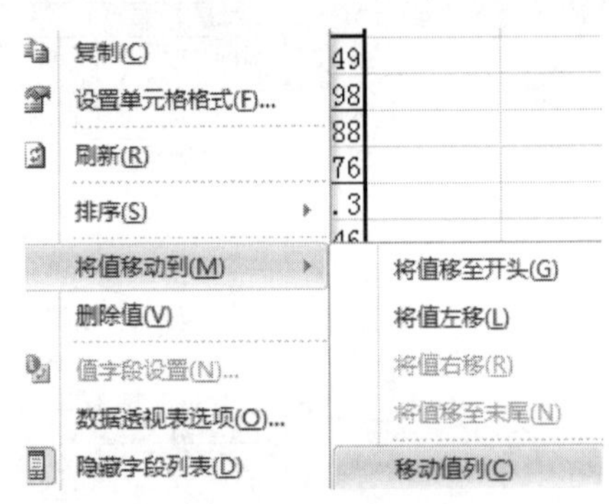

图 7-29　字段排列

（2）的操作步骤同（1），这里略，透视表如图 7-30，以透视表为数据源的透视图如图 7-31 所示。

3	求和项:订单金额	地区						
4	销售人员	华北	华东	华南	华中	西北	西南	总计
5	高大伟	2062.79	5360.3	9210.9	17475.58	9678.7	3983.4	47771.67
6	何大庆	24695.96	21986.09	9010.05	15453.65	12671.36	14794.98	98612.09
7	林茂森	15278.82	24728.17	27805.58	29955.44	2724	9390.62	109882.63
8	苏珊珊	8923.29	13636.83	2458	10950.64	3185.25	3820.31	42974.32
9	杨春艳	5493.5	12148.66	9386.56	8705.66	4011.75	5536.96	45283.09
10	杨光明	3747.44	30700.35	6217.68	15987.8	2630.9	14266.56	73550.73
11	张林波	2394.25	8091.52	2938.87	11040	4012.8	6665.31	35142.75

图 7-30　透视表

（3）复制（2）中透视表数据到 A15 开始的单元格区域中，数据清单以“华北”为主关键字升序排序，在 B24 中输入公式=LOOKUP(MAX(B16:B22),B16:B22,A16:A22)（最好用 LOOKUP 函数模板），在 B25 中输入公式=LOOKUP(MIN(B16:B22),B16:B22,A16:A22)。

在 B26 中插入 VLOOKUP 函数，参数设置如图 7-32 所示，效果如图 7-33 所示。

（4）选择数据区域 A16:H22，单击“开始→格式”组“条件格式→新建规则”命令，弹出“新建格式规则”对话框，在“选择规则类型”框中选中“使用公式确定要设置格式的单元格”，在“为符合此公式的值设置格式”中输入“=$H16=MIN($H$16:$H$22)”，单击“格式”按钮。在“设置单元格格式”对话框“字体”选项卡的“颜色”框中选择红色，字体加粗倾斜，如图 7-34 所示，单击“确定”。

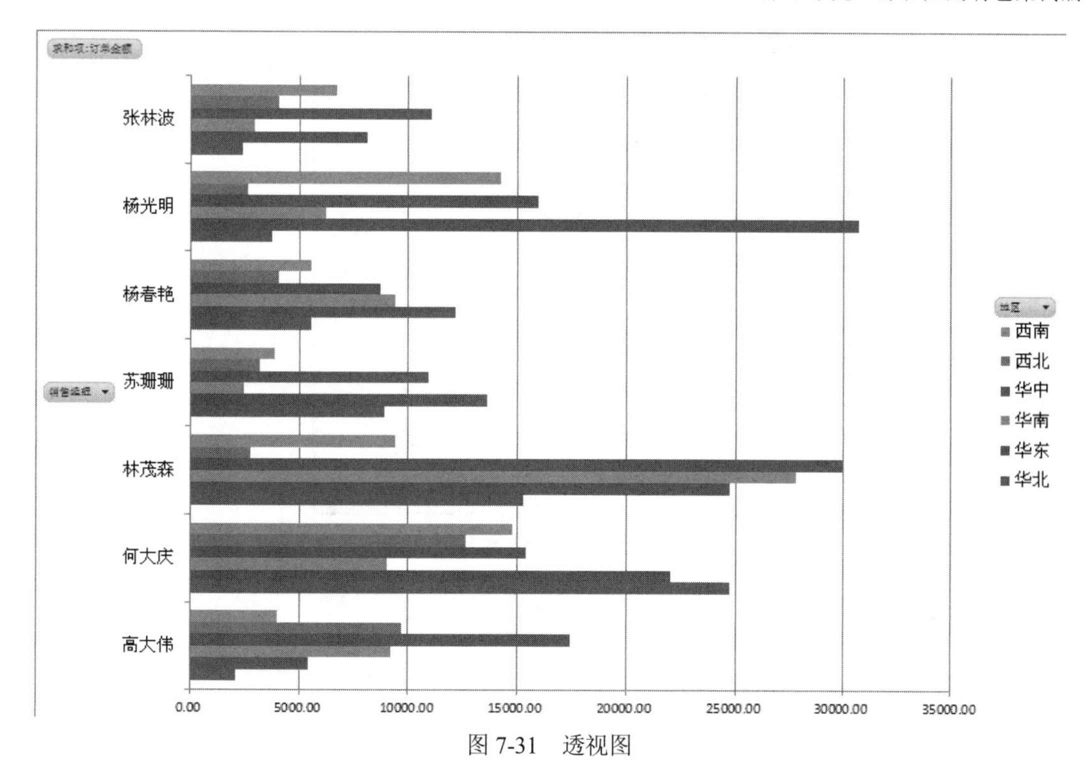

图 7-31　透视图

函数参数

VLOOKUP

Lookup_value　A18　= "杨光明"

Table_array　A15:G22　= {"销售经理","华北","华东","华南",

Col_index_num　4　= 4

Range_lookup　false　= FALSE

= 6217.68

搜索表区域首列满足条件的元素，确定待检索单元格在区域中的行序号，再进一步返回选定单元格的值。默认情况下，表是以升序排序的

Range_lookup　指定在查找时是要求精确匹配，还是大致匹配。如果为 FALSE，大致匹配。如果为 TRUE 或忽略，精确匹配

计算结果 = 6217.68

有关该函数的帮助(H)　确定　取消

图 7-32　VLOOKUP 函数参数

15	销售经理	华北	华东	华南	华中	西北	西南	总计
16	高大伟	2062.79	5360.30	9210.90	17475.58	9678.70	3983.40	47771.67
17	*张林波*	*2394.25*	*8091.52*	*2938.87*	*11040.00*	*4012.80*	*6665.31*	*35142.75*
18	杨光明	3747.44	30700.35	6217.68	15987.80	2630.90	14266.56	73550.73
19	杨春艳	5493.50	12148.66	9386.56	8705.66	4011.75	5536.96	45283.09
20	苏珊珊	8923.29	13636.83	2458.00	10950.64	3185.25	3820.31	42974.32
21	*林茂森*	*15278.82*	*24728.17*	*27805.58*	*29955.44*	*2724.00*	*9390.62*	*109882.63*
22	何大庆	24695.96	21986.09	9010.05	15453.65	12671.36	14794.98	98612.09
23								
24	华北销售业绩最好的是:	何大庆						
25	华北销售业绩最差的是:	高大伟						
26	杨光明的销售业绩是:	6217.68						

图 7-33　综合效果

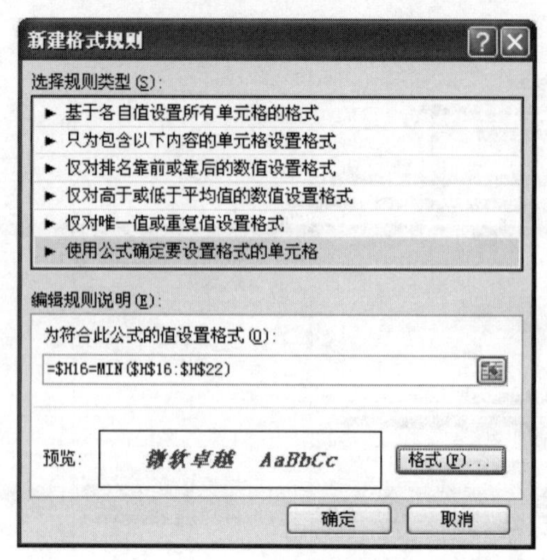

图 7-34 条件格式

同理，在为销售业绩最好的行新建格式规则中设置“公式=$H16=MAX($H$16:$H$22)”，字体蓝色加粗倾斜。格件格式效果如图 7-33 所示。

4. 课堂实践

（1）实践本案例（1）、（2）。

（2）实践本案例（3）、（4）。

5. 评价与总结

- 若时间允许，鼓励学生以小组（2 位为一组）为单位主动上台演示（1）、（2）或（3）、（4）。
- 根据学生实践情况，或点评或强调。
- 鼓励同学总结本案例解决思路，学生或老师补充。

6. 课外延伸

调研某公司销售科，利用所学知识对他们的销售数据进行统计、分析与管理，分析哪种产品最畅销，哪种产品最滞销，绘制各产品销售各年度销售趋势图（折线图）。

任务七 旅游产品推销

案例 7 丹霞山欢迎您

【场景描述】

2010 年以丹霞山为主的六处丹霞地貌景点采用捆绑式申报世界文化遗产获得成功，某旅游公司以此为契机加大丹霞山旅游产品宣传力度，以吸引更多游客到丹霞山旅游，提高旅行公司的效益，提升公司品牌形象。公司经理要求策划部小李制作演示文稿，在旅游研讨会上发布。最后经过讨论，小李的实现方案如下：

（1）母板设计：

①要求在默认母板标题栏上方添加一个文本框，文本框宽度与标题同宽，文本框的填充

色设置为“背景.jpg”图片，高度合适为宜；在默认母板的左下角显示“微景.bmp”小图片；

②设置母板中的各级项目符号如图 7-37 所示，在页脚区添加向前、向后动作按钮，大小适中。

（2）幻灯片的栏目设置（资料上网搜索）：

①丹霞山概貌；

②丹霞风景区介绍；

③丹霞山美景欣赏；

④旅游数据分析：近三年来到丹霞山的人次统计表，并以此为依据创建统计图；

⑤为你指路等。

（3）自定义动画设计与演示文稿的播放。在幻灯片上添加一幅韶关地图，在韶关地图上标示出韶关及丹霞山的位置（五角星或三角），然后在地图上沿着“广州→曲江→韶关→丹霞山”这样的路径用动画显示从广州到丹霞山的导航路线。

另制作幻灯片，如图 7-35 所示。添加动画效果，使各对象能自动播放（中速）。

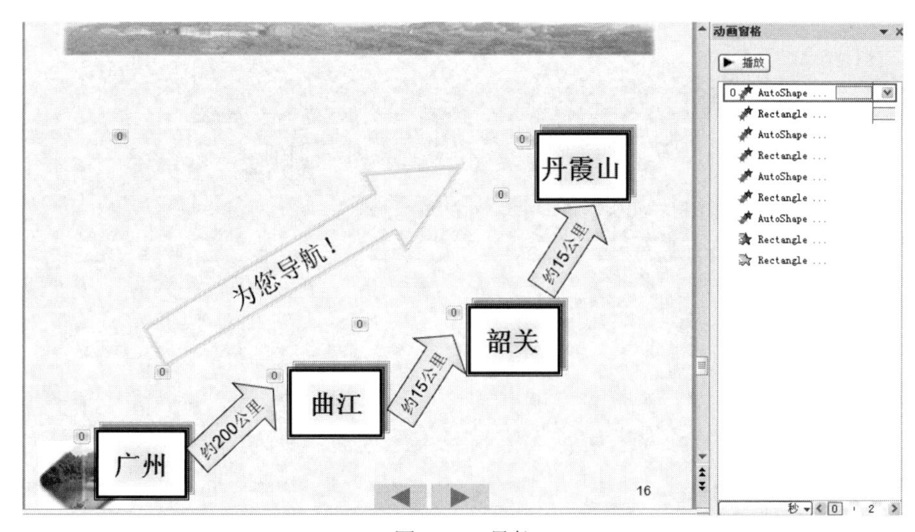

图 7-35　导航

（4）在标题幻灯片后，插入一张摘要幻灯片，并使各标题链接到相关内容。

（5）演示文稿采用循环自动播放。

1．案例分析

本案例主要涉及幻灯片母版的设计与应用、自定义动画及幻灯片的播放技巧。

2．成果展示

演示文稿的大致效果如图 7-36 所示，详见“丹霞山欢迎您.ppt”。

3．实现方法

（1）母板设计的操作步骤：

①单击“视图→母版视图”组“幻灯片母版”按钮，进入幻灯片母版视图窗口，在默认母板（标题和内容版式）标题栏上方添加一个文本框，文本框宽度与标题同宽，文本框的填充色设置为“背景.jpg”图片，高度合适为宜。在该母板的左下角添加一个小的文本框，文本框的填充色设置为“微景.bmp”图片，如图 7-37 所示。

图 7-36　成果展示

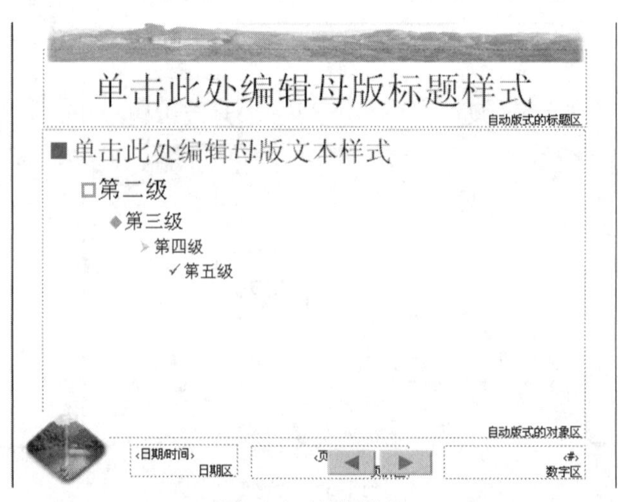

图 7-37　母版设计

②在母板中设置各级项目符号如图 7-37 所示，在页脚区添加向前、向后动作按钮，大小适中。

（2）新建若干张“标题和内容”版式的幻灯片，在标题栏中录入栏目名称，在文本框中输入相关栏目的内容即可。

（3）动画设置操作步骤。

①新建一张空白幻灯片，添加一个大的文本框，文本框的填充颜色为“韶关”地图（大小适中）。在地图右方，添加一个竖形的无线条文本框，文字“为你指路”。在地图下方广州大致方位添加一个文本框，文字“广州”。在韶关中心处插入一个自选图形（五角星），在丹霞山处插入一个填充色为绿色的三角形，用自选图形的线条工具（自由曲线）画一条自广州、曲江到韶关的多边形线路（沿铁路画），线粗 4.5 磅、红色。画一条从韶关到丹霞山的路线（沿公路画），线粗 4.5 磅、黄色，如图 7-38 所示。

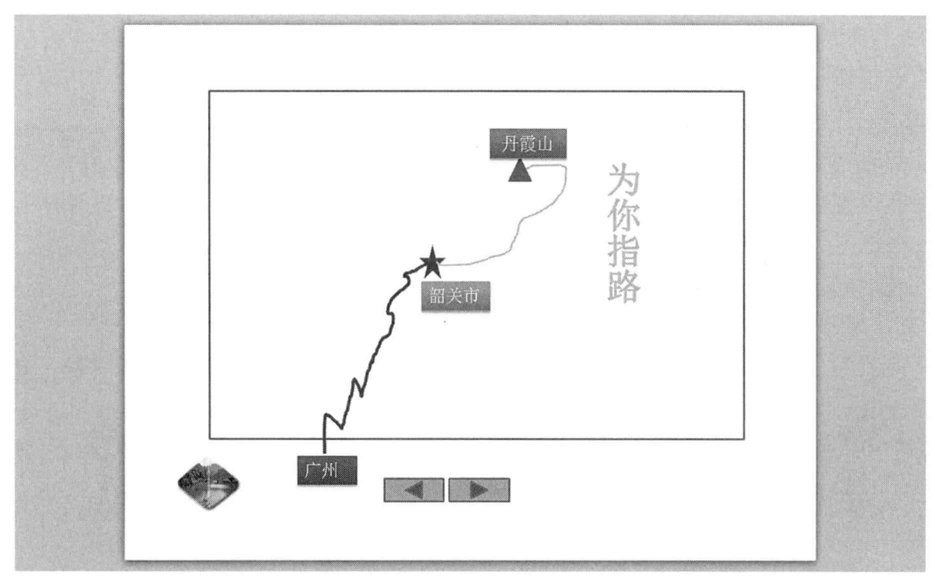

图 7-38　为您指路

②按照“为你指路”“广州”、广州至韶关路线、五角星、韶关至丹霞山路线、三角形这样的顺序设置动画。“为您指路”自定义动画设置为：开始“与上一动画同时”、进入“劈裂”、方向“上下向中央收缩”、持续时间 3 秒（慢速），添加强调效果“放大/缩小，150%”、开始“上一动画之后”、速度“中速（2 秒）”、延迟 0.5 秒。“广州”五角星、三角形都可添加强调效果，开始“上一动画之后”、持续时间“中速（2 秒）”、延迟“0.5 秒”。路线动画效果：进入“擦除”、开始“上一动画之后”、方向“自底部”、持续时间“慢速（3 秒）”、延迟“0.5 秒”，详细参见“丹霞山欢迎您.ppt”。自定义动画设置如图 7-38 右部所示。

③中动画设置过程同②，动画设置效果如图 7-35 所示。详细参见“丹霞山欢迎您.ppt”。

（4）在标题幻灯片后，新建一张标题和内容的幻灯片，标题栏为“摘要幻灯片”，内容栏为各栏的标题，通过超链接到各标题幻灯片即可。

（5）幻灯片自动播放可以通过“切换”选项卡中的“计时”组“换片方式”中“设置自动换片时间”的选项框设置切换时间如 2 秒，再单击“全部应用”按钮，如图 7-39 所示。单击“幻灯片放映→设置”组“设置幻灯片放映”按钮，弹出“设置放映方式”对话框，勾选“循环放映，按 ESC 键终止”选项，单击“确定”。

也可以单击“幻灯片放映→设置”组“排练计时”按钮，在“录制”对话框中设定每一张幻灯片放映时间，如图 7-40 所示，保留幻灯片放映排练时间，单击“幻灯片放映→设置”组“设置幻灯片放映”按钮，弹出“设置放映方式”对话框，勾选“循环放映，按 ESC 键终止”选项及“如果存在排练计时，则使用它”选项，单击“确定”。

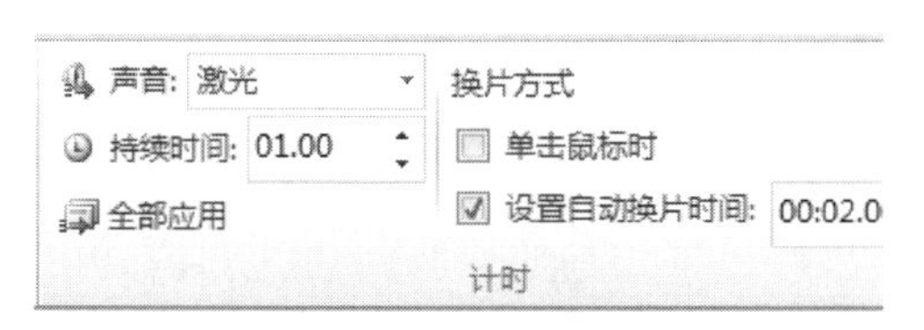

图 7-39　幻灯片切换

图 7-40　排练计时

4. 课堂实践

实践本案例（1）～（5）。

5. 总结与评价

- 若时间允许，鼓励学生以小组（2位为一组）为单位主动上台演示（1）～（5）的部分内容。
- 根据学生实践情况，或点评或强调。
- 鼓励同学总结本案例解决思路，学生或老师补充。

6. 课外延伸

调研一家公司，根据公司销售部的要求，帮助设计一个产品推销的演示文稿，包括动画及播放设计等。